Transformer & Rasa 解密:
原理、源码及案例

王家林　段智华　编著

北京航空航天大学出版社

内 容 简 介

本书旨在系统介绍 Rasa 的原理、应用和实现，帮助读者全面了解并掌握强大的智能对话机器人框架。随着人工智能技术的快速发展，机器人智能对话成了现代社会中的热门话题，而 Rasa 作为一款开源的对话机器人框架，以其灵活、可扩展和开放的特性受到了广泛的关注和应用。

书中从 Rasa 的基本原理入手，通过深入浅出的讲解，引导读者逐步理解 Rasa 框架的设计思想，用图文并茂的方式展示 Rasa 智能对话机器人的应用内容，以便读者能够较直观地学习相关技术知识。

本书主要读者群体为机器学习、人工智能及大数据 Rasa 智能对话机器人应用、Transformer、Rasa 架构和源码剖析的人员以及高等院校人工智能专业相关师生等。

图书在版编目(CIP)数据

Transformer&Rasa 解密：原理、源码及案例/王家林，段智华编著．--北京：北京航空航天大学出版社，2024.4

ISBN 978-7-5124-4330-3

Ⅰ.①T… Ⅱ.①王… ②段… Ⅲ.①自然语言处理 Ⅳ.①TP391

中国国家版本馆 CIP 数据核字(2024)第 029726 号

版权所有，侵权必究。

Transformer & Rasa 解密：原理、源码及案例

王家林　段智华　编著

策划编辑　杨晓方　　责任编辑　杨晓方

*

北京航空航天大学出版社出版发行

北京市海淀区学院路 37 号(邮编 100191)　http://www.buaapress.com.cn
发行部电话：(010)82317024　传真：(010)82328026
读者信箱：copyrights@buaacm.com.cn　邮购电话：(010)82316936
涿州市新华印刷有限公司印装　各地书店经销

*

开本：710×1 000　1/16　印张：31.25　字数：666 千字
2025 年 1 月第 1 版　2025 年 1 月第 1 次印刷
ISBN 978-7-5124-4330-3　定价：129.00 元

若本书有倒页、脱页、缺页等印装质量问题，请与本社发行部联系调换。联系电话：(010)82317024

前　言

自 2016 年 3 月阿尔法狗战胜人类围棋高手以来，人工智能技术取得了空前的成就，引领着人类社会进入了一个全新的时代。

2023 年，ChatGPT、GPT4 作为人工智能技术有了新突破，其深刻地改变我们的生产方式、生活方式和思维方式，推动着人类智能化的进程。ChatGPT、GPT4 的出现标志着人工智能技术发展的新阶段，其创新性的应用为人类带来了前所未有的体验，更突破了人工智能技术已往的极限，极大地提高了技术行业生产力和效率。

同时，随着 GPT 模型系列的出现，尤其是 ChatGPT、GPT4 的大放异彩，标志着人工智能进入了一个崭新的发展阶段。在此背景下，如何更好地理解和运用这些先进的人工智能技术，已成为我们迫切需要解答的问题。

本书通过系统剖析 Transformer 技术的原理及架构，基于 Rasa 构建智能对话系统的全流程和最佳实践，以 Rasa 对话系统为研究对象，从技术角度深入剖析框架内部机制，分别介绍了基于 Transformer 的 Rasa 内部机制的 Retrieval Model、去掉对话系统的 Intent 内幕剖析、去掉对话系统的 End2End Learning 内幕剖析、全新一代可伸缩 DAG 图架构、如何定制 Graph NLU 及 Policies 组件、如何自定义 GraphComponent 等内容。

本书借当下较流行的启发式学习理念，使用动手实践的方式，引导读者在一步步完成任务的过程中掌握相关技术内容，为读者提供了一种既互动性强又轻松愉悦的学习方式。

读者在阅读本书的过程中，若发现任何问题，均可以加入本书的阅读群（QQ：602728657）参与讨论，进群后会有专人答疑。同时，该群也会提供本书所用案例源代码及本书的配套学习视频。作者的新浪微博网址为 http://weibo.com/ilovepains/，期待与大家在微博上互动交流。

由于时间仓促，书中难免存在不妥之处，请读者谅解，并提出宝贵意见。

王家林
2023 年中秋之夜于美国硅谷

目 录

第1章 Retrieval Model ... 1
- 1.1 什么是 One Graph to Rule Them All ... 1
- 1.2 为什么工业级对话机器人都是 Stateful Computations ... 3
- 1.3 Rasa 引入 Retrieval Model 内幕解密及问题解析 ... 6

第2章 去掉对话系统的 Intent ... 13
- 2.1 从 inform intent 的角度解析为什么要去掉 intent ... 13
- 2.2 从 Retrieval Intent 的角度说明为什么要去掉 intent ... 19
- 2.3 从 Multi intents 的角度说明为什么要去掉 intent ... 20
- 2.4 为什么有些 intent 是无法定义的 ... 21

第3章 去掉对话系统的 End2End Learning ... 24
- 3.1 How end-to-end learning in Rasa works ... 24
- 3.2 Contextual NLU 解析 ... 34
- 3.3 Fully end-to-end assistants ... 36

第4章 全新一代可伸缩 DAG 图架构 ... 38
- 4.1 传统的 NLU/Policies 架构问题剖析 ... 38
- 4.2 面向业务对话机器人的 DAG 图架构 ... 45
- 4.3 DAGs with Caches 解密 ... 50
- 4.4 Example 及 Migration 注意事项 ... 52

第5章 定制 Graph NLU 及 Policies 组件 ... 54
- 5.1 基于 Rasa 定制 Graph Component 的四大要求 ... 54
- 5.2 Graph Components 解析 ... 69
- 5.3 Graph Components 源代码示范 ... 77

第6章 自定义 GraphComponent ... 88
- 6.1 从 Python 角度分析 GraphComponent 接口 ... 88
- 6.2 自定义模型的 create 和 load 内幕详解 ... 103
- 6.3 自定义模型的 languages 及 Packages 支持 ... 111

第7章 自定义组件 Persistence 源码解析 ... 115
- 7.1 自定义对话机器人组件代码示例分析 ... 115

7.2　Rasa 中 Resource 源码逐行解析 ………………………………………… 140

7.3　Rasa 中 ModelStorage、ModelMetadata 等逐行解析 ……………………… 147

第8章　自定义组件 Registering 源码解析 ……………………………………… 158

8.1　采用 Decorator 分析 Graph Component 注册内幕源码 …………………… 158

8.2　不同 NLU 和 Policies 组件 Registering 源码解析 ………………………… 168

8.3　类似于 Rasa 注册机制的 Python Decorator 的手工全流程实现 ………… 188

第9章　自定义组件及常见组件源码解析 ……………………………………… 197

9.1　自定义 Dense Message Featurizer 和 Sparse Message Featurizer
　　源码解析 …………………………………………………………………… 197

9.2　Rasa 的 Tokenizer 及 WhitespaceTokenizer 源码解析 …………………… 212

9.3　CountVectorsFeaturizer 及 SpacyFeaturizer 源码解析 …………………… 230

第10章　框架核心 graph.py 源码完整解析及测试 …………………………… 267

10.1　GraphNode 源码逐行解析及 Testing 分析 ……………………………… 267

10.2　GraphModelConfiguration、ExecutionContext、GraphNodeHook
　　　源码解析 ………………………………………………………………… 277

10.3　GraphComponent 源码回顾及其应用源码 ……………………………… 298

第11章　框架 DIETClassifier 及 TED …………………………………………… 312

11.1　GraphComponent 的 DIETClassifier 和基于 TED 实现的 All-
　　　in-one 的 Rasa 架构 ……………………………………………………… 312

11.2　Introducing DIET: state-of-the-art architecture that outperforms
　　　fine-tuning BERT and is 6X faster to train ……………………………… 320

11.3　Unpacking the TED Policy in Rasa Open Source ………………………… 323

第12章　DIET 多行源码剖析 …………………………………………………… 330

12.1　DIETClassifier 代码解析 ………………………………………………… 330

12.2　DIET 代码解析 …………………………………………………………… 348

12.3　EntityExtractorMixin 代码解析 …………………………………………… 405

第13章　TEDPolicy 近2130行源码剖析 ……………………………………… 416

13.1　TEDPolicy 父类 Policy 代码解析 ………………………………………… 416

13.2　TEDPolicy 完整解析 ……………………………………………………… 422

13.3　继承自 TransformerRasaModel 的 TED 代码解析 ……………………… 432

第1章 Retrieval Model

1.1 什么是 One Graph to Rule Them All

本节开始跟大家分享在工业领域基于 Transformer 对话机器人比较成功的平台 Rasa。我们谈 Rasa 会分成几个不同的阶段，第一阶段主要谈 Rasa 内部的一些核心机制，即从整个对话机器人，尤其从业务对话机器人的角度，分享它内部的核心，而不是仅从表面的角度去看它的配置文件。对于训练一些数据这样的表面基础工作，我们称之为第一阶段的 Rasa 内部机制。思考其内部的一些内容，也就是 Rasa 本身的力量来源，即它内部的运转机制，包括基于 Rasa 平台。例如对话机器人技术给大家带来的思考，这也是整个 Rasa 系列的第一部分内容。第二部分内容主要谈 Rasa 的算法和源码，尤其是源码本身，因为我们谈算法的时候肯定也是通过源码来谈。第三阶段会谈 Rasa 本身可能存在的一些问题。Rasa 本身是一个快速发展的平台，现在是 3.x 版本，在 3.x 版本以前，Rasa 无论是状态的管理，还是其他的一些组件，多多少少都有一些问题，尤其是状态管理方面。将 Rasa 和星空智能对话机器人做比较来看，我们不能否认 Rasa 在工业界业务方面技术领先的事实，至少从实践来看，Rasa 在工程落地方面做得很好，而且在商业场景上，Rasa 做得也是最成功的。所以第三部分会从 Rasa 和星空智能对话机器人比较的角度，尤其是从代码的视角来谈一下 Rasa 可以改进的空间，但这些可以改进的方面可能是 Rasa 本身的，也可能是 Rasa 暂时没有实现的一些很高级的功能问题。

既然第一系列谈的是 Rasa 内部机制这部分内容，作者自己做对话机器人很多年，会有一些领悟或者想法。这里，基于 Rasa 3.x 提出一张最新架构图，用一张图来"统治"所有的内容，统治可以认为是"govern"，也可以认为是"dominate"。

如图 1-1 所示，用一张图把 Rasa 所有的内容统一为一个概念，然后基于统一的概念，无论语言理解，或是本身信息的处理，还是语言生成，全是一个大组件。

这里它模糊了语言理解、语言生成、语言处理的这些界限。如果对面向对象的思维比较熟悉，一看就知道这是通过抽象来完成的。我们模糊不同的 NLP 组件之间的界限，转过来从一张图的角度讲：所有的元素都是组件，在这张图中，组件之间会有依赖，组件之间肯定也会通信。有依赖、有通信，肯定也会有相互作用，什么是相互作用。其本身很简单，例如 DIET，我们分享过 Rasa 团队专门关于 DIET 的论文，它依赖于前面的特征提取器，也可能依赖于标记化器，它们在依赖关系中构建通信。谈任何机器学习模型，必然谈训练和推理。这两个阶段无论是直接的显式或者隐式，都是大家会思考的。DIET 在训练或者推理阶段，它们有依赖，也有通信，然后它们之间也会有相互作用。简单讲，信息从标记化器（Tokenizer），不断流到 DIET。这里只是

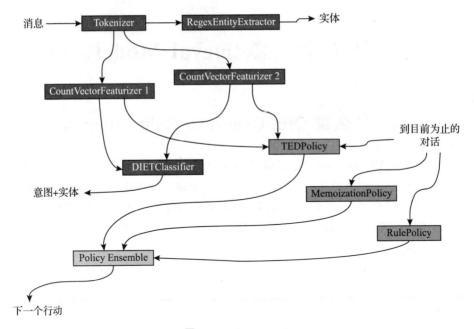

图 1-1 Rasa Graph

以 DIET 为例来说明,这个过程其实已经是一种交互的过程,很多时候谈交互的时候,更多的是谈一种相互作用关系,即对话系统中用户和系统之间的对话。

如图 1-2 所示,在这张架构图中,沿着 45°画一条斜线,斜线的左侧部分认为是

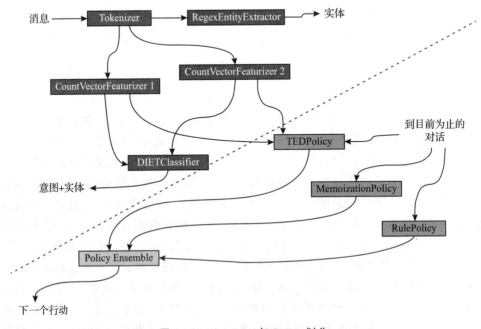

图 1-2 Rasa NLU 与 Policy 划分

语言理解的信息，右侧的部分是基于自然语言理解后的信息。什么叫理解后的信息？从通常意义上的角度讲，可以认为是意图、实体还有词槽，词槽是整个会话的上下文信息。在整个对话过程中，这条线左侧上方是 NLU 部分，右侧是整个对话的管理部分，也可以认为是对话策略，即基于前面输入的信息进行处理，前面的信息就是意图、实体、词槽等信息。

1.2 为什么工业级对话机器人都是 Stateful Computations

本书提出了一个名词：有状态计算（Stateful Computations）。对于整个对话系统、整个大数据系统或者整个人工智能系统等这些不同的系统，如果从一种业务实现的角度和从整个系统运行过程的角度看，会发现我们关注的就是有状态计算。如图 1-3 所示，在业务对话机器人系统中，意图、实体、词槽等信息都是有状态计算信息。

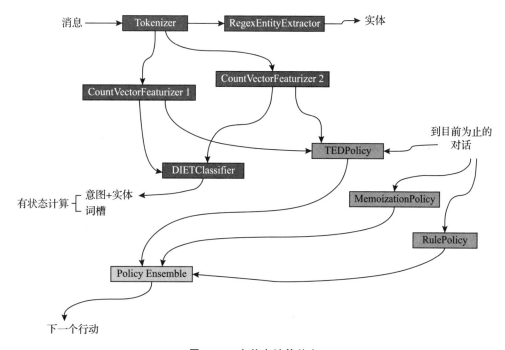

图 1-3　有状态计算信息

当然，谈有状态计算的时候，有人一定会想到另外的内容——无状态计算。无状态计算对微服务等特别重要，但微服务里面也有大量的有状态计算，从一个真正系统运作的角度看，其肯定会操作数据，操作数据就是操作状态，只不过这种状态是局部级别的。关于局部和全局级别的内容，对此我们不作过度延伸。在谈状态的时候，从一般意义上讲,或者从传统意义上讲,对于实体、意图、词槽这些概念,无论是传统的还是现代的算法,都是经典的做法,而现在的业务对话机器人中,一种非常理想的状态就是完全做到业务对话机器人的端对端服务。不过谈到端对端的时候,大家理解的端到端,跟现在所说的端对端不一定一样。举个例子,用图1-4的内容来完成工作的时候,已经像端对端了,为什么?因为有消息进来,还有系统答复的响应信息。这里中间的过程通过图控住了所有的组件,已经营造了一种端对端的感觉了。这也是为什么用Rasa跟大家探索或者分享更多的对话机器人,尤其是业务对话机器人的一个很重要的原因。就是除了基于Transformer,它是现在工业界在工程化方面做得最好的。

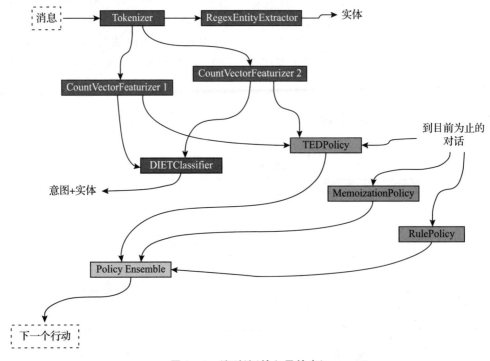

图1-4 端到端(输入及输出)

现在,Rasa面向另外一种端对端,这种端对端跟我们平常理解得不太一样,大家正常理解的端对端,就是把信息输给神经网络,然后它直接输出一个结果。但现在从Rasa 3.x开始,它的架构调整真正成熟了,如果按照这个方向继续延展下去,它可以成为整个对话机器人,尤其是业务对话机器人方面,具有持久影响力的一个平台和框架。因为它在传统的自然语言理解(NLU)和对话策略管理做了很多工作。至于自然语言生成(NLG),它自己本身没有做很多NLG方面的工作,它是通过远程通信开放接口,主要涉及的是NLU语言理解和对话策略。这方面类似集成学习,即把很多不同的内容放在一个平台中,用一张图的方式统一所有的概念。统一之后给使用者

第 1 章　Retrieval Model

的直觉就是像端对端了。Rasa 3.x 以后会有很多版本迭代,到时候我们也可以给Rasa 团队提一些建议,包括一些代码方面的内容。至于端对端这个话题,由于大家的经历、知识、视野不同,后面会讲更具体的内容。

在介绍 Rasa 整个内部机制的时候,因为这张图表达了新一代的背后引擎,我们会把图里面所有的元素都讲得很清楚,即从引擎的角度,而不是从某个组件的角度去解释。当我们讲组件的时候,会通过算法和源码的层面进行介绍。Rasa 整个平台从 3.x 开始,走上了一条前途无限的、具有持久影响力的道路。它背后到底经历了什么,它为什么能够做到这样,以及为什么它有很多的可能性?要解答这些问题,有必要考虑一下它的发展里程碑。在每一个历史关键步骤,它会解决一些问题,同时也会出现一些新的问题。

下面我们从 Rasa 关键性的步骤讲起。第一部分是 Rasa 作为一种基于机器学习的业务对话机器人框架,其中有一个很重要的历史事件是其把检索模型整合进了它的系统。为什么这会是很重要的事件?因为在端到端的过程中,大家要明确一件事情,即完全的端对端就是抛掉了意图识别的内容,如图 1-5 所示。

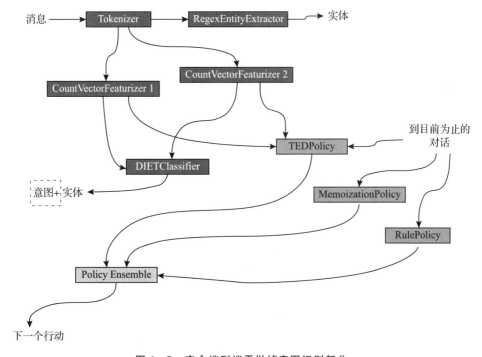

图 1-5　完全端到端需抛掉意图识别部分

Rasa 真正走上端到端的标志是抛开了意图识别这个部分。注意抛掉了意图识别,这种意图识别不是说系统没有意图识别,而是不需要手动去做意图识别。那么什么是手动去做意图识别?就是在训练数据时,把这些对话文本标记为某种意图,另外一些文本标记为另外一种意图。比如订酒店,订车,这些就是意图,不用手动去做。为什么这些内容很重要,是因为人的精力和体力是有限的,而数据变化从理论上讲是无限的,大家总有标记不完的内容,这背后涉及技术的核心特征,或者商业的核心特征。手动去标记,总是无法赶上机器的速度。大家不要跟这个机器,尤其是人工智能本身的速度或者规模化相抗衡。

1.3 Rasa 引入 Retrieval Model 内幕解密及问题解析

大家要抛掉意图识别,它本身会有很多历史原因,对于由一些历史问题引起的,Rasa 基于整个机器学习的模型,它把检索模型融进去是很重要的事件,因为检索模型融进 Rasa 之后,检索意图的完整性已经破裂了。当它已经有了裂缝,检索模型所表达的里面也就有了意图,即它的意图和 Rasa 过去一直用的意图已经不一样了。从概念的角度看,这就损坏了它的完整性。软件架构设计或团队交流合作时,从任何一个角度进行软件系统架构设计,都要保持概念的完整性和一致性,即每一部分都要代表一个核心的概念。不同的部分,包括新增加的部分,应该是服务或者增强核心概念的。Rasa 在融进检索模型的时候,已经破坏了它的完整性的概念,这种破坏看上去是这个架构背后的思想理念无法"统治"住所有的事物。再回到整个标题:One Graph to Rule Them All,Rasa 3.x 是用图(graph)的概念统治所有的内容,但在介绍检索模型的时候,它无法用一个统一的概念把整个系统不同部分进行很好的统治。

Rasa 作为一个业务对话机器人框架,其核心肯定是业务场景。一个正常的人和对话机器人交互的过程中,会有一些闲聊级别的对话,chitchat 也是闲聊。最常见的对话是问题解答(Frequent ask questions),最常见问题的问答,与业务对话机器人的多轮交互不同,它们的特性是一问一答,而且回答内容往往相对比较固定。对于 Rasa 1.3.x 版本,为了应对这个问题,就提出了检索模型,即从实现的角度,响应选择要做的一件事情是什么?即是从常见的问答,一些闲聊问题中引入响应选择。从所有的可选的响应信息中,再选择最适当的响应。对于一些单轮对话,例如"你是机器人吗?"或者问"今天天气怎么样?"问天气还有 API 调用的信息,它相对比较复杂一点,但是这种级别的问题,如果是一问一答的场景,跟具有上下文的多轮对话是类型不同的。Rasa1.3.x 引入响应选择是一轮或者单轮对话的一种方式。这里有几点很重要,第一点,除了单轮对话以外,用户获得的应该是始终一致的信息。第二点,用户得到的不一定是完全一样的信息,但至少是一致的。第三点就是它不考虑上下文,在办理一项业务的过程中,突然问"你是对话机器人吗?""你懂哪些语言?"等之类,这些是闲聊或者常见问题的问答,这些问题跟当前正在办理的业务,例如正在办理转账业务没有关系。从对话机器人的视角看,它是题外话,因为它不考虑上下文。Rasa1.3.x 想通过检索模型来解决这种级别的问题。在单轮对话中,回复的内容跟

第1章 Retrieval Model

当前做的业务没什么关系,我们接下来看一个具体示例:

用户打招呼,有一个具体的人在说话:

Hey

然后对话机器人回复:

Hi,How can I help you?

用户问怎么去用Rasa:

How do I get started with Rasa?

对话机器人会响应:

To determine how I can help you best,I'm going to ask you a few questions.

这是正常的对话,也可以认为这是业务,因为在问怎么使用对话机器人,也可以把它归为常见问题的问答,但这不是重点。相当于面对一个开发者,它接下来会问:

Is this your first time building a bot?

这时候前面相当于有上下文,用户看到这个信息,然后问了一个Python版本的问题,相当于是一个题外话,也是比较常见的问题。

Wait,I have a question. What's the Python version needed to install Rasa?

这时候机器人的回答应该是一致的,这种级别的问题就是单轮对话的相互作用。这里也要补充一点,这是Rasa 1.3的例子,现在Rasa 3.x在官网上谈到已经抛弃Python 3.6了,正常情况下,大家都会用Python 3.8:

The supported python version are 3.5,3.6 and 3.7! We recommend using 3.6!

然后用户会问,整个系统支持哪些语言?这也是常见的问题:

Okay,and what languages does the stack support?

机器人答复:Rasa NLU中的大多数组件都是独立于语言的,可以用任何语言构建聊天机器人:

Most components inside Rasa NLU are language independent so you can build a chatbot in any language.

这里可以看见用户问了两个常见的问题,这两个常见的问题和前面说的"How do I get started with Rasa?"本身是没有关系的。注意,这是从对话机器人的角度讲,与它本身没有关系。从正常的对话看,怎么开始使用Rasa,然后问一下它支持的版本和语言,这也是问题的一部分,是很模糊、很粗粒度的一种聊天。至于怎么使用Rasa,它可能问一下用户的使用背景,有没有构建过机器人,编程的背景等。收集了

7

背景之后，接下来应该一步一步展开。第一步怎么下载，第二步怎么安装，第三步怎么做一个最简单的测试等，这才是针对"How do I get started with Rasa?"一个正常的业务对话。至于支持什么 Python 的版本，支持什么语言？这些都是题外话。我们在做业务对话机器人的时候，发现题外话的场景会非常常见，所以 Rasa 在 1.3.x 的时候就在想，做一个检索模型来应对这些级别的对话。第一，它们是单独对话；第二，它们的回答的内容总是相似和一致的；第三，它们不依赖于上下文。

一问一答，其实是一个很烦琐的过程，从逻辑的角度看，它问一个问题就直接回答就好，从对话系统响应的角度看，它的交互过程是一样的，也就是逻辑系统是一样的，没有必要把每个问题和每个答案的处理过程用不同的信息来表示。当时，为了减缓开发者的工作量，它把所有的 FAQ 相关的意图都分组到一张检索意图中，即通过单个 respond_ask_faq 动作进行响应。对一个正常的业务系统，最常见问题的问答可能有 50 个、100 个，甚至更多方式，不同的问题不会对应不同的意图，即它只会对应一个意图(intent)。这边"intent"是一个单数，然后它使用了一个检索模型来处理意图和响应之间的对应关系，进行筛选。从对话机器人本身的角度看，它会把所有的常见问题，看作一件事情，只有模型能够感受到它问的是常见问题的某个问题，然后基于某个问题，把最相关的响应信息提取出来返回给用户。

理论上讲，Rasa 1.3.x 以前的版本每个用户输入信息时，最关键就是识别出它的意图。不同的问题，例如问支持什么版本，这是版本的意图，这里问支持什么语言，这是语言的意图，它是两种不同的意图。现在 Rasa 采用的做法是，整个系统应对这种最常见问题的逻辑过程是完全一样的，所以可把这些内容通过分组的方式变成 Faq 常见问题的意图，然后增加一个检索模型。它会有一些细分的类别，Faq 是常见问题，这跟服务还是有点相关的，如果是闲聊这些级别，它是另外一回事。把这些问题进行分组，例如问支持什么语言，支持什么样的 Python 版本的时候，不是看作两种不同的意图，而是看作一种意图，但这时候破坏了它的完整性或者一致性，显然整个架构已经有问题了，而且这个问题会越演越烈。我们既然谈 Rasa 的完整性，就会把完整的路径展示给大家，这样会让大家真正知道它内部的真相。从 Rasa 1.3.x 的角度来看，这使得以同样的方式处理所有的问题消息更容易，这是一个很关键的点。它的目的是想简化最常见问题的问答，使用单个检索操作，而不考虑其具体意图。这说得很明白，不管这种常见问题是什么级别的问题，就使用一个单一的检索动作完成响应匹配，对这种意图的响应也不依赖于以前的消息，不需要复杂的核心策略来预测相应的检索操作。用户输入信息，会通过一些标记化器，还有特征提取器这些操作，但是并不需要 Transformer，或者很复杂的一些结构去获得这个响应。由于只有一个检索操作，需要建立一个机器学习模型，以查询所有候选响应中最合适的响应，把所有的内容都简化成一种 Faq 意图。用户有不同的问题，这个问题肯定会对应不同的回复，必须有一个模型能够区分出不同的问题，区分出来不同的问题之后，才会选出最合适的回复，这是必然的。它现在相当于另起炉灶了，在 Rasa 基于 Transformer

模型的基础上，提出一个新的模型。我们一再谈到Rasa基于Transformer，就是从现在的角度去讲的，要补充一点，Rasa其实有很长一段时间不是基于Transformer的，当看见它基于Transformer的时候，我们就开始密切关注这个平台，以前也没有在一些场合跟大家讲Rasa相关的内容，是因为觉得Rasa架构方面还有很多问题，但从3.x开始，它通过图的方式统一了所有不同的组件之后，就觉得这个框架平台会成大气候，所以现在才开始讲。刚才讲的基于Transformer的实现，它很长一段时间不是基于Transformer的，但为了简化这些内容，因为是否基于Transformer或者不是基于Transformer，跟我们要谈的One Graph to Rule Them All内容并没有太多的相关性，所以我们就统一说它的机器学习模型是Transformer。以前很长的时间，它也会使用其他的一些传统的神经网络，它现在相当于已经另起了一种模型来识别不同的问题以及这个问题的答案了。

这是另外一种新模型，它分裂了Rasa统一的事情，具体怎么做？它在NLU中引入了一个新组件ResponseSelector，这个词语用得还是很不错的。从语言理解的角度讲，在NLU这个范畴里面，它提出了一个ResponseSelector，言外之意ResponseSelector跟策略管理这些事项没有关系，这叫另起炉灶，即在系统的内部搞了一套自己的小系统。它背后是因为Rasa开始聚焦于业务对话机器人，现在问答级别的内容不叫业务，可能大家会想，问答为什么不叫业务，基本的信息咨询，不能说跟业务没关系，但业务就是一定要通过多轮对话去完成的，所以业务对话机器人也是对话机器人中技术要求最高的部分。它的NLU根本就没谈到策略，是语言理解内部消化掉的，跟其他的策略不一样，其他的部分都需要语言理解的部分，如图1-2所示。回到开始这张图，大家看图1-2的左侧是语言理解NLU的部分，右侧是RulePolicy、MemoizationPolicy、TEDPolicy等这些策略级别的内容。它没有涉及策略，因为它自己本身就是策略，只不过是它把自己定位在NLU部分，并不会往下游去流动，因为它直接给用户做出响应。

具体它是怎么工作的，它为每个用户消息和候选响应收集单词词袋特征，在问答数据集中有问题，也有答案。假如有100个问题，就有100个答案，把这些内容收集过来，将单词词袋特征通过密集连接层，分别为每个用户信息计算嵌入式向量表示。这用到神经网络和机器学习的技术，从词袋的方式可以认为是独热编码（One-Hot），但在正常情况下，这会是Multi-Hot的编码方式，不仅以词语为单位，还有其他很多的分词或者编码方式，即应用相似函数计算用户消息嵌入和候选响应嵌入之间的相似度，最大化正确用户消息和响应对之间的相似度，最小化错误用户消息和响应对之间的相似度。这是训练最大似然估计，作为训练过程中机器学习模型的优化函数，这是训练级别的。接下来，我们要讲推理，这是必然的，在推理时将用户消息与所有候选响应进行相似度匹配，用户的信息要与所有的响应信息进行比较，并选择相似度最高的响应作为助手对用户消息进行响应，这都是信息提取系统的内容，也可称之为信息检索IR系统（Information Retrieval，IR），只不过这里采用稠密向量的方式,即从机器学习模型的视角来做的。

如图1-6所示,图的左侧是用户发过来的信息,右侧是候选响应信息,从训练的角度看,如果大家能够匹配就最大化,不匹配就最小化,这很直白,太原始,这是大家做机器学习必然要知道的内容,要下功夫去掌握它。训练的时候,要通过相似度最大化它的正样本,最小化它的负样本。在推理的时候,用户的信息会与所有的候选信息进行相似度比较,选取最高相似度的内容,然后反馈给用户,非常直觉化。

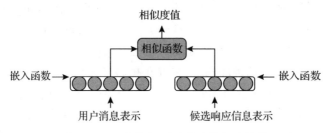

图1-6 用户信息、响应信息相似度计算

Rasa 1.3.x版本与EmbeddingIntentClassifier的工作比较相似,就是另外一套系统,这一套新的系统是跟EmbeddingIntentClassifier并行的一套系统,主要的区别是意图被替换为响应的实际文本,直接用文本进行匹配。原先的做法是每个文本都有一种意图,言外之意是以前的一个文本会对应一种意图,现在所有的文本就是Faq这样一种意图,然后内部直接是文本的匹配,这种做法很直接,很容易理解。输入的信息会被标记化、特征化抽取及意图分类的处理,这比较简单。为什么这里有意图分类?机器人从机器人的视角跟用户交互,一开始它可能不知道是Faq还是其他的内容,因为它首先要分类成Faq,可能是其他的业务,也可能是闲聊级别的业务,在分类的时候是不同的意图,在最开始的时候它还有一个分类的过程,那么怎么进入到那一步?它把所有的内容都看作相同的,原先是100种意图,现在只有一种意图,意图就是Faq。常见的问题可能有很多,例如有2种意图ask_faq/python_version和ask_faq/languages。这里很关键的一句话,即意图分类器把这些意图分成一种检索意图,统一的名字就叫ask_faq。只有ResponseSelector会识别ask_faq/languages和ask_faq/python_version之间的不同,所以它自己搞了一套系统,把所有的常见问题都变成了一种意图ask_faq。

至于响应词语,现在实际的响应文本是训练数据的一部分,它们不会在域文件中。由于直接根据用户消息文本选择响应,固此响应选择是实现端到端聊天机器人训练的一个步骤,使用的响应格式有点类似于端到端评测使用的故事格式,这里提到了很关键的一点是端到端聊天机器人训练。如果只是想要响应信息,然后再监听下一个用户话语,可使用映射策略将检索意图映射到域文件中的相应操作。如果有两个响应选择器,就有ask_faq问答,也有chitchat闲聊,这时候就可以进行分类,它有两个检索模型,在检索模型内部,它会变成不同的模型,这很正常。

```
pipeline:
-name:......
-name:"ResponseSelector"
 retrieval_intent:ask_faq
 ......  #other architectural parameters
-name:"ResponseSelector"
 retrieval_intent:chitchat
 ......  #other architectural parameters
```

这里常见问题的问答,是信息查询。闲聊可以有其他不同的设计,可以为每个检索意图构建特定的响应选择器模型,检索意图是指 Faq 问答或闲聊,可能还有其他一些类型,只要是跟业务不相关的,就可以把它分组,这时每个模型都将根据检索意图分组的用户话语和响应话语对进行训练。这种模型是树状结构,比较容易理解。NLU 配置中的响应选择器组件的数量应该与训练数据中的检索意图的数量相同。为此,在每个 Response Selector 组件的配置中应使用 retrieval_intent 参数来定义相应的检索意图。这里再一次要说明它谈的检索意图是指不同类别的,例如问答或者闲聊,而不是每个文本所代表的意图,每个文本会有一种意图。整个系统在信息进入的时候会分类,可能有 100 个文本,它们都属于 Faq,其实这时候还是一种意图。

构建特定的或共享的响应选择器模型的选择是由用例驱动的,共享表示所有的内容,即你和我都是同样的。如果特定检索意图中的话语是一个特定领域的,例如与 Faq 相关的问题,那么从聊天和问候语等意图,例如打招呼,随便的寒暄等中学习通用词汇的共享嵌入式可能没有太大意义,特定领域的模型甚至可能表现得更好。特定模型在使用不同的参数集时甚至可能比共享模型使用的参数集表现更好。例如,如果一些 Faq 的数据比其他 Faq 的要多,那么使用平衡批处理作为批处理策略时,训练可能会得到改善,因为领域不同或者具体场景不同,把场景中的不同问题变成一个分组的时候,实际上很多组会有一个内驱性的表现,即在推理的时候有更好的速度。从训练的角度也会有更好的训练质量,但因为数据类型可能不太一样,有时候会损坏模型。至于样本不平衡的问题,如果把它分成很多不同的类别,可以很好理解。

它现在有了检索模型这种设计,其实已经偏离了原先的设计方式,原先的方式是用户的一句话往往就有一种意图,它自己在走向端到端时,其实已经走向了混乱了,为什么这个功能是实验性的?通过引入响应选择器和检索动作,它提出了一种解决单轮交互的新方法,训练数据格式并不完全支持端到端训练,但仍是朝着这个方向迈出了一步。此外,响应选择器组件位于 Rasa NLU 和核心的交叉处,尽管相信端到端训练是一个令人兴奋的进展领域,但在进一步发展之前,其希望从社区获得关于开发人员的总体体验、模型的性能和功能本身的足够的反馈。因此,计划暂时保持该功能的实验性,意味着功能可能会根据收到的反馈进行更改或删除。从理念的角度看,它做得更精细,但它已经破裂,破坏了统一性,它多次提到端到端的学习,最终是整个

Rasa 的一个里程碑，是走向 One Graph to Rule Them All 这条道路上一个非常重要的里程碑。

　　这是本节跟大家分享的内容，这是过程，是事件，是正在发生的，正在经历不断的转变，所有的事物都要通过过程、事件或者关系，然后持续发生变化。我们一开始就谈到状态解耦合、依赖、通信、交互、关系等内容，希望大家不要以一种固化标签化的思路来看待问题，尤其是我们谈 Rasa 内部机制，在谈第三阶段的时候，可能会发现第一阶段和第二阶段的内容被我们否定掉，或者看上去这些内容是完美的，其实背后是有很大问题的，这是因为当你的意识能量，还没有到达那个阶段，你的视野没有到达那个阶段的时候，如果过多去看事物的好与不好方面，没有意义，就像 Rasa 发展了很多版本，前面的很多内容都被后面的很多版本否定了，所以我们要注意处理事件的发生和持续转换。

第 2 章　去掉对话系统的 Intent

2.1　从 inform intent 的角度解析为什么要去掉 intent

我们在上一章跟大家讲的很重要的一点是 Rasa 整个的发展过程,尤其是现在的 3.x 版本时代,它的目标之一是用一个统一的概念来制约或者统治所有的组件。在上一章中,我们花了很长的时间跟大家分享图 1-1 中的内容,其实它就是一个有向无环图(DAG:directed acyclic graph)。大家可以看一下语言理解 NLU 还有策略(Policy)管理这两部分内容。那张图构建了不同组件之间的关系,而它之所以能用一张图来实现 One Graph to Rule Them All 的架构,是因为它把所有的元素仅看作整张图中的节点,或者一个组件。它已经模糊掉了 DIET 语言理解的部分,比如 TedPolicy 对话策略,它是要产生响应用户的内容,它的 Transformer 模型所做的一系列的处理,开始的时候有很清晰的 NLU 和策略的区分,后来它借助图的组件之间的依赖关系构建了一张图。

Rasa 一个很重要的目的是要实现端到端的业务对话机器人,注意,通常意义上,大家理解的端到端,是把数据输进模型,然后模型生成一种结果,这有一个致命性的问题,这个问题就是结果的不确定性。如果结果不确定,肯定不可以用这个业务系统。Rasa 想实现的端到端现在还没有完全实现,它只是在不断探索,Rasa 的检索模型已经打破了统一意图的概念走向了另一套系统,其实它在进行端到端探索。Rasa 实现端到端探索路线的一个前提是结果是确定性的,相同的前提一定会产生相同的结果,所以大家理解的端到端,与 Rasa 想实现的端的端,以及我们星空智能对话机器人已经实现了的端到端的处理是不一样的,根本就在于端到端是不是具有确定性。无论是 Rasa,还是我们现在研究的方向,或者星空智能对话机器人,做业务必须是确定性的模型实现,这点非常关键。我们只是从确定性与非确定性的角度,跟大家分享一下关于端到端这部分的内容。看上去它确实是一个完整的整体,例如 Rasa 它就是一张图,看上去一个整体跟普通的端到端可能没什么区别,重点是 Rasa 内部是用统一的图来实现的,大家看一下 Rasa 3.x 的源代码,它有一个 Graph Schema。

Rasa 3.x 的 graph.py 的源代码如下:

1. @dataclass
2. class GraphSchema:
3. 　　"""表示用于训练模型或进行预测的图"""
4.
5. 　　nodes: Dict[Text, SchemaNode]

```
6.
7.    def as_dict(self) -> Dict[Text, Any]:
8.        """以可序列化的格式返回图模式
9.
10.       返回:
11.           可以转储为JSON或其他格式的图模式
12.       """
13.       serializable_graph_schema: Dict[Text, Dict[Text, Any]] = {"nodes": {}}
14.       for node_name, node in self.nodes.items():
15.           serializable = dataclasses.asdict(node)
16.
17.           # 类不是JSON序列化的
18.           serializable["uses"] = f"{node.uses.__module__}.{node.uses.__name__}"
19.
20.           serializable_graph_schema["nodes"][node_name] = serializable
21.
22.       return serializable_graph_schema
```

Rasa 3.x 的 graph.py 的源代码如下：

```
1. class GraphComponent(ABC):
2.     """将在图中运行的任何组件的接口."""
3.
4.     @classmethod
5.     def required_components(cls) -> List[Type]:
6.         """在此组件之前包含在管道中的组件."""
7.         return []
8.
9.     @classmethod
10.    @abstractmethod
11.    def create(
12.        cls,
13.        config: Dict[Text, Any],
14.        model_storage: ModelStorage,
15.        resource: Resource,
```

```
16.         execution_context: ExecutionContext,
17.     ) -> GraphComponent:
18.         """构建一个新的 'GraphComponent'.
19.
20.         Args:
21.             config: 该配置将覆盖 default_config'.
22.             model_storage: 图组件可用于持久化和加载自身的存储器
23.             resource: 此组件的资源定位器,可用于持久化并从' model_
                storage '加载自身
24.             execution_context: 关于当前图运行的信息
25.
26.         返回:一个实例化的' GraphComponent '
27.         """
28.         ...
```

这里 GraphComponent 是在图中运行的任何组件的接口。Rasa 有这样一个统一的接口来困住所有的内容,它的路线确实是赶往端到端的,是实现了业务确定性级别的一种结果,跟大家通常理解的不太一样。无论是 Rasa 的实现,还是星空智能对话机器人的实现,比大家通常认识的端到端高级得多,复杂得多,当然也有价值得多。

本书跟大家讲的检索模型整合进了 Rasa,即讲了 1.3.x 里面具体的实现以及它的问题,尤其是它出现了模型的分歧,因为检索模型仅属于 NLU 部分,也就是语言理解部分。例如 Faq 最常见的这些问题,问一个对话机器人支持哪些语言?是不是一个机器人?这样常见的问题,把所有常见的问题变成了 Faq 意图,而原来没有检索模型的时候,它实现的是不同的问题,就是不同的意图,它采用了一种分组方式,用户输入信息通过响应选择完成相似度的计算,通过相似度的计算,每一个用户的输入文本会跟所有的响应信息进行相似度的计算,然后选出相似度最高的作为结果返回。这时候它就没有策略这些内容,所以出现了分歧,不仅有模型级别的分歧,而且还有意图级别的分歧。

接下来,我们看一个观点——把意图去掉,很多人看见这种观点的时候,尤其是做对话机器人,可能感觉比较震惊,或者比较震撼。为什么比较震惊或者比较震撼?从正常的知识水平去理解,我们做对话机器人,尤其是 Rasa 业务对话机器人,竟然要去掉意图,这显然不可思议。这里再次强调,做业务对话机器人显然是不可思议的,但这里的充分论述不适合使用意图的一些经典的场景,因为检索模型只是破坏了意图机制的完整性和一致性。从一个经典的场景,或者从绝大多数意义角度解释为:对话机器人是状态、意图、动作,以及要操作的业务给用户响应的结果。状态是用户输入的信息。由这些元素构成的事件是从流式的角度去看的。从工业实践的角度看,对话机器人已经是一种很高级的状态,因为这里面无论是意图、动作,还是状态,都有非常复杂的内容。举个例子,对于状态的管理,不要认为这个状态仅是提取出意图,提取出里面的实体,它还有一些上下文的辅助信息,这是最初级别的一种想法。我们一开始就说它是过程,是事件,是发生在不断变化中的事件,显然这是一个动态的相互作用的过程。如果只是认为它是进行状态管理,或者维护状态,那么只要好好提取意图,提取它的实体,还有维护一下上下文信息就行了,那么这个想法、做法和实际能做的会差得很远。举例来说,在状态维护的时候,正常情况下,肯定有不同的业务,这时候对于不同业务的状态维护,同样一个用户跟你进行交互,能否及时更新?或者对话机器人重新启动之后,以前的状态和现在的状态怎么维护?这些都是复杂的细节问题,而且也是致命性的问题。国内很多做对话机器人的人,远远低估了事实上做工业级对话机器人的复杂度,相信大家也会有相同的感受。

　　这里的去掉意图肯定也是大家意识不到的,因为从正常的角度讲,我们做业务对话机器人,肯定要明确这个业务具体是做什么,然后才能引发接下来一系列的动作,这是长久要实现的,而且实现之后,会感觉这就是一个完善或者是完美的系统,事实显然是这样的。Rasa 在几年前就提出要去掉意图,但它的复杂度和很多细节是远远超出大家想象的,所以需要深入每一部分的内部,一步一步完成它完整的思考过程。下面我们具体看一下为什么需要这样,至于怎么去做,这是另外一个主题。

　　这里讲到意图对开头很有帮助,开头去做业务对话机器人,如果有意图,这是很好的,这有一点像老子的"道可道非常道",也有点向诸子百家宣战,诸子百家说的自己的"道",都不是大道,都不是常道,说的都是雕虫小技。但是 Rasa 正在努力确保,一旦对话助手变得更加复杂,会将每个信息映射到意图可以克服带来的限制。"sophisticated"是复杂的意思,就是你的意图,或者要做的事情比较多,为什么会很复杂?正常想一想就会明白,只要做实际对话机器人的业务,就知道设计意图就是一件非常复杂的事情。设计意图在某种程度上就相当于设计状态机一样,能够确保意图没有耦合,即会判断别人说话的时候会不会采用不同的意图联合;如果认为意图耦合就耦合,这显然是无知的表现,一旦耦合,从分类的角度看,它就对不同意图的置信度降低了。从机器学习的角度看,它判断下一步动作的时候,就会举棋不定,或者直接就进入了异常处理的状态。

　　如果用户说话的时候有多种意图,怎么处理?如果不处理,说明不是在搞对话机器人,或者不是在搞技术。它的数目一旦多,会变得很复杂,现在只是从数目的角度去看,也还有其他很多层面的内容。然后将信息映射为意图,你就可以(you can)绕过限制,"you can"这个词问得很微妙,就是你可以绕过它,当读到这些内容的第一直觉是会想:怎么能绕过它。这里,有一句很精彩的话,就是将每条消息都映射一种意图。Faq 如果没有检索模型,它会把每条消息都看成一种独立的意图,但是有了检索模型,如果有 100 个 Faq,用户输入 100 个不同的问题,其实都属于 1 种意图,所以很多人做对话机器人,尤其是比较原始的对话机器人,它做的是把用户所有的信息都映射成一个具体的标签。这里的意图之所以是初级的,是大有学问的,因为标签可以有语义、含义,标签从哪里来?是让业务人员规定这个标签?还是根据语音信息产生的?这里面也有很多学问,它的复杂度远超出一般人的想象,做这个业务,会逐步感受到。然后进一步解释意图是僵化的(rigid),有限的,不考虑上下文。"rigid"是僵硬的意思,为什么是僵硬的?因为定义了什么信息属于什么意图,意图本身它并不具有伸缩性,或者本身并不具有适应性。理论上讲,它不可能表达所有的意图,如果把用户相应的信息都变成意图,也不是都能感知到。从普通意义或者通用意义的角度看,很多做机器学习甚至做 Transformer 的研究人员去做对话机器人,即使用了 Transformer,从信息到意图这个过程也是无状态的。无论使用什么机器学习模型算法,在语言理解 NLU 部分,一般的模型包括 Transformer 都是不具有上下文的,它只是把用户输入的信息,通过自己的一套编码规则,生成更好的内容,再和意图进行匹配。如果你很有经验或者作比较深入的研究,就会知道,还有一层意思,就是哪怕仅是提取意图这件事情,其实在先进状态下也应该要考虑上下文。无论是僵硬的、有限的,还是关于上下文这些内容,都是很复杂、很深入的主题。接下来,我们会通过不同的例子来逐一地说明,即从形象化的角度深一步说明,对于带有表单的检索动作以及多意图,Rasa 已在消除其中的一些限制。正常情况下,我们说的一句话,可以认为有 50% 左右是多意图的,多意图就是这句话可能不只代表做一件事情,可能是同意做什么事情,然后又要求做什么事情。例如 Alluxio 对话机器人的问题中有 47% 左右都是多意图的,如果对话系统不能处理多意图,一个系统 40% 的内容都不能处理,这显然是很糟糕的,但是处理多意图是一件具有技术难度的事情,举个例子,假设有 100 种独立的、单一的意图,处理多意图的时候该怎么做?是把 100 种意图进行两两组合,还是三种意图进行组合?可能有人会说两两组合,一听就知道没有经验。因为即使能够把 100 种意图两两组合,可以算一下,有多少个组合?即使组合出来,怎么获得训练数据,而且每个组合可能还有不同的情况,例如 A、B 两个部分构成了一种联合意图,是侧重 A 部分,还是侧重 B 部分,还是 AB 都注意等?这会有很多种处理方式。一句话有三种意图,假设就说两种意图,这么多情况,如果不解除掉耦合,或者没有符合实际的解决方案,只是异想天开地想进行排列组合。那么关于训练数据从哪里来,然后每种联合意图不同的情况怎么处理?我们讨论一下,这些特征是如何模糊(blur)意图的定义,"blur"是模糊的意思。如果戴眼镜,在冬天出门的时候,眼镜感觉有雾化,模糊了你的视线,这就叫"blur",它不是去掉意图,而是描述意图不再是未来之路的瓶颈。它说的话很有艺术水平,将来意图不会再是瓶颈,没有说直接把意图去掉,这是一种很高水平的说法。所以在这段开头,它也谈到,并不是在说要把意图从 Rasa 中去掉,但是意图有很多缺陷及限制。

具体来看,首先这里的第一个例子是:为什么意图会有很多的问题?它说表单(Form)和无用的"inform"意图,"inform"是通知,这是很模糊的概念。具体来看 Rasa 的表单,表单是 Rasa 为了处理业务而选择的一个数据结构,即大家在网页上操作，填个表单等。在对话机器人中也有这种概念，Rasa直接使用表单，星空智能对话机器是直接Transformer去做的，它会有一个独立表单的概念。这不是重点，重点是意图，表单中有很多字段，有很多不同的部分都需要填写信息，但它是以对话的方式询问，如果使用表单，就需要依赖"inform"这样的意图，其实这种意图无助于下一步动作。在Rasa的实现中，它一旦进入表单部分，就会进入一个循环表单的循环，直到用户把表单需要的信息填完整，或者用户明确要求退出表单，此时可以结束掉表单。正常情况下，一直要把具体的信息填完整，很多时候要使用"inform"的方式。

看一个例子，如果用户要求退款，它有这样一种意图，退款表单就被触发，并要求提供一些信息。比如订单号以及为什么要退款，然后用户会回答信息，包括用户的订单号是什么？用户就直接回复：ABC12345这样一个ID，或者提供一个订单号。正常对话会映射每一条信息到一种意图，这时候用户输入的信息要变成一种意图，这要打上一个问号。传统意义上，这是一个实体，很明显它就是一个实体，不一定要把用户的输入内容都变成实体，因为Rasa以前在实现的时候，它不知道这个实体。要补充一点，为什么用户的输入要变成实体，是因为在传统经典的架构中，意图对应着动作，机器人对用户要做出响应。传统的做法是先把用户实体的信息提取出来，基于实体触发动作。这里还会有状态信息，基于状态信息产生最后的响应时，要打一个问号，因为用户输入的信息明显就是实体。这会破坏了所有用户信息，应该属于意图的概念或者理念，Rasa在引入表单的时候，它明明知道信息是实体，但是它依旧把它硬套上意图标签——"inform"。但也很明确，它没有任何意义，因为它没有添加任何超出实体订单号的信息，这非常经典，它说你给我一个订单号，我看见就是一个实体，它不是意图。如果把它生搬硬套，说它有这种意图，就把它叫做"inform"，言外之意，做对话机器人基于实体的规则，在于输入信息中有实体，同时也有超越实体的信息，因为有时候可能有多个实体，它是复数的方式，把这些信息联合起来，才能有意图。然后通过使用from_entity方法映射这个词槽，这个内容是从实体端获得的，即使意图分类错误，表单也能正常工作，这是一些称之为技巧的事项，技巧用多了肯定不是什么好事情。当需要用技巧的时候，就表明在对系统进行修修补补，就是正宗的系统不能顺理成章解决一些问题，它相当于绕过了Rasa统一的架构，用户的输入，现在就是一个实体，不是意图，而非要说是称之为"inform"这样的意图，违背了意图的定义。意图也不一定要有实体，如果输入信息中有实体，它应该有超越实体的一些内容来和实体共同构成，最后形成语义级别的意图，这都是在设计或者实现对话机器人。具体做语言分析的时候，非常重要的关键点是它把实体信息提取出来，但没有作其他的事情。从Rasa表单实现的角度看，它是一个循环实现，也不能说它有问题，因为这也是一种合理实现，虽然跟星空智能对话机器人不同。为什么它也是一种合理实现？这个前提假设是，所有的业务逻辑规则应该是提前都是知道的，不用向机器学习去学习，或者不能让机器学习从数据中学习。它这样做其实也没有什么问题，但是它已经违背了什么叫真正的实体的概念。

2.2 从 Retrieval Intent 的角度说明为什么要去掉 intent

这里举的第二个例子是,检索意图并不是真正的意图。检索意图是我们集中已经讲过的,例如 Faq,它把所有的常见问题组合到一个单一意图中,模糊了意图的定义,用户的每个输入都会映射成为一种意图。理论上讲,很多常见的问题,每个问题都应该映射成一种意图,这里指每个同类型的问题,因为同样的问题可能有不同的问法。不同的问法其实还是同样一个问题,检索操作可以将所有无状态的交互合并(collapse)为一种意图和动作,它用了一个很关键的词叫"collapse"。至于有状态和无状态这件事情,无状态交互的意图应该总是收到相同的响应,比如常见问题解答和基本的聊天,因为不受状态的影响,自然每次结果都是一致的。它是一个简化的方式,因为从对话的角度来看,所有这些交互都是相同的,你不考虑上下文,你输入什么信息,我就映射什么结果,所以都是一样的。假设有 2 000 个常见问题,其实对对话系统就是一个问题,因为内部需要检索模型会去区分不同的问题本身。对所有无状态交互,使用单一意图会使得域文件变得更加简单,这意味着需要的训练故事要少得多,但是检索动作也暗示了未来意图必须消失,因为这种选择已经破坏了原始意图的概念。

检索动作的工作方式是:Rasa 训练一个额外的机器学习模型来进行响应检索,例如,一个训练数据的示例就是一个具体交互的过程。

用户(User)打招呼:

U:how are you?

机器人(Bot)进行答复,显然这是一问一答:

B:l'm great thanks for asking

用户提问,这是一种常见问答方式:

U:are you a bot?

机器人回答,这也是一种常见回答方式:

B:yes,I am a bot

训练数据内容:

＃＃intent:faq/howdoing

- how are you?
- how's it going?

＃＃intent:faq/ask_if_bot

- are you a bot?

— am l talking to a computer?

意图分类器和对话策略将所有这些视为单种意图和响应动作，只有响应检索模型知道"how are you?"和"are you a bot?"之间的区别。它和通用的对话管理策略已经分裂了，"how are you?"的真正意图是什么？它是 faq，还是 faq/howdoing？它模糊了意图的定义，这是一件好事。称之为哪一种意图并不重要，重要的是你的助手知道如何回应。再次感觉到有没有意图无所谓，重要的是我的对话机器人要知道怎么去响应你，而且响应是可靠的，能够在具体商业场景下去应用。这里谈到常见问题的问答是比较简单的情况。

2.3　从 Multi intents 的角度说明为什么要去掉 intent

多意图的情况也是整个业界，无论是学术界，还是工业界的一个核心难题：一个用户在一句话中有多个意图。举个例子来说，那个地方听起来不错，什么时候开始营业？（"Yes that place sounds great. What are the opening times?"），听起来不错，是认可了这件事情，这肯定是一种意图，然后再问营业时间，这又是另外一种意图，这是很正常的一些对话场景。使用多重意图消除了每条消息只能有一种意图的限制，Rasa 的 NLU 非常擅长预测这些多重意图，但挑战当然是要知道如何应对。根据设计，Rasa 只会预测在训练数据中至少见过一次的多重意图。坦率讲，这是有点失落的，为什么有点失落，是因为它在做多意图的时候，采用了一条捷径。训练数据里面有多意图才能够表现出多意图，显然还有很多其他的多意图，如果训练数据都没有，在实际"inform"的时候它就无法去处理。但转过来讲，这极为精妙，折中或者平衡，因为这里面有一个基本性的原则，就是以用户的实际数据为标准，而不是自己去搞一套完全理想化的场景。用户在跟客服系统交互的过程中，经常会说多意图，可以把多意图的数据收集过来训练系统，达到最小化的系统消耗，最大化的产出实践，这可能是最好的方式。这遵循了 Rasa 的指导原则，即实际的对话比假设的对话更重要。可能在一个系统中，假设有 1 000 种多意图，但实际上训练数据也就 5 条左右，而这 5 条数据，是从过去 3 个月，甚至半年的过程中，实际客户跟你交互的过程中产生的。虽然它只有几条，但是它的使用是有效的。读者肯定会问，如果有新的多意图，但系统无法识别，没有见过这种多意图怎么弄？这是一个收集数据，然后更新模型的过程。从实践的角度讲，它是一种比较经济化的手段，是经济级别的解决方案，但它不是一种最佳的解决方案，以后有机会跟大家分享我们星空智能对话机器人的做法，这里面的核心就是解耦合的关系。

为什么不能预测任意的多意图？假设要预测以前从未见过的新的意图组合，有多种有效的方法来处理多意图输入。一种方法是，其中一种意图可以忽略，根据另一种意图采取动作，但具体该怎么做？这个问题问得很好。另外一种方法是，同时响应这两种意图，但是按怎样顺序响应？涉及的顺序问题，跟我们前面表述的思想是一样的。还有一种方法是,意图发生了冲突,需要让用户澄清。具有冲突的意图,处理起来确实非常棘手。做对话机器人是人工智能领域最复杂的事情,一旦深入细节、深入具体场景的时候,就觉得不像表面看上去那么简单了,就像在山脚下或者在一个平原上,看见一座山不远,但是要想登上那座山的山顶,比想象中的可能需远10倍甚至100倍。具体要走那条路的时候,表面看上去很近,是视野所及的范围,可能感觉半天就可以走到山顶,但实际上,可能要走半个月,甚至半年。

如果这种多意图你以前从未见过,就不知道哪一种是正确的。这些问题都是重要的问题,如果没有看见用户实际跟系统交互的数据,就不知道哪种是正确的,即使通过排列组合的方式。这三个问题,具体怎么做?按哪种顺序响应?发生意图冲突怎么办?这你要回答,它的复杂性在某种程度上远远超越了这个排列组合,形成了数量爆炸级的复杂度,远远超越了它,所以这是学术界或者工业界的强大能力,但背后的核心其实是耦合的问题。

2.4 为什么有些 intent 是无法定义的

这里它给了第四个例子,一些意图无法定义,当然你可能是第一次问为什么无法定义?如果严肃地问这个问题,我现在就严肃地告诉你,因为你的专业知识是有限的,你的业务系统能接触的实际客户是有限的,同时你的建模能力也是有限的,这就是我给你的严肃的答案。需要假设你在构建对话系统的时候就知道用户要做的所有类别的事情,不能假设你获得的数据就代表所有的情况来训练你的模型,更不能假设你对这个领域的认识永远是最好的。正常情况可能是你虚幻的自我想象、自我膨胀,所以无论是业务,还是建模能力,还是真正的高质量,完全全息的数据,都不是容易解决的。这里假设所有的数据有时也不能很好去定义意图,即使你对业务所有的场景都很清楚,对于有所有的数据情况,你依旧可能有语言限制,不能表达这种意图是什么。

Rasa举了两个很经典的例子,让你进一步感受到什么叫严肃的回答。我们看一下,假设在做一个对话助手,目的是鼓励大家减少碳排放,它构建了一个对话系统,然后会看到这样一些消息,"花在这些补偿上的钱是谁收的?"然后它说,"你会从我购买的碳补偿中抽成吗?"这一问题有明确的意图,但第一个问题回答并不完全相同,是否应该为此创建新的意图,这时候会很纠结,因为对话系统本身设计或者实现有一个地方就在于它是不同组件之间的相互作用,而有时相互作用本身的界限是模糊的,即使你是一个业务领域的大神,或一个建模大神,有时候也无法很清晰定义它。你可能能够感受它、体验它,但是不能好好去定义它。如果使用意图,比如我们星空智能对话机器人的语义级别,可以知道它在哪里,但是说不出来它们的不同,或者只要想把它表达出来时,它可能就和另外一种意图冲突,所以这是Rasa给的严肃回答。另外一个例子也很有意思,看到一些元对话,比如:"你看到我的消息了吗?"它称之为"meta‐conversation","meta‐conversation"是描述对话的语句,这就比较困难了,很难为这一信息创造一种意图,然后思考这种意图可能被用于何处,这个比较容易从域文件中已有的响应模板中选择一个通用但足够好的响应。所以,关于有些意图是无法定义的,这里面有很多非常复杂的场景,不过到目前为止,大家应该能深刻感受到它的复杂性。

  为什么意图是很重要的部分,定义一组意图引导对话助手是有效的方式,能把人能说的无限多的话压缩(compressing)到几个桶里,"compressing"这个词用得精彩绝伦。读到这个地方,可让人感受到Rasa对于对话的理解绝对是顶级的天才级别的,每句话都直逼要害,直击本质,入木三分。当我们使用意图的时候,是把无限的信息放入有限的桶里面,每个桶就相当于一种意图,会更容易知道如何响应,当会话助手变得越来越复杂的时候,情况就恰恰相反。作为人类,很容易做出好的反应,但在对话系统中,你的建模能力有限,领域知识有限,数据有限,用一套刻板的意图做事却变得越来越困难。我们需要超越意图,达到真正的第三级,为Rasa用户提供实现这一目标的途径时,它直接就说不认为Seq2Seq(sequence to sequence)模型是答案。这暗含着一层意思,很多普通人,做端到端(End2End)的时候,其实心中想的是Seq2Seq,已经把这个概念搞模糊了。End2End不是Seq2Seq,当然Seq2Seq可以成为End2End的一种实现,但是End2End与Seq2Seq不一样(End2End is not the same as Seq2Seq),什么是Seq2Seq? Transformer是Seq2Seq。这时候特别有意思了,Rasa基于Transformer,然后Transformer本身是基于序列的训练,因为它最开始是做翻译,现在讲Transformer这种Seq2Seq不是答案,背后包含着很多天才性的想法。一种基本的含义就是,我们虽然也基于这个Transformer,但是我们用的Transformer跟你用的不一样。以后会在源码层面跟大家讲解怎么去使用Rasa,首先它否定Seq2Seq是End2End的,或者去掉意图的方式,不应该从一个预训练好的大语言模型中进行抽样,在这里它也否定了迁移学习,之所以开始说Rasa是高手,后来很激动地说它是一个天才,然后再次回到老子的"道可道非常道",诸子百家说的都是雕虫小技。在这里它直接就否定了对话机器人搞Seq2Seq的方式,这不是一种高级的形态。如果使用这个预训练的方式也不是高级的形态,读到这个地方的时候,会令人很兴奋,感觉如觅知己。它解释了一句关键的话,就是为什么Seq2Seq或者预训练模型不适合,因为Rasa是为产品团队提供关键任务会话的人工智能,因此模型应该始终是确定的和可测试的,这解释也是一招毙命,这就是真正的高手,写文章或者处理问题直击要害,直接的意思是Seq2Seq不是确定性的,或者预训练模型采用抽样的方式也不是确定性的。

  本节从很多不同的角度去讲为什么要去掉意图,如果以前没做过业务对话机器人,或者没做过真正高水平的对话机器人会眼界大开,如果做过对话机器人,尤其是业务对话机器人,相信本节的内容也会对你大有裨益,至少会开阔你的眼界。

  我们说了这么多,具体怎么去办,怎么去做? 这就是下一章的内容,下一章谈的是"我们离摆脱意图又近了一步",以后很多的内容都会围绕本节的内容进行展开。

整个 Rasa 从 3.0 就是一个必成气候的平台,它在业界应用比较广泛,其核心原因是它的工程做得比较好,而且团队也比较大,从 3.x 开始,其使用一张图 One Graph to Rule Them All,尤其想实现新的算法,或者甚至在一个系统中做多个对话机器人。此时,它变成了一个开放式的系统,一旦实现开放式的系统,无论从学术研究,还是工业应用的角度,理论上它会成为一个通用平台。这里再次强调,本书整个的 Rasa 内容分成三部分,一部分是 Rasa 内部机制,另一部分是 Rasa 算法和源码,还有一部分是星空和 Rasa 的比较,以及思考 Rasa 更多可以改进的地方。

第3章 去掉对话系统的 End2End Learning

3.1　How end‐to‐end learning in Rasa works

我们来回顾一下关于 Rasa 内部机制的第一部分和第二部分的内容。第一部分围绕 Rasa 的检索模型介绍,检索模型处理 Faq、闲聊或者常见问题,它以分组的方式来处理问题。在原先经典的架构下,系统会把每一个用户输入的内容映射到意图,但是采用检索模型之后,如果以 Faq 为例,可能 100 个问题也只是 1 个意图,而检索模型响应选择器还会区分出具体不同的问题,然后以向量相似度比较的方式来筛选出相应的回答。

第二部分是 Rasa 核心内容,本书重点通过 4 个用例场景跟大家介绍为什么使用意图是障碍。不使用意图可能是更好的选择,所有事物都是逐步走向整个 Rasa 内部机制标题中说的 One Graph to Rule them All 这种机制。从整体的角度叫做端到端(End2End),注意端到端和 Seq2Seq 是两码事,Seq2Seq 可以称为端到端的一种实现方式,端到端有很多不同种的实现方式,图 1-1 就是 Rasa 3.x 背后的引擎或者架构图。在某种意义上,可以认为是它实现端到端的一种实现,它通过抽象模糊 NLU 语言理解和语言具体处理的界限,把所有的事物都看作这张图中的依赖关系以及依赖关系的不同节点,我们称之为一个组件(component)或者一个节点(node)。

从整体的角度和从用户的角度看,这是一种端到端的方式。当然如果实现完全的端到端,还有很长的路要走,我们也跟大家分享一下 Rasa 本身实现处在什么阶段,以及还有哪些事情要去做。Rasa 整个系列的内容,初步的情况是有 Rasa 内部机制,然后有 Rasa 的算法和源码,还有 Rasa 和星空的比较,再转过来探索 Rasa 的更多可以改进的地方,或者有重大问题的方面。但这些内容不是否定 Rasa,在对话机器人领域,Rasa 目前是全球最强的系统平台,Rasa 3.x 提出了使用图来表达各个组件之间的依赖关系,以及基于这种依赖关系进行很多优化或者调整,实现开放式的插件开发,Rasa 会成为工业界的生产落地实践,以及学术界的各种想法研究的一个通用平台。理论上讲本书的绝大多数内容是在其他地方很难学习到,或者几乎是不可能学习到的。很多的内容会以 Rasa 核心人员发的一些文章或者博客为蓝本,尤其是 Rasa 内部确实记载了 Rasa 在发展过程中的一些重大事件及一些事实性信息。这里以此为载体跟大家分享,重点在于基于 Transformer 的业务对话机器人不是 Rasa 本身。分享 Rasa 的相关内容主要是对整个业务对话机器人的理解、认识以及理论体系做脚注或者作批注。分享 Rasa 只是一个载体,它不是核心,而且 Rasa 自己的版本更新迭代也非常快,其 3.0 发布之后,现在又更新了好几个版本,所以不要执着于某个

第 3 章　去掉对话系统的 End2End Learning

具体知识点的对错，重点是要搞清楚背后思考的过程，正如作者一再强调的，我们是过程，是事件，是发生在不断变化中的事件，所以应该注重相互关系中的相互作用，这才是关键。

本节会跟大家分享特别重要的内容，就是怎么去掉意图，分享的第一点是：什么叫去掉意图？在上一章已通过 4 个重点场景，说明在什么场景、什么情况下需要去掉意图，现在谈为什么是这样？这里更多从架构的角度，更重要的是介绍它到底是怎么工作的，这也是大家特别感兴趣的。

在 Rasa 2.2 版本的时候，意图是可选的，怎么做到？通过引入端到端学习的方式。这是它的实现，端到端学习有很多种不同的方式，包括 Seq2Seq，Seq2Seq 是一种实现，这里马上会看见它怎么去实现。就是类似于 Seq2Seq。它采用端到端的方式，而不是两步的过程。为什么是两步？正常的对话机器人业务，对话机器人首先进行语言理解，语言理解会产生一些状态信息，什么叫状态信息？状态信息就是意图、实体。从 Rasa 的角度讲，还有一个词槽（slot），它是会话的上下文信息，这是自然语言理解（NLU）产出的内容。有了这些内容之后，这些内容会输出给对话策略，对话策略会根据这些内容来决定下一个动作（Action）。

大家看图 3-1，结合图示会更加明确，信息进来之后交给 NLU 进行处理，NLU 部分包括标记化器和特征提取器，然后还有分类器。分词之后，通过特征提取器，然后使用 DIET 提取意图进一步提取实体信息。但它还有一个正则实体提取器（RegexEntityExtractor），它在 NLU 中可以组合很多不同的模型，这也是 Bayesian 思想的表现。

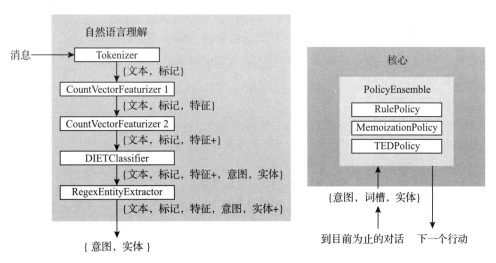

图 3-1　NLU 及 CORE 的两步过程

如图 3-2 所示，这里面会产生意图和实体，图中这个地方应该写为 intents，"s"可以加上括号，改成 intent(s)，然后是一些实体。它会产生多个实体，还会有一个词槽的问题，词槽可能是用户输入导致的，也有可能是其他的方式产生的。它应该写成复数的方式，因为会有很多组件，例如 RegexEntityExtractor 和 DIETClassifier，它们都会产生实体，然后会映射到词槽。产生的这些内容统称为状态信息，这些状态信息会输入给策略部分，这叫策略集成，基于这些信息会产生下一个动作。这里是给大家作一些补充，让大家更清晰感知到具体为什么说它一般是分成两个阶段。如果是端到端的方式，肯定不一样。

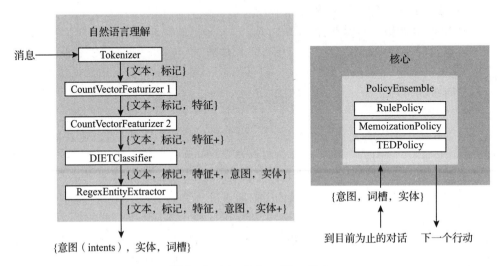

图 3-2　intent(s)、entities、Slots

注意在两步过程中，我们产生下一个动作是基于状态信息，基于 NLU 产生的意图、实体、词槽等信息，然后在这里它不是这样做的。现在不是两步的过程，它不需要通过提供的信息，因为它直接就根据用户输入的信息来产生，通过查看用户发送的消息来直接预测助手应该采取的下一个动作。

如图 3-3 所示，它是 Rasa 2.1 以前的版本以及 Rasa 2.2 以后的版本比较，输入一个文本，NLU 会简化状态的信息，直接用意图来表示，然后对话管理会根据自己的算法预测下一个动作。对话系统是一个非常复杂的系统，一般会产生很多算法，然后按集成的方式获得最好的动作来服务用户。

Rasa 2.2 开始就是直接输入文本到对话管理，大家看这里有两条线，但它不是说上面这条线，因为从 NLU 到意图这条路线不行了，它只不过是开辟了另外一条线路，另外一条线称之为端到端学习，如图 3-4 所示。

显然，这里进一步撕裂了模型，在检索模型的时候，从整体划分的角度讲，检索模型本身是属于 NLU 部分的。它是另起炉灶，现在又搞了一个端到端的学习，又再次另起炉灶了，如果整个 Rasa 都这么搞，看上去有点混乱了。当然也正是因为它有这么多分支，一方面我们可以说它能够应对很多场景，或者提供很多功能，但另一方面也导致它只关心结果，就是它的更新迭代非常快。大家可能发现它几天就更新一个

第 3 章 去掉对话系统的 End2End Learning

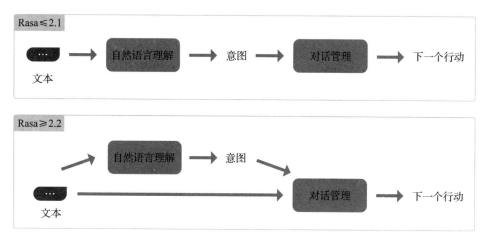

图 3-3 Rasa 2.1 Rasa2.2 比较

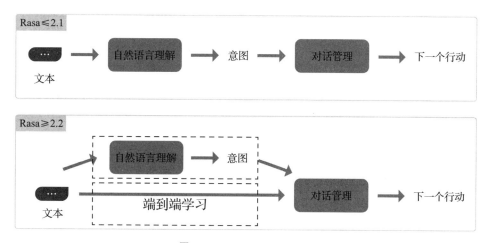

图 3-4 End2end Learning

版本,有时一周就更新好几个版本,这速度是很恐怖的,这也说明内部问题会比较多,但这并不妨碍它是一个真正严肃的工业级的业务对话机器人框架。

然后看一下端到端学习到底是怎么回事?随着时间的推移,它会让一个对话助手变得更加复杂(sophisticated)。这很正常,从理论上讲,做任何软件,发布了第一个版本,第二个版本,第三个版本的时候,如果不是天才性的架构师,或者极富有经验的,都会越来越复杂。"Sophisticated"是复杂的意思,可能是"complicated",也有可能是"complex",正常的人一般希望它是变得"complex",而不是"complicated"。"complex"是思考更多的具体情况,针对具体的情况进行具体处理,但并不希望它变得复杂("complicated")。"complex"表示它可能有很多不同的情况需要去处理,处理过程中可能比较费你的精力,但"complicated"可能直接导致混淆或者混乱,这些都是在架构实现的时候,绕不过去的一些内容。它可能是混淆的状态,或者混乱的一种状态。怎么解决这种问题？核心是架构，架构最重要的核心是要有统一的概念，统一的概念听起来很虚，但实际上这才是真功夫。现在是端到端学习，而之前走 NLU 到对话管理器，最开始的时候还有检索模型，因为只有 NLU 这个概念已经无法统治住不同的场景分类，如果能用一个概念把所有的内容都控制住，这是一个顶级的架构师才会具有的，一般的架构师在摸索的路上，只不过想达到这种理想的状态。如果你觉得一个统一的概念很虚，因为你的第一个直觉感受是概念，这是个很虚的东西，因为思维境界不够，或者还有很长的路可走，或者潜力很大。Rasa 的变化会让人进一步感受到统一概念的重要性，做对话机器人跟其他所有的系统都一样，如果没有一个统一的概念，把所有的内容都统一在一个概念之下，它会走向分裂，走向破碎，甚至走向混乱，最后走向消失。

端到端学习可以让你不断地改进，而不受一系列僵化意图的限制，言外之意是端到端学习不需要意图，走不要意图这条路，所以这是"离摆脱意图又近了一步"，这种说话很有艺术性。不是说"离彻底摆脱意图又近了一步"，因为意图在一些情况下是很有用的。端到端学习的好处在于，它使意图变得可选，并不是每个信息都需要符合一种意图，这是一句非常关键的话。从一个实际落地场景的角度看，几乎不可能一开始就设定所有的意图，这是不可能的。你是这个领域的绝对专家，可能性不太大，因为一个领域的绝对专家可能就一两个人或者两三个人。即使是这样级别的人，也无法预测用户的行为，但作为领域的顶级专家，可以认为用户的问法是不对的。但是从做对话机器人的角度讲，不能认为用户的用法或者说法是不对的。他作为用户，当然想怎么问就怎么问，想怎么说就怎么说，你能覆盖做到业务领域的事情，但覆盖不住非业务领域的事情，即使是领域中的绝对专家，又很擅长建模，也不能够让每一类信息都有一种适配的意图。这里还不谈实际的数据问题，还有多意图的问题，所以当看到端到端学习的时候，确实是比较兴奋的。大家回顾一下 Rasa 内部机制中谈到的 4 个场景：表单和无用的"inform"意图、检索意图并非真正的意图、多重意图、无法定义的意图，如果现在有途径可以绕过意图，把意图变成一种可选的方式，这是听起来让人感觉比较兴奋激动的内容。不过 Rasa 的核心我们也谈到，不认为 Seq2Seq 模型是答案，也不要从预训练的大语言模型中进行抽样，Rasa 模型应始终具有确定性和可测试性，它具体怎么做，这是我们最感兴趣的。在这里面，为了谈具体怎么做，它给了一个例子，在 Github 上也提供了具体的代码和数据（https://github.com/RasaHQ/rasa/tree/main/examples）。

在 Github 的示例文件夹中，包含了一个最小示例来展示引入端到端的动机，这是一个非常简单的对话助手，但它说明了这一点。当用户寻找一家餐厅时，它会随机推荐一种菜肴。如果用户回答"是"，助手就会给出一系列建议。如果用户说"不"，它就随机提出另一种菜肴。我们直接看对话，开始的时候是随机的状态，然后用户会跟系统进行交互。

用户询问餐馆信息：

I'm looking for a restaurant

然后机器人说：

How about Chinese food?

用户确认：

Sure!

机器人进行响应，会给用户一个不同的餐馆清单进行选择，这是正常的。

Ok here's what I found...

但是很多时候有不正常的表现，因为这也是正常对话的一部分，不可能一直都是快乐路径，一起看一下：

用户询问餐馆信息：

I'm looking for a restaurant

然后机器人说：

How about Chinese food?

用户说昨天已经吃过了：

I had that yesterday

这时候对话机器人如果聪明，应该可以理解用户今天不想吃这中国食物，是因为昨天已经吃过了，最聪明的对话机器人在这边说：

How about Italian food?

从正常人类对话的角度，昨天已经吃过了，显然就是说不，直接拒绝了，如果想要意大利食物(Italian)级别的，它这边就提供了一份意大利食物。这里面的问题在于什么？在于"I had that yesterday"这句话，你要把它赋予什么样的意图，这是要面临的一个问题，如果单独把这句话拿出来，很难赋予一种意图的，即使赋予了一种意图，这种意图可能在其他场景下也不能使用。

看一下Rasa的作者怎么分析这些内容。回顾一下这组对话，很明显，我昨天就吃过了（"I had that yesterday"）意味着用户想要一个替代方案，但是"我昨天就吃过了"属于什么意图？在否认（"deny"）的意图中加上这句话作为训练示例，感觉不太恰当，它说得很明白，如果必须为这句话创建一种新的意图，称之为什么意图？其他地方的用户是否也会这么说？我们使用意图是对无限的用户信息进行简化，把无限的信息压缩至一些桶中，这是简化的方式，言外之意，这时候不太好定义，会忽略很多内容。

然后现在有另外一个例子，它在进一步强化，需要一种新的方式来处理意图。

用户询问餐馆信息：

I'm looking for a restaurant

然后机器人说：

How about sushi?

用户答复"可以随时去吃寿司"：

I can always go for sushi

机器人答复一些查询到的餐馆信息：

Ok here's what I found …

在用户和机器人的对话中，我在找一家餐馆，寿司怎么样？至于"可以随时去吃寿司"（"I can always go for sushi"）这句话，它比较适合餐厅查询（"restaurant_search"）的意图，虽然这个对答不是很完美，这时候其实面临同样的问题，对话机器人的理解是用户很喜欢这件事，如果把它变成意图，不能是"I can always go for sushi"，而是"restaurant_search"的意图，因为从回复的角度，从正常的对话角度，机器人说"Ok here's what I found"，言外之意就是前面就是餐馆查询（restaurant_search）。在这种情况下，它意味着"是"（"yes"），如果助手建议了一种不同的菜肴，那就意味着"不"（"No"），将每个消息映射一种意图是有限制的，这样描述很清晰。如果是我们写，在举这两个例子之后，会进行一下论证，在这些场景下可能不用意图，而采用另外一种方式，以及这样做的必要性，但它已经暗含了这种必要性，包括前面分享的4种场景，因此他不说也可以，但从阅读友好度的角度，或者连贯性的角度，这样做会更好。

接下来转过来直接说Rasa的端到端学习是如何工作的，这肯定最令人激动兴奋的部分，以下是一个非常小的例子，其中包含训练对话的故事（stories），是一些训练的数据，所谓的"stories"是用户和系统交互的历史数据，把这个例子最小化，因为要表现它的功能效果，不能把数据搞得太复杂，太复杂会把人的注意力转移到不必要的地方。它们大部分是正常的Rasa 2.0故事，不同之处在于，对于某些用户对话回合（turn），"turn"是用户和系统的一次交互，我们通过使用"user"关键字指定（specify）用户说什么，"specify"这个词很关键，直接指明用户说的内容，而根本不提供意图。这里没有提供意图，我们多次谈到，一个传统经典的或现代化的业务对话机器人，一般来说，每个用户的输入都应该映射到意图中，而它这里没有提供意图，我们看它具体怎么做，对于故事中的每个回合，意图都是可选的，这样实现的好处是，仍然可以在有意义的地方使用意图，但不受它们的约束，言外之意是混合使用意图和非意图，也就是端到端的方式，没有被它们限制住。

看看具体怎么做，这里描述一下步骤：

```yaml
version: "2.0"

stories:
- story: accepts suggestion
  steps:
  - intent: greet
  - action: utter_greet
  - intent: search_restaurant
  - action: utter_suggest_cuisine
  - intent: affirm
  - action: utter_search_restaurants

- story: accepts 3rd suggestion
  steps:
  - intent: search_restaurant
  - action: utter_suggest_cuisine
  - intent: deny
  - action: utter_suggest_cuisine
  - intent: deny
  - action: utter_suggest_cuisine
  - intent: affirm
  - action: utter_search_restaurants

- story: accepts suggestion, indirectly
  steps:
  - intent: greet
  - action: utter_greet
  - intent: search_restaurant
  - action: utter_suggest_cuisine
  - user: "I can always go for sushi"
  - action: utter_search_restaurants

- story: rejects suggestion, indirectly
  steps:
  - intent: search_restaurant
  - action: utter_suggest_cuisine
  - user: "I had that yesterday"
  - action: utter_suggest_cuisine
```

我们看其中一个具体的场景:

- story: accepts suggestion, indirectly
  steps:
  - intent: greet
  - action: utter_greet
  - intent: search_restaurant
  - action: utter_suggest_cuisine
  - user: "I can always go for sushi"
  - action: utter_search_restaurants

接下来演绎这个过程,它可能与实际情况有所不同,但基本上意思差不多。先是意图,然后是动作(Action),然后又是意图,又是动作,这都是正常的。所谓的意图是根据用户输入的信息来判断,这里有很多的故事,所谓的故事是描述用户和系统怎么交互的过程。

用户首先是打招呼,它的意图是 intent: greet。

hello, how are you doing?

然后机器人回复:

Pretty good, What can I do for you?

用户查询餐馆信息,这里的意图是 intent: search_restaurant,即用户要找餐馆,因为他要吃饭。

I want eat in the center of cities

然后机器人进行一个动作 action: utter_suggest_cuisine,即答复建议的餐馆信息。

How aboutrestaurant … ?

注意,这里是一个很重要的地方,就在于它不是意图,它是用户直接输入的信息:

user: "I can always go for sushi"

然后,机器人答复查询的信息。

action: utter_search_restaurants

在下面这个场景中,也有类似的内容,直接是"user: I had that yesterday"。

- story: rejects suggestion, indirectly
  steps:
  - intent: search_restaurant

－action：utter_suggest_cuisine
－**user："I had that yesterday"**
　　－action：utter_suggest_cuisine

　　这是我们看到的两个例子，在这时候，它已经脱离了意图的限制，用户输入文本，然后交给对话策略管理器。

　　我们看这里几个关键点，有两个做法。第一个是 NLU 模型，它认为"I had that yesterday"属于意图"search_restaurant"，整个系统并没有说"I had that yesterday"，属于某具体的意图，它本身有很多意图，其中一种意图是"search_restaurant"，它可能问这个价格，或者具体的食物等。从已有的意图中，它判断出的最高分是属于"search_restaurant"。另外一方面是端到端学习策略，它在学习的时候，看见"user"这个标记，在推理运行的时候，它的对话策略会直接查看用户文本来预测下一步行动。然后第三点，看整个对话策略会怎么做。在这种情况下，预测的意图不是有用的信息，为什么？可能会有人感觉到困惑，原因很简单，它之所以作比较，是因为这里面有传统的方式，它有混合的这种方式，例如：

－story：accepts suggestion, indirectly
　steps：
　－intent：greet
　－action：utter_greet
　－intent：search_restaurant
　－action：utter_suggest_cuisine
　－user："I can always go for sushi"
　－action：utter_search_restaurants

　　然后另一方面，在实现的时候有个"user"关键词，它没有提供意图，这时候的对话策略会把刚才预测的意图忽略掉，直接使用对话中的"action：utter_search_restaurants"，什么是对话中的下一个动作？就是 action：utter_search_restaurants。

　　在以下场景中，下一个动作是"action：utter_suggest_cuisine"。

－story：rejects suggestion, indirectly
　steps：
　－intent：search_restaurant
　－action：utter_suggest_cuisine
　－user："I had that yesterday"
　－action：utter_suggest_cuisine

　　它通过直接查看用户文本来正确预测下一个动作，建议另一种菜肴。这可能会让大家感觉稍微有一些抽象，如图 3-2 所示。原先的输入是直接看见 NLU，输入信息输入 NLU,仍然会产出意图,这里主要讲意图,然后把意图包含状态信息交给核心部分,也就是策略管理部分,它会通过例如 TEDPolicy 产生下一个动作。

如图 3-5 所示,现在它不是通过 DIETClassifier 来获得意图,而是直接根据用户的信息判断,因为还是应用机器学习,会有 Tokenizer,还有 CountVectorsFeaturizer,基于 NLU 的 Tokenizer 和 CountVectorsFeaturizer 会有 CountVectorsFeaturizer 1、CountVectorsFeaturizer 2,因为一个基于词汇级别,一个基于字符级别,字符级别可以有一个、两个、三个字符等。这样可以更全面表达信息,再次是 Bayesian 的思想。转过来,获取了它的特征之后,可以交给 TEDPolicy 产生下一个动作,这时它已经绕过了 DIETClassifier,这就是一种端到端的方式。

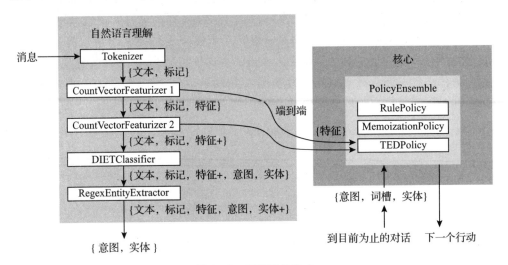

图 3-5 端到端的方式

在实践中发生这种情况的方式是对话策略做出两种预测:一种仅使用意图,一种只使用文本,并选择评分更高的预测。注意,这只是选择何时使用端到端预测的一种启发式方法,它也在研究其他方法。其实这也是解释第三点的时候,看见这个描述稍微有点犹豫的情况,它直接说忽略,既然两个都已经行动了,肯定是有比较的,它是一种启发式方法,其补充还是很有必要的,这确实是一种最原始的方式。作端到端有很多不同的实现方式,以后谈到相应主题的时候,逐步跟大家谈具体的内容。

3.2 Contextual NLU 解析

本节讲一下非常重要的内容——上下文 NLU(Contextual NLU),这是增强对话机器人知识,对业务对话机器人非常重要,也是我们星空智能对话机器人和 Rasa 的一个非常重要的不同点。我们星空一开始就是完全用图的角度去思考问题以外,Rasa 是 3.x 以后才从图的角度逐渐去思考问题,我们星空的 NLU 一开始设计的时

第 3 章 去掉对话系统的 End2End Learning

候就是基于上下文的,实现 NLU 级别的上下文不是一件太容易的事情。

Rasa 一开始就说,我们经常被问到("often asked")Rasa 的 NLU 是否可以与上下文相关,"often asked"这是一个被动语句,也就是说,对话的上下文会影响预测的意图和实体吗?前面的内容能否影响当前对意图和实体的判断,而不是传统意义上认为的上下文?传统意义上认为的上下文是使用 Transformer,因为它有注意力机制,所以就有上下文,但那是在句子内部。这里说的上下文是从会话多轮对话的角度来讲的,它描述很明白。

如果想让 NLU 模块考虑上下文,要把上下文融入 NLU 中,必须以某种方式将上下文包含进 NLU 训练数据中,这是从训练的角度来考虑的。正常情况下,NLU 都不会考虑上下文的信息,或者用一种更暴力的方法在自定义 NLU 组件中实现一些启发式方法。自己来实现,在某些情况下覆盖意图,言外之意是 Rasa 2.2 版本还没有实现,它说得没那么直接,但也很明白。至少在 Rasa 2.2 版本以前 NLU 没有考虑上下文的内容,所以它说了两种实现的方式,但是端到端学习的出现改变了情况,端到端学习将 NLU 和对话管理合并为一个模型,这是一句话非常关键,即端到端这种级别的实现,要把所有的元素变成一个统一的整体。如图 3-5 所示,可以看这张图,用户的信息通过 Tokenizer,经过 Featurizer,直接就传给策略模块,然后产出结果,这时候它有一个合并的过程,把 NLU 和对话变成了一个模型,这是实现上下文 NLU 得更清晰、更健壮的解决方案。言外之意,就是作端到端学习的时候考虑 NLU,这不能说它错了,为什么?回到前面的示例:因为一个用户在里面直接说话,然后会有下一句的动作,下一个动作就是系统的动作,这是写进故事的训练数据里面的。可以认为这是基于上下文,在上下文里面说,"I can always go for sushi",但它融入了前面的上下文信息吗?实际上并没有。以后再谈 Rasa 和星空比较的时候,会跟大家谈我们星空是怎么做的。

```
- story: accepts suggestion, indirectly
  steps:
  - intent: greet
  - action: utter_greet
  - intent: search_restaurant
  - action: utter_suggest_cuisine
  - user: "I can always go for sushi"
  - action: utter_search_restaurants
```

如果想在一个特定的上下文中将"我昨天吃过了"("I had that yesterday")解释为"不"("no"),Rasa 现在可以通过正确预测下一个动作来做到这一点,而完全不必关注消息的正确意图标签是什么。这话没有错,但不具有什么力量,这意味着我们正在远离那种每一条信息都完美地符合一个意图的范式,这是一件好事。

3.3　Fully end‐to‐end assistants

下面,我们看一个完整的端到端助手(Fully end‐to‐end assistants),就是完全没有意图这种级别的概念,它完全摆脱了意图,在 Rasa 2.2 中,可以进行完全端到端的训练,这意味着训练数据将直接包括响应的文本(例如,"hi!"),而不是对话助手预测必须执行的动作名称(例如,utter_greet)。注意,在下面的故事中,"intent"键和"action"键都不存在。

我们看一个故事的示例,这里面就不是前面说的那一套内容了,它完全从 Rasa 的角度实现一种端到端的方式:

version: "2.0"

stories:
- story: end to end happy path
  steps:
  - user: "hi"
  - bot: "hi!"
  - user: "I'm looking for a restaurant"
  - bot: "how about Chinese food?"
  - user: "sure"
  - bot: "here's what I found..."

这个意义显然是很重大的,它能够基于内容直接进行响应,意味着可以在一组人与人的对话中训练 Rasa 模型,而不必首先定义意图和动作名称。它避免了人工标记的劳动投入,又直接基于朴素的文本,就是用户说什么,机器人说什么,这显然是非常吸引人的,我们称之为"Tantalizing"。不过实际上还有很长的路要走,尤其是在泛化方面,现在并不建议大家用这种方式建立一个对话助手,因为我们刚刚开始探索其巨大潜力,Rasa 很直接明白,说话还是很符合事实的,以后我们也会谈。星空的具体做法就是研究端到端的方式。

我们看一些发展,其实就是我们说的用一张图来代表所有的内容(One Graph to Rule them All)。无论是 NLU、策略,还是 NLG,大家会发现我们的内容是一环扣一环的,本书会根据做星空智能对话机器人的经验,以及 50 多个版本的迭代经验,基于 Rasa 跟大家讲解。Rasa 只不过是一个载体。我们讲了 Rasa 中融合进检索模型,以及为什么要去掉意图,以及具体去掉意图的方式,这离摆脱意图更进一步。真正的里程碑是下一章开始的内容,它的标题是"Bending the ML Pipeline in Rasa 3.0","Bending"是借助一些力量,把物体以统一的方式放在一起,其实就是用一个图来代表所有的元素及任何的事物,它不再讲 Tokenizer、Featurizer、Classifier、Policy。它

第 3 章 去掉对话系统的 End2End Learning

讲的就是组件(component),而且把这里所有的元素都抽象为接口来表示,显然这是非常强大的。跟大家分享 Rasa 内部机制是从内部看它在关键里程碑的演化步骤,其一步一步走到了 One Graph to Rule them All。

注意 One Graph to Rule them All 不仅把所有的元素都看作图中的一个组件,而且整个对话机器人就是组件之间的依赖关系以及事件的流转,这是一个非常重要的点。Rasa 会成为工业界和学术界通用的业务对话机器人,它是工业界落地的通用引擎,也是学术界做各种实验研究的通用引擎,原因就在于它用图表达各种不同的组件。大家可以自定义一个策略,除了 MemoizationPolicy、AugmentedMemoizationPolicy、RulePolicy 等,可以新增加第四个策略或者第五个策略。从作研究的角度看,可能用这个 DIETClassifier 的意图和实体,也可以不用它,直接就用 CountVectorsFeaturizer1、CountVectorsFeaturizer 2 的内容,也肯定可以的。这就打开了无限的大门,只需要按照 Rasa 提供的接口,自定义实现一个组件。这些内容以后会跟大家具体分享一下,那是重点中的重点,核心中的核心,而且每一步肯定会跟大家讲得非常透彻。

至此,Rasa 完成一步一步演变,经过了好几步的分裂:检索模型导致了 NLU 的分裂,然后使用端到端的实现,又导致了它整个模型不一致的分裂。它中间还有其他很多小的分裂,现在它终于在 Rasa 3.x 版本基础上通过图实现统一不同的模块。当然,它这里面还没有融入图计算和推荐系统,显然它还有很长的路要走,但是它这个架构已经是开放式的,从 Rasa 3.x 开始,会有大量的业界公司,尤其是一些核心的头部公司、第一梯队的公司以及大量的高校,还有研究机构会使用 Rasa。无论是做工业产品,还是做学术级别的产品,都必须好好掌握 Rasa,因为它经过了多个版本的迭代,对于多年工业落地的实践及各种反馈修正它的架构已经能够做到较好的容纳,至少其增加一个组件或者想改变一个组件是非常容易的,因为它提供了统一的接口,统一的配置方式,只要写代码,然后打包编译,就可以变成一个自定义的对话机器人。注意自定义是指功能级别的自定义,是指算法级别的自定义,显然这是王者的霸主气象,因为它是开放的。

整个 Rasa 系列会有很多内容,Rasa 内部机制只是第一个系列,然后第二部分会围绕它的算法,尤其是源码部分讲解。第三部分是 Rasa 和我们星空的一些比较内容,思考 Rasa 的一些改进之处或者问题,我们也会谈星空从 Rasa 吸收的一些地方。

第4章 全新一代可伸缩DAG图架构

4.1 传统的NLU/Policies架构问题剖析

因为前面谈的很多内容，从某种意义上讲，都是为这一章的内容做基础或者做铺垫的，在本章，我们将直面什么是One Graph to Rule them All这样一个主题，这也是Rasa 3.x开始，一个新的背后的计算引擎，是前面所有铺垫工作一个成果的汇聚点。Rasa有这样一个新架构，Rasa会成为工业界和学术界，无论是工业界做业务对话机器人落地，还是学术界研究做各种实验的通用的引擎、框架或者平台。这里面最基本的核心原因是，它融合了NLU和策略，把所有的元素都融入在一张图中，用图的节点以及节点的依赖关系表达整个对话机器人的整个流程。

同时它有这样一张图，导致它是开放性架构，它是灵活的，同时也是具有弹性的。这很容易理解，就是可以灵活加一个组件，或者减少一个组件。无论是在训练中，还是在推理的时候，以后会有更多的这种感受，还有一点是未来的发展(future proof)，"future proof"能够面向未来的一种架构设计，未来肯定会有更多的模型，无论是从语言理解，还是语言处理，或者语言生成，都会有更多的模型。这样一个开放式的能够容纳未来变化的架构。我们发现过去的很多技术，一旦技术能够容纳各种变化，同时并不增加复杂性或者困惑度，这样的技术往往是成就统一平台的气象，这是为什么在Rasa 3.x发布以后，我们跟大家分享Rasa内幕背后的根本性原因。

"Bending the ML Pipeline in Rasa 3.0"首先是一个模型管道(pipeline)，"pipeline"比较容易理解，管道里面有第一步、第二步、第三步、第四步……它是一个序列级别的结构，无论大家处在什么层次，都应该理解的内容。从对话机器人的角度，或者从对话语言处理的角度看，有信息过来，第一步都要进行词语标记化，第二步进行特征的提取，第三步进行意图的识别，或者命名实体识别NER的提取，第四步基于这些内容，会生成调用一些业务逻辑，因为有意图可以匹配到业务逻辑，这是从通用或者一般的场景来讲的。前面也讲了很多特殊的场景，这时候，策略级别的管理器会使用具体的策略，基于前面NLU部分生成的数据来进行下一个动作生成一个响应。所以，它就是这样一个管道，我们在做机器学习的时候特别讲究管道。很多时候，无论是传统的、经典的还是现代的机器学习算法，基本上是把数据清理好，然后生成特征，这个特征都是稠密向量级别的，然后交给模型，模型会根据训练任务来调整参数，完成模型的收敛训练。在推理的时候调用模型，调用的时候一般都会有服务器级别的程序在运行，它会接受请求，请求一般都是用户输进来的数据，服务器收到请求之后，再转过来调用模型。模型其实就是一个普通的对象，现在大家都谈神经网络级别的一些

第4章 全新一代可伸缩DAG图架构

模型,调入模型的时候,把输入的内容,通过分词、特征提取等操作,传送到模型,然后模型会反馈一个结果,在这过程中,会用最大似然估计(MLE)和最大后验概率(MAP)。我们星空智能对话机器人一再强调的是Bayesian思想。

Rasa 3.x开始将使用一个新的计算后端(computational backend),"computational""backend"这两个词都很关键,首先是"backend",它是后端的,意思是前面无论输出什么信息,它在后面都可以接收到。接收到输入的信息之后,它会按照自己的架构或者自己的逻辑进行处理。一般而言,它对开发者或者使用者,即具体调用API级别的人员都是透明的。前端看见的只是接口,现在在接口的基础上更高一级别的是大家谈论的低代码,很多时候会有配置级别的事物,或者更高抽象级别的一些内容是"backend";然后"computational"这个词是里面的核心。什么是"computational"?信息过来,怎么去理解信息?就是意图、实体、上下文的一些状态。这是计算,基于这些状态会调动策略再次进行计算产生响应,"computational"在这里面表示语言理解和语言处理来生成响应。

Rasa Open Source 3.0开始为一个新的计算后端,言外之意,以前肯定有一个旧的"计算后端",这可以加上一个引号,因为它不是同样一个级别的概念,在这里可以看到,我们是怎么走到这一步的?会看见更多旧的计算后端是怎么回事。

从比较抽象级别的角度看,机器学习管道将类似于一张图,而不是一个线性的组件序列。在Rasa内部机制部分,大家已经看了太多次了,它不是一个线性组件序列,严格序列级别的有1步、2步、3步、4步、5步、6步等,图级别其实也有顺序的,因为它有依赖关系,尤其是DAG(Direct Acyclic Graph,DAG)。它是有向无环图,里面有依赖关系,也可能有很多并行的组件序列。从传统意义的角度看,它就是一个线性序列组件,但它是怎么走到这一步的呢?

在Rasa 0.x中,Rasa代码库的rasa_core和rasa_nlu部分位于不同的代码库中,它们是分离开的两部分,如果要使用,需要把两部分别下载下来,然后进行连接。后来,在Rasa 1.0中这两个被合并到同一个代码库中,其称之为Rasa Open Source。然而(However)即使代码被合并到一个代码库中,"However"也是一个转折词,一旦发生转折,实际上它们还是分开的。果然是这样,它们的代码本身仍然是独立的,它开始作为Rasa Open Source之后,依旧是分离开的,怎么分离开,其实就是分离NLU和核心这两部分。最初这个方式是比较好的,因为在训练期间,管道的NLU部分和核心模块中的策略之间做事情应该有一个明确的分离,如图4-1所示。注意这是训练的时候,训练时,这里面的核心是DIET,前面专门分享过DIET,DIET能够很好根据训练语料来识别意图及提取实体信息。DIET是双重任务模型,它能够同时完成多任务,这个多任务是在同样一个架构中完成意图和实体的识别。训练的时候,自己训练模型的核心部分,也有其他一些策略,但核心主要谈TEDPolicy,因为它是基于Transformer的,是根据历史信息进行训练的。所谓历史信息是对话历史数据,在Rasa中称之为故事。它会根据故事中用户和对话机器人交互过程的内容,故事可以认为是内容的记录。它有意图、动作、大家来回交互，再根据这个信息进行训练，大家训练的信息数据来源不同，各自训练的功能也不同，因为核心部分是要生成下一个动作，也就是生成一个响应。

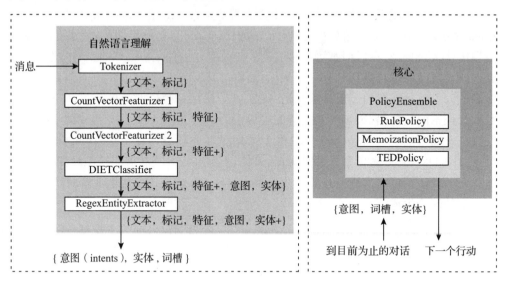

图 4-1 NLU 和 Core 分离

NLU 部分提取意图、实体等构建状态信息，NLU 部分和核心策略部分有明确的分离，这两幅图表达得很直白。在训练阶段，NLU 部分是语言理解后的信息，例如我知道你的实体、知道你的意图、知道你想干什么、有哪些具体的数据来支撑这些事情。其核心部分是策略集成，Rasa 产生了集成的思想，它会有不同的策略来应对用户输入的数据，这指从推理阶段来应用，对用户输入的数据，从训练的角度也有不同的策略进行训练。不同的策略不是重点，现在可以简单想，它就是一个 Transformer 的视角。以后会跟大家分享每个策略源码的内部实现，Rasa 内部机制是整个 Rasa 系列的第一部分。会专门分享 Rasa 算法源码部分，跟大家分享里面组件具体的实现，进行逐行代码的分析。

NLU 系统的训练完全独立于核心系统中的策略，这是很显然的事情，因为大家训练模型的目标不同，训练的任务不同，训练的数据不同，当然大家彼此之间是完全独立的，NLU 类似一个由串行连接的组件组成的线性管道。

如图 4-2 所示，从传统的角度看，这个标记化器会让大家感觉有一点特殊。它输出的内容应该是一个标记序列，但它还有文本的信息。用户输入信息，经过分词之后，即通过 Rasa 的处理，并没有违背数据转换或者函数的原则。它不是一次会产生多个结果，如果产生多个结果，从机器学习尤其监督学习的角度看，显然是违背它的原理的。有多个结果就有不确定性，这还是一个结果，从整体角度来看，只不过它把文本和标记认为它是原始信息。

第 4 章　全新一代可伸缩 DAG 图架构

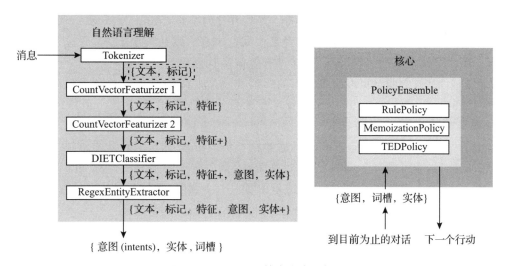

图 4-2　Tokenizer 输出文本及标记

如图 4-3 所示，我们有了用户的信息，经过分词之后，它会进行一些特征提取。这些特征提取都是稀疏向量，从稀疏向量的角度，这里有两个特征，第一个是 CountVectorsFeaturizer 1，第二个是 CountVectorsFeaturizer 2，这两个名字也很有意思，它们都是 CountVectorsFeaturizer 的方式。

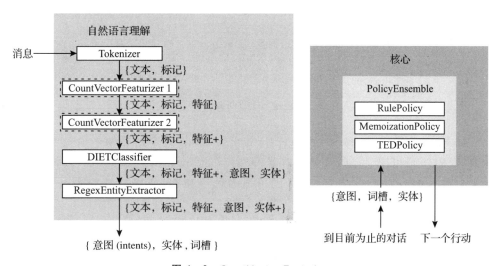

图 4-3　CountVectorsFeaturizer

Rasa 可以采用 Spicy 的方式，也可以使用 Sklearn 的方式实现，具体实践看源码立即会知道，Rasa 产生了很多实现，这本身不太重要，因为有很多的实现或者知识库，尤其它本身相对比较简单，它是对标记进行计数，可能基于词汇级别的技术，也可能基于字符级别的技术。字符级别可能是 1 个字符、2 个字符、3 个字符等，一直到 5

41

个字符这种级别,或者是2~5个字符。虽然看见的都是CountVectorsFeaturizer,但第一个技术一般会基于标记本身或者基于词汇本身。默认情况下,都是基于英语语言。第二个技术基于字符级别,这样具有整体又具有局部的信息,相当于一个组合。从理论上来讲,它能够提取出更丰富的稀疏特征。从Rasa的实践角度看起来还是比较有效的。在CountVectorsFeaturizer 1这部分产生特征,然后CountVectorsFeaturizer 2产生了更多的特征。

图4-4所示是DIETClassifier,它的核心是多任务,这里面有意图、有实体,会有很多实体,也有可能有多意图,只不过在Rasa里面实现的多意图。从DIET的角度来看,无论是多意图还是单意图,在它看来都是一个意图,在接下来处理的时候,会有一个特殊符号识别这个多意图,然后会映射具体的动作(Action)。

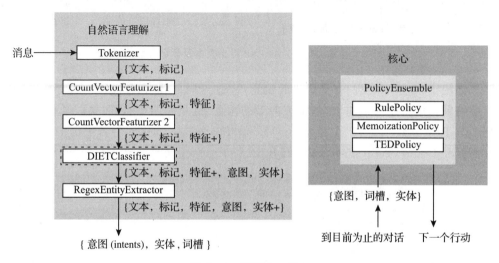

图4-4 DIETClassifier

如图4-5所示,还有一个RegexEntityExtractor,这个是另外一个关于实体的抽取器,Rasa可以用很多的实体提取器,包括DucklingEntityExtractor,因为它是一个来自Facebook的实体提取器,提供了很多训练数据,所以导致它很有效,也很高效。

作为一个管道,它的核心是提取出意图和实体,其可以构成一个管道的方式,将组件串联起来,在管道中逐步传递数据,然后进行数据累加式的加工,这是累加计算。在推理阶段使用它的时候,来自NLU系统的预测,也就是图中左侧的这部分,将会输入到右侧的策略中,但在训练期间,它和核心部分这两个系统是完全独立的。

如果对话助手是一个活跃(Live)的状态,它肯定和策略部分有联系,如果没有联系,右侧策略无法获得用户的信息进行交互。左侧NLU部分传递的是意图、实体等,这是它获得的具体内容。每个会话中有一些上下文信息,关于Rasa上下文的信息,以后会有一个专题谈Rasa 3.x的新特性,会把Rasa 3.x最新的技术进展、各方

第 4 章 全新一代可伸缩 DAG 图架构

面的内容,无论大的、小的,或者内核级的,从 Rasa 3.x 的视角,将它方方面面都讲得非常透彻,大家不用太担心。如果学对话机器人,不知道词槽不太可能,词槽平时用于存储状态,如图 4-6 所示,在核心策略的部分可以看见有意图、词槽等内容。

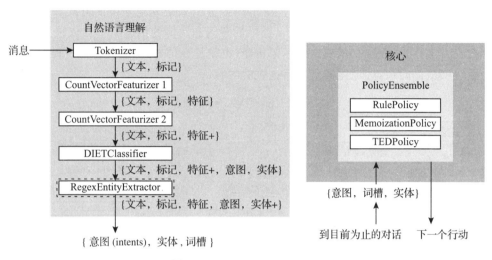

图 4-5 RegexEntityExtractor

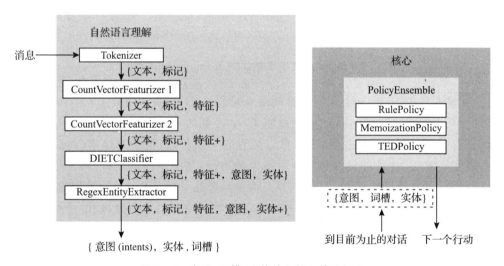

图 4-6 意图、词槽、实体输入核心策略部分

这时候,会把来自 NLU 系统的预测内容(would)输入到策略中,"would"这个词还是比较巧妙的,这个用词用的非常艺术化。它没有使用"will",而是用了"would",这个"will"和"would"有什么区别?"would"表明一种概率,这种情况有可能发生,也有可能不发生,但"will"这个词就表示它一定会发生,所以"would"这个用词比较精妙。因为大家马上就会发现,其实在推理阶段,它不需要 NLU 中给的意图和实体信

息，这是指端到端学习的方式，所以，它这个词还是不错的。

然后，它谈到端到端学习。关于它的训练，其真正 Rasa 本身背后的源码是怎么做的，以后我们会从更多源码的角度跟大家分享。在训练的时候，它会根据数据里面的一些特殊标记进行训练，如图 4-7 所示。因为引入端到端学习的方式，所以不需要 DIET，还有 RegexEntityExtractor 提供的意图和实体的信息会不会依赖 NLU 的内容？其实还是依赖的，依赖它的标记化器，也就是分词器；依赖它的特征提取器，在企业级实战的时候，标记化器是绕不过去的内容。

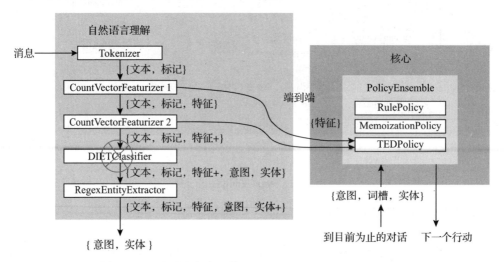

图 4-7 端到端方式不需要 DIET 及 RegexEntityExtractor

无论是传统 Rasa，还是引入了端到端学习的 Rasa，都需要依赖于它们，只不过端到端学习的时候，TEDpolicy 会使用 NLU 中看见的 CountVectorsFeaturizer 的特征，也有其他很多特征提取器，因为可以配置它的组件，直接得到结果，然后进行处理，即它不需要 NLU 的意图和实体。如果是这样，从架构的角度讲，其实是一个很大的问题，原先训练的时候，NLU 和核心策略是彼此分离开的。原先推理的时候，需要意图和实体，但现在端到端这样一种方式，训练的时候也没有分离开，特别是现在不需要意图和实体，直接就是用户信息进来，获得它的特征提取器的内容，输入给 TEDpolicy，产生下一个动作，这也是架构上的分裂。

在端到端的场景中，TED 还能够使用 NLU 管道中的特征化器对不完全符合意图的文本进行预测，相信大家对理解这句话是没有任何难度的。这是推动对话式 AI 向前发展所需要的一个功能，大家可能会想，将机器学习系统视为两个不同的 NLU 及 Core 组件是否有意义？言外之意就是不合适，把 NLU 和核心分开来不合适，因为现在端到端的时候，把 NLU 和 TEDPolicy 融为一体了，现在非要把它分开，这不合适。因此，我们看看是否可以在训练期间重新绘制组件及其关系（relationship）。从训练的角度看，不是从推理的角度。因为都主要会围绕训练的角度来看。

"relationship"这是一个非常微妙的词,"relate"这个词是跟你有关系、有关联,它变成名词的时候变成"relation",关系是基于两个或者多个实体,它们之间有关联就是有通信(correspondece)。这时候才会谈关系("relationship"),就像跟一个人有关系"relationship",你跟他之间肯定是有通信、有互动的,尤其是建立通信管道的基础,如果没有通信,即使以前有关系,也终将没有了关系,这是从物理级别的角度来看的。

4.2 面向业务对话机器人的 DAG 图架构

如图 4-8 所示,在训练期间重新绘制组件及其关系,我们看一下重新绘制的图,这也是在 Rasa 内部机制中反复看到的内容。

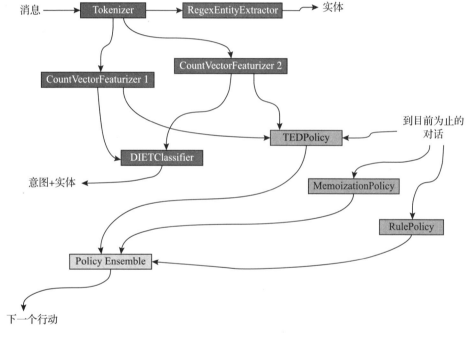

图 4-8 Rasa 组件架构图

如图 4-9 所示,这幅图左侧部分从最原始的传统意义的角度看,它是 NLU 部分,右侧是进行业务逻辑处理的部分,但是我们通过这张图,已经感受不到 NLU 或者策略本身各自划分地盘的感觉了,因此,如果把这个红框去掉,回到图 4-8 的方式,里面能看见这些节点以及节点之间的依赖关系。图 4-9 中,我们谈的也是节点之间的关系。

图 4-9 中的节点本身肯定有它的属性,有它的方法,从这张图看,没方法就无法运作。(Edges)一般也会表达具体的关系,这里主要是谈了数据通道,但它也会有这种父子关系。从图 4-9 看,这都是图论的一些最基本的内容,默认大家都会懂这些

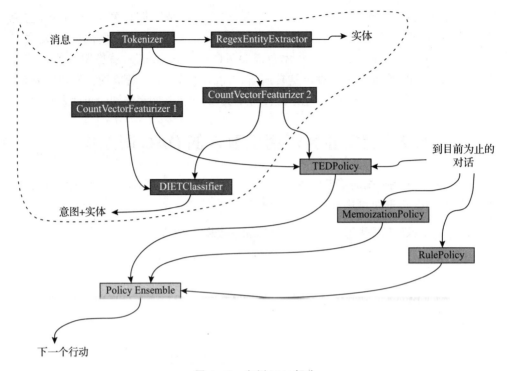

图 4－9　左侧 NLU 部分

内容。关系是很巧妙的事情，从整个图上看，它不仅看见的是依赖关系，而且会涉及架构和缓存，现在先不把它复杂化，我们还是一步一步来。以后我们会看见很多代码的内容，大家看这整张图的时候，显然会发现很多的变化，变化就是已经没有明显的 NLU 和核心的区别了，它模糊了 NLU 和核心区别（Blurred NLU and Core Distinction）。

如图 4－10 所示，从图的角度，会发现标记化器出度的时候，它有 RegexEntityExtractor、CountVectorsFeaturizer 1、CountVectorsFeaturizer 2，这三个都是出度，肯定可以进行并行计算。这是基于依赖关系构建的一张图，它模糊了 NLU 和核心部分的区别，所有一切元素都是组件，或者所有一切元素都是节点，图中所有元素，都是指标记化器还有 DIETClassifier、TEDPolicy 等这些组件。

如图 4－11 所示，还有最重要的一点是开放，也可以说是可定制的（customability），"customability"是它的可定制性，为什么说它可定制？举个很简单的例子，假设这边有一个新的策略，新研发一个 GavinPolicy 策略，GavinPolicy 策略可以直接获取 DIET 的内容，或者直接基于 RegexEntityExtractor、CountVectorsFeaturizer 1、CountVectorsFeaturizer 2，结果转过来，会交给策略集成器（Policy Ensemble），所以肯定会跟置信度比较，这里面的核心就是置信度。我们可以认为是高置信度获得不同的策略，最终取得最佳的结果，这是它的可定制性，不需要改变其他，而且可以用整个 Rasa 所有的基础设施，这对做机器学习的研究肯定是极为有价值和意义的。

第 4 章　全新一代可伸缩 DAG 图架构

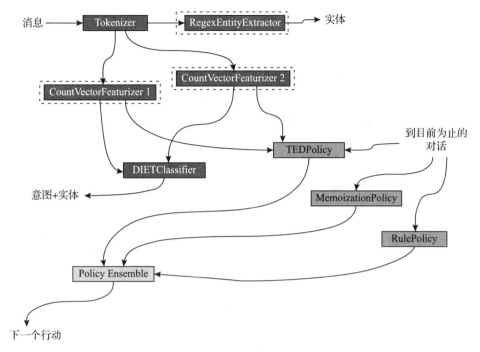

图 4-10　标记化器的出度及并行

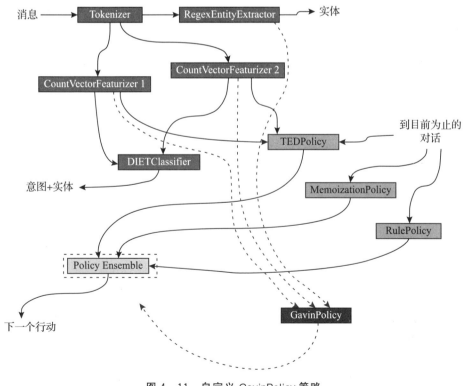

图 4-11　自定义 GavinPolicy 策略

当我们看见 Rasa 3.x 这个架构的时候，就觉得这个平台肯定会成大气候，首先它的工程能力很强，它的工程能力比星空的工程能力强很多。而且，Rasa 有太多的人员，它在全球很多地方都有办公中心，有很多水平非常高的工程师，Rasa 有三个顶级的、天才性的工程研究人员。说工程研究人员听起来可能比较奇怪，他们在技术方面非常厉害，他们的研究是天才级别的，然后在工程实践能力方面也很强，现在又有这样一个开放式的架构，所以这个平台是必成气候的。

我们来看一看它怎么做，可以将 NLU 管道表示为一个树状（tree-like）的计算图，而不是将其视为一个线性的步骤序列，"tree-like"是树状的意思，这确实像一棵树，如果按照这个说法，树根就是用户输入的信息。这里有一句潜台词，就是所有的事物都基于用户真实的数据驱动，这确实是 Rasa 的一个理念，所以它基于树根，然后会产生一步一步依赖关系，实际上它是一张图。

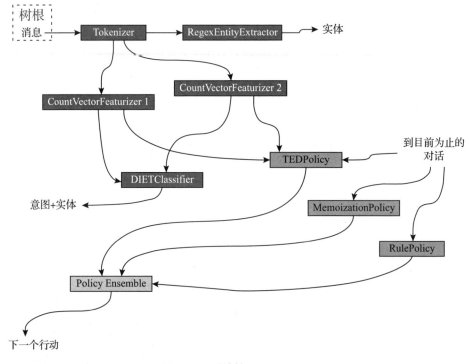

图 4-12　图树根（Tree Root）

具体来说，这种类型的树通常被称为有向无环图（Directed Acyclic Graph，DAG），因为它没有循环（cycles），"cycles"是循环的意思，举个例子，大家做大数据和机器学习的时候，如果是迭代学习，例如 Flink 做机器学习的时候，它有一个功能，需要数据的迭代，这时候它就是一个"cycle"级别的。但它使用了一个技巧，即它使用自己的数据通道把这些内容再拿回来，然后不断循环，一直到它设定的标准。Flink 本身也是"cycle"级别的，只不过通过逻辑级别，还有一些技巧，可以实现循环迭代，但是在这里面是"Acyclic","Acyclic"表示非循环的意思,它没有循环迭代的概念。从实现的角度看,它极大简化了我们的实现。我们做对话机器人是先训练好模型,这跟星空智能对话机器人有很重要的不同,星空智能对话机器人实现了线上的增量训练,可以根据用户的数据给予一定条件的触发,在服务的过程中也可以完成训练,以后会从星空和 Rasa 源码对比的角度,跟大家分享更多的内容。

当把 NLU 管道表示为一张图时,它也很好地集成了策略算法,这是显然的,因为大家都是组件。这张图中的每个节点仍然可以像以前一样表示一个组件,本身没有什么太大的变化,但现在每一条边表示一个依赖关系。从这张图可以清楚地看到,DIETClassifier 分类器不需要标记器的标记,但它需要为每个标记生成的 CountVectorsFeaturizer 中的数字特征,即 RegexEntityExtractor 只需要标记就可以提取实体。这一点也很清楚,依赖关系已经说得很清楚,这个内容意义非常重大,因为有依赖关系,如果训练的时候有缓存,只需要调整修改的那一部分,以及依赖于修改组件的部分,就会极大提升运行的速度,是指训练的速度。

当这样思考机器学习管道的时候,会得到一些好处:

第一点,这是更加可定制的,定制化程度更高,"是否要将计数向量特征(CountVectorsFeaturizer)发送到 DIET,而不是发送到对话策略",这可能是 Rasa 一个笔误,因为默认情况下,CountVectorsFeaturizer 本来就是发送给 DIETClassifier,无论是现在 Rasa 3.0 开始的、还是传统的、端到端的时候,DIETClassifier 在工程实践的时候,是有比较的。根据置信度进行比较,如果是端到端的方式,这些特征也都是交给 DIETClassifier,所以在读到这些内容的时候,要改成,"是否要将计数向量特征(CountVectorsFeaturizer)发送到 TEDPolicy,而不是发送到 DIET",现在这样做,直接交给 TEDPolicy 就没有历史性的负担,也就没有割裂的负担。它现在就是这个节点之间的依赖关系。从概念上讲,这个特性现在更容易考虑,因为我们的脑海中有一张图,从理解的角度看,它应该是发送给 TEDPolicy,因为默认情况下,它是给 DIETClassifier。

第二点是还有并行(parallelism)的空间。例如,正则表达式实体提取器不需要计数向量,因此在特征化过程中,正则表达式的实体提取器已经开始进行推理,"parallelism"是并行的意思,并行很重要。从 Python 的角度看,很多人认为 Python 由于有解释技术(Global Interpreter Lock,GIL),认为 Python 不太适合做并行,如果做并行,很多人觉得要用多进程的方式,但其实单进程的并行才是正宗使用 Python,或者 Python 高手做的事情。我们有一个专题专门分享 Python 异步编程,把 Python 的协程多线程编程的每一点都讲得非常清楚,这些都是高手级别的,是在做大型的项目中必然面对的,这是为并行创造空间,这么说很直白:在这张图里面就有并行。

然后第三点是 DAG 不需要担心组件是 NLU 组件还是 Policy 组件,而是允许更多地考虑"只是另一个组件"。也许在未来,我们会希望根据目前的对话和当前的信息来预测实体,在 Rasa 2.x 代码库中实现将是一项巨大的任务,而在 DAG 设置中则是一项简单的实验,因为所有的元素都是一个组件,或者是一个节点,尤其是大家看源码的时候,这点感受会更强烈,因为它把所有的元素都抽象成一张图里面节点之间的关系。

4.3 DAGs with Caches 解密

Rasa 提到另外的缓存,因为有依赖关系,再加上信息的本地化,例如,训练的不同组件有本地的文件或者数据库。当然一般会有文件,是使用数据库来表达不同的信息。Rasa 使用的是 SQLite,这是 Rasa 默认使用数据库来实现缓存的管理。

在 Rasa 3.x 以前,Rasa 2.x 的时候,如果某一个 NLU 组件改变了,所有的组件都会被重新训练,它用了一个很微妙的词,也是一个很精准的词叫"finger printed"表示指纹。整个管道都有指纹,当有一点改变时,所有的内容都发生改变。这会导致 Rasa 认为所有组件都要重新训练,即使只发生了一个小变化。但是,如果将计算后端表示为 DAG,会打开更多选项,注意这是一点很重要的说明,端到端的时候,Tedpolicy 直接依赖 CountVectorsFeaturizer,如果没有开启端到端的学习,从训练的角度讲,CountVectorsFeaturizer 无法影响 TEDPolicy,TEDPolicy 根据用户系统对话的故事数据来训练,虽然使用图统一了整个组件,但它无法改变训练的事实。左侧和右侧之间,可以想象有一条 45°的斜线,如果没有端到端的训练,TEDPolicy 还是基于对话的,前面标记化器怎么改,或者 CountVectorsFeaturizer 怎么改,对它没有影响。但是现在如果是端到端的方式就有影响了,如图 4-13 所示。

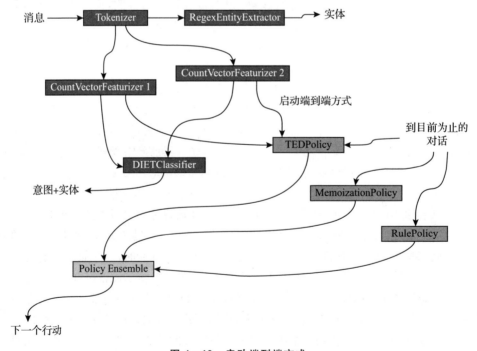

图 4-13 启动端到端方式

Rasa 3.x 之前是把整个组件作为一个指纹,改变一部分,全局都改变,这是一种耦合的方式,现在采用图是一种解耦合的方式,因为根据图的依赖关系,可以更好管理它们训练数据的状态及训练的结果。

现在让我们想象一下,如果改变了第 2 个 CountVectorsFeaturizer 的超参数,这将影响 DIETClassifier、TEDPolicy 和策略集成(Policy Ensemble),但管道的其余部分不需要再训练。如果使用 Rasa 以前的版本,可能会发现如果改变 CountVectors-Featurizer 2,TEDPolicy 它只是把过去训练的结果重新加载,并没有得到训练,这是因为训练数据里面没有端到端内容,所以会跟这边描述得不一致。在端到端的方式中,任何时候都会影响策略集成(Policy Ensemble),因为前面无论改什么,都会影响最终的策略集成。这种说法可能不准确,因为如果改的这个组件没有影响策略,其实还是 NLU 的概念,例如改的是 DIETClassifier,它这个组件就没有直接进行策略集成,如果改了 CountVectorsFeaturizer2,就影响了 TEDPolicy 和策略集成(Policy Ensemble)的组成部分,而在这时候策略集成确实会被影响到,但是如果直接改 DIETClassifier,它就不会影响策略集成,因为这属于它的核心策略部分,所以不是所有的情况都会影响策略集成。

图 4-14 所示是更改 CountVectorsFeaturizer2 影响组件的示意图,这里的图画得很清楚,使用颜色进行了标注。

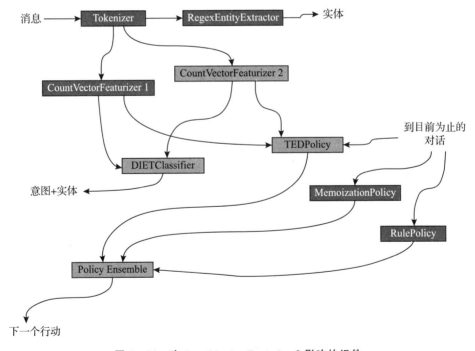

图 4-14 改 CountVectorsFeaturizer2 影响的组件

如果能够将已经训练好的组件缓存在磁盘上,只需要训练红色组件并保持绿色组件,如果是绿色级别,就不用改变训练。当为助手尝试新设置时,会避免大量的计算,尤其是一些组件特别耗时的时候,并没有改变它,训练一次不用改变就够了,后来进行重新加载就行。如果采用传统的耦合方式,因为它是全局指纹的方式,稍微改变一点,就会导致所有的组件都要重新去训练会很痛苦。

4.4　Example 及 Migration 注意事项

这里给了一个具体的例子,这个例子不是很重要,我们可以看一下,首先执行 rasa init 命令,快速开始一个演示项目,然后立即进行训练,我们注意到有一个 .rasa 文件夹作为副产品出现,这个文件夹包含一个名为 cache.db 的 SQLite 文件,里面缓存了信息,以及在训练图中表示缓存结果的文件和文件夹。如图 4-15 所示。

这里面有 featurizer.json、memorized_turns.json,这是 Rasa 的一些内容;然后是 DIETClassifierGraphComponent 的相关内容,包括:data_example.pkl、entity_tag_specs.json、index_label_id_mapping.json、label_data.pkl、sparse_feature_sizes.pkl、tf_model.data-00000-of-00001、tf_model.index 等;然后是 featurizer.json、rule_only_data.json、rule_policy.json。如果大家做 Rasa,应该太清楚这些内容了。然后是 ted_policy 的数据,有这些文件:data_example.pkl、entity_tag_specs.json、fake_features.pkl、label_data.pkl、meta.pkl、priority.pkl、tf_model.data-00000-of-00001、tf_model.index,TEDPolicy 也可以做实体级别的一些工作。这听起来很神奇,它确实具有这种功能,因为它基于 Transformer,这个只是训练数据的事情。至于 fake_features.pkl、priority.pkl 以后介绍源码的时候会讲,它们都是基于 Tensorflow。大家看到词语级别有 oov_words.json、vocabularies.pkl,它肯定根据训练的数据来构建词语库,这是必然的。这里大家看有 cache.db,应该是 SQLite 做的。

我们可以检查文件以确认组件数据已缓存,还可以确认在更改配置时某些组件不会重新训练,如果将 RegexEntityExtractor 添加到配置 config.yml 文件并配置域 domain.yml 文件来识别新实体,那么将能够从日志中确认 DIETClassifier 没有重新训练,因为它们之间没有依赖关系。可看一下 RegexEntityExtractor,原先可能没有这个组件,如果现在有这个组件,或者改变一下它的配置,这不影响 DIETClassifier。它有缓存,又有依赖关系,加上元数据的管理,还有缓存数据库,大家可以用 SQLite 比较轻量级的内存数据库,十几年前安卓的时候,很多时候在应用端应用程序,需要数据支撑的时候,也会采用 SQLite,在 Rasa Open Source 2.x 中,最后一个训练的模型将是缓存的模型状态,而现在 Rasa 3.x 中,我们在所有组件上都有一个单独的全局缓存,这时候就解除耦合。在组件变更中,这里面倒没有核心的内容,重点只有一句话,其中一个主要的变化是,需要注册组件,以便图能够识别它们。如果以前的代码有自定义代码,现在需要使用这个图的接口来重新实现并注册。

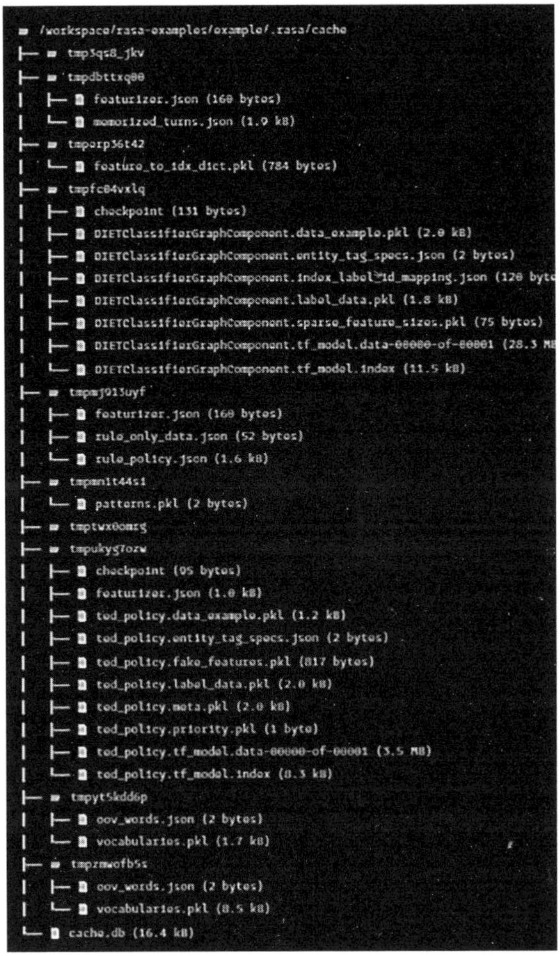

图 4–15 缓存目录及文件

如果你是做对话机器人，尤其是业务对话机器人，这一章的内容对你会有非常大的帮助，尤其是用图的思想来表达不同的组件，这是我们的关注点。无论是语言理解模块，还是对话策略业务逻辑处理模块，它就是一个组件，就是一个节点。会有数据的输入、数据的输出及逻辑处理依赖关系，这时候我们把整个对话系统进行了极大的简化，也正是因为这种简化为我们带来很多便利，所以 Rasa 会成为工业界业务对话机器人和学术界研究业务对话机器人的通用平台、框架和工具。

第 5 章 定制 Graph NLU 及 Policies 组件

5.1 基于 Rasa 定制 Graph Component 的四大要求

本节从 Rasa 内部机制内容的需要，跟大家分享关于 Rasa 组件的定制部分，整个 Rasa 系列的内容有三个部分，一是 Rasa 内部机制，另外是 Rasa 算法源码，还有星空的实现和 Rasa 实现的比较。我们会跟大家分享 Rasa 可以改进的地方，甚至一些有问题的地方。即使 Rasa 有很多可以改进的空间，或者有问题的地方。并不妨碍现在 Rasa 本身在业务对话机器人领域，在工业界实践居于霸主地位的事实，因为它本身的工程实现做得非常好。

如图 5-1 所示，我们整个 Rasa 内部机制的内容，说到底就是围绕这张图展开的，这张图是 Rasa 3.0 开始提出的，用一张图统治一切。

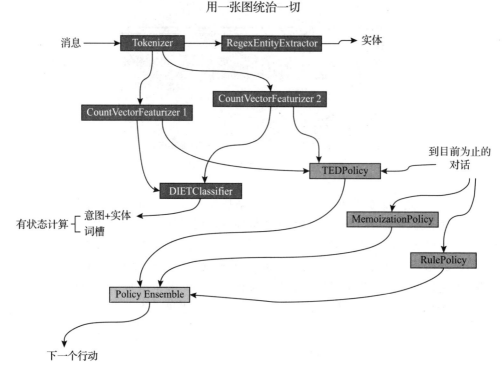

图 5-1 One Graph to Rule them All

第 5 章 定制 Graph NLU 及 Policies 组件

这张图能够作为一个计算后端,大家看 NLU 有 Tokenizer,有 CountVectors-Featurizer 还有 DIETClassifier。当然 NLU 部分有很多内容,我们可以稍微看一下 Rasa 3.x 的源码,本书默认使用 Rasa 2022 年 12 月最新发布的 Rasa-3.4.0a1 版本,如图 5-2 所示,这是 NLU 的目录,它有一个 classifiers 子目录,classifiers 里面有很多子类。

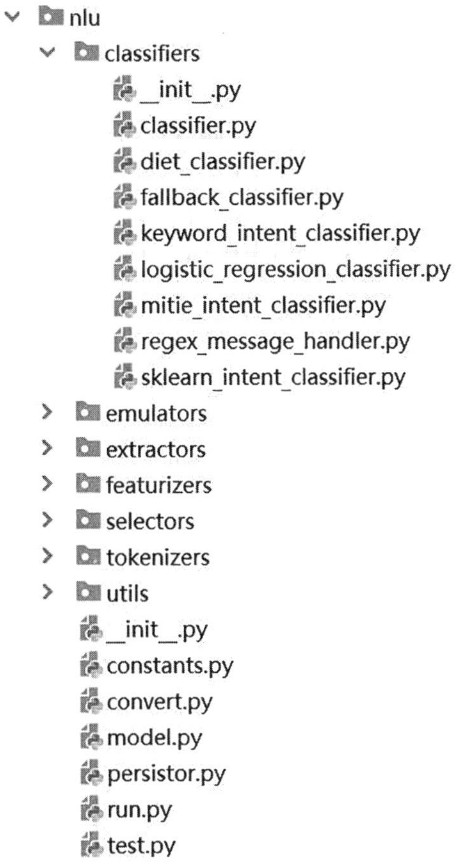

```
v nlu
  v classifiers
      __init__.py
      classifier.py
      diet_classifier.py
      fallback_classifier.py
      keyword_intent_classifier.py
      logistic_regression_classifier.py
      mitie_intent_classifier.py
      regex_message_handler.py
      sklearn_intent_classifier.py
  > emulators
  > extractors
  > featurizers
  > selectors
  > tokenizers
  > utils
      __init__.py
      constants.py
      convert.py
      model.py
      persistor.py
      run.py
      test.py
```

图 5-2 Rasa NLU 源码目录

如图 5-3 所示,它有一个 extractors 目录,里面有 duckling_entity_extractor 还有 regex_entity_extractor、spacy_entity_extractor。

图 5-4 所示是 featurizers 部分,它基本的分类是 dense_featurizer 和 sparse_featurizer,这个目录还是非常清晰的,例如 sparse_featurizer 的时候有 count_vectors_featurizer,当是 dense_featurizer 的时候有 spacy_featurizer 等相关的内容。

图 5-5 也有关于 selectors 的内容,这是关于 response_selector,如果你不太知道响应选择(Response Selector)是怎么回事,可以看前面的内容,它是整个 Rasa 内部机制的第一部分,这里就跟大家分享了这些内容。

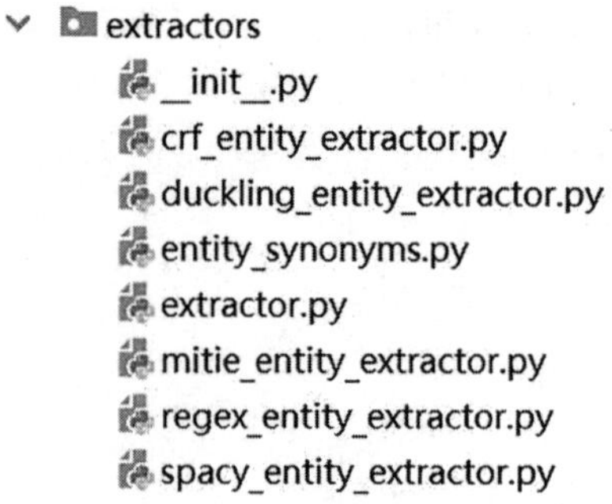

```
▼ 📁 extractors
    📄 __init__.py
    📄 crf_entity_extractor.py
    📄 duckling_entity_extractor.py
    📄 entity_synonyms.py
    📄 extractor.py
    📄 mitie_entity_extractor.py
    📄 regex_entity_extractor.py
    📄 spacy_entity_extractor.py
```

图 5-3　Rasa extractors 源码目录

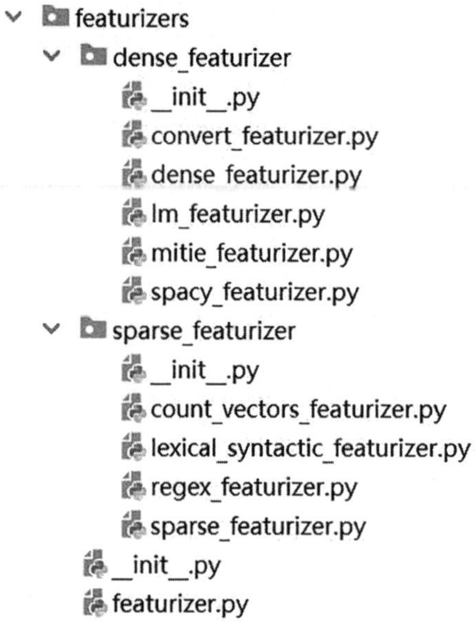

```
▼ 📁 featurizers
    ▼ 📁 dense_featurizer
        📄 __init__.py
        📄 convert_featurizer.py
        📄 dense_featurizer.py
        📄 lm_featurizer.py
        📄 mitie_featurizer.py
        📄 spacy_featurizer.py
    ▼ 📁 sparse_featurizer
        📄 __init__.py
        📄 count_vectors_featurizer.py
        📄 lexical_syntactic_featurizer.py
        📄 regex_featurizer.py
        📄 sparse_featurizer.py
    📄 __init__.py
    📄 featurizer.py
```

图 5-4　Rasa featurizers 源码目录

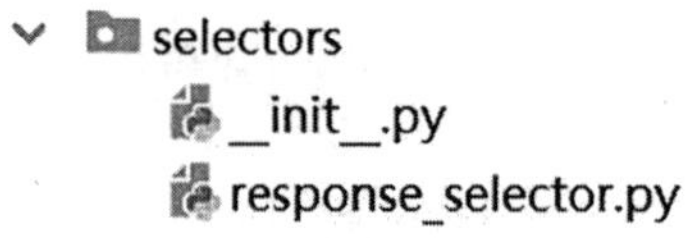

```
▼ 📁 selectors
    📄 __init__.py
    📄 response_selector.py
```

图 5-5　Rasa selectors 源码目录

　　图 5-6 所示是 tokenizers 的目录,这里也有很多内容。比如 jieba_tokenizer,这个大家都知道,做汉语肯定对它很熟悉,这里也有 spacy_tokenizer,还有 tokenizer。它本身作为一个抽象类,或者一个工具类,如果要制定一个 tokenizer,需要进行继承。但最朴实的就叫 whitespace_tokenizer,如果使用英文做自然语言处理,不可能不熟悉这个内容,因为英文的空格就是一个很重要的切分器。

第5章 定制 Graph NLU 及 Policies 组件

```
∨ tokenizers
    __init__.py
    jieba_tokenizer.py
    mitie_tokenizer.py
    spacy_tokenizer.py
    tokenizer.py
    whitespace_tokenizer.py
```

图 5-6　Rasa tokenizers 源码目录

当然它也有其他很多内容，这些内容都会采用一幅图的方式把所有的内容融入其中，即所有的内容都变成组件，包括策略。我们可以看一下，从代码层次的角度来讲，策略应该在 Rasa 的核心里面，大家看 Rasa core 里面的策略，如图 5-7 所示。

```
∨ rasa
  > cli
  ∨ core
    > actions
    > brokers
    > channels
    > evaluation
    > featurizers
    > nlg
    ∨ policies
        __init__.py
        ensemble.py
        memoization.py
        policy.py
        rule_policy.py
        ted_policy.py
        unexpected_intent_policy.py
```

图 5-7　Rasa policy 源码目录

这里 policies 里面有 ensemble，ensemble 是什么地方的内容？如图 5-8 所示，它就是这张图中的策略集成，即把所有不同的策略进行集成，比如 TEDPolicy、MemoizationPolicy、RulePolicy 等，基于计算后的状态，可能是历史对话信息，也可能是词槽或者实体等信息。基于这些信息计算的内容，它会有一个置信度比较。理论上讲，一般会选最高置信度的内容，这里有 memoization，当然它这边也有基本的策略 policy，还有 rule_policy、ted_policy、unexpected_intent_policy 等，这都是不同级别的策略。

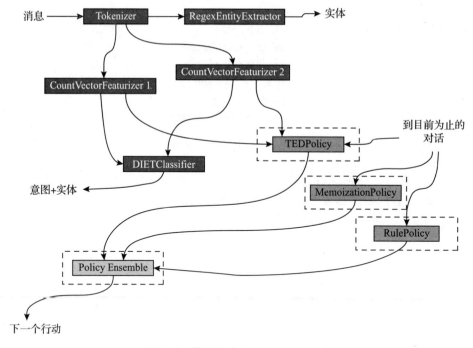

图 5-8 策略集成(Policy Ensemble)

从整个 Rasa 的角度讲,这些元素就是图中的一个组件而已,通过这张图,转过来它会带领我们一步一步分析及自定义组件,可以制定策略组件,也可以自定义 NLU 的各种组件。它背后会有一个类似于路线图的方式,而在路线图背后,会提供一些具体的步骤帮助我们去完成,包括语言理解,或策略级别的定制。

本节的内容是至关重要的,它会为我们研究整个 Rasa 源码打下铺垫。如果要看具体的信息,可以看 Rasa 的官方网站自定义图组件的内容(https://rasa.com/docs/rasa/custom-graph-components/)。本节的主要内容倾向于 Rasa 具体每一步会怎么做,以及背后蕴含的一些架构、设计的思维或者思想。我们也会带领大家看一部分代码,但是本节的核心不是看代码,而是要搞清楚它是怎么回事,然后会选取最典型的、关于定制图组件的内容跟大家分享,还有如何去定制 NLU 的组件或策略的组件等。

我们先任意看一个源码,例如从策略的角度看一下 ted_policy.py,TEDPolicy 继承至 Policy。

ted_policy.py 的源代码实现:

1. class TEDPolicy(Policy):
2.   """Transformer 嵌入对话(TED)策略
3. 模型体系结构在 https://arxiv.org/abs/1910.00486. 总之,该体系结构包括以下步骤

第 5 章 定制 Graph NLU 及 Policies 组件

- 将每个时间步骤的用户输入(用户意图和实体)、先前的系统动作、词槽和活动形式连接到预训练 Transformer 嵌入层的输入向量中
- 将其馈送给 Transformer
- 将密集层应用于 Transformer 的输出,以获得每个时间步长的对话的嵌入
- 应用密集层为每个时间步骤的系统动作创建嵌入
- 计算对话嵌入和嵌入式系统动作之间的相似度。此步骤基于 StarSpace 的 (https://arxiv.org/abs/1709.03856)

4. """

Policy 本身,大家可以看得很清楚,它继承了 GraphComponent。
policy.py 的源代码实现:

```
1.  class Policy(GraphComponent):
2.      """所有对话策略的公共父类"""
3.
4.      @staticmethod
5.      def supported_data() -> SupportedData:
6.          """ 此策略支持的数据类型
7.  默认情况下,这只是基于 ML 的训练数据。如果策略支持规则数据,或者同时基于 ML 的数据和规则数据,它们需要重写此方法
8.  返回:
9.  此策略支持的数据类型(基于 ML 的训练数据)
10.         """
11.         return SupportedData.ML_DATA
12.
13.     def __init__(
14.         self,
15.         config: Dict[Text, Any],
16.         model_storage: ModelStorage,
17.         resource: Resource,
18.         execution_context: ExecutionContext,
19.         featurizer: Optional[TrackerFeaturizer] = None,
20.     ) -> None:
21.         """构造新的策略对象."""
22.         self.config = config
23.         if featurizer is None:
24.             featurizer = self._create_featurizer()
```

```
25.        self.__featurizer = featurizer
26.
27.        self.priority = config.get(POLICY_PRIORITY, DEFAULT_POLICY
           _PRIORITY)
28.        self.finetune_mode = execution_context.is_finetuning
29.
30.        self._model_storage = model_storage
31.        self._resource = resource
```

而 GraphComponent，大家看一下源码的文件名，这个文件名可以看得很清楚，是 graph.py，它是一个 Python 文件。

graph.py 的源代码实现：

```
1. class GraphComponent(ABC):
2.     """将在图中运行的任何组件的接口"""
3.
4.     @classmethod
5.     def required_components(cls) -> List[Type]:
6.         """在此组件之前应包含在管道中的组件."""
7.         return []
```

在 Rasa 里面定制一个组件，这个组件可以是这张图 5-1 中所有的组件，刚才只是看了看其中的一个组件代码 TEDPolicy，这里标记器也是它的一个组件。大家可以看一下 tokenizer，如果熟悉中文，中文就是 jieba_tokenizer，jieba 继承至 Tokenizer。

jieba_tokenizer.py 的源代码实现：

```
1. class JiebaTokenizer(Tokenizer):
2.     """标记化器的封装 Jieba (https://github.com/fxsjy/jieba)."""
3.
4.     @staticmethod
5.     def supported_languages() -> Optional[List[Text]]:
6.         """支持的语言"""
7.         return ["zh"]
```

而 Tokenizer 本身继承 GraphComponent。

tokenizer.py 的源代码实现：

```
1. class Tokenizer(GraphComponent, abc.ABC):
2.     """标记化器的基类."""
```

```
3.
4.      def __init__(self, config: Dict[Text, Any]) -> None:
5.          """构造一个新的标记化器."""
6.          self._config = config
7.          # 用于检查是否拆分意图的标志
8.          self.intent_tokenization_flag = config["intent_tokenization_flag"]
9.          # 意图的拆分符号
10.         self.intent_split_symbol = config["intent_split_symbol"]
11.         # 用于进一步拆分标记的标记模式
12.         token_pattern = config.get("token_pattern")
13.         self.token_pattern_regex = None
14.         if token_pattern:
15.             self.token_pattern_regex = re.compile(token_pattern)
```

GraphComponent 又回到 Python 文件中，了解它本身的逻辑过程到底是怎么回事，这是我们做一切组件定制的基础。一切的定制，完全从零起步开始定制，或者想改造一个组件，例如改造 jieba_tokenizer，肯定要了解它的运行机制，如果不了解它背后的机制，不了解一步一步思考过程，写代码也是乱写，接下来我们一起跟着文档，逐步进行分析。

它可以使用自定义 NLU 组件和策略对 Rasa 进行扩展。大家一看见"extend"这个词，如果有编程经验，立即会想到面向对象的编程方式(Object-Oriented Programming，OOP)，如果做正常的企业级 Python 开发，它一定是 OOP 的方式。从数据处理的视角看，一般情况下是基于消息驱动。如果从整个架构的角度看，会发现它一定是 OOP 的方式。在做 Rasa 的过程中，想定制什么组件，甚至是改 Rasa 的组件，就要继承它已有的组件，然后可能覆盖掉它默认的行为。看源代码的时候，先看标记化器，大家可能理解得更直观一点，它会提供一个标记化器，相当于一个通用的父类，它会做很多通用的工作。什么叫通用的工作？因为不同的标记化器，肯定有训练，例如加载数据的过程，训练的过程，还有推理的一些步骤，这些内容是相对比较通用级别的，而不太通用级别的是具体的标记化器，例如 spacy_tokenizer 或者 jieba_tokenizer。从理论上讲，它们在分词上一定会有很大的不同，因为如果完全相同，就没有必要同时存在，这时候要下一番功夫在覆盖的部分，或者要实现的部分，标记化器有个通用的父类是 tokenizer，在 tokenizer 这个包下面。

tokenizer.py 的源代码实现：

```
1. class Tokenizer(GraphComponent, abc.ABC):
2.     """标记化器的基类."""
```

3.
4. `    def __init__(self, config: Dict[Text, Any]) -> None:`
5. `        """构造一个新的标记器"""`
6. `        self._config = config`
7. ……

再举一个例子——sparse_featurizer，在这里面它也有一个通用的父类是 SparseFeaturizer。

sparse_featurizer.py 的源代码实现：

8. `class SparseFeaturizer(Featurizer[scipy.sparse.spmatrix], ABC):`
9. `    """所有稀疏特征的基类."""`
10.
11. `    pass`

在实现的时候，要有具体相应的方法，但 SparseFeaturizer 主要是接口级别的，在这边的实现稍微有点特殊，它继承至 ABC。ABC 是一个抽象基类，是回到 count_vectors_featurizer 的代码，CountVectorsFeaturizer 继承至 SparseFeaturizer，也继承至 GraphComponent。

count_vectors_featurizer.py 的源代码实现：

1. `class CountVectorsFeaturizer(SparseFeaturizer, GraphComponent):`
2. `    """ 基于 sklearn 的"CountVectorizer"创建一系列标记计数特征`
3. `    仅由数字组成的所有标记（例如 123 和 99，而不是 ab12d）将由单个特征`
   `    表示`
4. `    将"analyzer"设置为"char_wb"`
5. `    使用子词语义散列的思想 https://arxiv.org/abs/1810.07150`
6. `    """`
7.
8. `    OOV_words: List[Text]`

GraphComponent 是一个通用的接口，GraphComponent 继承至 ABC。

abc.py 的源代码实现：

1. `class ABC(metaclass=ABCMeta):`
2. `    """提供使用继承创建 ABC 的标准方法的 Helper 类`
3. `    """`
4. `    __slots__ = ()`

ABC 本身是一个很简单的辅助类，它是一个辅助的接口，之所以使用 ABC，是因为可以直接使用它的继承者，例如 GraphComponent，这都是面向接口编程的思

第 5 章　定制 Graph NLU 及 Policies 组件

想,或者面向对象编程的思想。面向对象变成我们的核心,其实就是面向接口编程。要实现继承,要么改变已有组件的行为,甚至是状态,也可以完全从零开始实现,这比较容易。直接继承 GraphComponent 的接口,因为已经有很多的实践了,可以参考别人怎么实现,核心是考虑数据输入是什么形态,输出是什么形态,然后中间具体的计算过程是怎么回事,这些内容都是考虑的重点。Rasa 因为引入了图的思想架构,将成为工业界和学术界通用的系统、平台、框架,如果对 NLP 感兴趣,尤其是对对话系统感兴趣的,大家不能够错过这样一个平台。

Rasa 提供了各种(variety)现成的 NLU 组件和策略,我们可以自定义它们或者使用自定义图组件,从头开始创建自己的组件,为什么是不同种类?看一下 NLU 中的 classifiers、extractors、featurizer 等,策略里面有 rule_policy、ted_policy、unexpected_intent_policy 等,这些 Rasa 都已经帮你实现好了,我们看一下 unexpected_intent_policy,它是继承至 TEDPolicy。

unexpected_intent_policy.py 的源代码实现:

1. class UnexpecTEDIntentPolicy(TEDPolicy):
2. 　　""" UnexpecTEDItentPolicy 具有与 TEDPolicy 相同的模型体系结构
3. 区别在于任务级别。该策略不是预测下一个可能的行动,而是根据训练故事和会话上下文预测上一个预测的意图是否是可能的意图
4. 　　"""

TEDPolicy 继承至 Policy。

ted_policy.py 的源代码实现:

1. class TEDPolicy(Policy):
2. 　　"""Transformer 嵌入对话(TED)策略
3. 　　……
4. 　　"""

Policy 本身,大家可以看得很清楚,它继承了 GraphComponent。

policy.py 的源代码实现:

1. class Policy(GraphComponent):
2. 　　"""所有对话策略的公共父类"""
3. 　　……

GraphComponent 作为一个通用的父类,它肯定会规范怎么加载数据,怎么提供对数据处理结果的接口,以及退出的时候,从图的角度,怎么把数据传给下一个节点。它会包含通用的信息,大家不要执着于看它怎么实现。假设你是 Rasa 的实现者,会怎么思考这个问题,这一定是一个数据流的过程。既然有不同的节点,有不同的依赖关系,那么标记化器的数据输出怎么传给下一个节点,可能不会通过标记化器组件本

身，因为它不关心这个数据怎么传给下一个组件，因为每个组件会注册给整个图，注册之后下一个组件会表达对上一个组件的依赖关系。例如 CountVectorsFeaturizer 1，它会对 Tokenizer 有一个依赖关系，注册以后会有统一的信息，所以 CountVectors-Featurizer 在实现的时候，会表达对 Tokenizer 具有依赖关系。Tokenizer 在注册的时候会有原始数据的一些信息，它当然知道怎么把数据读过来。面对源码，作者往往会比较激动或者兴奋，因为源码是作者最熟悉的方式，对源码的熟悉胜过对英语和汉语的熟悉程度。另外，因为源码是最简洁的一种语言的表达方式，使用源码实现一个架构，或者呈现一个架构会表达数据背后的流动，表达一些精细的设计，这些都会带来一种无法描述的愉悦感，这种感觉会让人感觉活着真的很美好。回到这个文档，有很多组件只需要配置就行了，现在我们一直在提倡这个低代码，无论是对话机器人，还是各大人工智能的领域，只要它发展到一定的程度，一定是通过低代码的方式来呈现给开发者的。这里的开发者是指应用程序开发者，应用程序开发者基本上会在熟悉业务场景的情况下，把数据流搞得很清楚，然后直接配置一个平台就行了。这会有很多隐含的意思，如果仅是从开发的角度去做这个事情，估计你的技能提升会很难，因为你不知道背后的核心内容，这也是为什么我们星空智能对话机器人去跟大家讲 Rasa 内部机制、Rasa 算法及源代码的原因，而不是仅浮于表面。

我们可以自定义组件，或者使用自定义图组件从头开始创建自己的组件。已有的组件可以定制，也可以完全从零起步定制你的代码。以前如果有代码，也可以直接使用，不能直接拿过来，要遵循它的接口规范，遵循它的注册规范，遵循它的配置规范。什么是写代码的一些规范，例如，这里看到的 required_components 就是一个严格规范的示例。

graph.py 的源代码实现：

1. class GraphComponent(ABC):
2.   """将在图中运行的任何组件的接口"""
3.
4.   @classmethod
5.   def required_components(cls) -> List[Type]:
6.   """在此组件之前应包含在管道中的组件"""
7.   return []

上段代码中第 5 行，大家看 required_components(cls) -> List[Type]，这里的箭头符号就指定函数的返回类型是 List[Type]。

我们看一下 ted_policy.py 代码，在 ted_policy.py 的代码页面中，单击 Pycharm 左侧的 "structure" 标题栏，再单击其中的 TEDPolicy，如图 5-9 所示。

第 5 章 定制 Graph NLU 及 Policies 组件

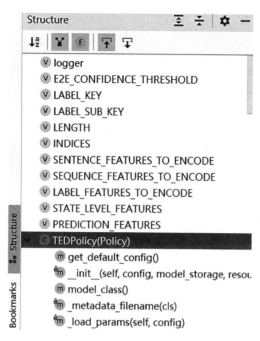

图 5-9 使用 Pycharm 左侧的 structure 快捷键

可以从 Pycharm 的"structure"栏目中查看一些类和方法,类里面有很多方法,具体可看一下 TEDPolicy 中的 get_default_config 方法示例。

ted_policy.py 的 get_default_config 源代码实现:

1. class TEDPolicy(Policy):
2. """
3. Transformer 嵌入对话(TED)策略
4. """
5. @staticmethod
6. def get_default_config() -> Dict[Text, Any]:
7.   """返回默认配置"""
8.   # 请确保在更改默认参数时更新文档
9.   return {
10.   # 所用神经网络的架构在用户消息和标签的嵌入层之前,隐藏层的大小。隐藏层的数量等于相应列表的长度
11.   HIDDEN_LAYERS_SIZES: {
12.   TEXT: [],
13.   ACTION_TEXT: [],
14.   f"{LABEL}_{ACTION_TEXT}": [],

```
15.              },
16. ……
17.              UNIDIRECTIONAL_ENCODER: False,
18. ……
```

上段代码中第 6 行通过 get_default_config()—>Dict[Text,Any]指定函数的返回类型是 Dict[Text,Any]。

上段代码中第 17 行指定 UNIDIRECTIONAL_ENCODER 这个变量是 False。

ted_policy.py 的源代码实现:

```
1.  class TEDPolicy(Policy):
2.  """
3.      Transformer 嵌入对话(TED)策略
4.  """
5.      def __init__(
6.          self,
7.          config: Dict[Text, Any],
8.          model_storage: ModelStorage,
9.          resource: Resource,
10.         execution_context: ExecutionContext,
11.         model: Optional[RasaModel] = None,
12.         featurizer: Optional[TrackerFeaturizer] = None,
13.         fake_features: Optional[Dict[Text, List[Features]]] = None,
14.         entity_tag_specs: Optional[List[EntityTagSpec]] = None,
15.     ) -> None:
16.         """使用默认值声明实例变量."""
17.         super().__init__(
18.             config, model_storage, resource, execution_context,
                featurizer = featurizer
19.         )
20.         self.split_entities_config = rasa.utils.train_utils.init_
            split_entities(
21.             config[SPLIT_ENTITIES_BY_COMMA], SPLIT_ENTITIES_BY_
                COMMA_DEFAULT_VALUE
22.         )
23.         self._load_params(config)
24.
```

```
25.        self.model = model
26.
27.        self._entity_tag_specs = entity_tag_specs
28.
29.        self.fake_features = fake_features or defaultdict(list)
30.        # 如果只有文本出现在fake特征中,则TED仅为e2e,这些fake特
           征表示此训练TED当前版本的所有可能输入特征
31.        self.only_e2e = TEXT in self.fake_features and INTENT not in self.fake_features
32.
33.        self._label_data: Optional[RasaModelData] = None
34.        self.data_example: Optional[Dict[Text, Dict[Text, List[FeatureArray]]]] = None
35.
36.        self.tmp_checkpoint_dir = None
37.        if self.config[CHECKPOINT_MODEL]:
38.            self.tmp_checkpoint_dir = Path(rasa.utils.io.create_temporary_directory())
```

上段代码中第15行表明即使在__init__函数中,尽管它不反馈内容,这个地方也指明是None的方式。

这是遵循代码规范的一些感受,这不是Python天生就有的,Python是一门动态语言,Rasa规定必须这么写,这是写代码的一些规范,这个规范也是Python尤其过去三五年业界实践发展的一个主要趋势,我们称之为语言标记。因为这里有明确的类别信息,包括变量的声明或者函数本身都有很明确类别信息,可以进行很多校验,在运行前进行很多校验的同时,以后这个代码就不用看文档了,基本知道它怎么回事,这是自身可编制文档的方式,能把代码写到自身可编制文档是一种期待中的团队合作方式。如果构建自己的组件,在做NLP的时候,例如做语言理解识别意图的时候,可以把它拿过来修改,但是修改的时候要遵循接口的规范,也要遵循Rasa框架或者这个平台的一些编程规范,它的编程规范,不是一些特殊的要求或者苛刻的要求,它的编程规范是从团队协作和可规模化的角度来考虑的。例如,刚才大家看到的规范,只要是一个正常做过开发,尤其是团队合作项目的Python开发者,不使用规范基本没有可能。

如果是自定义,可以使用以前的代码,但是要遵循它的一些接口和编码的规范。现在假设已经做了自己的一个图组件,要在Rasa中使用自定义图组件,必须满足(fulfill)以下要求,语气说得非常明确,"Has to"是必须的意思,也就是"Must","fulfill"这个词也很精妙,"fulfill"就是填充或者满足的意思,完全的填充,完全的满足。接下

来它谈到的每一个要求都是必须完成的,一共有 4 点,其实这个 4 点已经是非常简洁了,如果想用历史的旧的 NLP 代码等,都可以把它融进 Rasa 来打造。

第一点,主要是要做业务逻辑层面的事情,也就是图的组件,大家已经看了好几遍了,要在图里面实现 GraphComponent 这个接口。

graph.py 的源代码实现:

```
1.    class GraphComponent(ABC):
2.        """将在图中运行的任何组件的接口"""
3.
4.        @classmethod
5.        def required_components(cls) -> List[Type]:
6.            """在此组件之前应包含在管道中的组件."""
7.            return []
```

第二点,基于 GraphComponent 实现了自己的业务处理逻辑,按照它的接口规范,要进行注册。Rasa 有自己一套模型配置的规则,遵循它的流程注册就行,注册没有任何难度,注册内容就是类名完整的路径是什么,然后把它填进去。按照它的规范,可能有其他一些细节性的内容,以后我们会带领大家做,每一个步骤都会逐一跟大家讲。

第三点,注意如果想使用,就要遵循它的配置文件放进注册中心,注册可能通过配置文件,也可能通过代码。在我们星空智能对话机器人中,我们的注册过程是通过静态代码做的,就是内置加载,然后完成注册过程,以后会看 Rasa 怎么注册的。如果要使用,因为现在大家都是低代码的方式,正常情况下,会通过配置的方式完成整个应用程序。我们现在谈的是定制 NLU 组件和策略组件,从应用程序的角度讲,对于业务逻辑级别的一些组件,可能还是要自己在服务器上写代码,去调数据库和大数据中心或者去调 Redis 等这些不同的组件,这就是第三点。

第四点,作为一个补充点,即使它不说,也应该知道要这样做,从 Pyhton 3.x,尤其是从 Pyhton 3.7 开始。如果不这样做,估计别人读我们的代码会感觉很奇怪,因为它必须使用类型注释,Rasa 使用类型注释来验证模型配置,不允许正向引用。至于正向引用,大家自己去看,因为这不是我们的重点,类型注释本身是非常简单的想法,就是加入类型标注信息,最后就实现了自编写文档。这里举个例子,类型可以用参数提示,从一个函数的角度看,定义的时候指定具体的类型,也还是从 Rasa 代码的角度来讲。

graph.py 的源代码实现:

```
1.    def load(
2.        cls,
3.        config: Dict[Text, Any],
```

第5章 定制 Graph NLU 及 Policies 组件

```
4.        model_storage: ModelStorage,
5.        resource: Resource,
6.        execution_context: ExecutionContext,
7.        **kwargs: Any,
8.    ) -> GraphComponent:
9.  ...
```

上段代码中第 4 行表明":"冒号后面是类型信息。

上段代码中第 8 行函数返回的结果也有类型信息,这些都是类型标记,是必须遵循的,因为它背后会有很多制约的机制。如果继承已有的 NLU 或者策略,或者自定义组件完成之后,需要遵循 4 个步骤,所有的事物都是从图组件的角度去看整个内容的,无论是语言理解还是策略,即这些元素都是一个组件,在本书前面也相对比较具体跟大家讲过整张图的内容。

5.2　Graph Components 解析

下面进一步跟大家讲一下关于组件本身,Rasa 使用传入的模型配置来构建有向无环图,它描述了模型配置中组件之间的依赖关系以及数据如何在它们之间流动,这是 DAG(Directed Acyclic Graph)。国内把它翻译成有向无环图,所谓有向就是有依赖关系,如图 5-10 所示,比如从 Tokenizer 到 CountVectorsFeaturizer,显示 Tokenizer 指向了 CountVectorsFeaturizer 1,CountVectorsFeaturizer 2,还有 RegexEntityExtractor,"Directed"就是有方向,而"Acyclic"表明它不会转回来,也不会自己指向自己。在大数据领域,Flink 作为业界流处理事实上的标准和最先进的框架,其本身也是有向无环图,它实现了自我循环。另外,有一些通信信道内容,大家可以自己学习,假设要在 Flink 上做机器学习,应该知道它们是什么。

如图 5-11 所示,现在整个 Rasa 本身的计算引擎可以认为是一个 DAG,这张图描述了组件之间的依赖关系,这是显然的。DIETClassifier 依赖的两个组件是 CountVectorsFeaturizer 1,还有 CountVectorsFeaturizer 2,其中 DIETClassifier 通过配置可以依赖一些更多的组件,为什么? 可以很清晰看到,它属于 NLU 的部分。在 NLU 语言理解的分类器提取意图和实体的时候,它可以完全基于 sparse_featurizer,也可以完全基于 dense_featurizer,也可以混合使用,所以这里可以有很多的特征提取器,只不过在图 5-11 中看见的是 CountVectorsFeaturizer。

对于 sparse_featurizer,可以看一下 CountVectorsFeaturizer 是否属于 SparseFeaturizer,我们发现它在 sparse_featurizer 这个目录下面,显然是的。

count_vectors_featurizer.py 的源代码实现:

```
1. class CountVectorsFeaturizer(SparseFeaturizer, GraphComponent):
```

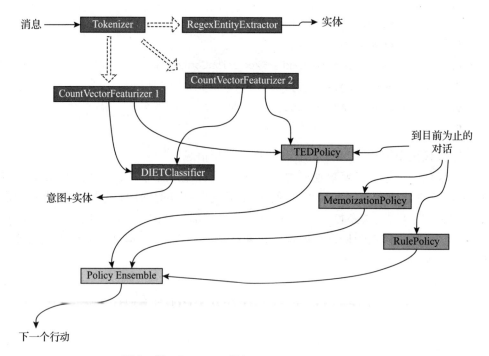

图 5-10 Tokenizer 指向 CountVectorsFeaturizer

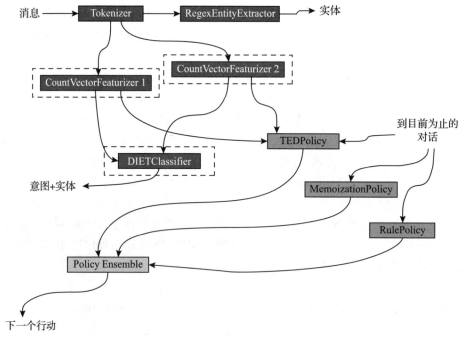

图 5-11 DIETClassifier 依赖 CountVectorsFeaturizer 1、CountVectorsFeaturizer 2

第 5 章 定制 Graph NLU 及 Policies 组件

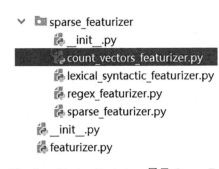

图 5-12 CountVectorsFeaturizer 属于 SparseFeaturizer

2. """基于 sklearn 的"CountVectorizer"创建一系列标记计数特征
3. 仅由数字组成的所有标记(例如 123 和 99,而不是 ab12d)将由单个特征表示
4. 将"analyzer"设置为"char_wb",使用子词语义散列的思想 https://arxiv.org/abs/1810.07150
5. """
6. OOV_words:List[Text]
7.
8. @classmethod
9. def required_components(cls) -> List[Type]:
10.   """在此组件之前应包含在管道中的组件"""
11.   return [Tokenizer]

上段代码中第 1 行表明 CountVectorsFeaturizer 继承至 SparseFeaturizer。它自己有不同的类型,是按照一个标记粒度进行 Multi-Hot 的编码方式,还是按照字符甚至字符组合的级别进行？大家应该都知道。

如图 5-13 所示,这张图描述了模型配置中组件之间的依赖关系,以及数据如何(how)在它们之间流动情况。"how"这个词很关键,"how"是怎样,什么意思？依赖关系是它的核心,如果真正很严肃来看这个系统,会看见依赖关系,第一直觉就是数据的输入和输出,例如策略集成,这依赖于它的策略,如 TEDPolicy、MemoizationPolicy、RulePolicy。

这些不同的策略把它们的输出都输入给这个策略集成,这是流式计算。可能大家没有做过流式处理,简单理解就是生产者—消费者模型,而生产者和消费者模型,大家在学编程的开始就应该知道是怎么回事,明白信息来源从哪里来。在这个过程中,一般会涉及消息队列,例如 Kafka 等消息队列,当然现在有新一代的基于云原生的消息队列,看上去比 Kafka 更好,因为它更彻底地进行了解耦合。看见整张图的时候,会感觉它是流式处理,更简单一点,可以认为它是生产者—消费者模式,即组件基于依赖关系进行消费。

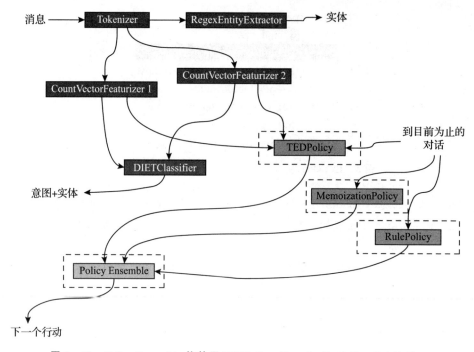

图 5-13 Policy Ensemble 依赖于 TEDPolicy、MemoizationPolicy、RulePolicy

  这样做有两个主要好处，从 Rasa 的视角看，这会让人心花怒放，一起来看一下。第一个好处是，Rasa 可以使用计算图来优化模型的执行，这是一句高度抽象的语言，同时也是一句很有效的语言。优化模型的执行，包括模型训练级别，也包括模型推理级别，例如，高效缓存训练步骤，或者并行执行独立步骤。如图 5-14 所示，会看见一个依赖关系，RegexEntityExtractor、CountVectorsFeaturizer1、Count VectorsFeaturizer 2，它们都依赖 Tokenizer，但它们之间并没有关系，而且它们唯一的依赖就是 Tokenizer，在这张图中，它们其实是可以并行的。

  第二个好处是 Rasa 可以灵活地表示不同的模型架构，这是非常重要的，因为任意的模型都可以通过继承的接口，按照编程规范的方式融入这个系统，任何的模型可以任意使用对方不同的模型架构。这里说得很明白，只要图保持非循环，理论上 Rasa 可以基于模型配置将任何数据传递给任何图组件，遵循严格的接口规范。大家都有统一的数据加载及数据读取流程，这些都是统一的事，无论是什么组件，都可以把信息传递给相应依赖它的组件，应该是很直觉化的一种理解，而无须将底层软件架构与所使用的模型架构绑定。这也是很致命的一句话，它已经实现了整个对话系统底层的基础设施结构以及底层和上层模型的耦合，会带来一个重大的变化，就是 Rasa 团队本身可以聚焦于底层的基础性架构的建设，上面想用什么模型就用什么模型，只要你遵循我的接口，遵循我的编码规范，上面任何模型都不会导致整个系统引擎的改变。这时它就实现了引擎和具体模型的交互，可以融入任何模型，看见这样一个

第 5 章 定制 Graph NLU 及 Policies 组件

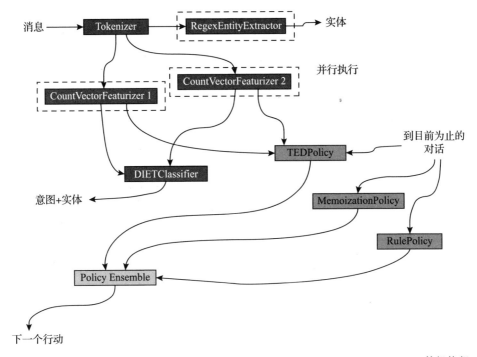

图 5-14　RegexEntityExtractor、CountVectorsFeaturizer 1、CountVectorsFeaturizer 2 并行执行

NLP 的对话系统，如果你热爱技术，必然很激动和兴奋。

当将模型配置转换为计算图时，策略和 NLU 组件将成为该图中的节点，会把所有 NLU 组件和策略的内容，在配置文件中配置，读取配置文件进行实例化。无论搞 Python 还是搞 Java，还是搞其他的语言，都应该很懂这些内容，会把这配置的对象变成图中的节点，注意这里面每个组件都是节点。在模型配置中，策略和 NLU 组件之间存在区别，这从源码的角度可以看到。如图 5-15 所示，Rasa 有 NLU 的部分，也有 core 的部分，NLU 的部分是属于语言理解的部分。如图 5-16 所示，策略是属于 core 的部分，它们之间显然是有区分的。

如图 5-17 所示，传统意义上，NLU 和核心是独立的，训练的时候完全独立，然后运行的时候，可能把 NLU 的实体、意图输入给核心部分，之所以讲可能，是其因为也有端到端学习的方式。

从配置文件读取信息进行实例化的时候，它本身变成节点，每一个节点就是一个组件，而组件的核心是什么？核心就是我们说的 GraphComponent。

graph.py 的源代码实现：

1. class GraphComponent(ABC):
2. 　　"""将在图中运行的任何组件的接口"""
3. 　　……

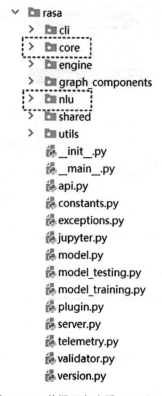

图 5 - 15　从源码角度看 core 和 nlu

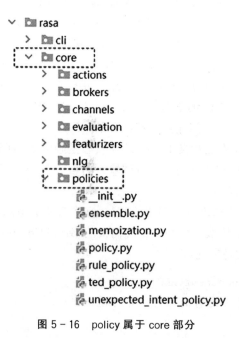

图 5 - 16　policy 属于 core 部分

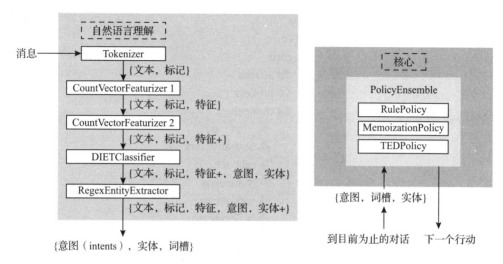

图 5-17 传统意义上 NLU 和 core 完全独立

无论哪个组件其实就是 GraphComponent 的实例而已,这里把一切都简化了,虽然在模型配置中策略和 NLU 组件之间存在区别,但当它们放置在图中时,这种区别就被抽象了。此时,策略和 NLU 组件成为抽象图的组件,这是很大的进步,因为这样做,Rasa 将会成为工业界和学术界对话机器人,尤其是业务对话机器人的通用引擎,甚至整个对话机器人通用的引擎或者框架,这无法阻挡,因为它已经有这个基因了。如果没有图,它不会有这个基因,但是现在有这种图,基于这种图的架构,它就有这个基因,即所有的元素可看为一个组件,然后可以基于接口,或基于编程规范,任意修改 Rasa 代码,任意增加组件,或者自定义组件,想一想都很激动兴奋。如果你把自己的算法按照 Rasa 的规范融入进去,然后就可以直接跑模型,基于 Rasa 直接进行测试,这样可以减少很多不必要的工作量。整个学术界或者工业界应该为之而疯狂,这是通用工具或者通用引擎的力量,让你专注于你的核心,这能够体现思维价值和创造价值的事物。其他通用的内容都通过这框架或者平台帮你做了,如果你开发一个新算法,直接融入进去,可以使用整个 Rasa 底层的基础设施,还有 Rasas 的整个工程。什么是它的整个工程?大家可以看一下它的源码,如图 5-18 所示。这里有通道,例如在 Facebook 上,跟 Facebook 联通,跟 Slack 联通等。

如图 5-19 所示,这里也有 NLG 的部分,是自然语言生成部分的内容。

这些代码大家都是可以使用的,而使用的这些代码,是 Rasa 团队花了很多年的时间,在业界很多年经过各种落地产品反复打磨反馈的基础上实现的。现在,Rasa 所有的工程代码都被你即刻拥有,不需要自己动手去做这些事情,如果你是在读博士,在做 NLP 对话机器人,或者在公司里面做对话机器人,这应该是技术方面的。你感觉不仅是一般兴奋,而是非常亢奋,它是让人持续亢奋的一个平台。

策略和 NLU 组件成为抽象图组件,这由 GraphComponent 接口表示。

```
v 📁 rasa
  > 📁 cli
  v 📁 core
    > 📁 actions
    > 📁 brokers
    v 📁 channels
        📄 __init__.py
        📄 botframework.py
        📄 callback.py
        📄 channel.py
        📄 console.py
        📄 facebook.py
        📄 hangouts.py
        📄 mattermost.py
        📄 rasa_chat.py
        📄 rest.py
        📄 rocketchat.py
        📄 slack.py
        📄 socketio.py
        📄 telegram.py
        📄 twilio.py
        📄 twilio_voice.py
        📄 webexteams.py
```

图 5-18 channels 通道工具

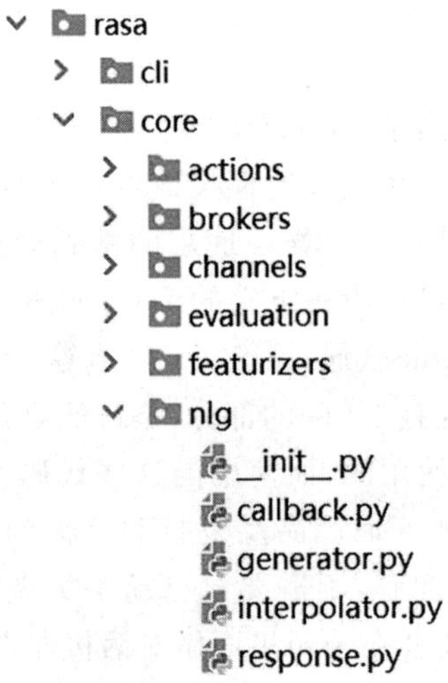

```
v 📁 rasa
  > 📁 cli
  v 📁 core
    > 📁 actions
    > 📁 brokers
    > 📁 channels
    > 📁 evaluation
    > 📁 featurizers
    v 📁 nlg
        📄 __init__.py
        📄 callback.py
        📄 generator.py
        📄 interpolator.py
        📄 response.py
```

图 5-19 NLG 工具

graph.py 的源代码实现：

```
1. class GraphComponent(ABC):
2.     """将在图中运行的任何组件的接口"""
3. ……
```

abc.py 的源代码实现：

```
1. class ABC(metaclass = ABCMeta):
2.     """提供使用继承创建 ABC 的标准方法的 Helper 类
3.     """
4.     __slots__ = ()
```

上段代码中第 4 行在 ABC 中定义了一个 __slots__ 变量。

GraphComponent 本身也是一个接口，它继承着 ABC，ABC 本身并没有任何内容，它有一个 slot，本身没有方法的抽象。

策略和 NLU 组件都必须从 GraphComponent 接口继承，才能与 Rasa 的图兼容（compatible）并可以执行，且必须要继承。因为你要融进我的框架，"compatible"是兼容的意思。"compatible"这词用得让人很兴奋，就是我的系统、我的框架可以认识你，你可以融入进去。可执行的 Rasa 图（executable for Rasa's graph），"executable for Rasa's graph"这种词令人觉得喜悦是在骨髓里面流动的一种感觉。

以上是我们讲的定制 GraphComponent 的内容，但无论是 NLU 还是策略，都需要注意的一些基本点，或者一些需要理解的内容。接下来要做的肯定是按照它接口的规范去实施，这其实比较简单。

5.3 Graph Components 源代码示范

从现在开始，主要是从代码的角度跟大家强调怎么去做，我们看一下入门的部分。在开始之前，必须决定是要实现自定义 NLU 组件还是策略，这应该有基本的区分度，即是从策略的响应角度，还是从语言理解的角度。如果要实现自定义策略，那么建议扩展现有的 rasa.core.policies.policy.Policy，因为它已实现 GraphComponent 接口的策略类，这个类是一个抽象类，本身就是 Policy。这里要继承 Policy 类，为什么？因为只要知道面向对象 OOP 编程。要清楚为什么这么做，一起看一下这边的策略。如图 5-20 所示，它有很多不同类型的策略。

它提供了一个 policy.py 的文件，里面有 Policy 这个内容，这个类会跟其他的策略不同，它有通用的部分。

policy.py 的源代码实现：

```
1. class Policy(GraphComponent):
```

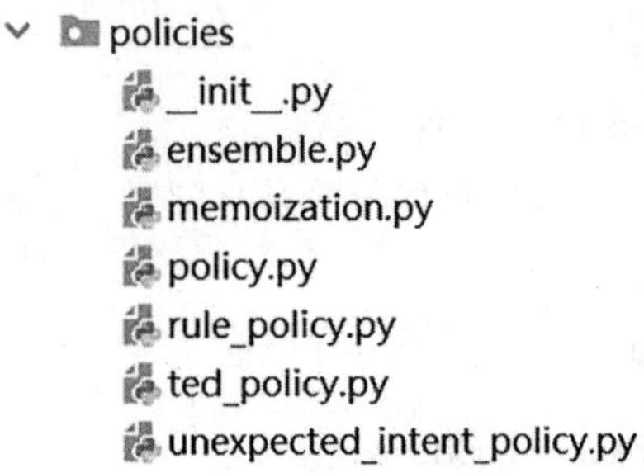

```
    v ▢ policies
        🐍 __init__.py
        🐍 ensemble.py
        🐍 memoization.py
        🐍 policy.py
        🐍 rule_policy.py
        🐍 ted_policy.py
        🐍 unexpected_intent_policy.py
```

图 5-20 Rasa 的策略

2.　　　"""所有对话策略的公共父类"""
3.　……

它会根据状态信息来生成响应和下一步动作,会完成一些通用的部分,例如 RulePolicy 继承至 MemoizationPolicy,然后 MemoizationPolicy 直接继承至 Policy 就行了,你可以节省很多工作,显然是的。

rule_policy.py 的源代码实现:

1. class RulePolicy(MemoizationPolicy):
2. 　　"""处理所有规则的策略."""
3. 　……

memoization.py 的源代码实现:

1. class MemoizationPolicy(Policy):
2. 　……

然后可以看一下 TEDPolicy,它也是直接继承 Policy 本身。

ted_policy.py 的源代码实现:

1. class TEDPolicy(Policy):
2. 　　"""Transformer 嵌入对话(TED)策略。
3. 　　"""

我们来看一下文档,这里是 MyPolicy,这个名字太传统了,大家可以根据具体的特色或者功能起一个名字,比如 TEDPolicy,因为它是基于 $\boldsymbol{T}$ransformer $\boldsymbol{E}$mbedding $\boldsymbol{D}$ialogue 的内容,所以叫 TEDPolicy。

MyPolicy 源代码实现:

1. from rasa.core.policies.policy import Policy
2. from rasa.engine.recipes.default_recipe import DefaultV1Recipe
3.

第 5 章 定制 Graph NLU 及 Policies 组件

```
4.  # TODO:正确注册图组件
5.  @DefaultV1Recipe.register(
6.      [DefaultV1Recipe.ComponentType.POLICY_WITHOUT_END_TO_END_SUPPORT], is_trainable = True
7.  )
8.  class MyPolicy(Policy):
9.      ...
```

上段代码中第 5 行,大家注意一下,在类 MyPolicy 上面会有@DefaultV1Recipe.register,把组件注册给整个系统,按照它这个写法去写就行,"@"是 Python 级别的一些基本语法。大家如果不太了解,可以自己去看 Python 的内容,我们会分享专门讲解 Python 的高级内容,从并发和一些高级技术点的角度去讲。

这是 Policy 级别,如果从 NLU 组件的角度,也是一致的。如果要实现自定义 NLU 组件,可从以下框架(skeleton)开始,因为它会提供一个抽象通用性的工作。由于组件比较多,不同的组件都有自己的特殊性,例如,特征提取器有自己的特殊性,然后分类器也有自己的一些特殊性,直接继承 IntentClassifier 就行。

classifier.py 的源代码实现:

```
1.  class IntentClassifier:
2.      """意图分类器"""
3.
4.      # TODO:"向消息添加意图/排名"功能
5.      pass
```

看一下 DIETClassifier,它是 Transformer 基于 TensorFlow 实现的,在这里看见 IntentClassifier,它为什么这样做?现在可能感觉它没做什么,其实它是面向接口的编码,先把这个接口开放给你了。

diet_classifier.py 的源代码实现:

```
1.  class DIETClassifier(GraphComponent, IntentClassifier, EntityExtractorMixin):
2.      """用于意图分类和实体提取的多任务模型
3.      """
```

上段代码中第 1 行,DIETClassifier 继承至 GraphComponent,也继承至 IntentClassifier。

Rasa 3.X 从发布到现在,已经更新好几个版本了,在这里它提供了一个框架,可以导入相应的包。

自定义 NLU 组件的源代码实现:

```python
1.  from typing import Dict, Text, Any, List
2.  from rasa.engine.graph import GraphComponent, ExecutionContext
3.  from rasa.engine.recipes.default_recipe import DefaultV1Recipe
4.  from rasa.engine.storage.resource import Resource
5.  from rasa.engine.storage.storage import ModelStorage
6.  from rasa.shared.nlu.training_data.message import Message
7.  from rasa.shared.nlu.training_data.training_data import TrainingData
8.
9.  # TODO: Correctly register your component with its type
10. @DefaultV1Recipe.register(
11.     [DefaultV1Recipe.ComponentType.INTENT_CLASSIFIER], is_trainable=True
12. )
13.
14. class CustomNLUComponent(GraphComponent):
15.     @classmethod
16.     def create(
17.         cls,
18.         config: Dict[Text, Any],
19.         model_storage: ModelStorage,
20.         resource: Resource,
21.         execution_context: ExecutionContext,
22.     ) -> GraphComponent:
23.         # TODO: 执行此操作
24.         ...
25.
26.     def train(self, training_data: TrainingData) -> Resource:
27.         # TODO: 如果组件需要训练,请执行此操作
28.         ...
29.
30.     def process_training_data(self, training_data: TrainingData) -> TrainingData:
31.         # TODO: 如果组件使用其他组件,在训练过程中使用标记或消息特征来扩充训练数据,请执行此操作
32.         ...
33.
```

第 5 章 定制 Graph NLU 及 Policies 组件

```
34.        return training_data
35.
36.    def process(self, messages: List[Message]) -> List[Message]:
37.        # TODO：这是 Rasa 开源在推理过程中调用的方法。
38.        ...
39.        return messages
```

上段代码中第 2 行，导入 GraphComponent 和 ExecutionContext，执行的过程中肯定有上下文。

上段代码中第 3 行，导入 DefaultV1Recipe，这涉及一些注册。

上段代码中第 4 行的 Resource 是访问文件资源等。

上段代码中第 5~7 行包括 ModelStorage、Message、TrainingData 等内容，我们会逐一跟大家细致进行剖析，大家不用担心。如果不太理解这些事物，可以这样想：读取数据、存储数据、处理数据，这些事情需要一些类去处理，把它命名为不同的类，例如 Resource、ModelStorage 等，它没什么特殊的，跟处理一个基本的 C 程序没有什么太多的区别。

上段代码中第 14 行构建一个 CustomNLUComponent。

上段代码中第 16~22 行，是 CustomNLUComponent 的 create 方法，传入第一个参数是"cls"，表示类本身，传入第三个参数是 model_storage，第五个参数是 execution_context，任何一个时间上下文都至关重要。

上段代码中第 26 行的是模型的训练方法。

上段代码中第 30 行定义了一个 process_training_data 方法。

上段代码中第 36 行定义了 process 方法，在推理的时候会调动 process 方法，message 是输入的信息，然后也会输出信息。

构建 CustomNLUComponent 的时候，它继承 GraphComponent，当然可以继承更多，例如 DIETClassifier，它除了继承 GraphComponent，也继承了自己的通用接口 IntentClassifier，还有 EntityExtractorMixin。

classifier.py 的源代码实现：

```
1. class DIETClassifier(GraphComponent, IntentClassifier, EntityExtrac-
   torMixin):
2.    """用于意图分类和实体提取的多任务模型
3.    """
```

为什么？大家想一下，这是根据组件的特殊性决定的，应该清楚知道 DIETClassifier 为什么叫 DIET？它是 **D**ual **I**ntent and **E**ntity **T**ransformer，它是多任务的。可以看一下注释，也可以看得很清楚，它叫意图分类和实体提取的多任务模型，即有意图识别，也有实体提取，只不过这是 TensorFlow 做的，架构基于两个任务共享的

Transformer,就是有多个任务。它要共享参数,一个实体标签序列通过一个条件随机场(Conditional Random Field,CRF)标签层是在 Transformer 输出序列对应的输入序列预测的,输入的数据会通过 CRF 去获取具体的实体,Transformer 能够更好表达语义的信息,更精细化表达信息的细节。虽然 CRF 是过去几十年业界实体识别霸主性的一个算法,但是它致命性的短板就在于它信息表达能力不强,所以它借助 Transformer、"CLS"标记和意图标签的 Transformer 输出被嵌入到单个语义向量空间中。本书前面都在讲解 Transformer,大家太清楚"CLS"标记是什么,它代表全局信息,单个语义向量空间显然是 Star Space 的内容,使用点积损失来最大化与目标标签的相似性,并最小化与负样本的相似性,这是我们谈 Transformer 时候最基本的一些内容。如果你有任何不清楚的地方,去学习前面章节的内容。

这里只不过是看一个例子,从 NLU 的角度看 DIETClassifier 的定义,NLU 有很多不同的类别,它会通过类继承的方式融入不同的功能,DIETClassifier 继承 GraphComponent、IntentClassifier、EntityExtractorMixin。在这里可以看 EntityExtractorMixin 的代码,它也是继承至 ABC,ABC 看来是通用的,也可以认为是最顶级的结构。

extractor.py 的源代码实现:

```
1.  class EntityExtractorMixin(abc.ABC):
2.      """为执行实体提取的组件提供功能
3.      从该类继承将为实体提取添加实用程序函数
4.      实体提取是从消息中识别和提取实体(如人名或位置)的过程
5.      """
6.  …
7.      def add_extractor_name(
8.          self, entities: List[Dict[Text, Any]]
9.      ) -> List[Dict[Text, Any]]:
10.         """将此提取器的名称添加到实体列表中
11.
12.         Args:
13.             entities: 提取的实体
14.
15.         Returns:
16.             修改后的实体
17.         """
18.         for entity in entities:
19.             entity[EXTRACTOR] = self.name
20.         return entities
```

```
21.    ...
22.    def add_processor_name(self, entity: Dict[Text, Any]) -> Dict[Text, Any]:
23.        """将此提取器的名称添加到此实体的处理器列表中
24.
25.        Args:
26.            entity:提取的实体及其元数据
27.
28.        Returns:
29.            修改后的实体
30.        """
31.        if "processors" in entity:
32.            entity["processors"].append(self.name)
33.        else:
34.            entity["processors"] = [self.name]
35.
36.        return entity
37.    .......
38.
39.    @staticmethod
40.    def find_entity(
41.        entity: Dict[Text, Any], text: Text, tokens: List[Token]
42.    ) -> Tuple[int, int]:
43.        offsets = [token.start for token in tokens]
44.        ends = [token.end for token in tokens]
45.
46.        if entity[ENTITY_ATTRIBUTE_START] not in offsets:
47.            message = (
48.                "Invalid entity {} in example '{}': "
49.                "entities must span whole tokens. "
50.                "Wrong entity start. ".format(entity, text)
51.            )
52.            raise ValueError(message)
53.
54.        if entity[ENTITY_ATTRIBUTE_END] not in ends:
55.            message = (
```

```
56.                    "Invalid entity {} in example '{}': "
57.                    "entities must span whole tokens. "
58.                    "Wrong entity end. ".format(entity, text)
59.                )
60.                raise ValueError(message)
61.
62.        start = offsets.index(entity[ENTITY_ATTRIBUTE_START])
63.        end = ends.index(entity[ENTITY_ATTRIBUTE_END]) + 1
64.        return start, end
```

上段代码中第 7 行构建 add_extractor_name 函数。

上段代码中第 22 行构建 add_processor_name 函数。

上段代码中第 40 行构建 find_entity 函数，它是一个静态方法。从 Pyhton 的角度，它会有一些其他的处理，关键是 processor 等相关的内容。大家不用着急，这些内容，我们在讲 Rasa 第二部分算法的时候，都会给讲到，且从技术的角度跟大家分享。

这里我们看到的定制化，一个是定制化 NLU 组件，一个是定制化策略组件。现在如果要做自己的标记化器，就要继承 Tokenizer 本身，这说得很明白。train 和 process 方法已经实现，因此只需要覆盖 tokenize 方法，Tokenizer 类大家前面已经看了很多次。

tokenizer.py 的源代码实现：

```
1.  class Tokenizer(GraphComponent, abc.ABC):
2.      """标记化器的基类."""
3.      ......
4.      def process_training_data(self, training_data: TrainingData) -> TrainingData:
5.          """标记所有训练数据."""
6.          for example in training_data.training_examples:
7.              for attribute in MESSAGE_ATTRIBUTES:
8.                  if (
9.                      example.get(attribute) is not None
10.                     and not example.get(attribute) == ""
11.                 ):
12.                     if attribute in [INTENT, ACTION_NAME, INTENT_RESPONSE_KEY]:
13.                         tokens = self._split_name(example, attribute)
```

```
14.                    else:
15.                        tokens = self.tokenize(example, attribute)
16.                    example.set(TOKENS_NAMES[attribute], tokens)
17.        return training_data
18. ......
19.
20.    def process(self, messages: List[Message]) -> List[Message]:
21.        """标记化传入消息."""
22.        for message in messages:
23.            for attribute in MESSAGE_ATTRIBUTES:
24.                if isinstance(message.get(attribute), str):
25.                    if attribute in [
26.                        INTENT,
27.                        ACTION_NAME,
28.                        RESPONSE_IDENTIFIER_DELIMITER,
29.                    ]:
30.                        tokens = self._split_name(message, attribute)
31.                    else:
32.                        tokens = self.tokenize(message, attribute)
33.
34.                    message.set(TOKENS_NAMES[attribute], tokens)
35.        return messages
```

上段代码中第 1 行构建一个 Tokenizer,这个类它继承至 GraphComponent,同时也继承 abc.ABC,可以认为某种程度的多继承,也可以认为是信息的聚合。注意我们讲面向对象的时候,跟大家在市面上或者教科书中看的不一样,因为这里是从工程实践,从自己做星空智能对话机器人的角度,从最实用的角度跟大家介绍它继承的两个接口,是要结合它们的功能,在属性中引用接口。

上段代码中第 4 行构建一个 process_training_data 方法。

上段代码中第 20 行构建一个 process 方法。

可以这样说,对于 Tokenizer 的 train 和 process 等相关的方法,它已经帮你完成了。你自己聚焦什么? 自己要聚焦 Tokenizer 方法,这是你聚焦的关键。在 Pycharm 中打开 tokenizer.py 文件,在左侧的 structure 部分,看到它有很多其他的一些方法,你自己核心实现的就是 tokenize。

tokenizer.py 的源代码实现:

```
1.    @abc.abstractmethod
```

2.　　def tokenize(self, message: Message, attribute: Text) -> List[Token]:
3.　　　　"""标记传入消息的所提供属性的文本."""
4.　　　　...

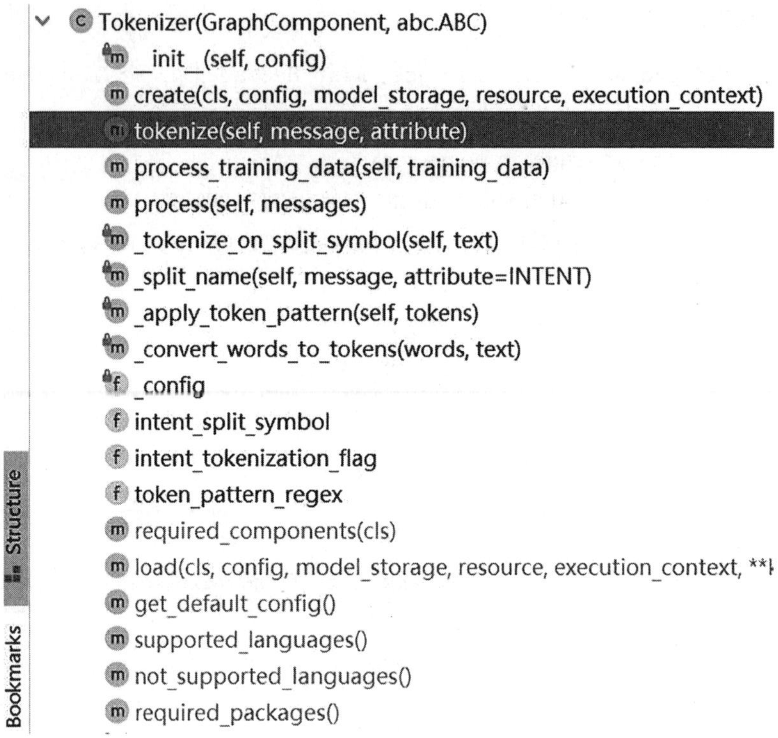

```
Tokenizer(GraphComponent, abc.ABC)
    _init_(self, config)
    create(cls, config, model_storage, resource, execution_context)
    tokenize(self, message, attribute)
    process_training_data(self, training_data)
    process(self, messages)
    _tokenize_on_split_symbol(self, text)
    _split_name(self, message, attribute=INTENT)
    _apply_token_pattern(self, tokens)
    _convert_words_to_tokens(words, text)
    _config
    intent_split_symbol
    intent_tokenization_flag
    token_pattern_regex
    required_components(cls)
    load(cls, config, model_storage, resource, execution_context, **k
    get_default_config()
    supported_languages()
    not_supported_languages()
    required_packages()
```

图 5-21　自研实现 tokenize

上段代码中第 1 行修饰装饰器@abc.abstractmethod。

上段代码中第 2 行构建一个 tokenize 函数，对输入消息的文本进行标记化。什么叫"incoming message"？如图 5-22 所示，再次回到这幅图中，输入进来的 message 就是用户给你的信息，通过 Tokenizes 对它进行标记化操作，这里写得很明确，它是一个抽象方法，所以要自己自定义实现。

上述是本章跟大家分享的内容，相信大家对 Rasa 内部机制，整个 Rasa 新一代的计算后端，内部基于图的结构以及具体怎么去做有了进一步的认知，而且理论上讲，大脑应该更清晰化了。从下一章开始，介绍类、接口或者内部组件，以及具体化的一些操作，尤其会从它核心的接口 GraphComponent 展开讲，因为所有的组件其实就是 GraphComponent，这是绝对的核心。然后基于这个核心不断去延展，再细化，尤其是从实际自定义的角度跟大家介绍更多细节化的内容。

第 5 章 定制 Graph NLU 及 Policies 组件

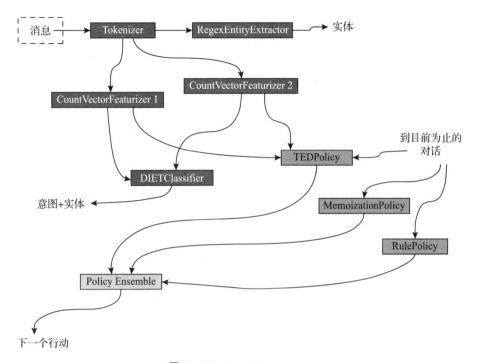

图 5-22 incoming message

第6章 自定义 GraphComponent

6.1 从 Python 角度分析 GraphComponent 接口

本节开始逐渐以代码为主线,跟大家分享关于 Rasa 内部机制的内容,主要围绕 Rasa 3.0 提出,把所有的元素都变成图中的组件。然后按照组件之间的依赖关系构成有向无环图,也就是 Directed Acyclic Graph 的方式,前面的内容都是逐步跟大家探讨 Rasa 的架构,包括内部的工作机制。从本节开始,以代码为主要的方式讲解 Rasa 具体内部的实现,会围绕组件定制的内容讲。最基础的核心内容是图组件,它是 GraphComponent 类,大家一看这个类,就知道它是一个抽象类或者接口。

graph.py 的源代码实现:

1. class GraphComponent(ABC):
2.   """将在图中运行的任何组件的接口"""
3.   ……

看上述内容就知道它是一个接口,原因很简单,它继承至 ABC,大家都知道 ABC 是 Python 提供的一个抽象接口,如果继承 ABC,理论上讲会有一些抽象方法,在继承 GraphComponent 的时候,就必须实现它的抽象方法,这会导致 Rasa 继承 ABC。如图6-1所示,自己有一些抽象方法的时候,如果有一个子类,也就是 NLU 的一个具体模块,例如 CountVectorsFeaturizer 继承至 GraphComponent,就必须实现它里面的抽象方法。如果不实现它的抽象方法,显然无法实例化,实例化的时候肯定会出错。

本节主要会围绕 GraphComponent 的视角跟大家分享源码,这绝对是核心中的核心,灵魂中的灵魂,因为当你很明白这个架构、它的运作机制及它的流程,要想定制自己的组件,或者想定制 Rasa 进行二次开发的时候,首先面临的就是 GraphComponent 这样一个接口。这里要跟大家谈几个基本的点:第一个是 GraphComponent,它是所有组件的抽象接口,如图6-2所示。NLU 里面有各种类型的组件,大家肯定很清楚,无论它们是直间的,还是间接的,都要继承我们的 GraphComponent。

如图6-3所示,在 policies 目录里面,也有很多策略组件。

一般 policies 目录里面的很多组件,都会继承 Policy 类,例如 TEDPolicy。

ted_policy.py 的源代码实现:

第 6 章 自定义 GraphComponent

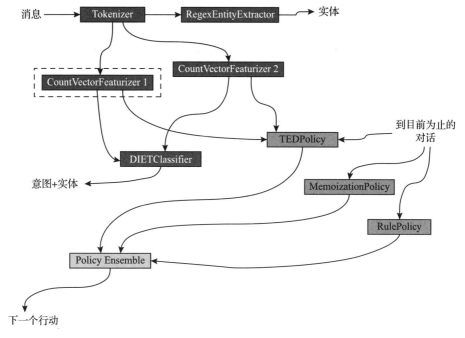

图 6-1 CountVectorsFeaturizer 组件

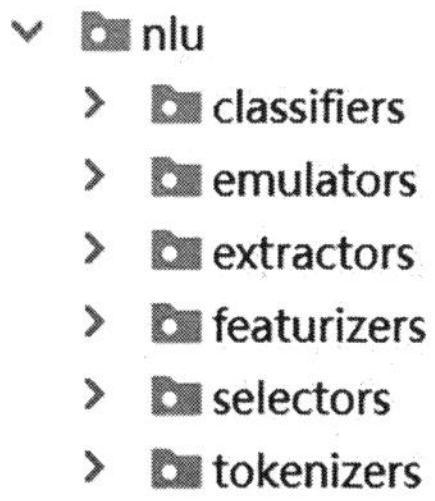

图 6-2 Rasa NLU 源码目录 　　图 6-3 Rasa policies 源码目录

1. class TEDPolicy(Policy):
2. 　　"""Transformer 嵌入对话(TED)策略。
3. 　　"""

Policy 肯定会继承 GraphComponent，这里看得非常清楚。
policy.py 的源代码实现：

1. class Policy(GraphComponent):
2. 　　"""所有对话策略的公共父类"""
3. 　　……

GraphComponent 作为所有组件的一个抽象接口，会带来很多好处，如果是一个

89

抽象接口,注意我们一再称之为抽象接口。如图 6-4 所示,在 Pycharm 左侧可以看一下它的 structure,查看 GraphComponent 的时候,这里面有很多类,也有其他的一些方法,每个类和方法都是绝对的核心,但最重要的核心是 GraphComponent。

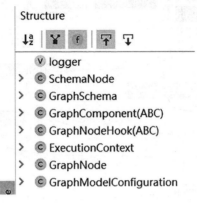

图 6-4 Graph 的结构

如图 6-5 所示,我们直接看 GraphComponent,它本身有很多方法。

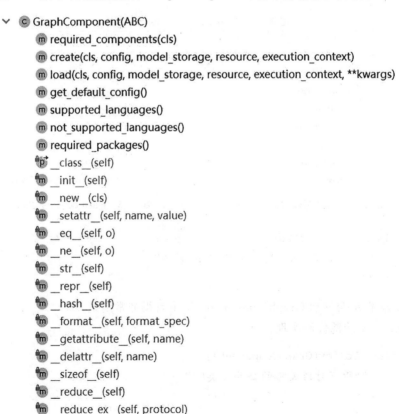

图 6-5 GraphComponent 结构

第 6 章　自定义 GraphComponent

在 GraphComponent 里面会有很多的方法，肯定要看的核心是 required_components，如图 6-6 所示。

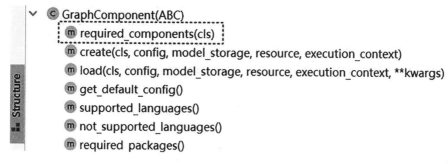

图 6-6　required_components

看这个名字就知道，如果运行当前定义的图，需要一些前提条件，为什么需要一些前提条件？如图 6-7 所示，例如运行 DIETClassifier，它的前提条件是 CountVectorsFeaturizer 1 和 CountVectorsFeaturizer 2。

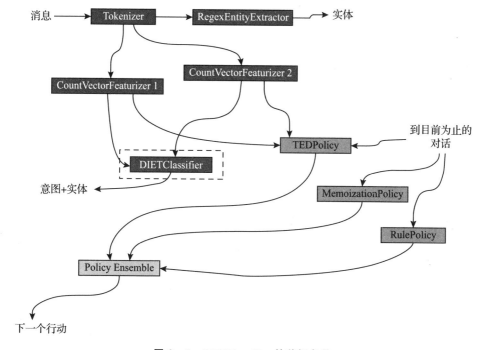

图 6-7　DIETClassifier 的前提条件

如图 6-8 所示，我们看一下 create 方法。

根据配置文件来，一看这个名字就知道它为什么叫"create"，显然是创建模型。通过名字很容易知道，它就是创建模型，如果模型还没训练，可能就训练出模型。如

91

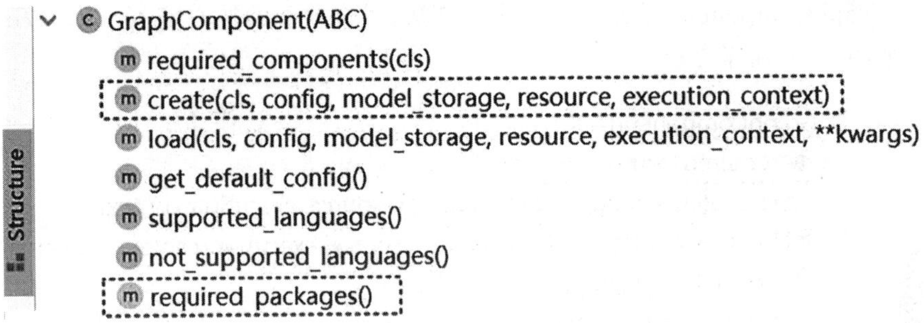

图 6-8　create 方法

果是推理阶段，训练后的模型一般会存储一个地方，使用一个 ID 指向它，然后把这个模型加载进来进行推理。

Load 方法是加载模型，get_default_config 方法是关于配置的，还有 supported_languages、not_supported_languages 方法。

如图 6-9 所示，还有一个 required_packages 方法。

图 6-9　required_packages 方法

可能大家一看，前面不是有了 required_components，这地方为什么还有 required_packages？如果看这两个词，会发现它们的不同之处在于，一个叫 component，一个叫 packages，就会明白 component 是从图里面节点组件的视角去看的。packages 是一种什么概念？package 是 Python 的包，运行某个组件需要哪些包的支持，例如在 NLP 领域应用比较广的 spaCy。在很多场景中都有 spaCy，组件在运行的时候，需要包的支持，这是一个非常强大的功能，理论上讲，它运行的时候可以把任何包加载进来，大家看一下这个方法。

graph.py 的源代码实现：

```
1.    @staticmethod
2.    def required_packages() -> List[Text]:
3.        """运行此组件所需的任何额外python依赖项"""
4.        return []
```

第 6 章 自定义 GraphComponent

5. ……

上段代码中第 1 行指定 @staticmethod 为一个静态方法。可以称之为装饰器、函数增强或者标记,不管怎么称呼,这是 Python 一些基本内容。这里看见的是 staticmethod,它相当于一个函数,无论是对象本身,还是实例本身,都跟对象和类是两回事。

从 Python 的视角,一切都是对象,哪怕一个整数,也肯定是个对象,因为赋值的时候,例如数字等于 5(number is five),"number"是一个指针。它默认解释器的实现是 CPython,从 C 语言的角度讲它是一个结构体,里面就是一个"number",把它赋值为 5 的时候,其实是一个指针指向这样的结构体。从 Python 的视角看,它是对象内容本身,包括它的引用,被引入多少次,这跟垃圾回收也有很多关系。之所以谈这点,是因为从 Python 的角度,一切皆对象,理论上讲,一个正常的方法会依附于某种类型的对象,这种对象可能是一个类实例化出来的对象。一般情况下,大家约定俗成把"self"作为实例化的对象。

graph.py 的源代码实现:

```
1.  class GraphNodeHook(ABC):
2.      """保存要在 GraphNode 之前和之后运行的功能"""
3.
4.      @abstractmethod
5.      def on_before_node(
6.          self,
7.          node_name: Text,
8.          execution_context: ExecutionContext,
9.          config: Dict[Text, Any],
10.         received_inputs: Dict[Text, Any],
11.     ) -> Dict:
12.         """在执行"GraphNode"之前运行
13.         参数:
14.             node_name:正在运行的节点的名称
15.             execution_context:当前图运行的执行上下文
16.             config:节点的配置
17.             received_inputs:从参数名称映射到输入值
18.
19.         返回:
20.             然后传递到 on_after_node 的数据
21.         """
22.         ...
```

23.   ……

上段代码中第 6 行传入一个参数"self",它是一个实例化的对象。
如果是类对象本身,一般是"cls",把它加载进来,它本身的类也是一个对象。
graph.py 的源代码实现:

1.   @classmethod
2.   @abstractmethod
3.   def create(
4.   cls,
5.   config: Dict[Text, Any],
6.   model_storage: ModelStorage,
7.   resource: Resource,
8.   execution_context: ExecutionContext,
9.   ) -> GraphComponent:
10.   """创建新的 GraphComponent
11.
12.   参数:
13. config:此配置将覆盖"default_config"
14. model_storage:图组件可用于持久化和加载存储它们自己
15. resource:可用于持久化的此组件的资源定位器,并从"model_storage"加载自身
16. execution_context:有关当前图运行的信息
17.
18.   返回:实例化的"GraphComponent"。
19.   """
20.   ...
21.   ……

上段代码中第 4 行传入一个参数"cls",它是一个类对象本身,关于类对象的一些作用显然跟继承相关。

然后我们看一下静态方法的内容,"@staticmethod 是一个静态的方法。
graph.py 的源代码实现:

1.   @staticmethod
2.   def required_packages() -> List[Text]:
3.   """运行此组件所需的任何额外 python 依赖项"""
4.   return []
5.   ……

第 6 章 自定义 GraphComponent

上段代码中第 1 行指定一个 @staticmethod 静态方法。

静态方法不依附于任何事物,当然也不能说它不依附于任何事物,它肯定要依附于这个文件,但是这个参数中没有"self",也没有"cls",表明它就是一个普通的工具方法,在任何状态下都可以直接调它。大家会发现这个代码是非常巧妙的,这叫 required_packages,因为在任何对象、任何情况下,言外之意是即使没有类对象,也没有对象实例。在这些情况下,都可以调它,为什么这很重要?因为现在是 required_packages,这是类加载进来正常运行的前提条件。不能假设先把类加载进来,因为有这个类对象本身,才能去拿这个方法去获取一些 package,例如 spaCy,这显然是错误的,如果没有这个依赖,运行的时候,Rasa 代码就直接报错了,因为没有前提条件。这是跟大家谈的一些基本语法,这些内容大家应该都很熟悉。

这里有一个 supported_languages,一起看一下。

graph.py 的源代码实现:

```
1.    @staticmethod
2.    def supported_languages() -> Optional[List[Text]]:
3.        """确定此组件可以使用的语言。
4.
5.        返回:支持的语言列表,或"None"表示支持所有语言。
6.        """
7.        return None
```

这跟类对象或者对象实例没有关系,这些都是运行之前的先决条件,包括 get_default_config,它也是 staticmethod。

graph.py 的源代码实现:

```
1.    @staticmethod
2.    def get_default_config() -> Dict[Text, Any]:
3.        """返回组件的默认配置
4.            默认配置和用户配置在 config 被传递给组件的"create"和
                "load"方法
5.        返回:
6.            组件的默认配置
7.        """
8.        return {}
```

get_default_config 也跟类对象或者对象实例是否运行没关系,这也是先决条件,要把这些内容先解决掉。

然后,我们一起看一下关于类方法的内容,大家会看见一个 classmethod。

graph.py 的源代码实现:

```python
1.  class GraphComponent(ABC):
2.      """将在图中运行的任何组件的接口."""
3.      ......
4.      @classmethod
5.      def load(
6.          cls,
7.          config: Dict[Text, Any],
8.          model_storage: ModelStorage,
9.          resource: Resource,
10.         execution_context: ExecutionContext,
11.         **kwargs: Any,
12.     ) -> GraphComponent:
13.         """使用其自身的持久化版本创建组件
14.         如果未被重写,此方法仅调用"create"
15.
16.         参数:
17.             config:此图组件的配置。这是的默认配置组件与用户指定的配置合并
18.             model_storage:图组件可用于持久化和加载存储它们自己
19.             resource:可用于持久化的此组件的资源定位器,并从"model_storage"
                        加载自身
20.             execution_context:有关当前图运行的信息
21.             kwargs:以前节点的输出值可以作为"kwargs"传入
22.
23.         返回:
24.             实例化并加载"GraphComponent"
25.         """
26.         return cls.create(config, model_storage, resource, execution_context)
```

上段代码中第1行构建一个GraphComponent类。

上段代码中第4行通过@classmethod定义一个类方法。

上段代码中第6行传入一个参数cls,它是一个类对象本身。

类实例化之后,注意这叫类实例,不叫对象实例,类实例是类本身,这个对象是"cls",它会依附于类本身。如果继承它,也会有一个新的类,它会随着这个类。在这个地方类名是GraphComponent,如果实例化GraphComponent的时候,它会指向GraphComponent本身这个类,当然肯定实例化不了。为什么?因为它本身是一个接口。如果能实例化,就没有搞一个接口。可能有些做Python初级入门的人会

第 6 章 自定义 GraphComponent

问为什么实例化不了,显然是有限制,比如,在 create 方法中会看见这里有一个 abstractmethod 方法属于 GraphComponent。

graph.py 的源代码实现:

```
1.  @classmethod
2.  @abstractmethod
3.  def create(
4.      cls,
5.      config: Dict[Text, Any],
6.      model_storage: ModelStorage,
7.      resource: Resource,
8.      execution_context: ExecutionContext,
9.  ) -> GraphComponent:
10. ……
```

上段代码中第 3 行指定@abstractmethod 一个抽象方法。它在做装饰器(decorator)的时候,装饰器就控住了这个方法,我们必须实现它,不实现它,就一定会报错,这就是绝对强制。

我们看见有 staticmethod 静态方法,也有 classmethod 类方法,classmethod 类方法会依附于类本身,可以直接调用,使用类名调用 load 就可以。

graph.py 的源代码实现:

```
1.  @classmethod
2.  def load(
3.      cls,
4.      config: Dict[Text, Any],
5.      model_storage: ModelStorage,
6.      resource: Resource,
7.      execution_context: ExecutionContext,
8.      **kwargs: Any,
9.  ) -> GraphComponent:
10. …
```

上段代码中第 2 行传入一个参数"cls",不需要构建一个类实例,再去调这个方法,直接通过类本身就可以调用。想一想就知道,例如 load 方法,即使现在不知道它内部的实现细节,也应该很清楚知道,它可能加载一些资源,加载一些参数,加载一些模型,或者初始化一些上下文,如图 6-10 所示。从这张图的角度讲,它肯定也会涉及接收前面依赖组件输出的一些信息。从 Python 的角度,这些内容是大家都应该知道的。我们分析这个代码,会跟大家讲一下 Python 级别的内容,以扫清大家的困惑或者障碍。当然如果大家特别熟悉了,那就作为温习。

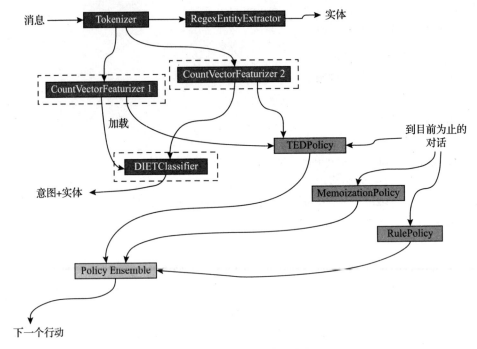

图 6-10 load 依赖资源信息

大家要特别注意的是,每个方法签名的时候都有类型标注(annotation)。graph.py 的源代码实现:

1. @classmethod
2. @abstractmethod
3. def create(
4. 　　cls,
5. 　　config: Dict[Text, Any],
6. 　　model_storage: ModelStorage,
7. 　　resource: Resource,
8. 　　execution_context: ExecutionContext,
9.) -> GraphComponent:
10. 　　……

上段代码中第 9 行,标注 create 函数返回结果的类型是 GraphComponent。这也不能说是绝对必须的,但是从 Rasa 的角度讲,它要求必须这样做,背后有一套控制的机制,大家如果感兴趣,可以自己去看,Python 本身会提供很多第三方工具包来完成强制。现在看代码的时候,其实跟看 Java 代码,或者看其他一些面向对象的代码,

第 6 章　自定义 GraphComponent

理论上不应该有任何区别,感受上也不应该有任何区别。如果感受上有区别,要么是不太懂面向对象,要么是感受不明显。

回到 GraphComponent 本身,GraphComponent 继承至 ABC,大家看一下 ABC 的定义,它继承了一个 ABCMeta。

abc.py 的源代码实现:

1. class ABC(metaclass = ABCMeta):
2. 　　"""提供使用继承创建 ABC 的标准方法的 Helper 类
3. 　　"""
4. 　　__ slots __ = ()

上段代码中第 1 行 ABC 类继承至 ABCMeta,它内部有一个 metaclass。ABCMeta 负责辅助构建 ABC,不能说它是 Python 本身内核部分的元素,它是 Python 后来发展起来的,是为了满足面向对象的编程需求设定的。它在注释中也讲得很清楚,即就是来帮助你创建抽象类或者接口,让你实现继承的。ABCMeta 是非常重要的内容。

abc.py 的源代码实现:

1. 　　class ABCMeta(type):
2. 　　　　"""
3. 　　　　用于定义抽象基类(ABC)的元类
4.
5.
6. 　　　　使用此元类创建 ABC。ABC 可以直接进行子类化,然后作为类中的混合
7. 　　　　可以将不相关的具体类(甚至内置类)和不相关的 ABC 注册为"虚拟子类"
8. 　　　　这些类及其子类将被认为是注册 ABC 的子类,但注册 ABC 不会出现在 MRO
9. 　　　　(方法解析顺序)中,也不会调用由注册 ABC 定义的方法实现
10. 　　　　(甚至不会通过 super())。
11.
12. 　　　　"""
13.
14. 　　　　def __ new __(mcls, name, bases, namespace, ** kwargs):
15. 　　　　　　cls = super(). __ new __(mcls, name, bases, namespace, ** kwargs)
16. 　　　　　　_abc_init(cls)

```
17.            return cls
18.
19.        def register(cls, subclass):
20.            """注册 ABC 的虚拟子类
21.
22.    返回子类，以允许用作类修饰符
23.            """
24.            return _abc_register(cls, subclass)
25.
26.        def __instancecheck__(cls, instance):
27.            """重载实现 isinstance(instance, cls)."""
28.            return _abc_instancecheck(cls, instance)
29.
30.        def __subclasscheck__(cls, subclass):
31.            """重载实现 issubclass(subclass, cls)."""
32.            return _abc_subclasscheck(cls, subclass)
33.
34.        def _dump_registry(cls, file=None):
35.            """调试帮助程序以打印 ABC 注册表"""
36.            print(f"Class: {cls.__module__}.{cls.__qualname__}", file=file)
37.            print(f"Inv. counter: {get_cache_token()}", file=file)
38.            (_abc_registry, _abc_cache, _abc_negative_cache,
39.             _abc_negative_cache_version) = _get_dump(cls)
40.            print(f"_abc_registry: {_abc_registry!r}", file=file)
41.            print(f"_abc_cache: {_abc_cache!r}", file=file)
42.            print(f"_abc_negative_cache: {_abc_negative_cache!r}", file=file)
43.            print(f"_abc_negative_cache_version: {_abc_negative_cache_version!r}",
44.                  file=file)
45.
46.        def _abc_registry_clear(cls):
47.            """清除注册表(用于调试或测试)"""
48.            _reset_registry(cls)
49.
```

```
50.        def _abc_caches_clear(cls):
51.            """清除缓存(用于调试或测试)"""
52.            _reset_caches(cls)
```

上段代码中第 1 行构建一个 ABCMeta 类。

上段代码中第 14~17 行定义一个 __ new __ 方法,通过内部的 new 方法,获得"cls"类本身,它不是对象,是它的类本身实例。

上段代码中第 19 行定义一个注册方法 register。

上段代码中第 26 行定义实例检查方法 instancecheck。

上段代码中第 34 行定义_dump_registry 方法,调试帮助程序以打印 ABC 注册表。

只要是正规的 Python 项目,直接或间接会跟它产生联系,ABCMeta 用于定义抽象基类(ABC)的元类,它本身有很多方法,这些方法是创建一个正常接口通用的内容。使用这个元类创建 ABC,ABC 可以直接进行子类化,例如 GraphComponents 直接继承 ABC,可以将不相关的具体类(甚至内置类)和不相关的 ABC 注册为"虚拟子类",这些类和它们的子类将被 build-inissubclass 函数视为注册 ABC 的子类,但注册 ABC 不会出现在方法解析顺序(Method Resolution Order,MRO)中,也不会调用由注册 ABC 定义的方法实现,无法使用 super 去调。关于 MRO 有一个继承结构,继承的时候可能有多继承等,这是一些面向对象的核心内容,学习面向对象的时候,必然面临一些核心内容,要一层一层找一个方法,如果最底层没有,就一层一层往上调,这是一个 MRO 的规则。GraphComponent 继承了 ABCMeta 的子类 ABC,ABC 继承了 ABCMeta,而 GraphComponent 又是 ABC 的子类。做大型 Python 的项目,一般都要跟 ABC 打交道。

在这里,除了官方提供的注释以外,我们也特别写了一些注释,Python 本身不提供抽象类,然而 Python 提供了定义抽象基类(ABC)的基础设施,在最开始的时候,显然要导入 ABC 和 abstractmethod 方法。

graph.py 的源代码实现:

```
1. from __ future __ import annotations
2.
3. import dataclasses
4. from abc import ABC, abstractmethod
5. from dataclasses import dataclass, field
6. import logging
7. from typing import Any, Callable, Dict, List, Optional, Text, Type, Tuple
8.
9.  from rasa.engine.exceptions import GraphComponentException, Graph-
```

```
        SchemaException
10. import rasa.shared.utils.common
11. import rasa.utils.common
12. from rasa.engine.storage.resource import Resource
13.
14. from rasa.engine.storage.storage import ModelStorage
15. from rasa.shared.exceptions import InvalidConfigException, RasaEx-
    ception
16. from rasa.shared.data import TrainingType
17.
18. logger = logging.getLogger(__name__)
19.        ……
```

上段代码中第4行导入ABC和abstractmethod。

一般只要看代码,看几个真正代码的示例就行。导入ABC的时候,一定会导入abstractmethod,因为它会迫使它的子类必须实现被abstractmethod标记的方法。除非重写了类的所有抽象方法,否则类不能被实例化,什么是抽象方法?可以认为抽象方法不能在抽象基类中实现,但其实不是这样的,Python语言本身并没有抽象不抽象这么一说,抽象方法可以在抽象类中实现。大家可以想象Java也是这样,如果有Java编程的经验,那么这是一个抽象方法,可以有一些基本的实现,即使是在抽象类,它也会进行封装。即使它们被实现了,子类也要重载实现抽象方法,这跟面向对象的架构设计原则是紧密相关的。可能有一些通用的步骤,在子类可以使用super去调抽象方法,然后再写具体业务逻辑,这应该是很容易理解的。举个例子,可能有不同的数据库,会有很多不同种类的数据库,而数据库本身会有一些操作的通用方法,在具体做的时候,每一个数据库都有自己特殊的地方,我们可以把操作数据库的方法作为一个抽象方法,在抽象方法内部可以有一些代码,把所有不同的数据库操作的通用代码都封装起来,但是它们单独并不能运行,比如和SQLite链接,或者和Oracle链接。如果和Oracle链接。需要Oracle的一些具体信息,在这之前,可通过接口调动它的类抽象方法,这使得能够在抽象方法中提供一些基本功能,通过子类的实现来丰富(enriched)。"enriched"这个词用得非常漂亮,这是一些很有必要跟大家谈的基本内容,一些前提知识。如果大家不太理解这些内容,在后面讲继承,讲到很多核心的代码,可能会对你形成一些障碍。如果以前对这方面不太了解,也不要太紧张,刚才这些内容,掌握就足够了,以后会遇到一些更高级的Python语法现象,等我们用到的时候都会跟大家谈。在具体的场景学习中,你有整个代码的体系,应会形成一个生生不息的自我循环体,这样学习的内容才能够产生持久的影响或者价值。

6.2 自定义模型的 create 和 load 内幕详解

从文档的角度来看,使用 Rasa 运行自定义 NLU 组件或策略,无论是语言理解,还是语言具体处理生成下一个动作,都必须实现 GraphComponent 接口。

官网文档的 GraphComponent 源代码实现:

```
1. from __future__ import annotations
2. from abc import ABC, abstractmethod
3. from typing import List, Type, Dict, Text, Any, Optional
4.
5. from rasa.engine.graph import ExecutionContext
6. from rasa.engine.storage.resource import Resource
7. from rasa.engine.storage.storage import ModelStorage
8.
9.
10. class GraphComponent(ABC):
11.     """将在图中运行的任何组件的接口。"""
12.
13.     @classmethod
14.     def required_components(cls) -> List[Type]:
15.         """在此组件之前应包含在管道中的组件。"""
16.         return []
17.
18.     @classmethod
19.     @abstractmethod
20.     def create(
21.         cls,
22.         config: Dict[Text, Any],
23.         model_storage: ModelStorage,
24.         resource: Resource,
25.         execution_context: ExecutionContext,
26.     ) -> GraphComponent:
27.         """构建一个新的 'GraphComponent'.
28.
29.         参数:
30.
```

31. config：此配置将覆盖"default_config"。
32. model_storage：图组件可用于持久化和加载存储它们自己
33. resource：可用于持久化的此组件的资源定位器，并从"model_storage"加载自身
34. execution_context：有关当前图运行的信息
35.
36. 返回：实例化的"GraphComponent"。
37. 　　　"""
38. 　　　...
39.
40. 　　@classmethod
41. 　　def load(
42. 　　　　cls,
43. 　　　　config: Dict[Text, Any],
44. 　　　　model_storage: ModelStorage,
45. 　　　　resource: Resource,
46. 　　　　execution_context: ExecutionContext,
47. 　　　　** kwargs: Any,
48. 　　) -> GraphComponent：
49. 　　　　"""使用其自身的持久化版本创建组件
50.
51. 如果未被重写，此方法仅调用"create"
52.
53. 参数：
54. 　　config：此图形组件的配置。这是默认配置组件与用户指定的配置合并
55. 　　model_storage：图组件可用于持久化和加载存储它们自己
56. 　　resource：可用于持久化此组件的资源定位器，并从"model_storage"加载自身
57. 　　execution_context：有关当前图运行的信息
58. 　　kwargs：以前节点的输出值可以作为"kwargs"传入
59.
60. 返回：
61. 　　实例化并加载的"GraphComponent"。
62. 　　　"""
63. 　　　　return cls.create(config, model_storage, resource, execution_

```
                context)
64.
65.     @staticmethod
66.     def get_default_config() -> Dict[Text, Any]:
67.         """返回组件的默认配置
68. 默认配置和用户配置在 config 被传递给组件的"create"和"load"方法
69.
70.         返回:组件的默认配置
71.         """
72.         return {}
73.
74.     @staticmethod
75.     def supported_languages() -> Optional[List[Text]]:
76.         """确定此组件可以使用的语言
77.
78.         返回:支持的语言列表,或"None"表示支持所有语言
79.         """
80.         return None
81.
82.     @staticmethod
83.     def not_supported_languages() -> Optional[List[Text]]:
84.         """确定此组件不能使用的语言
85.
86.         返回:不支持的语言列表,或"None"表示支持所有语言
87.         """
88.         return None
89.
90.     @staticmethod
91.     def required_packages() -> List[Text]:
92.         """运行此组件所需的任何额外 python 依赖项"""
93.         return []
94.     ……
```

上段代码中第 19 行修饰 @abstractmethod 抽象方法。

上段代码中第 20 行定义一个 create 方法,之所以必须要实现,"must"是必须的意思,因为它会有 @abstractmethod 装饰器修饰,大家可以看得很清楚,这时候如果不去实现,它就会报错。

这个代码和 graph.py 的代码完全一样,这是从官方网站上拷过来的,我们直接看的是 Rasa 源代码,这几个方法的大致内容,前面已经跟大家谈过了,现在具体看一下。

首先是 create 方法,我们回到源码看一下 create,这是核心,训练模型或者调模型的时候,肯定都依赖于 create。可能有人会问,训练模型的时候会使用 create,为什么调模型的时候也用 create?这背后涉及统一的原则,从机器学习或者对话机器人的角度,调一个模型,从使用的角度就是调模型而已,但是在调模型之前有一个训练的过程,为了概念的统一性,它统一使用 create,属于类方法。为什么属于类方法?因为它依附于类本身,是"cls"级别的,这跟具体实例化运行不能说没有关系,但这只是做基础铺垫性工作。大家看一下静态方法,静态方法是属于文件级别的,而"cls"是类本身,实例对象是真正进行推理时类对象层面的内容。

graph.py 的源代码实现:

```
1.    @classmethod
2.    @abstractmethod
3.    def create(
4.        cls,
5.        config: Dict[Text, Any],
6.        model_storage: ModelStorage,
7.        resource: Resource,
8.        execution_context: ExecutionContext,
9.    ) -> GraphComponent:
10.       """构建一个新的 'GraphComponent'.
11.
12.       参数:
13.
14.          config:此配置将覆盖"default_config"。
15.          model_storage:图组件可用于持久化和加载存储它们自己
16.          resource:可用于持久化此组件的资源定位器,并从"model_storage"
                    加载自身
17.          execution_context:有关当前图运行的信息
18.
19.       返回:实例化的"GraphComponent"
20.       """
21.       ...
```

上段代码中第 2 行修饰一个抽象方法@abstractmethod。

第 6 章 自定义 GraphComponent

上段代码中第 3 行 create 方法必须有自己的实现,因为必须继承。

上段代码中第 4 行传入一个参数 cls,表明它是一个类方法,依附于类。

上段代码中第 5~8 行是 create 的方法签名,内容也很明白,传进去了几个参数。假设你是这个代码的编写者,先不看它的代码,你会怎么想?从训练的角度看,要训练一个模型,就要有参数配置、模型加载或者存储的地方、依赖的资源、依赖的上下文等,这是 config、model_storag、resource、execution_context 等参数相应的内容。当然现在看起来可能很简单,但是实际上如果一步一步去做的时候,不是一件太容易实现的事情。现在看 config、model_storag、resource、execution_context 写得非常简洁、清晰,我们在不断迭代星空智能对话机器人的过程中,是深有体会的。要达到能够涵盖所需要的所有事物,又能够包容未来的变化,不是一件容易的事情。如果有一些源码,以 Rasa 的源码为例,怀着把它重新创造出来的心态,会对你产生更深远的持久影响,也都是很有价值的。现在看很简单、很直白,但这是千锤百炼之后的结果。

上段代码中第 9 行返回的是 GraphComponent,返回类对象本身,为什么返回 GraphComponent 类对象本身,因为它创建了一个 GraphComponents。无论是类级别还是实例级别,大家应该都不会有问题。

上段代码中第 14 行注释说明,从代码的角度,config 这个配置将覆盖(overrides)默认配置(default_config),这个说法没有问题,但是它可能会误导初学者,如果不是太有经验,它会很容易让你形成误解。为什么?因为这个"overrides"是覆盖的意思,给人只要这里面提供的配置,而不用默认配置的感觉,但是只要稍微有经验,就会明白一件事情。默认配置(default_config)往往很多时候涵盖了更多的信息,或者全局的信息,或者通用的信息,至于具体的模型,因为特殊之处会跟全局配置进行比较,用自己比较特殊的地方把它覆盖掉,所以它是一个合并的过程,会把当前特殊的配置和整体默认的配置进行合并。如果当前的配置有这些内容,默认配置中也有这些内容,肯定会把它覆盖掉。从写注释的角度讲,这些没有问题,但对一个初学者,有时候会有理解上的歧义。

上段代码中第 15 行注释说明 model_storage 这是做持久化的地方,包括加载持久化,把模型保存在一个地方,肯定会有另外一个伴随动作就是加载,否则模型就保存在那里。如果不进行加载,保存在那里也无意义。计算机领域中几乎所有发生的事情都是成对出现的,什么叫成对?例如 create 方法后面左侧有一个括号,它一定有一个右侧的括号来对应,图组件可以用来持久化和加载自己的模型,有持久化(persist)或者有落盘,至于是磁盘还是其他的存储介质,这是自己选择的事情。就是它一定会有加载(load)的过程,这样会形成一个循环,所以读到这种注释的时候,令人感觉一种不可言喻的愉悦之感。

上段代码中第 16 行注释说明 Resource 支撑哪些资源是这个组件的资源定位符,可用于持久化并从 model_storage 加载自身。

上段代码中第 17 行注释说明 execution_context 肯定是重点。有关当前图运行的信息是运行在一个容器中的。什么是一个容器？如图 6-11 所示，整张图就是一个容器，一个组件只是其中一个节点，它一定会有上下文，这个地方写得还是非常不错的。

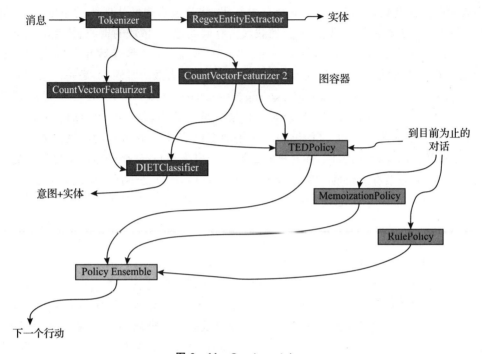

图 6-11　Graph container

上段代码中第 19 行注释说明这里返回是一个实例化的 GraphComponent。

然后我们接着看文档，create 方法用于在训练期间实例化图组件，从训练的角度看，在训练阶段它会完成模型的生成过程。注意，这时候是模型的生成，开始的时候可能没有模型，只有训练，然后保存以后才有模型，之所以必须要重载实现，因为它是一种抽象方法。

Rasa 在调用方法时传递以下参数，官方网站的文档对它进行了丰富化：

• config：这是组件的默认配置，它有自己自定义的部分，也有全局的部分，与模型配置文件中提供给图组件的配置进行合并。

• model_storage：可以使用它来持久化和加载图组件。

• resource：model_storage 中组件的唯一标识符，从加载的角度看，模型训练完成之后，它会生成一个唯一的 ID，这样会方便识别。以后会跟大家谈 Persist 持久化的内容，这些都是信息或者知识级别的知识。

• execution_context：这是一个比较有意思的地方，它提供了有关当前执行模式的附加信息。

• model_id：推理期间使用的模型的唯一标识符，如果是训练阶段，肯定是

第 6 章 自定义 GraphComponent

"None"的方式,训练时还没有持久化,不会有模型ID,因此,在训练期间,这个参数为"None"。

- should_add_diagnostic_data:如果为 True,则在实际预测的基础上向图组件的预测添加额外的诊断元数据,给更多的一些诊断数据,是诊断级别的一些事物,在查看它内部过程的时候,显然是很有用的。
- is_finettuning:如果为 True,则可以使用微调来训练图组件。至于微调,大家应该太熟悉不过了,我们讲 Transformer、BERT 各种模型的时候,一直都在讲微调。
- graph_schema:描述了用于训练助手或进行预测的计算图模式,这是一个类似于计划型或者大纲型的事物,从整张图的角度来看,它适用于训练和推理这两种情况。
- node_name:图模式中步骤的唯一标识符由调用的图组件实现,有一个唯一的ID。

然后我们来看一下它的 load 方法,我们一看到 load 方法就很兴奋,做机器学习模型的时候经常看到 load 方法,因为总是加载别人训练好的模型,尤其是研究 Transformer、BERT 级别的内容,别人的模型已经训练好,只需要加载(load)模型,传递一下参数就行了。

graph.py 的源代码实现:

```
1.    @classmethod
2.    def load(
3.        cls,
4.        config: Dict[Text, Any],
5.        model_storage: ModelStorage,
6.        resource: Resource,
7.        execution_context: ExecutionContext,
8.        **kwargs: Any,
9.    ) -> GraphComponent:
10.
11.       """使用其自身的持久化版本创建组件
12.          如果未被重写,此方法仅调用"create"
13.
14.       参数:
15.          config:此图形组件的配置。这是的默认配置组件与用户指定的配置合并
16.          model_storage:图组件可用于持久化和加载存储它们自己
17.          resource:可用于持久化的此组件的资源定位器,并从"model_storage"加载自身
```

```
18.            execution_context:有关当前图运行的信息
19.            kwargs:以前节点的输出值可以作为"kwargs"传入
20.
21.        返回:
22.            实例化并加载的"GraphComponent"。
23.        """
24.        return cls.create(config, model_storage, resource, execution_
           context)
25. ...
```

上段代码中第 1 行修饰装饰器@classmethod,它本身是一个类方法。

上段代码中第 11 行是注释说明,使用其自身(itself)的持久化版本创建组件,所谓的"itself"是 GraphComponent,例如通过 create 方法创建了一个 GraphComponent 的实例,它使用的是持久化的版本,前面是一个模型存储持久化的过程。

上段代码中第 16 行注释说明加载的时候,会有一些默认的配置参数,或者自己的一些参数,model_storage 这是必然的,否则都不知道从哪里加载。

上段代码中第 17 行注释说明 resource,说得很明白,它是组件的资源定位器,可用于持久化,并从 model_storage 加载自身,用 resource 转过来,跟它进行一个交付。

上段代码中第 18 行注释说明这里也有 execution context。为什么有 execution context? 当前图的运行,肯定有上下文依赖关系,还有一些状态信息等。

上段代码中第 8 行传入参数 ** kwargs、第 19 行注释说明,Load 方法和 create 方法有一个很大的不同,大家看前面的参数感觉都是一致的,但其实 load 方法多了一个参数。"** kwargs"有两个星号(**),可以将任意级别的信息传递过来,因为它是指针。如图 6-12 所示,回到这幅图,例如 CountVectorsFeaturizer 1 可以接受 Tokenizer 的信息,想传给它什么信息,就传给它什么信息,"** kwargs"是指针的指针,内部怎么做,这是封装的事情。

注释中也提到,以前节点的输出值可以作为"kwargs"参数传入,从前面的节点传过来,也可能是多个节点,例如,DIETClassifier 获得的特征抽取的结果会来自 CountVectorsFeaturizer 1、CountVectorsFeaturizer 2,所以它可能会有很多个节点,这里看见是两个节点,返回的依旧是 GraphComponents。

上段代码中第 24 行在实现的时候,调的是 create 方法,这是类方法,一般情况下,它肯定会有一些自己的实现。看 Rasa 源码的时候,会发现 Rasa 有很多 NLU 组件,它都有自己的一些特殊性。

这是 Load 方法的内容,我们一起来看一下官方文档,默认情况下,load 方法用于在推理期间实例化图组件,此方法默认调用 create 方法。一般情况下自定义组件都会有持久化的过程。

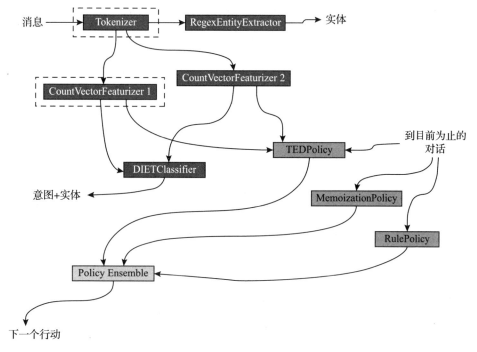

图 6-12　CountVectorsFeaturizer 接收 Tokenizer 信息

6.3　自定义模型的 languages 及 Packages 支持

我们看一下 get_default_config 方法,它相对更加直白,其返回的是当前组件的配置。

graph.py 的源代码实现:

1.　　@staticmethod
2.　　def get_default_config() -> Dict[Text, Any]:
3.　　　　"""返回组件的默认配置。
4.　　　　将配置传递给组件的"create"和"load"方法之前,默认配置和用户
　　　　　　配置由"GraphNode"合并
5.　　　　返回:
6.　　　　　　组件的默认配置
7.　　　　"""
8.　　　　return {}

上段代码中第 4 行是注释说明,将配置传递给组件的 create 和 load 方法之前,默认配置和用户配置由 GraphNode 合并,这个描述还是很好的,一个是用户配置,

另外一个是系统配置的,这是系统级别的,其实也是你配置的。当然系统也有默认的配置,我们称之为全局级别的默认配置,然后会把系统默认配置和用户配置进行合并。

上段代码中第6行注释说明返回的组件是一个字典的方式,字典的Key和Value是任意类型,在运行的时候,无论是load,还是create,我们都会通过get_default_config方法。

这里提到另外一个概念是GraphNode,GraphNode是一个非常核心的内容,如果要把模型变成整幅图中的一个具体节点,必然要使用GraphNode,现在聚焦于GraphComponent本身。

graph.py的源代码实现:

1. class GraphNode:
2.   """在图中实例化并运行"GraphComponent"
3.   """

我们来看一下get_default_config官方文档的说法,它提到get_default_config方法返回图组件的默认配置,官方文档这个说法和官方代码不一致,官方代码里面默认配置和用户配置合并的具体操作是由GraphNode实现的,这也是为什么要提官方源码的原因。正常的一个高手级别的人,核心就应该读源码,或者写一个小例子让它出错,让程序运行出错,因为出错就是堆栈的调用链条,然后通过调用链条来看源码,从一步一步调动了解源码框架程序的运行过程。有时可能要写一些比较高级的程序,因为可能需要特别关注某个特性,让它出错,通过出错的堆栈告诉代码的调用链条,这也是一种比较高级的方式,但更通用的情况是直接看源码,理论上讲,源码里面的信息都是最新,最及时的。

接下来是两个关于语言的支持,一个是支持的语言,另一个是不支持的语言。大家很容易就明白,supported languages是这个组件支持哪些语言,某种情况下都会支持英文。

graph.py的源代码实现:

1.   @staticmethod
2.   def supported_languages() -> Optional[List[Text]]:
3.   """确定此组件可以使用的语言
4.
5.   返回:支持的语言列表,或"None"表示支持所有语言
6.   """
7.   return None

上段代码中第2行supported_languages方法的签名是Optional,支持语言可以不填,不填的时候就返回None,返回None的时候,所有的语言都可以支持。如果是

第 6 章 自定义 GraphComponent

一个中括号"[]",它就不支持任何语言。如果在中括号中列出一个具体的语言类,例如["en"]表示支持英语。它不支持任何语言,只支持具体某一种语言或者某几种语言。如果是 None 的方式,就支持所有的语言。除了 not_supported_languages 里面的内容,对于"expect"这个单词官方的文档可能有笔误,官网应该改为"except"。

上段代码中第 5 行注释说明组件可以使用的语言返回支持的语言列表,或者"None"表示支持所有语言。

然后是不支持的语言(not supported languages),它也有 None,如果是中括号,它没有说自己不支持某种语言,就所有的语言都支持。如果在这里面加入一个具体的内容,例如["en"],显然表示除了英语以外,它支持所有的语言,因为["en"]在 not_supported_language 里面。

graph.py 的源代码实现:

1. @staticmethod
2. def not_supported_languages() -> Optional[List[Text]]:
3. """确定此组件不能使用的语言
4.
5. 返回:不支持的语言列表,或"None"表示全部支持
6. """
7. return None

上段代码中第 3 行注释说明对于确定这个组件不能使用的语言,如果是在这个列表里面,表示我不支持你,所以这里如果是["en"],就表示不支持英语。

上段代码中第 5 行注释说明返回不支持的语言列表没有就表示所有的语言都支持。

最后一个方法是 required_packages,这也是一个非常重要的方法,只要你有工程经验,就知道为什么它很重要。

graph.py 的源代码实现:

1. @staticmethod
2. def required_packages() -> List[Text]:
3. """运行此组件所需的任何额外 python 依赖项"""
4. return []

上段代码中第 3 行注释说明对于运行此组件所需的任何额外的 python 依赖项,很多模块有一些特殊的需求,大家并不知道它特殊的依赖关系。如果使用了 required_packages,相当于把所有的特殊变化都封装起来,这样一种设计相当于它做了一个接口,或者做了一个容器。组件运行需要依赖第三方库,可以加入任意级别的库,甚至包括 C 语言库,或者其他语言例如 Java 语言的库,这也会涉及 Python 语言和调用其他语言的内容。上述这些都非常重要,但想跟大家强调更重要的一点是,其

113

实 Python 是一个多线程的编程语言。很多人听到 Python 是一个多线程的编程语言,直接会打问号,他打问号的原因很简单,因为他知道 CPython 的实现有一个全局解释器锁(Global Interpreter Lock,GIL),就是代码执行的时候,会把线程加锁,所以它给人的印象是单线程的,因为 Python 为了提升它的处理能力,使用协程的方式,协程基于生成器。如果是 Generator 又是基于 Yield,就要获得这个结果,因为它是一个消息队列的方式,在这个消息队列中,它不断循环这个消息队列,一种大家常见的思维认为 Python 是单线程的,无论通过协程的机制、Generator 的机制,还是 Yield 的机制,其实就是构建一个消息队列,通过单一的线程不断循环这个消息队列,可以提升处理能力。这样理解没有问题,但是他没有问什么时候 GIL 会去掉,他思考了 Python 代码执行的时候会加锁,但他没有考虑什么时候 Python 代码运行的时候不加锁。不加锁的时候,很显然是不使用、不操作 Python 对象的时候,因为这时会把锁释放掉,这非常重要。知不知道这些内容,标志你在 Python 上是否有经验,或者是否是一个有一定水平的 Python 技术人员。所以这里是 required_packages,很多 package 可以使用其他的语言去实现,运行的时候,它里面可能会有一些很复杂的逻辑,以及 CPU 很耗时的逻辑。如果用其他语言实现,可以借助 OS 级别的线程支持,而且它不涉及 Python 代码的内容。关于 Python 并发编程的内容,我们会专门进行讲解,这些内容是真正做 Python 应该掌握的内容。因为实际在写代码的时候一定面临着 IO 密集、数据密集以及高并发的场景。从 Python 的角度讲叫做 CPU-bound(计算密集型)和 IO-bound(IO 密集型),这是逃不掉的,如果可以逃掉,表明没有去研究这项技术。另外,提供一点,加载库的底层实现可以用 C 语言实现,这样其使用的时候就可以很好使用它的多线程功能。

上述是本章跟大家分享的内容,主要围绕 GraphComponent 讲解,包括它使用的 Python 语法机制的一些内容,以及它每个方法内部的核心机制。只要做对话机器人,或者做 Python 架构,这些都会对大家很有启发意义,很有价值,或者有共鸣感。如果做 Rasa,且是个高级技术人员,或者一个架构师、一个科学家,一定绕不开这些内容,因为它是核心中的核心。如果看整个结构,会发现除了 GraphComponent 以外,其他还有 GraphNodeHook、ExecutionContext、GraphNode、GraphModelConfiguration、GraphSchema、SchemaNode 等,这些也都是非常的核心的内容。

第 7 章　自定义组件 Persistence 源码解析

7.1　自定义对话机器人组件代码示例分析

本节会讲 Rasa 内部机制关于自定义组件模型持久化的内容。自定义组件在整个 Rasa 3.x 架构中是至关重要的,其中自定义组件中的持久化是它的一个核心环节,持久化涉及把模型内容写入一个磁盘,或者第三方文件系统,或者分布式的内存系统,同时会涉及读取的内容,这对模型训练以及模型推理都是至关重要的。

作为 Rasa 整个系列非常重要的环节,整个系列是指 Rasa 内部机制系列,还有算法系列和源码解读系列。作为 Rasa 内部机制,研究不同组件的时候,肯定绕不开持久化的内容。考虑持久化的时候,它一定会涉及存储,以及资源。下面我们从 Rasa 的角度,从 create 方法的角度看一下源码。

graph.py 的源代码实现:

```
1.    @classmethod
2.    @abstractmethod
3.    def create(
4.        cls,
5.        config: Dict[Text, Any],
6.        model_storage: ModelStorage,
7.        resource: Resource,
8.        execution_context: ExecutionContext,
9.    ) -> GraphComponent:
10.   ……
```

上段代码中第 6 行传入一个 model_storage 参数,它属于一个 ModelStorage 类,存在 storage.py 的 Python 文件中。

storage.py 的源代码实现:

```
1.  class ModelStorage(abc.ABC):
2.      """充当需要持久化的"GraphComponents"的存储后端."""
3.      @classmethod
4.      @abc.abstractmethod
5.      def create(cls, storage_path: Path) -> ModelStorage:
6.          """创建存储
```

7. 参数：
8.
9. storage_path：包含持久化图组件的目录
10.   """
11.   ...

上段代码中第 2 行注释说得非常明确,作为需要持久化的 GraphComponents 存储后端,在这个过程中,它会有 Resource 层面的内容,Resource 代表什么？我们可以来看一下。

resource.py 的源代码实现：

1. @dataclass
2. class Resource：
3.   """表示图中的持久化图组件
4.
5.   属性：
6.
7.   name："Resource"的唯一标识符。用于查找关联的来自"ModelStorage"的数据。通常与节点的名称匹配创建了它
8.   output_fringerprint："Resource"的特定实例化的唯一标识符,用于在保存到缓存时区分同一"Resource"的特定持久化
9.   """
10.
11.   name：Text
12.   output_fingerprint：Text = field(
13.   default_factory = lambda：uuid.uuid4().hex,
14.   # 我们不使用它进行比较,因为序列化后它不一致
15.   compare = False,
16.   )

上段代码中第 2 行构建了一个 Resource 类,Resource 本身表示图中持久化图组件,其中"persisted"是持久化的意思,Rasa 整张图中有很多组件,资源实例代表一个具体的组件。关于持久化部分具体怎么操作的,我们先从整个官方文档的角度来看,然后分析背后的源码核心。大家应该逐步感受我们的内容是从架构的角度一步一步完成的,开始的时候,介绍了很多历史性的关键转变,Rasa 一步一步走向基于图的方式,然后又讲它基于图内部的架构和核心流程,还有一些核心机制,又讲它的代码部分,基本上都是代码驱动的。

我们一起看一下持久化的官方文档,一些图组件在训练期间需要持久化数据,在

第 7 章　自定义组件 Persistence 源码解析

推理的时候使用这些模型,这是预料之中的。训练模型的时候保存数据,模型里面的数据是模型的参数以及对模型本身的一些描述。为什么是这样?大家只要做机器学习,应该会对这些内容有很直观的理解。现在回顾一下前面的内容,如图 7-1 所示,这里是 Rasa 的训练,在 Rasa 3.x 训练的时候有一个 .rasa 的文件,还有一个 cache 目录,里面有很多缓存文件,包括 featurizer.json 文件。

```
 /workspace/rasa-examples/example/.rasa/cache
 ├──  tmp3qs8_jkv
 ├──  tmpdbttxq00
 │   ├──  featurizer.json (160 bytes)
 │   └──  memorized_turns.json (1.9 kB)
 ├──  tmperp36t42
 │   └──  feature_to_idx_dict.pkl (784 bytes)
```

图 7-1　.rasa 缓存目录

如图 7-2 所示,我们还可以看到 DIETClassifierGraphComponent 的内容,这里有 data example.pkl,也有 Entity_tag_specs.json、tf_model.index 等相关的事物,即要么是模型参数本身,要么是对它的描述。

```
 tmpfc04vxlq
 ├──  checkpoint (131 bytes)
 ├──  DIETClassifierGraphComponent.data_example.pkl (2.0 kB)
 ├──  DIETClassifierGraphComponent.entity_tag_specs.json (2 bytes)
 ├──  DIETClassifierGraphComponent.index_label_id_mapping.json (120 byte
 ├──  DIETClassifierGraphComponent.label_data.pkl (1.8 kB)
 ├──  DIETClassifierGraphComponent.sparse_feature_sizes.pkl (75 bytes)
 ├──  DIETClassifierGraphComponent.tf_model.data-00000-of-00001 (28.3 ME
 └──  DIETClassifierGraphComponent.tf_model.index (11.5 kB)
```

图 7-2　DIETClassifier 缓存

图 7-3 所示是 ted_policy 缓存的示意图,在训练的时候,会把数据通过缓存持久化到磁盘上,这会有文件的目录,且文件目录有自己的生成规则等。保存下来之后,这里有 check points,把 TEDPolicy 相关的内容保存下来之后,就可以在推理阶段的时候去使用它。

如果做机器学习就会很明白,要保存的数据一般是模型的参数,但围绕模型的参数,还有其他一些辅助的数据,包括 index 数据或者描述的一些数据等。

如图 7-4 所示,我们再次看一下 Rasa 的内容,以便让大家有更直观的认识。当整个模型是一个在线活跃阶段的时候,理论上会从这里面读取数据和模型,并读取一些辅助的信息。它确实很有作用。其另外一个作用是在训练的时候,由于有缓

```
├── tmpukyg7ozw
│   ├── checkpoint (95 bytes)
│   ├── featurizer.json (1.0 kB)
│   ├── ted_policy.data_example.pkl (1.2 kB)
│   ├── ted_policy.entity_tag_specs.json (2 bytes)
│   ├── ted_policy.fake_features.pkl (817 bytes)
│   ├── ted_policy.label_data.pkl (2.0 kB)
│   ├── ted_policy.meta.pkl (2.0 kB)
│   ├── ted_policy.priority.pkl (1 byte)
│   ├── ted_policy.tf_model.data-00000-of-00001 (3.5 MB)
│   └── ted_policy.tf_model.index (8.3 kB)
```

图 7 - 3　TEDPolicy 缓存

存信息，同时有这个图的依赖关系，如果只改了部分组件，比如只改了这个CountVectorsFeaturizer 2，受影响的是它下游的 DIETClassifier、TEDPolicy，但 TEDPolicy 又影响了 Policy Ensemble，所以它最终影响了 DIETClassifier、TEDPolicy、Policy Ensemble 这三个部分，而不是把所有的组件作为一个整体。它会有一个"fingerprint"，中文翻译成指纹、指印。它每一步的训练，就会形成一个识别性 ID 的标识，即可以看出下一步是直接使用缓存，还是需要进行训练。

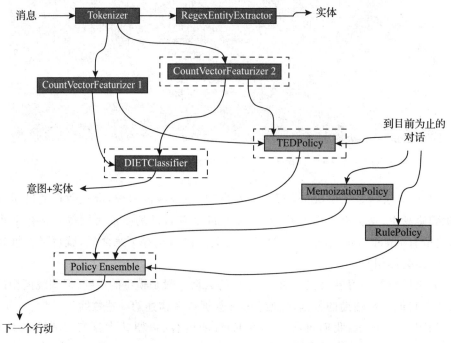

图 7 - 4　CountVectorsFeaturizer 2 修改影响的组件

第 7 章 自定义组件 Persistence 源码解析

在推理阶段也会知道最新的信息,转过来因为缓存有很多信息,理论上讲也可以使用以前的版本,所以,持久化会有巨大的价值。

继续来看官方文档的说法,训练的时候一些模型如果需要保存,训练的结果一般就是模型参数。当然也会有很多辅助的信息,包括可能加载哪些库,然后也会缓存起来。这些信息都可以作为缓存的数据,在推理阶段可以直接加载。

Rasa 向图组件的 create 和 load 方法提供了 model_storage 和 resource 参数。关于 create 和 load 方法,我们在上一章已经具体分析过,这两种方法它们都有 model_storage 和 resource。我们直接看一下源码,这是 GraphComponent 里面的方法。

graph.py 的源代码实现:

1. @classmethod
2. @abstractmethod
3. def create(
4.   cls,
5.   config: Dict[Text, Any],
6.   model_storage: ModelStorage,
7.   resource: Resource,
8.   execution_context: ExecutionContext,
9.) -> GraphComponent:
10.   ...

上段代码中第 3 行构建一个 create 方法。

上段代码中第 6 行传入 model_storage 参数,它的类型是 ModelStorage。

上段代码中第 7 行传入 resource 参数。

对 create 方法而言,这里面有 ModelStorage 和 Resource,我们从 load 方法的角度看一下源码。

graph.py 的源代码实现:

1. @classmethod
2. def load(
3.   cls,
4.   config: Dict[Text, Any],
5.   model_storage: ModelStorage,
6.   resource: Resource,
7.   execution_context: ExecutionContext,
8.   **kwargs: Any,
9.) -> GraphComponent:
10.   ...

上段代码中第 2 行构建一个 load 方法。

上段代码中第 5 行传入 model_storage 参数。

上段代码中第 6 行传入 resource 参数。

从 load 方法的角度看它也有 ModelStorage 和 Resource。本节一开始就跟大家看了这两个类的说明，ModelStorage 的身份是一个存储后端。

storage.py 的源代码实现：

1. class ModelStorage(abc.ABC):
2.   """充当需要持久化的"GraphComponents"的存储后端."""
3.   @classmethod
4.   @abc.abstractmethod
5.   def create(cls, storage_path: Path) -> ModelStorage:
6.   """创建存储。
7.   参数：
8.
9.   storage_path：包含持久化图组件的目录。
10.   """
11.   ...

上段代码中第 2 行注释说明作为 GraphComponents 的存储后端，无论读数据还是写数据，当进行缓存或者加载缓存时，都需要通过 ModelStorage 来完成。对一个具体的组件，则需要通过 Resource 完成。大家看一下 Resource 的装饰器是什么？这叫@dataclass。

resource.py 的源代码实现：

1. @dataclass
2. class Resource:
3.   """表示图中的持久化图组件
4.
5.   属性：
6.
7.   name："Resource"的唯一标识符。用于查找关联的来自"ModelStorage"的数据。通常与节点的名称匹配创建了它
8.   output_fringerprint："Resource"的特定实例化的唯一标识符，用于在保存到缓存时区分同一"Resource"的特定持久化
9.   """
10.
11.   name：Text

```
12.     output_fingerprint: Text = field(
13.         default_factory = lambda: uuid.uuid4().hex,
14.         # 我们不使用它进行比较,因为序列化后它不一致
15.         compare = False,
16.     )
```

上段代码中第 1 行修饰一个装饰器@dataclass,这说明什么?如果从 Java 的角度看,它相当于一个 JavaBean,如果大家写过 Java 代码,应该很了解 JavaBean 是怎么回事。JavaBean 一般就是数据的载体,访问数据、保存数据可以认为是一个传递数据的类,即对于传递数据的内容,很多集成开发环境会自动生成一些方法。

上段代码中第 11 行定义了一个名称变量 name,没有修改及读取这个 name,但它会自动帮你生成,这是 Python 的一些基本的内容。

resource.py 代码文件里面也会有一些重要类级别的方法,例如 from_cache。为什么是 from_cache?

resource.py 的源代码实现:

```
1.  @dataclass
2.  class Resource:
3.      ......
4.  
5.      @classmethod
6.      def from_cache(
7.          cls,
8.          node_name: Text,
9.          directory: Path,
10.         model_storage: ModelStorage,
11.         output_fingerprint: Text,
12.     ) -> Resource:
13.         """从缓存中加载"Resource",这将自动持久化 Resource 加载到给定的"ModelStorage"中
14. 
15.     参数:
16.         node_name:"Resource"的节点名
17.         directory:包含缓存的"Resource"的目录
18.         model_storage:将添加缓存的"Resource"的"ModelStorage",以便其他图节点可以访问"Resource"
19.         output_fringerprint:缓存的"Resource"的指纹
```

```
20.
21.     返回:
22.         随时可用且可访问的"Resource"
23.         """
24.         logger.debug(f"Loading resource '{node_name}' from cache.")
25.
26.         resource = Resource(node_name, output_fingerprint = output_fingerprint)
27.         if not any(directory.glob("*")):
28.             logger.debug(f"Cached resource for '{node_name}' was empty.")
29.             return resource
30.
31.         try:
32.             with model_storage.write_to(resource) as resource_directory:
33.                 rasa.utils.common.copy_directory(directory, resource_directory)
34.         except ValueError:
35.             # 在微调过程中可能会发生这种情况,因为在这种情况下,模型存储已被填充
36.             if not rasa.utils.io.are_directories_equal(directory, resource_directory):
37.                 # 如果看到缓存的输出和要微调的模型的输出不相同,将跳过缓存
38.                 raise
39.
40.         logger.debug(f"Successfully initialized resource '{node_name}' from cache.")
41.
42.         return resource
```

上段代码中第6行构建一个from_cache方法。

上段代码中第8行传入node_name的名称。

上段代码中第9行传入的directory, directory是路径, 路径可以放在任意地方, 但一般情况下, 会默认将其放在工程的具体目录里面。

上段代码中第10行传入model_storage参数, 这是一个关键的参数, 言外之意, 在进行from_cache操作的时候, 会把这个信息交给ModelStorage。

上段代码中第26行实例化一个Resource类。

上段代码中第32行,我们可以稍微看一下代码,它们执行 model_storage 的 write_to 方法把 resource 写进去了,这是一个简单复制。

如图7-5所示,对一个具体组件而言,如果训练的时候并没有受影响,再次训练的时候可能是重新加载(restore)的状态,这是很容易理解的,是我们看见的 Resource。

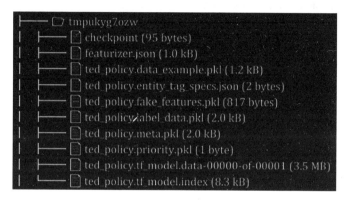

图7-5　组件缓存重新加载

如果从 ModelStorage 的角度看,大致可以猜测到它怎么回事,因为这些都是数据的基本处理。如果对传统数据库操作比较多,对数据的封装及 Model 之类的内容应该比较熟悉,它肯定有创建、读取、写入等,大家看这里有一个 write_to 方法。

storage.py 的源代码实现:

1. class ModelStorage(abc.ABC):
2. 　　"""充当需要持久化的"GraphComponents"的存储后端"""
3. 　　......
4.
5. 　　@contextmanager
6. 　　@abc.abstractmethod
7. 　　def write_to(self, resource: Resource) -> Generator[Path, None, None]:
8. 　　　　""" 持久化给定 Resource 的数据。可以通过 model_storage.read_from 在从属图节点中访问 Resource
9. 　　参数:
10. 　　　　resource:应持久化的 Resource
11.
12. 　　返回:
13. 　　　　可用于保存给定"Resource"的数据的目录

14.   """
15.   ...

上段代码中第 7 行构建一个 write_to 方法。

storage.py 的源代码实现：

1. class ModelStorage(abc.ABC)：
2.   """充当需要持久化的"GraphComponents"的存储后端"""
3.   ......
4.
5.   @contextmanager
6.   @abc.abstractmethod
7.   def read_from(self, resource: Resource) -> Generator[Path, None, None]：
8.   """提供持久化"Resource"的数据
9.
10.   参数：
11.   resource： Resource 其持久化应被访问
12.   返回：
13.   包含持久化数据 Resource 的目录
14.
15.   Raises：
16.   ValueError: In case no persisted data for the given 'Resource' exists.
17.   """
18.   ...

上段代码中第 7 行有一个 read_from 方法。

storage.py 的源代码实现：

1. class ModelStorage(abc.ABC)：
2.   """充当需要持久化的"GraphComponents"的存储后端"""
3.   ......
4.
5.   def create_model_package(
6.   self,
7.   model_archive_path: Union[Text, Path],
8.   model_configuration: GraphModelConfiguration,
9.   domain: Domain,

```
10.    ) -> ModelMetadata：
11.        """创建包含要加载和运行模型的所有数据的模型存档
12.
13.        参数：
14.            model_archive_path：应创建存档的路径
15.            model_configuration：模型配置（模式、语言等）
16.            domain：用于训练模型的"域"
17.
18.        返回：
19.            模型元数据
20.        """
21.        ...
```

上段代码中第 5 行有一个 create_model_package 方法。
这也会涉及一个 ModelMetadata 类，ModelMetadata 本身会很简单。
storage.py 的源代码实现：

```
1.  @dataclass()
2.  class ModelMetadata：
3.      """描述经过训练的模型。"""
4.
5.      trained_at：datetime
6.      rasa_open_source_version：Text
7.      model_id：Text
8.      domain：Domain
9.      train_schema：GraphSchema
10.     predict_schema：GraphSchema
11.     project_fingerprint：Text
12.     core_target：Optional[Text]
13.     nlu_target：Text
14.     language：Optional[Text]
15.     training_type：TrainingType = TrainingType.BOTH
16. …
17.     def as_dict(self) -> Dict[Text, Any]：
18.         """返回序列化版本 ModelMetadata"""
19.         return {
20.             "domain"：self.domain.as_dict(),
```

```
21.            "trained_at": self.trained_at.isoformat(),
22.            "model_id": self.model_id,
23.            "rasa_open_source_version": self.rasa_open_source_version,
24.            "train_schema": self.train_schema.as_dict(),
25.            "predict_schema": self.predict_schema.as_dict(),
26.            "training_type": self.training_type.value,
27.            "project_fingerprint": self.project_fingerprint,
28.            "core_target": self.core_target,
29.            "nlu_target": self.nlu_target,
30.            "language": self.language,
31.        }
```

上段代码中第 5 行定义一个 trained_at,表示什么时候训练。

上段代码中第 6 行的 rasa_open_source_version 是版本信息。

上段代码中第 7 行是一个 model_id,每个模型肯定都有一个 ID,同样的功能可能会有很多不同模型。

上段代码中第 8~15 行分别定义了 Domain、train_schema、predict_schema、core_target、nlu_target、language、training_type 等这些内容。

上段代码中第 17 行构建 as_dict 方法,可以将它赋值,然后也可以从里面读取信息。

这些内容不会对 Rasa 本身产生影响,或者对 NLP 人工智能怎么样。就像正常操作文件的思路是一样的,它并没有什么难度。之所以说思考没有难度,是因为大家可能在不同的国家和地区操作文件其实大致差不多,只不过原先是简单读写或者修改等,如果严肃地从操作一个文件的角度看,对于加上缓存的概念,其实大家思路都是一致的。

我们一起再来看一下官网的文档。使用 create 或者 load 方法的时候,我们都会有 ModelStorage 和 Resource。

官网文档的源代码实现:

```
1.  from __future__ import annotations
2.
3.  from typing import Any, Dict, Text
4.
5.  from rasa.engine.graph import GraphComponent, ExecutionContext
6.  from rasa.engine.storage.resource import Resource
7.  from rasa.engine.storage.storage import ModelStorage
8.
```

```
9.  class MyComponent(GraphComponent):
10.     @classmethod
11.     def create(
12.         cls,
13.         config: Dict[Text, Any],
14.         model_storage: ModelStorage,
15.         resource: Resource,
16.         execution_context: ExecutionContext,
17.     ) -> MyComponent:
18.         ...
19.
20.     @classmethod
21.     def load(
22.         cls,
23.         config: Dict[Text, Any],
24.         model_storage: ModelStorage,
25.         resource: Resource,
26.         execution_context: ExecutionContext,
27.         **kwargs: Any
28.     ) -> MyComponent:
29.         ...
```

上段代码中第 14、15 行在 create 方法中有 ModelStorage 和 Resource 参数。

上段代码中第 24、25 行在 load 方法中也有 ModelStorage 和 Resource 参数。

转过来官网文档有一句很关键的话,即 model_storage 提供对所有图组件数据的访问,它能够访问所有组件的数据,所以刚才看代码的时候,会发现这里有 from_model_archive 方法。

storage.py 的源代码实现:

```
1.  class ModelStorage(abc.ABC):
2.      .....
3.
4.      @classmethod
5.      @abc.abstractmethod
6.      def from_model_archive(
7.          cls, storage_path: Path, model_archive_path: Union[Text, Path]
8.      ) -> Tuple[ModelStorage, ModelMetadata]:
```

```
9.     """打开模型存档并初始化 ModelStorage.
10.
11.     参数：
12.         storage_path：将包含持久化图组件的目录
13.         model_archive_path：模型存档的路径
14.
15.     返回：
16.         已初始化模型存储和有关模型的元数据
17.
18.     Raises：
19.         UnsupportedModelError 如果加载的元数据指示模型已经用过
            时的 Rasa 版本创建
20.     """
21.     ...
```

上段代码中第 6 行构建了一个 from_model_archive 方法。

在 ModelStorage 里面，还有一个 metadata_from_archive 方法。storage.py 的源代码实现：

```
1. class ModelStorage(abc.ABC):
2.     ......
3.
4.     @classmethod
5.     def metadata_from_archive(
6.         cls, model_archive_path: Union[Text, Path]
7.     ) -> ModelMetadata:
8.         """从存档检索元数据
9.
10.        参数：
11.            model_archive_path：模型存档的路径
12.
13.        返回：
14.            关于模型的元数据
15.
16.        Raises：
17.            UnsupportedModelError  如果加载的元数据指示模型已经用过
                时的 Rasa 版本创建
```

18.　　　　"""

19.　　　　...

上段代码中第 5 行构建了 metadata_from_archive 方法，它返回一个 ModelMetadata，Metadata 是元数据级别的内容，这时候会涉及对模型所有事物的描述信息。

storage.py 的源代码实现：

1. @dataclass()
2. class ModelMetadata：
3. 　　"""描述经过训练的模型。"""
4.
5. 　　trained_at：datetime
6. 　　rasa_open_source_version：Text
7. 　　model_id：Text
8. 　　domain：Domain
9. 　　train_schema：GraphSchema
10. 　　predict_schema：GraphSchema
11. 　　project_fingerprint：Text
12. 　　core_target：Optional[Text]
13. 　　nlu_target：Text
14. 　　language：Optional[Text]
15. 　　training_type：TrainingType = TrainingType.BOTH

Meta Information 称之为元数据信息，资源允许唯一标识图组件在模型存储中有位置，这显然是 Resource，Resource 在各种操作的时候，它都有一个很关键的内容——Path，这是一个很关键的参数，在 from_cache 方法和 to_cache 方法中都会用到它。

resource.py 的源代码实现：

1. @dataclass
2. class Resource：
3. 　　......
4.
5. 　　@classmethod
6. 　　def from_cache(
7. 　　　　cls,
8. 　　　　node_name：Text,
9. 　　　　directory：Path,
10. 　　　　model_storage：ModelStorage,

```
11.        output_fingerprint: Text,
12.    ) -> Resource:
```

上段代码中第 9 行在 from_cache 方法中有一个参数 directory，它是一个 Path 类型的路径。

resource.py 的源代码实现：

```
1.  def to_cache(self, directory: Path, model_storage: ModelStorage) -> None:
2.      """持久化 Resource 到缓存
3.
4.      参数：
5.          directory：接收持久化的 Resource
6.          model_storage： 当前包含持久化 Resource 的模型存储
7.      """
8.      try:
9.          with model_storage.read_from(self) as resource_directory:
10.             rasa.utils.common.copy_directory(resource_directory, directory)
11.     except ValueError:
12.         logger.debug(
13.             f"Skipped caching resource '{self.name}' as no persisted "
14.             f"data was found. "
15.         )
```

上段代码中第 1 行在 to_cache 方法中也有一个参数 directory，它就是 Path 类。我们可以看一下 Path 类的代码，当然这是 Python 支持的。

pathlib.py 的源代码实现：

```
1.  class Path(PurePath):
2.      """可以进行系统调用的 PurePath 子类。Path 表示文件系统路径，但与
PurePath 不同，它还提供了对路径对象进行系统调用的方法。根据您的系统，实例
化 Path 将返回 PosixPath 或 WindowsPathobject。您也可以直接实例化 PosixPath
或 WindowsPath，但不能在 POSIX 系统上实例化 WindowsPath，反之亦然
3.      """
4.      __slots__ = (
5.          '_accessor',
6.          '_closed',
7.      )
```

```
8.
9.     def __new__(cls, *args, **kwargs):
10.        if cls is Path:
11.            cls = WindowsPath if os.name == 'nt' else PosixPath
12.        self = cls._from_parts(args, init=False)
13.        if not self._flavour.is_supported:
14.            raise NotImplementedError("cannot instantiate %r on your system"
15.                                     % (cls.__name__,))
16.        self._init()
17.        return self
18.
19.     def _init(self,
20.              # 私有非构造函数参数
21.              template=None,
22.              ):
23.         self._closed = False
24.         if template is not None:
25.             self._accessor = template._accessor
26.         else:
27.             self._accessor = _normal_accessor
```

然后，对于资源允许唯一标识图组件在模型存储中的位置，我们看一下官方文档提供的代码。

官网文档的源代码实现：

```
1. from __future__ import annotations
2.
3. from typing import Any, Dict, Text
4.
5. from rasa.engine.graph import GraphComponent, ExecutionContext
6. from rasa.engine.storage.resource import Resource
7. from rasa.engine.storage.storage import ModelStorage
8.
9. class MyComponent(GraphComponent):
10.    @classmethod
11.    def create(
```

```
12.     cls,
13.     config: Dict[Text, Any],
14.     model_storage: ModelStorage,
15.     resource: Resource,
16.     execution_context: ExecutionContext,
17. ) -> MyComponent:
18.     ...
19.
20. @classmethod
21. def load(
22.     cls,
23.     config: Dict[Text, Any],
24.     model_storage: ModelStorage,
25.     resource: Resource,
26.     execution_context: ExecutionContext,
27.     **kwargs: Any
28. ) -> MyComponent:
29.     ...
```

上段代码中第 9 行构建 MyComponent 类,继承至 GraphComponent。

上段代码中第 11 行、第 21 行定义 create 方法和 load 方法。

在写代码的时候,除了这个 create 和 load 以外,自定义的时候肯定会有自己的实现方法,包括初始化的一些方法。回到 graph.py 部分,当看见 GraphComponent 的时候,其实并没有看到一些初始化的方法,因为它是抽象类。

graph.py 的源代码实现:

```
1. class GraphComponent(ABC):
2.     """将在图中运行的任何组件的接口"""
3.
4.     @classmethod
5.     def required_components(cls) -> List[Type]:
6.         """在此组件之前应包含在管道中的组件."""
7.         return []
```

既然在 GraphComponent 中没有看见初始化的方法,如果要写自己具体的类,肯定会涉及初始化实例化本身,我们一起来看一下,下面的代码说明了如何将图组件的数据写入模型存储。

官网文档的源代码实现:

第 7 章 自定义组件 Persistence 源码解析

```python
from __future__ import annotations
import json
from typing import Optional, Dict, Any, Text

from rasa.engine.graph import GraphComponent, ExecutionContext
from rasa.engine.storage.resource import Resource
from rasa.engine.storage.storage import ModelStorage
from rasa.shared.nlu.training_data.training_data import TrainingData

class MyComponent(GraphComponent):

    def __init__(
        self,
        model_storage: ModelStorage,
        resource: Resource,
        training_artifact: Optional[Dict],
    ) -> None:
        # 将"model_storage"和"resource"存储为对象属性,以便在训练结束时使用它们
        self._model_storage = model_storage
        self._resource = resource

    @classmethod
    def create(
        cls,
        config: Dict[Text, Any],
        model_storage: ModelStorage,
        resource: Resource,
        execution_context: ExecutionContext,
    ) -> MyComponent:
        return cls(model_storage, resource, training_artifact=None)

    def train(self, training_data: TrainingData) -> Resource:
        # 训练图组件
        ...
```

```
36.        # 持久化图组件
37.        with self._model_storage.write_to(self._resource) as directory_
           path:
38.            with open(directory_path / "artifact.json", "w") as file:
39.                json.dump({"my": "training artifact"}, file)
40.
41.        # 返回资源以确保可以缓存训练
42.        return self._resource
```

上段代码中第12行,这里面看见有个init方法,一旦看见init方法,就知道需要这个类的实例,即MyComponent的实例。为什么这时候一定需要?因为ModelStorage和Resource是你的类只要一运行就需要的。如果需要,肯定在构建实例的时候,要完成实例化。不可能让create方法把它完成实例化,因为create只是一个类的方法,尤其create还是一个抽象方法。再次回到create的代码,发现它前面有个@abstractmethod。

graph.py的源代码实现:

```
1.    @classmethod
2.    @abstractmethod
3.    def create(
4.        cls,
5.        config: Dict[Text, Any],
6.        model_storage: ModelStorage,
7.        resource: Resource,
8.        execution_context: ExecutionContext,
9.    ) -> GraphComponent:
10.       ……
```

Create方法要求传递参数,而ModelStorage和Resource参数从哪里来,它不可能凭空造出来,所以在实现的时候,肯定会初始化,这会涉及ModelStorage和Resource的实例化,所以在看MyComponent官网文档的源代码实现的时候,就会发现它进行的一些赋值。

上段代码中第14、15行传入model_storage、Resource参数。

上段代码中第19、20行对self._model_storage、self._resource进行赋值,把model_storage、resource赋值传递进来。

上段代码中第30行,在create方法中返回了一个MyComponent实例,它在构建GraphComponent时,自己是"cls",这是我们上一章给大家分析的语法。如果大家对Python比较熟悉,会很清楚是把这个类实例化出来。"cls"指向当前的类是谁?

就是MyComponent。只有通过这种方式,才能够很方便把当前的类实例化,所以在这类方法中,它一般都有一个"cls"。不管当前是什么类,它跟你建立连接,然后实例化的时候就进行实例化。当前具体的类在这里是子类,这还是很容易理解的。这里第三个参数是training_artifact=None,大家想一下为什么是None?在进行训练的时候,肯定没有内容,再次训练的时候,如果有缓存,就直接加载进来,如果是推理,可能就有具体的内容。

上段代码中第32行是train方法,train方法显然是类的方法,因为它第一个参数是"self",所以它一定是实例的训练,第二个参数是训练数据training data。以后会给大家看更多关键性的细节。现在关键是持久化,它会基于数据进行训练,训练的过程可先不关注,因为不同的模型有自己训练的过程。无论NLU、还是策略,它们都有很多不同训练的过程,它们的功能导致训练有所不同。

上段代码中第37行使用with语法,我们知道它是一个Context Manager,Context Manager是Python提供的,还是很有用的。Context Manager指的是在上下文内部使用,超出了内部,就会把所有的资源都释放掉。资源的释放是一个很复杂的主题。对于Context Manager,注意这个地方调的self._model_storage.write_to方法里面的内容是self._resource,write_to方法返回的结果是Generator[Path, None, None],这里可以看见这个Path,它在write_to方法的装饰器中修饰为@contextmanager,我们看一下源代码。

storage.py的源代码实现:

1. @contextmanager
2. @abc.abstractmethod
3. def write_to(self, resource: Resource) -> Generator[Path, None, None]:
4. """持久化给定Resource的数据。可以通过model_storage.read_from在从属图节点中访问Resource。
5. 参数:
6.   resource:应持久化的Resource
7.
8. 返回:
9.   可用于保存给定"Resource"的数据的目录
10. """
11.   ...

当我们看官网文档,如果结合源码,会有行云流水般的感觉,用英文单词来形容就是"breeze","breeze"是一种非常轻松愉快的感觉。即使是"breeze",它也是粗粒度的感受,因为所有的内容是描述级别的。也有具体的代码印证,会让人感觉不可言说的愉悦感。

write_to 方法持久化给定 Resource 的数据，Resource 代表具体某个组件的相关信息，尤其是路径的信息，然后通过 model_storage.read_from 在图节点中访问此资源，把 Resource 的信息交给了 ModelStorage。官网文档有一句很关键的话，即 ModelStorage 提供对所有图组件数据的访问。既然它能够访问所有组件的信息，就把信息交给它，相当于注册给了全局，把 Resource 交给它之后，它自然可以看见依赖关系。

如图 7-6 所示，从图的角度，DIETClassifier 依赖于 CountVectorsFeaturizer，要里面获得数据，ModelStorage 会知道具体 Resource 代表组件的数据或者相关的信息。Resource 表示需持久化的资源，它把组件看作 Resource，返回可用于持久化给定资源的数据的目录，它会使用 Context Manager，当使用 Context Manager 的时候，获得了 Context Manager 的路径。

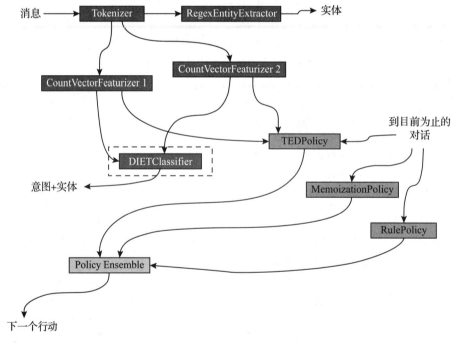

图 7-6　DIETClassifier

回到官网文档的源代码：

上段代码中第 38 行在这边写入相关的内容，文件名称是"artifact.json"。这里把内容写进去，open 方法传入的第二个参数是"w"，它是可写的方式。

上段代码中第 42 行一定要返回 Resource。为什么一定要返回它？因为如果不返回来，就无法把持久化之后的组件注册给 ModelStorage，所以它必然要返回。

第 7 章 自定义组件 Persistence 源码解析

转过来再看一下,从模型存储器读取时 Rasa 将调用图组件的 load 方法实例化它,并且进行了推理,其中 load 是一个类方法,它会返回 GraphComponent。

graph.py 的源代码实现:

```
1.  @classmethod
2.  def load(
3.      cls,
4.      config: Dict[Text, Any],
5.      model_storage: ModelStorage,
6.      resource: Resource,
7.      execution_context: ExecutionContext,
8.      **kwargs: Any,
9.  ) -> GraphComponent:
10. ...
11.     return cls.create(config, model_storage, resource, execution_
    context)
```

上段代码中第 8 行,在 load 方法中,除了 config、model_storage、resource、execution_context 以外,它还会接受 **kwargs 参数。它是双指针方式的,可以执行任意的内容,而且它本身的类型是 Any,意味着可以讲任意的事,可以传递任意的内容。这里使用指针的指针,load 方法返回的结果是 GraphComponent 实例。

上段代码中第 11 行通过 cls.create 调动 create 方法。

在推理阶段,线上进行推理的时候,它会调用 load 方法。我们可以使用上下文管理器 self._model_storage.read_from(resource) 获取保存图组件数据目录的路径。使用提供的路径,可以加载持久化数据并用它初始化图组件。为什么获得路径?是因为 Resource 里面有路径。一起来看一下,read_from 是 storage 的方法。

storage.py 的源代码实现:

```
1.  @contextmanager
2.  @abc.abstractmethod
3.  def read_from(self, resource: Resource) -> Generator[Path, None,
    None]:
4.      """提供持久化"Resource"的数据
5.
6.      参数:
7.          resource: Resource 其持久化应被访问
8.      返回:
9.          包含持久化数据 Resource 的目录
```

10.
11.　　Raises：
12.　　　　ValueError：如果给定资源不存在持久化数据
13.　　"""
14.　　...

上段代码中第3行构建了一个read_from方法。

上段代码中第7~9行的注释说明，应该访问其持久化的资源，返回的内容包含持久化数据Resource的目录。

上段代码中第11行报了一个异常，因为如果数据不存在，它肯定会出错。

然后，我们一起看一下，MyComponent是怎么做的。

官网文档的源代码实现：

1. from __future__ import annotations
2. import json
3. from typing import Optional, Dict, Any, Text
4.
5. from rasa.engine.graph import GraphComponent, ExecutionContext
6. from rasa.engine.storage.resource import Resource
7. from rasa.engine.storage.storage import ModelStorage
8.
9. class MyComponent(GraphComponent):
10.
11.　　def __init__(
12.　　　　self,
13.　　　　model_storage: ModelStorage,
14.　　　　resource: Resource,
15.　　　　training_artifact: Optional[Dict],
16.　　) -> None:
17.　　　　self._model_storage = model_storage
18.　　　　self._resource = resource
19.
20.　　@classmethod
21.　　def load(
22.　　　　cls,
23.　　　　config: Dict[Text, Any],
24.　　　　model_storage: ModelStorage,

```
25.        resource: Resource,
26.        execution_context: ExecutionContext,
27.        **kwargs: Any,
28.    ) -> MyComponent:
29.        try:
30.            with model_storage.read_from(resource) as directory_path:
31.                with open(directory_path / "artifact.json", "r") as file:
32.                    training_artifact = json.load(file)
33.                    return cls(
34.                        model_storage, resource, training_artifact =
                           training_artifact
35.                    )
36.        except ValueError:
37.            # 这允许您在组件没有持久化数据的情况下处理该情况
38.            ...
```

上段代码中第17、18行在初始化的时候,初始化的核心还是要把model_storage和resource进行实例化。

上段代码中第21行构建了一个load方法。

上段代码中第29行是一个try语句,类似于try finally,一般也会使用try catch之类的语句,背后也会有一个finally,这是Python代码的最佳实践。

上段代码中第30行使用with as语句,它是Context Manager,从resource里面获取它的路径。

上段代码中第31行使用open方法,在write_to方法里面写入的文件名字叫"artifact.json"。在这里要读取它,同样找到相关的路径,打开的模式是"r",它是读取的方式。

上段代码中第32行使用json格式加载文件。

上段代码中第33行又把它实例化了,它是MyComponent,这是cls赋值给init方法。回到上段代码中第11~18行,在init方法中有一个model_storage,model_storage是实例化的时候就具有的,这说明在类运行的时候,类方法有访问它实例的能力。

上段代码中第34行cls的第三个参数training_artifact=training_artifact把它具体赋值;默认情况下它是可选的。因为如果是训练阶段,它是None的一种状态,但现在是推理阶段,怎么知道是推理阶段? 是因为要调用load的方法,load的方法被调用是在推理阶段调用的。

上段代码中第37行注释说明可以在组件没有持久化数据的情况下可处理这个情况。

7.2 Rasa 中 Resource 源码逐行解析

我们看了前面的内容，我们很有必要做一件事情，这件事情就是把 Storage 的 Python 文件，还有 Resource 的 Python 文件进行比较，因为在很多世界顶级的企业或很多头部公司，包括中国和美国等很多地方的公司，做培训时，你会发现一些你认为很直观的内容，可能就是文件的读取、资源的操作等。但学员想知道内部更多的细节，因为，我们今天分享的这些细节会很重要，为什么？因为数据的保存是 ModelStorag 和 Resource。从 Rasa 3.x 开始，它所有的事物都围绕图来的，每一个组件都会涉及并受它影响，由于它本身具有通用的使用价值，在做每个组件的时候，基本上都会涉及它，因为大多数组件都需要进行持久化。

我们首先从 Resource 开始看，因为 Resource 代表了具体的某个组件。

resource.py 的源代码实现：

```
1.  from __future__ import annotations
2.  import logging
3.  import typing
4.  from dataclasses import dataclass, field
5.  from pathlib import Path
6.  from typing import Text
7.  import uuid
8.
9.  import rasa.utils.common
10. import rasa.utils.io
11.
12. if typing.TYPE_CHECKING：
13.     from rasa.engine.storage.storage import ModelStorage
14.
15. logger = logging.getLogger(__name__)
16.
17.
18. @dataclass
19. class Resource：
20.     """表示图中的持久化图组件
21.
22.     属性：
23.
```

第 7 章 自定义组件 Persistence 源码解析

24.   name:"Resource"的唯一标识符,用于查找关联的来自"ModelStorage"的数据通常与节点的名称匹配并创建了它
25.   output_fringerprint:"Resource"的特定实例化的唯一标识符,用于在保存到缓存时区分同一"Resource"的特定持久化
26.   """
27.
28.
29.   name: Text
30.   output_fingerprint: Text = field(
31.   default_factory = lambda: uuid.uuid4().hex,
32.   # 我们不使用它进行比较,因为序列化后它不一致
33.   compare = False,
34.   )
35.
36.   @classmethod
37.   def from_cache(
38.   cls,
39.   node_name: Text,
40.   directory: Path,
41.   model_storage: ModelStorage,
42.   output_fingerprint: Text,
43.   ) -> Resource:
44.   """从缓存中加载"Resource",这将自动将持久化 Resource 加载到给定的"ModelStorage"中
45.
46.   参数:
47.   node_name:"Resource"的节点名
48.   directory:包含缓存的"Resource"的目录
49.   model_storage:将添加缓存的"Resource"的"ModelStorage",以便其他图节点可以访问"Resource"。
50.   output_fringerprint:缓存的"Resource"的指纹
51.
52.   返回:
53.   随时可用且可访问的"Resource"
54.   """
55.   logger.debug(f"Loading resource '{node_name}' from cache. ")

```
56.
57.        resource = Resource(node_name, output_fingerprint = output_
           fingerprint)
58.        if not any(directory.glob("*")):
59.            logger.debug(f"Cached resource for '{node_name}' was empty.")
60.            return resource
61.
62.        try:
63.            with model_storage.write_to(resource) as resource_directory:
64.                rasa.utils.common.copy_directory(directory, resource_
                   directory)
65.        except ValueError:
66.            # 在微调过程中可能会发生这种情况,因为在这种情况下,模型
               存储已被填充
67.            if not rasa.utils.io.are_directories_equal(directory,
               resource_directory):
68.                # 如果看到缓存的输出和要微调的模型的输出不相同,将
                   跳过缓存
69.                raise
70.
71.        logger.debug(f"Successfully initialized resource '{node_name}'
           from cache.")
72.
73.        return resource
74.
75.
76.    def to_cache(self, directory: Path, model_storage: ModelStorage) ->
       None:
77.        """持久化 Resource 到缓存
78.
79.        参数:
80.            directory: 接收持久化的 Resource
81.            model_storage: 当前包含持久化 Resource 的模型存储
82.
83.        """
84.        try:
```

第7章 自定义组件 Persistence 源码解析

```
85.          with model_storage.read_from(self) as resource_directory:
86.              rasa.utils.common.copy_directory(resource_directory,
                 directory)
87.      except ValueError:
88.          logger.debug(
89.              f"Skipped caching resource '{self.name}' as no persisted "
90.              f"data was found."
91.          )
92.
93.  def fingerprint(self) -> Text:
94.      """提供指纹 Resource
95.
96.      在初始化 Resource 时会创建一个唯一的指纹，但是也允许在从缓存
         中检索 Resource 的时候提供一个值（Resource.from_cache）
97.
98.      返回：
99.          指纹 Resource.
100.     """
101.     return self.output_fingerprint
```

上段代码中第 15 行记录 logger 日志，看别人写代码肯定会打日志，这都是一些常规的做法。

上段代码中第 18~19 行构建 Resource 类，从 Java 的角度讲，Resource 类本身就是一个 JavaBean，也不能完全说是一个数据封装类，因为它可以有自己的一些方法，但是它的核心还是数据的封装。

上段代码中第 20 行的注释说明，表示图中是持久化图形组件。这里说的属性（Attributes），它会自动提供方法进行处理，这也是使用装饰器的原因。

上段代码中第 24 行的注释说明 Name 是资源的唯一标识。可能有些组件有相同之处，当然 NLU 和策略的组件肯定会有巨大的差异，但是每个组件必须有自己的特点。就是它的代表性 ID，也可以从路径的角度去考虑，保存的具体路径或目录不同，大家代表的资源不一样。用于查找 ModelStorage 中的关联数据，通常与创建它的节点的名称匹配，这很正常，即可用它的名字和完整的路径来代表。

上段代码中第 25 行注释说明了资源的特定实例化的唯一标识符，用于在保存到缓存时区分同一资源的特定持久性，这时候更多是从缓存的视角来看。

上段代码中第 29 行 Name 指定为 Text 类型，这是采用规范化的类型标注的方式。

上段代码中第 30~33 行定义了一个 output_fingerprint，也是指定为 Text 类

型,这里它类似一个元组,通过 default_factory 去生成指纹,其中一个参数 compare 设置为 False,这里的一个原因是不使用它进行比较,因为序列化后不一致,会涉及一个序列化步骤问题。

在这个地方有两个关键的方法,一个叫 from_cache,另外一个叫 to_cache,这两个方法都很关键。在讲这两个方法之前我们先了解一下 finger print 这个方法。

上段代码中第 93 行是 fingerprint 方法,通过这个方法会获得一个返回值,这个返回值是 Resource 的指纹,初始化资源时会创建一个唯一的指纹,但是也允许在从缓存中检索资源时提供一个值参照 resource. from_cache 方法,因为是从缓存中获取的。

我们看一下缓存(cache)的内容,这里面有 from_cache 和 to_cache。我们先从 to_cache 的角度来看。

上段代码中第 76 行 to_cache 方法会告诉具体的目录,然后由 ModelStorage 来具体进行操作,并将资源持久化到缓存。

上段代码中第 80 行注释说明,输入的两个内容是 directory 和 model_storage, directory 是接收持久化资源的目录,如图 7-7 所示。我们再次看一下这里的内容,它有很多不同的目录,且里面都保存相应的文件。

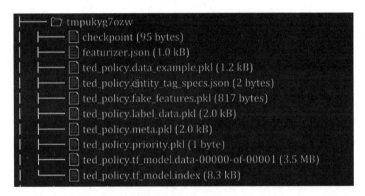

图 7-7 组件持久化

上段代码中第 81 行的注释说明当前包含持久化资源的模型存储,从运行的角度讲,因为它具有所有组件的资源,所以要表达依赖关系,或者通过依赖关系获取数据,可以通过 ModelStorage 操作。

上段代码中第 85 行通过 model_storage. read_from 这个方法获得资源目录。

上段代码中第 86 行执行 rasa. utils. common. copy_directory 方法,它输入的内容是 resource_directory,第二个参数 directory 是传进来的参数,表示要把这个信息保存到什么地方。copy_directory 方法是要把 resource_directory 的信息保存到 directory 中。ModelStorage 会知道所有的内容,并使用 copy_directory 保存进去。我们也可以看一下 copy_directory。

第 7 章 自定义组件 Persistence 源码解析

common.py 的源代码实现：

```
1.  def copy_directory(source: Path, destination: Path) -> None:
2.      """将一个目录的内容复制到另一个目录中
3.
4.      和 shutil.copytree 不同，如果"目标"已存在，则不会引发此问题
5.
6.
7.
8.      参数：
9.          source：其内容应复制到"目标"的目录
10.         destination：结尾应包含内容"源"的目录
11.
12.     Raises：
13.         ValueError：如果目标不为空
14.     """
15.     if not destination.exists():
16.         destination.mkdir(parents = True)
17.
18.     if list(destination.glob("*")):
19.         raise ValueError(
20.             f"Destination path '{destination}' is not empty. Directories "
21.             f"can only be copied to empty directories."
22.         )
23.
24.     for item in source.glob("*"):
25.         if item.is_dir():
26.             shutil.copytree(item, destination / item.name)
27.         else:
28.             shutil.copy2(item, destination / item.name)
```

copy_directory 这个代码本身就将一个目录的内容复制到了另一个目录中，这都是 Python 的一些基本代码，我们就不多说。我们回到 resource.py 的源代码实现。

上段代码中第 37 行是 from_cache 方法，from_cache 是读取数据的角度。

上段代码中第 39 行有 node_name，node_name 是指 Resource，就是一个图中的节点。

上段代码中第 40 行 directory 是曾经做缓存的地方，或者磁盘存储的地方。

上段代码中第 41 行 ModelStorage 目前相当于一个全局信息,ModelStorage 可以有一个更好的命名,因为它容纳了所有的组件信息,即可以命名为 Global、Meta、Registration 等,但这些名字有点不太直观。

上段代码中第 44~53 行的注释说明从缓存加载资源将自动将持久化资源加载到给定的 ModelStorage 中,将缓存的资源添加到其中的 ModelStorage,以便其他图节点可以访问该资源,这是很关键一句。如图 7-8 所示,再次回到这幅图中,图中会有依赖关系,这个依赖关系肯定会涉及数据的访问。怎么知道数据在哪里?在这里就说得很明白了,通过 ModelStorage。

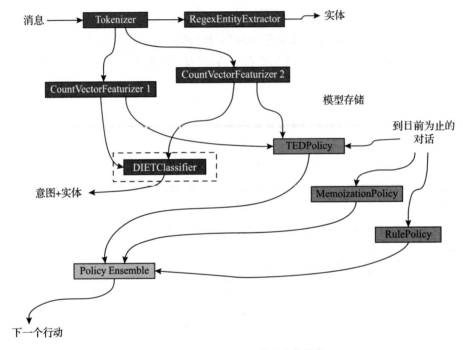

图 7-8 ModelStorage 管理依赖数据

上段代码中第 55 行使用 log 打日志,这是 debug 级别状态的日志。

上段代码中第 58 行 Resource 读取进来,如果它不存在,就是没有内容,打印日志记录。

上段代码中第 59 行 Resource 开始是具体一个节点,如果为空,会直接返回一个空的 Resource。

上段代码中第 63 行使用 model_storage.write_to 方法,在前面 to_cache 的时候,使用的 model_storage.read_from 方法,为什么?因为它是用 ModelStorage 把这个数据缓存到本地的,而现在读取数据的时候通过 write_to 的方式获得它的目录,这是 from_cache 的方式,然后在这边进行赋值,赋值给 directory 本身。这个 directory 代表什么?directory 代表了磁盘项目文件所在的 .cache 文件目录的内容,即默认是存在磁盘上，会把它交给我们的 directory，交给 directory 之后，注意这里面返回的是 Resource。

上段代码中第 73 行返回的是 Resource，它的核心肯定是要握住 directory 的句柄。在 write_to 方法的时候传入了 Resource，基于 Resource 进行目录的复制，然后获得 directory 的句柄就叫 from_cache。

这是 Resource 整个的代码。

7.3 Rasa 中 ModelStorage、ModelMetadata 等逐行解析

转过来我们再看一下 storage 的部分，storage 显然肯定是更复杂的。
storage.py 的源代码实现：

1. from __future__ import annotations
2. import abc
3. import logging
4. import typing
5. from contextlib import contextmanager
6. from dataclasses import dataclass
7. from datetime import datetime
8. from pathlib import Path
9. from typing import Tuple, Union, Text, Generator, Dict, Any, Optional
10. from packaging import version
11.
12. from rasa.constants import MINIMUM_COMPATIBLE_VERSION
13. from rasa.exceptions import UnsupportedModelVersionError
14. from rasa.engine.storage.resource import Resource
15. from rasa.shared.core.domain import Domain
16. from rasa.shared.data import TrainingType
17.
18. if typing.TYPE_CHECKING:
19. 　　from rasa.engine.graph import GraphSchema, GraphModelConfiguration
20.
21. logger = logging.getLogger(__name__)
22.
23.
24. class ModelStorage(abc.ABC):

```
25.     """充当需要持久化的"GraphComponents"的存储后端."""
26.
27.     @classmethod
28.     @abc.abstractmethod
29.     def create(cls, storage_path: Path) -> ModelStorage:
30.         """创建存储
31.
32.         参数：
33.             storage_path：将包含持久化图组件的目录
34.         """
35.         ...
36.
37.     @classmethod
38.     @abc.abstractmethod
39.     def from_model_archive(
40.         cls, storage_path: Path, model_archive_path: Union[Text, Path]
41.     ) -> Tuple[ModelStorage, ModelMetadata]:
42.         """打开模型存档并初始化 ModelStorage
43.
44.         参数：
45.             storage_path：将包含持久化图组件的目录
46.             model_archive_path：模型存档的路径
47.
48.         返回：
49.             已初始化模型存储和有关模型的元数据
50.
51.         Raises：
52.             UnsupportedModelError，如果加载的元数据，表明模型是用过时
53.             的 Rasa 版本创建的
53.         """
54.         ...
55.
56.     @classmethod
57.     def metadata_from_archive(
58.         cls, model_archive_path: Union[Text, Path]
59.     ) -> ModelMetadata:
```

```
60.     """从存档中检索元数据
61.
62.     参数：
63.         model_archive_path：模型存档的路径
64.
65.     返回：
66.         关于模型的元数据
67.
68.     Raises：
69.         UnsupportedModelError，如果加载的元数据，表明模型是用过时
        的Rasa版本创建的
70.     """
71.     ...
72.
73. @contextmanager
74. @abc.abstractmethod
75. def write_to(self, resource：Resource) -> Generator[Path, None, None]：
76.     """持久化给定资源的数据．
77.
78.     Resource可以通过model_storage.read_from获取
79.
80.     参数：
81.         resource：应持久化的资源
82.
83.     返回：
84.         可用于持久化给定资源的数据的目录
85.     """
86.     ...
87.
88. @contextmanager
89. @abc.abstractmethod
90. def read_from(self, resource：Resource) -> Generator[Path, None, None]：
91.     """Provides the data of a persisted Resource.
92.
```

```
93.         参数：
94.             resource：应访问其持久化的资源
95.
96.         返回：
97.             包含持久化资源数据的目录
98.
99.         Raises：
100.            ValueError：如果给定资源不存在持久化数据
101.        """
102.        ...
103.
104.    def create_model_package(
105.        self,
106.        model_archive_path: Union[Text, Path],
107.        model_configuration: GraphModelConfiguration,
108.        domain: Domain,
109.    ) -> ModelMetadata：
110.        """创建包含要加载和运行模型的所有数据的模型存档
111.
112.        参数：
113.            model_archive_path：应创建的存档的路径
114.            model_configuration：模型配置（模式、语言等）
115.            domain：用于训练模型的域
116.
117.        返回：
118.            模型元数据
119.        """
120.        ...
121.
122.
123. @dataclass()
124. class ModelMetadata：
125.     """Describes a trained model."""
126.
127.     trained_at: datetime
128.     rasa_open_source_version: Text
```

```
129.        model_id: Text
130.        domain: Domain
131.        train_schema: GraphSchema
132.        predict_schema: GraphSchema
133.        project_fingerprint: Text
134.        core_target: Optional[Text]
135.        nlu_target: Text
136.        language: Optional[Text]
137.        training_type: TrainingType = TrainingType.BOTH
138.
139.        def __post_init__(self) -> None:
140.            """当元数据指示不支持的版本时引发异常
141.
142.            Raises:
143.                如果 rasa_open_source_version 低于最低兼容版本,则不支
                    持 ModelException
144.            """
145.            minimum_version = version.parse(MINIMUM_COMPATIBLE_
                VERSION)
146.            model_version = version.parse(self.rasa_open_source_
                version)
147.            if model_version < minimum_version:
148.                raise UnsupportedModelVersionError(model_version=
                    model_version)
149.
150.        def as_dict(self) -> Dict[Text, Any]:
151.            """返回 ModelMetadata 的可序列化版本"""
152.            return {
153.                "domain": self.domain.as_dict(),
154.                "trained_at": self.trained_at.isoformat(),
155.                "model_id": self.model_id,
156.                "rasa_open_source_version": self.rasa_open_source_
                    version,
157.                "train_schema": self.train_schema.as_dict(),
158.                "predict_schema": self.predict_schema.as_dict(),
159.                "training_type": self.training_type.value,
```

```
160.            "project_fingerprint": self.project_fingerprint,
161.            "core_target": self.core_target,
162.            "nlu_target": self.nlu_target,
163.            "language": self.language,
164.        }
165.
166.    @classmethod
167.    def from_dict(cls, serialized: Dict[Text, Any]) -> ModelMetadata:
168.        """加载已使用 metadata.as_direct()序列化的 ModelMetadata
169.
170.        参数：
171.            serialized：序列化的 ModelMetadata(例如，从磁盘读取).
172.
173.        返回：
174.            被实例化 ModelMetadata.
175.        """
176.        from rasa.engine.graph import GraphSchema
177.
178.        return ModelMetadata(
179.            trained_at = datetime.fromisoformat(serialized["trained_at"]),
180.            rasa_open_source_version = serialized["rasa_open_source_version"],
181.            model_id = serialized["model_id"],
182.            domain = Domain.from_dict(serialized["domain"]),
183.            train_schema = GraphSchema.from_dict(serialized["train_schema"]),
184.            predict_schema = GraphSchema.from_dict(serialized["predict_schema"]),
185.            training_type = TrainingType(serialized["training_type"]),
186.            project_fingerprint = serialized["project_fingerprint"],
187.            core_target = serialized["core_target"],
188.            nlu_target = serialized["nlu_target"],
189.            language = serialized["language"],
190.        )
```

上段代码中第 24 行 ModelStorage 继承至 abc.ABC,具体在实现组件的时候,会

第 7 章　自定义组件 Persistence 源码解析

涉及一些实例化，所谓的实例化就是自己具体实现的部分。

上段代码中第 25 行的注释说明充当需要持久化的 GraphComponents 的存储后端，"GraphComponents"是复数的方式，至于图中的组件，谁想做这个持久化，就要借助我们的 ModelStorage。

上段代码中第 27～29 行构建 create 方法，create 是抽象方法，这时候创建 ModelStorage 会传进 storage_path，如图 7-9 所示。注意，它会包含所有相应组件，就是 Rasa 开始所有组件的信息。

图 7-9　所有组件数据

上段代码中第 33 行的注释说明将包含持久化图组件的目录。

我们在介绍 ModelStorage 的具体内容之前，还是再看一下关于 ModelMetadata 部分，因为很多操作离不开关于 ModelMetadata。

上段代码中第 124 行定义一个 ModelMetadata 类。

上段代码中第 127～137 行关于 trained_at、model_id、train_schema 等是一些基本的赋值。

上段代码中第 145～148 行是关于版本的内容，它判断 minimum_version、model_version 是否匹配，如果 model_version 小于最小的支持版本，它会抛出 UnsupportedModelVersionError 异常。

上段代码中第 150～164 行构建一个 as_dict 方法，这是序列化的 ModelMetadata，是一个字典的方式。

上段代码中第 167 行，如果是 from_dict，则从序列化的状态把它读进来，因为这是 from_dict，它肯定是读 as_dict 方法的内容，然后这里回的是 ModelMetadata。

然后，我们一起来看一下 ModelStorage 本身的内容。

上段代码中第 29 行 creat 方法，会有很多 ModelStorage，它会有具体的子类进行实现。

上段代码中第 39 行是 from_model_archive 方法，它里面会有很多信息，archive 可以认为它是一个地方，然后这个地方存储了各种类型的信息。我们可以打开模型存档，初始化 ModelStorage，基于 archive 实例化 ModelStorage。ModelStorage 会包含整个图关于持久化的一些信息。

上段代码中第 41 行，from_model_archive 返回的是一个 Tuple[ModelStorage, ModelMetadata]，Tuple 里面有 ModelStorage 的部分，也有 ModelMetadata 的部分，包括基本的描述信息，即描述一个组件的内容，包括它的 ModelMetadata。

上段代码中第 45 行的注释说明传进的 storage_path 将包含持久化图组件的目录。

上段代码中第 46 行的注释说明 model_archive_path 是模型存档的路径。

上段代码中第 49 行注释说明返回的是 ModelStorage。

上段代码中第 52 行会抛出 UnsupportedModelError 的异常，因为有可能是过时的版本。

上段代码中第 57～59 行构建一个 metadata_from_archive 方法，返回 ModelMetadata。

上段代码中第 63 行注释说明 model_archive_path 是模型存档的路径。

上段代码中第 66 行注释说明返回模型元数据 ModelMetadata。

其实我们前面也看了，关键的两个方法就是关于 write_to 和 read_from。在看这两个方法之前，我们先看一个辅助性的方法叫 create_model_package。

上段代码中第 104 行为 create_model_package 方法，作为一个辅助性的工具方法，它是实例工具方法。虽然它是辅助性的，但还是很关键的，因为在这里它会创建模型存档。

上段代码中第 110 行注释说明创建一个包含加载和运行模型的所有数据的模型存档，所以它是非常关键的，从它的参数也可以感觉出它非常关键。

上段代码中第 112 行注释说明 model_archive_path 是应创建的存档路径。

上段代码中第 114 行注释说明 model_configuration 是模型配置（模式、语言等）。

上段代码中第 115 行注释说明 domain 是用于训练模型的域。

上段代码中第 118 行注释说明返回的是 ModelMetadata，这是 create_model_package。也可以认为这个名字是 package。如果是 model_package，已经涵盖了所有的信息，不是太直观。

我们再次回到 write_to 和 read_from 这两个方法。

上段代码中第 73、88 行这两个方法都有 @contextmanager 的注解。

我们前面看到 MyComponent 的时候，它的 load 方法是通过 Context Manager

的方式。

官网文档的源代码实现：

```
1.  class MyComponent(GraphComponent):
2.  ……．
3.
4.      @classmethod
5.      def load(
6.          cls,
7.          config: Dict[Text, Any],
8.          model_storage: ModelStorage,
9.          resource: Resource,
10.         execution_context: ExecutionContext,
11.         **kwargs: Any,
12.     ) -> MyComponent:
13.         try:
14.             with model_storage.read_from(resource) as directory_path:
15.                 with open(directory_path / "artifact.json", "r") as file:
16.                     training_artifact = json.load(file)
17.                     return cls(
18.                         model_storage, resource, training_artifact = training_artifact
19.                     )
20.         except ValueError:
21.             # 这允许您在组件没有持久化数据的情况下处理该情况
22.             ...
```

上段代码中第 14 行使用了 Context Manager 的方式。

在 train 方法也使用了 Context Manager，大家看它签名的时候，也清晰地指明了这一点。

官网文档的源代码实现：

```
1.  class MyComponent(GraphComponent):
2.
3.      @classmethod
4.      def create(
5.          cls,
6.          config: Dict[Text, Any],
```

```
7.         model_storage: ModelStorage,
8.         resource: Resource,
9.         execution_context: ExecutionContext,
10.    ) -> MyComponent:
11.        return cls(model_storage, resource, training_artifact = None)
12.
13.    def train(self, training_data: TrainingData) -> Resource:
14.        # 训练图组件
15.        ...
16.
17.        # 持久化图组件
18.        with self._model_storage.write_to(self._resource) as directory_path:
19.            with open(directory_path / "artifact.json", "w") as file:
20.                json.dump({"my": "training artifact"}, file)
21.
22.        # 返回资源以确保可以缓存训练
23.        return self._resource
```

上段代码中第 18 行使用了 Context Manager 的方式。

我们再回到 storage.py 的源代码实现。

上段代码中第 75 行 write_to 方法是给定资源持久化数据,我们可以通过 model_storage.read_from 在从属图节点中访问此资源,传进 resource。就是要进行持久化的组件,返回是一个 Generator[Path, None, None],这是 Python 的一些内容,大家可以自己去研究。

上段代码中第 90 行是 read_from 方法,保存之后,读取这个信息,就可以调入输出的一些结果等,这是指图中的节点,提供持久化 resource 的数据。

上段代码中第 94 行注释说明 resource 是访问其持久化的资源。

上段代码中第 97 行注释说明返回一个包含持久化资源数据的目录,它的代码本身还是比较直白的。

之所以跟大家分享这些,是因为在自定义组件的时候,很多时候会涉及 ModelStorage,有些组件它已经帮你实现了,你只要直接专注于分词部分,或者模型部分即可。当然如果写一些特别高级的功能,或者一些特定的实现,还是要去继承 ModelStorage,这是我们本节跟大家讲的 Rasa 关于图的内容,它整个就是 One Graph to Rule them All。在这种思想之下,具体的模型、具体每个组件又都涉及持久化的一些内容,这些内容是通用的,它对不同的模型可能会有不同的实现,包括持久化的一些细节,或者读取的一些细节。但是由于有了接口,例如 ModelStorage 这

第 7 章 自定义组件 Persistence 源码解析

些通用抽象类极大简化了我们自定义的工作。这对团队协作也有极大的好处，至于 NLU 部分，还有策略部分的代码，大家可以看一下，例如策略本身，还有它具体的实现类，TedPolicy 本身对 Storage、Resource 的使用，在以后基于算法和源码的讲解中，都会跟大家逐行剖析。

第 8 章 自定义组件 Registering 源码解析

8.1 采用 Decorator 分析 Graph Component 注册内幕源码

本节会跟大家分享关于注册图组件(Registering Graph Components)的内容,这是非常重要的内容,为什么说它重要?第一点,通过注册过程,你会进一步理解,为什么从 Rasa 3.x 开始,通过一张图就能把相关的事物管理起来。第二点,会更清楚知道整个 Rasa 业务对话机器人不同组件之间的一些关系,尤其是一些依赖关系。第三点是自己做定制或者改造这种定制,无论是想直接修改 Rasa 已有的组件,还是想完全从零开始开发,注册这一步是必然绕不过去的,因为如果不注册,Rasa 的图根本就不知道你的存在,更谈不上使用。

这是我们 Rasa 内部机制部分,整个 Rasa 系列有很多的内容,第二跟 Rasa 相关的比较重磅级的部分会从源码的层次剖析它的算法,剖析它架构的内部。可以这样认为,现在 Rasa 内部机制的内容,目前市面上任意一家培训机构都听不到这些内容,因为它内部融合很多的架构,包含很多做对话机器人的最佳实践,也包含作者个人很多深层次的思考。

注册的时候会有很多不同的实现机制,现在 Rasa 采用的注册是使用装饰器的方式,即使用一个 DefaultV1Recipe.register 的装饰器,使图组件可用于 Rasa。从整个平台或者整个框架看,如果要可以访问,必须使用配方注册图组件。"recipe"是什么?从字面的角度看,中文可以翻译成菜谱,也就是做一道菜需要哪些素材,但更重要的是它的步骤,只要遵循这个步骤,理论上讲可以做出同样类型的菜,这是同样类型的菜,叫"recipe"。Rasa 现在支持 V1Recipe,大家的第一个反应是,为什么 Rasa 会有这些"recipe"级别,从 Rasa 3.x 开始,它是一种完全弹性的(resilient)、灵活的、可发展(future proof)级别的架构。那么为什么是这样?现在 Rasa 有一个特点,可能使用特定的一个版本的"recipe",来支持在整个系统中运行一个机器人将来是多个机器人的系统,每个机器人在运行的时候,它都有一系列的配置,因为图中有节点和依赖关系,"Recipe"可以帮你完成这方面的工作。

default_recipe.py 的源代码实现:

```
1.   class DefaultV1Recipe(Recipe):
2.       """将正常模型配置转换为训练和预测图的配方."""
3.
4.       @enum.unique
```

```
5.    class ComponentType(Enum):
6.        """枚举以在图中正确分类和放置自定义组件"""
7.
8.        MESSAGE_TOKENIZER = 0
9.
10.       MESSAGE_FEATURIZER = 1
11.
12.       INTENT_CLASSIFIER = 2
13.
14.       ENTITY_EXTRACTOR = 3
15.
16.       POLICY_WITHOUT_END_TO_END_SUPPORT = 4
17.
18.       POLICY_WITH_END_TO_END_SUPPORT = 5
19.
20.       MODEL_LOADER = 6
21.
22.    name = "default.v1"
23.    _registered_components: Dict[Text, RegisteredComponent] = {}
24.
25.    def __init__(self) -> None:
26.        """创建配方."""
27.        self._use_core = True
28.        self._use_nlu = True
29.        self._use_end_to_end = True
30.        self._is_finetuning = False
31.
32. @dataclasses.dataclass()
33. class RegisteredComponent:
34.     """描述已向装饰器注册的图组件."""
35.
36.     clazz: Type[GraphComponent]
37.     types: Set[DefaultV1Recipe.ComponentType]
38.     is_trainable: bool
39.     model_from: Optional[Text]
40.
```

```
41.     @classmethod
42.     def register(
43.         cls,
44.         component_types: Union[ComponentType, List[ComponentType]],
45.         is_trainable: bool,
46.         model_from: Optional[Text] = None,
47.     ) -> Callable[[Type[GraphComponent]], Type[GraphComponent]]:
48.         """这个修饰符可以用于向配方注册类
49.
50.         参数：
51.             component_types： 描述组件的类型，然后用于将组件放置在图中
52.             is_trainable: 'True ' 如果组件需要训练.
53.             model_from： 如果此组件需要预加载的模型（如"SpacyNLP"或"MitieNLP"），则可以使用
54.
55.         返回：
56.             注册的类
57.         """
58.
59.         def decorator(registered_class: Type[GraphComponent]) -> Type[GraphComponent]:
60.             if not issubclass(registered_class, GraphComponent):
61.                 raise DefaultV1RecipeRegisterException(
62.                     f"Failed to register class '{registered_class.__name__}' with "
63.                     f"the recipe '{cls.name}'. The class has to be of type "
64.                     f"'{GraphComponent.__name__}'."
65.                 )
66.
67.             if isinstance(component_types, cls.ComponentType):
68.                 unique_types = {component_types}
69.             else:
70.                 unique_types = set(component_types)
71.
72.             cls._registered_components[
```

73.	registered_class.__name__
74.	] = cls.RegisteredComponent(
75.	registered_class, unique_types, is_trainable, model_from
76.	)
77.	return registered_class
78.	
79.	return decorator

上段代码中第 1 行构建一个 DefaultV1Recipe 类。

上段代码中第 2 行注释说明将正常模型配置转换为训练和预测图的配方，它的重要性不言而喻，其包含训练又包含预测阶段的内容，而且它是基于图的。关于图本身，从整个模型的生命周期角度看，肯定是先训练，但训练也会有一些数据处理的基本工作。第二个核心是预测，也就是线上的推理阶段，可以有很多不同的配方来构建不同的机器人，运行的时候可以是单个机器人，当有很多配方的时候，Rasa 团队也决定实现多机器人，这只是个人的一种观测。至于 Rasa 团队什么时候实现，不太确定，这是另外一回事，我们星空智能对话机器人可以实现分布式机器人。

上段代码中第 4 行是 @enum.unique，enum 是"Enumerator"，它是枚举的意思，枚举而且是唯一的。这里是一个装饰器，是 Python 的基本语法，做注解的时候，Python 可以创造一种魔术般（magic）的力量。

上段代码中第 5 行构建一个 ComponentType 类，它用注解装饰器进行装饰，其中一个装饰是 unique，里面每个元素必须是唯一的，它定义了 0、1、2、3、4、5、6 几种不同的类型。

上段代码中第 8 行定义 MESSAGE_TOKENIZER，信息过来时要进行分词。

上段代码中第 10 行是 MESSAGE_FEATURIZER，基于分词的结果要提取特征。

上段代码中第 12 行是 INTENT_CLASSIFIER，这是分类器，从 Rasa 的角度及对话机器人的角度看，它是提取意图。

上段代码中第 14 行定义了 ENTITY_EXTRACTOR 实体提取器，这是命名实体识别 NER 的部分。

上段代码中第 16 行是 POLICY_WITHOUT_END_TO_END_SUPPORT，这个就是没有端到端学习。

上段代码中第 18 行的内容有的是 POLICY_WITH_END_TO_END_SUPPORT，它进行了端到端的学习。

上段代码中第 20 行还有一个 MODEL_LOADER，这是一些组件，Rasa 运行的时候需要其他一些模块的支持，会把它进行定义或者注册。注册也可以理解为定义，无论是训练的运行时，还是推理的运行时，都是运行时。

上段代码中第 22 行的 name 是 "default.v1"，在写 Rasa 配置文件的时候，它需要匹配上的,如果匹配不上,肯定会报错。

上段代码中第 23 行是一个很关键的点,我们会发现它有一个内部成员 _registered_components,变量前面有个下划线,表明它是内部成员,它的类型是字典。只要做 Python,就不可能不知道这个数据结构,它里面是 Dict[Text, RegisteredComponent],它会有很多的组件。如图 8-1 所示,再次看一下 Rasa 的架构图,这里有 Tokenizer、Featurizer、Classifier,还有不同的 Policy,这些都是不同的组件,这些不同组件注册的时候肯定有 key,然后它的组件本身是 RegisteredComponent。

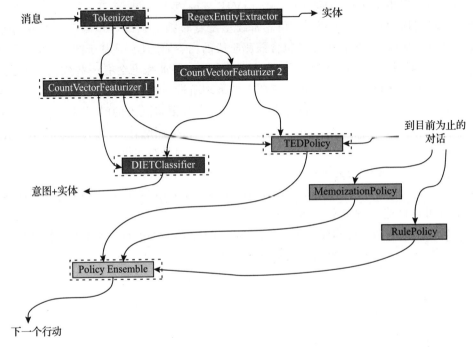

图 8-1　各种类型的组件

上段代码中第 25~30 行是它的初始化方法,类实例初始化的时候,也很有意思,给 self._use_core、self._use_nlu、self._use_end_to_end、self._is_finetuning 这些变量赋值,我们不过多牵扯这些细节。

上段代码中第 32 行里面有一个很重要的内容是@dataclasses.dataclass(),大家应该知道 dataclass,它相当于一个 JavaBean。

上段代码中第 36~39 行里声明的 clazz、types、is_trainable、model_from 等变量,都会直接提供一些访问的方法,自己不需要做 get 及 set 方法。如果有编程经验,肯定知道是什么意思。这都是数据的一些基本封装操作。大家注意,这是 DefaultV1Recipe 里面的一个数据实体对象,或者实体类,是 RegisteredComponent。每一个实体要有类本身,这个类实体是 GraphComponent 的类型,它必须是这样,无

第 8 章 自定义组件 Registering 源码解析

论是从理论级别、架构级别，还是内部流程，或者 Python 代码级别。前面我们已经讲得非常清楚，大家可翻看我们前面的内容。

上段代码中第 42 行有一个很关键的方法叫 register，我们再次回到它的官网文档，Rasa 实际上可能会有很多不同的配方（recipes）。"recipes"是一个复数的方式，即将模型配置的内容转换为可执行图，言外之意可能会有很多图，因为可能有多个机器人。目前 Rasa 支持 default.v1 和实验性的 graph.v1 配方。对于 default.v1 配方，需要使用 DefaultV1Recipe.register 装饰器进行图组件的注册。它提到 register 方法，而且是一个装饰器。我们直接调用的是 DefaultV1Recipe.register 方法，DefaultV1Recipe 继承至 Recipe 本身，一看就知道是面向接口编程。我们来看一下 Recipe 类，它继承至 ABC。我们前面对 ABC 进行了非常透彻的讲解，大家可以参考前面的内容，这显然是可以有很多具体实现类的，不过现在是 V1 的方式。

recipe.py 的源代码实现：

```
1.  class Recipe(abc.ABC):
2.      """将配置转换为图架构的"配方"的基类。"""
3.
4.      @staticmethod
5.      def recipe_for_name(name: Optional[Text]) -> Recipe:
6.          """基于可选配方标识符返回"配方"
7.
8.          参数：
9.              name：用于选择某个"配方"的标识符。如果"None"，将使用默认配方
10.
11.         返回：
12.             可用于将给定配置转换为训练和预测图模式的配方
13.         """
14.         from rasa.engine.recipes.default_recipe import DefaultV1Recipe
15.         from rasa.engine.recipes.graph_recipe import GraphV1Recipe
16.
17.         if name is None:
18.             rasa.shared.utils.io.raise_deprecation_warning(
19.                 "From Rasa Open Source 4.0.0 onwards it will be required to specify "
20.                 "a recipe in your model configuration. Defaulting to recipe "
21.                 f"'{DefaultV1Recipe.name}'."
22.             )
23.             return DefaultV1Recipe()
```

163

```
24.    recipes = {
25.        DefaultV1Recipe.name: DefaultV1Recipe,
26.        GraphV1Recipe.name: GraphV1Recipe,
27.    }
28.
29.    recipe_constructor = recipes.get(name)
30.    if recipe_constructor:
31.        return recipe_constructor()
32.
33.    raise InvalidRecipeException(
34.        f"No recipe with name '{name}' was found. "
35.        f"Available recipes are: "
36.        f"'{DefaultV1Recipe.name}'. "
37.    )
38.
39.    @staticmethod
40.    def auto_configure(
41.        config_file_path: Optional[Text],
42.        config: Dict,
43.        training_type: Optional[TrainingType] = TrainingType.BOTH,
44.    ) -> Tuple[Dict[Text, Any], Set[str], Set[str]]:
45.        """使用默认值添加缺少的选项并转储配置
46.
47.        如果需要此功能,则在子类中重写,每个配方将具有不同的自动配置值
48.        """
49.        return config, set(), set()
50.
51.    @abc.abstractmethod
52.    def graph_config_for_recipe(
53.        self,
54.        config: Dict,
55.        cli_parameters: Dict[Text, Any],
56.        training_type: TrainingType = TrainingType.BOTH,
57.        is_finetuning: bool = False,
58.    ) -> GraphModelConfiguration:
```

59. """将配置转换为与图兼容的模型配置
60.
61.   参数：
62.   config："配方"要转换的配置
63.   cli_parameters：应插入组件配置的潜在 CLI 参数
64.   training_type：当前训练类型。可用于省略或添加图的某些部分
65.   is_finetuning：如果"True"，则组件应该从经过训练的版本加载自己，而不是使用"create"从头开始
66.
67.   返回：
68.   能够将模型作为训练和预测的图运行的模型配置
69.   """
70.   ...

上段代码中第 5 行构建一个 recipe_for_name 方法，它是一个静态方法，所谓静态方法就是文件加载进来的时候，可以直接调它，其实就是一个普通的函数。

上段代码中第 9 行注释说明，这个 name 可用于选择某个配方的标识符，默认就是 V1。

上段代码中第 12 行注释说明会返回一个可用于将给定配置转换为训练和预测图模式的配方。

上段代码中第 14 行在默认情况下导入一个 DefaultV1Recipe，大家也可以自己去改这代码。

上段代码中第 17~22 行，如果名称不存在，就会告诉你，从 Rasa 开源 4.0.0 开始，需要在模型配置中指定配方，默认配方为{DefaultV1Recipe. name}。它的版本我们前面看见的是 v1，这里说是 4.0.0，但应该改写为 3.0.0。不过这里给出的是一个警告，这个警告还是有一定的意义的。从 3.x 开始，Rasa 使用了配方（"recipe"）这个概念，如果是警告，有一个含义是 3.x 提供"recipe"关键词是一个可选的事物，如果不提供，可能也可以，因为这里是警告的信息。但是从 4.x 开始是必须的（required），那时就不是警告级别的提示，直接就是报错（error）。

上段代码中第 23 行返回的是 DefaultV1Recipe()，在这里面，它会完成实例化，这是一个基本类的实例化，这时候如果没有声明，默认就是 DefaultV1Recipe 实例化。

上段代码中第 29 行构建一个 recipe_constructor，它通过 recipes.get 方法获取名字对应的值。

上段代码中第 31 行返回 recipe_constructor()，注意返回的是一个实例对象，为什么返回的是实例对象，因为这里有括号，有括号肯定会调用它。

上段代码中第 51 行提供的是一个@abc.abstractmethod 抽象方法。

上段代码中第 52 行这里是 graph_config_for_recipe 方法。

上段代码中第 54 行,graph_config_for_recipe 方法里面有几个参数,一个是 config,config 会有个配置文件,配方会把文件里面的内容解析成相应的对象。

上段代码中第 58 行返回 GraphModelConfiguration。

上段代码中第 63 行注释说明 cli_parameters 是应插入组件配置的潜在 CLI 参数。

上段代码中第 64 行注释说明 training_type 是当前的训练类型。

上段代码中第 64 行注释说明 is_finetuning,如果为"True",则组件应该从经过训练的版本加载,而不是使用"create"从头开始,微调肯定会有一个预训练模型。

上段代码中第 68 行注释说明,返回能够将模型作为训练和预测的图运行的模型配置。

这是抽象的,具体实现其实只有一个,我们再次看一下它的抽象方法 graph_config_for_recipe,在 DefaultV1Recipe 的时候,肯定要实现它,实现的时候这里面会有很多辅助性的方法,具体 graph_config_for_recipe 可告诉你怎么去实现,这些都是一些状态的维护。

default_recipe.py 的源代码实现:

```
1.   class DefaultV1Recipe(Recipe):
2.       """Recipe which converts the normal model config to train and pre-
             dict graph."""
3.
4.       ......
5.
6.
7.       def graph_config_for_recipe(
8.           self,
9.           config: Dict,
10.          cli_parameters: Dict[Text, Any],
11.          training_type: TrainingType = TrainingType.BOTH,
12.          is_finetuning: bool = False,
13.      ) -> GraphModelConfiguration:
14.          """将默认配置转换为图."""
15.          self._use_core = (
16.              bool(config.get("policies")) and not training_type = =
                    TrainingType.NLU
17.          )
18.          self._use_nlu = (
```

```
19.            bool(config.get("pipeline")) and not training_type = =
               TrainingType.CORE
20.        )
21.
22.        if not self._use_nlu and training_type = = TrainingType.NLU:
23.            raise InvalidConfigException(
24.                "Can't train an NLU model without a specified pipeline. Please make "
25.                "sure to specify a valid pipeline in your configuration."
26.            )
27.
28.        if not self._use_core and training_type = = TrainingType.CORE:
29.            raise InvalidConfigException(
30.                "Can't train an Core model without policies. Please make "
31.                "sure to specify a valid policy in your configuration."
32.            )
33.
34.        self._use_end_to_end = (
35.            self._use_nlu
36.            and self._use_core
37.            and training_type = = TrainingType.END_TO_END
38.        )
39.
40.        self._is_finetuning = is_finetuning
41.
42.        train_nodes, preprocessors = self._create_train_nodes(config, cli_parameters)
43.        predict_nodes = self._create_predict_nodes(config, preprocessors, train_nodes)
44.
45.        core_target = "select_prediction" if self._use_core else None
46.
47.        from rasa.nlu.classifiers.regex_message_handler import RegexMessageHandler
48.
49.        return GraphModelConfiguration(
```

```
50.        train_schema = GraphSchema(train_nodes),
51.        predict_schema = GraphSchema(predict_nodes),
52.        training_type = training_type,
53.        language = config.get("language"),
54.        core_target = core_target,
55.        nlu_target = f"run_{RegexMessageHandler.__name__}",
56.    )
```

上段代码中第 7 行为具体实现 graph_config_for_recipe 的方法。

上段代码中第 49～55 行，返回一个 GraphModelConfiguration。这些都很重要，从新版的角度，因为代码是新的，它构建新的引擎，最关键的是 GraphModelConfiguration 里面有 GraphSchema(train_nodes)、GraphSchema(predict_nodes)、training type、语言的支持，还有 core_target 等内容，具体组件实现或再用到它们的时候，我们再逐一跟大家讲解。

8.2 不同 NLU 和 Policies 组件 Registering 源码解析

回到官网的文档，Rasa 使用 register 装饰器中提供的信息以及图组件在配置文件中的位置来计划图组件及其所需数据（required data）的执行情况。之所以是"required data"，是因为例如在 Tokenizer 的时候肯定要有训练数据，然后后面的节点对前面的节点也会有依赖关系，DefaultV1Recipe.register 装饰器允许指定一些详细信息，这里有很多具体的内容。我们还是再次回到代码，其实我们一般直接去看代码，之所以用文档，是让大家有一个更直观的感受，文档有它一定要调用 register 方法。

例如，我们可以看一下，SpacyNLP 的时候有 @DefaultV1Recipe.register。spacy_utils.py 的源代码实现：

```
1.  @DefaultV1Recipe.register(
2.      [
3.          DefaultV1Recipe.ComponentType.MODEL_LOADER,
4.          DefaultV1Recipe.ComponentType.MESSAGE_FEATURIZER,
5.      ],
6.      is_trainable = False,
7.      model_from = "SpacyNLP",
8.  )
9.  class SpacyNLP(GraphComponent):
10.     """为其他人提供通用加载 SpaCy 模型的组件
11.
```

12.
13. 这用于避免多次加载 SpaCy 模型。相反，Spacy 模型只加载一次，然后由相关组件共享
14. """
15.
16. def __init__(self, model: SpacyModel, config: Dict[Text, Any]) -> None:
17. """Initializes a 'SpacyNLP'."""
18. self._model = model
19. self._config = config

上段代码中第 1 行注解@DefaultV1Recipe.register。

上段代码中第 3 行在里面会指定具体的类型，这里是 ComponentType。具体功能是 MODEL_LOADER，也不能纯粹完全说它具体是什么功能，就是这个节点在训练和推理的时候，扮演一种什么角色，而扮演这个角色的过程中可能也会依赖一些事物。它具有 MODEL_LOADER，因为这是 Spacy。如果了解 NLP，理论上讲一定要很熟悉 Spacy，因为它很强大，功能也很丰富，有很多预训练好的模型，也会有一些依赖关系。

上段代码中第 4 行，重点肯定是 MESSAGE_FEATURIZE，为什么这是重点？是因为 Spacy 有一个很重要的内容就是帮我们提供这个特征。

我们可以看它更多具体怎么去使用，这样会给大家一些更直观的感受。例如 TEDPolicy 是非常重磅级的内容，无论是 3.x，还是 3.x 以前的版本，就是基于 Transformer 开始使用的版本，它都是一个核心。因为它涉及怎么生成下一个动作，尤其是基于注意力机制，或者要考虑对话历史信息问题。

ted_policy.py 的源代码实现：

1. @DefaultV1Recipe.register(
2. DefaultV1Recipe.ComponentType.POLICY_WITH_END_TO_END_SUPPORT, is_trainable = True
3.)
4. class TEDPolicy(Policy):
5. """Transformer 嵌入对话(TED)策略
6. 模型体系结构的网址为 https://arxiv.org/abs/1910.00486. 总之，该体系结构包括以下步骤：
   -将每个时间步骤的用户输入(用户意图和实体)、先前的系统动作、词槽和活动形式连接到预训练 Transformer 嵌入层的输入向量中
   -将其馈送给 Transformer

-将密集层应用于Transformer的输出,以获得每个时间步长的对话的嵌入

-应用密集层为每个时间步骤的系统动作创建嵌入

-计算对话嵌入和嵌入式系统动作之间的相似度。此步骤基于StarSpace的(https://arxiv.org/abs/1709.03856)

7. """

上段代码中第1行注解@DefaultV1Recipe.register。

上段代码中第2行是支持端到端的策略,(POLICY_WITH_END_TO_END_SUPPORT),它会有不同的版本,也可以不支持端到端学习。DIETClassifier大家都知道,我们有一个专题专门讲解DIET和TED,这是整个Rasa核心中的核心,因为它们都基于Transformer,而且都是处理多轮上下文,同时又基于注意力机制。如果要掌握Rasa,而不掌握这些内容,只能证明一件事情,你没有掌握Rasa。我们在前面对论文逐句逐行进行解读,包括架构内部机制原理、数学等所有的内容,同时也包含完整的DIET实现的源代码和完整TED源代码的解读,这都很重要的。即使不看历史,也要看3.x。如图8-2所示,我们再次回到这个步骤,这个时候DIETClassifier产生的是意图(intent)、实体(entities),而TEDPolicy基于对话历史数据,是众多的策略中的一个。如果从多轮对话注意力机制,或者抗干扰的角度看,理论上它是最具有技术含量的内容,所以我们有个专题专门谈它的论文,谈它的实现、它的源码,每一行代码都跟大家解读。

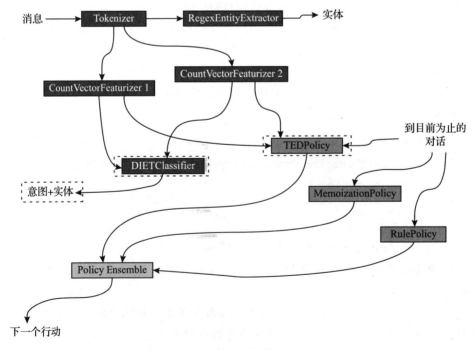

图8-2 DIETClassifier和TEDPolicy

第 8 章 自定义组件 Registering 源码解析

diet_classifier.py 的源代码实现：

1. @DefaultV1Recipe.register(
2.   [
3.   DefaultV1Recipe.ComponentType.INTENT_CLASSIFIER,
4.   DefaultV1Recipe.ComponentType.ENTITY_EXTRACTOR,
5.   ],
6.   is_trainable = True,
7.)
8. class DIETClassifier(GraphComponent, IntentClassifier, EntityExtractorMixin):
9.   """用于意图分类和实体提取的多任务模型"""

上段代码中第 1 行注解 @DefaultV1Recipe.register。

上段代码中第 3~4 行，从 DIETClassifier 的角度肯定支持多任务，所谓多任务是意图 INTENT_CLASSIFIER，还有就是实体抽取 ENTITY_EXTRACTOR。从图 8-2 这张图看，它产出的结果是意图和实体（intent + entities）。

我们可以再看一个标记化器，例如 WhitespaceTokenizer，以英文的角度看，它是按照空格去区分单词的。以后会逐行跟大家剖析，现在谈到所有代码的内容，会有一个专题讲解 Rasa 的算法源码，即完全从源码的视角分析算法、分析架构、分析内部机制。

whitespace_tokenizer.py 的源代码实现：

1. @DefaultV1Recipe.register(
2.   DefaultV1Recipe.ComponentType.MESSAGE_TOKENIZER, is_trainable = False
3.)
4. class WhitespaceTokenizer(Tokenizer):
5.   """为实体提取创建特征"""
6.
7.   @staticmethod
8.   def not_supported_languages() -> Optional[List[Text]]:
9.   """The languages that are not supported."""
10.   return ["zh", "ja", "th"]

上段代码中第 1 行注解 @DefaultV1Recipe.register。

大家看上段代码中第 2 行，它的类型是 MESSAGE_TOKENIZER，这很直白，直接告诉你 is_trainable 为 False，在训练的时候，就不要改我的参数了。

我们再次回到文档，因为文档提到 component_types 会有很多不同的类型，刚才看到 MESSAGE_TOKENIZER、FEATURIZER、INTENT_CLASSIFIER、也看到 ENTITY_EXTRACTOR，以及 POLICY_WITH_END_TO_END_SUPPORT，这边还谈到一个 POLICY_WITHOUT_END_TO_END_SUPPORT。

现在具体来看一下文档怎么说明。

（1）ComponentType.MODEL_LOADER。在这里它是语言模型的组件类型，这种类型的图组件为其他图组件的序列提供预训练的模型，例如 Spacy。如果不太了解 Spacy 是什么，可以从网络上 Google 或者 YouTube 网站看一些相关的教程。知识之间是相互连接的，在研究一个课题的时候，它会通向其他的通道，而且其他通道会紧密相关。从作者目前的认知而言，人类关于 NLP 方方面面核心的内容，都是能够融会贯通的，融会贯通的意思是通过任意一点都可以到达其他所有的点，而且从其他任意一个点都可以回到当前关注的点，这就叫融会贯通。你能够达到这样的境界是一种理想境界，那你必然是一个高手。

在这里面如果使用 Spacy，发现它在 spacy_utils.py 文件中，再次看一下 Spacy 代码。

spacy_utils.py 的源代码实现：

```
1.  @DefaultV1Recipe.register(
2.      [
3.          DefaultV1Recipe.ComponentType.MODEL_LOADER,
4.          DefaultV1Recipe.ComponentType.MESSAGE_FEATURIZER,
5.      ],
6.      is_trainable = False,
7.      model_from = "SpacyNLP",
8.  )
9.  class SpacyNLP(GraphComponent):
10.     """为其他人提供通用加载 SpaCy 模型的组件"""
```

上段代码中第 3 行在注册的时候，会说自己是 MODEL_LOADER。

如果指定了 model_from=＜模型加载器名称＞，这种类型的图组件为其他图组件的 train、process_training_data 和 process 方法提供预训练的模型，这个图组件在训练和推断期间运行。Rasa 将使用图组件的提供方法来检索应该提供给依赖图组件的模型，很直接讲，这就是依赖关系。

（2）ComponentType.MESSAGE_TOKENIZER。我们看见的 TOKENIZER，无论是训练还是推理，都是必然要使用的。如果大家下载安装了 Rasa，而且开启了端到端学习的方式，并且假设改了 TOKENIZER，不过很多时候改 TOKENIZER 的概率不太高。如图 8-3 所示，可能改了 Featurizer 的内容，这时会发现 DIETClassifier 和 TEDPolicy 都会改变，因为它们都会依赖于 Featurizer。转过来讲，Featurizer

第 8 章 自定义组件 Registering 源码解析

又依赖于 TOKENIZER，这是一个必然的过程。一个机器学习系统，例如 Rasa 基于机器学习算法，有信息发送过来，哪怕是机器人级别的一些特征，肯定也有分词的过程，这是无法逾越的内容。即使是端到端的训练，也会有同样的 Featurizer 的过程。

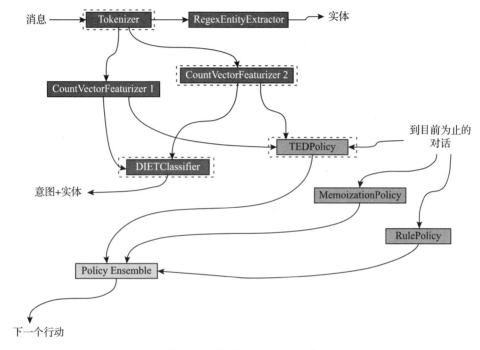

图 8-3 修改 Featurizer 组件

最开始的时候，大家通常使用的是 WhitespaceTokenizer。TOKENIZER 有很多内容，这里是 JiebaTokenizer。

jieba_tokenizer.py 的源代码实现：

1. @DefaultV1Recipe.register(
2.   DefaultV1Recipe.ComponentType.MESSAGE_TOKENIZER, is_trainable=True
3.)
4. class JiebaTokenizer(Tokenizer):
5.   """这个标记化器是 Jieba 的包装（https://github.com/fxsjy/jieba）."""
6.
7.   @staticmethod
8.   def supported_languages() -> Optional[List[Text]]:
9.   """支持的语言"""

```
10.        return ["zh"]
11. ……
12.
13.
14.    @classmethod
15.    def create(
16.        cls,
17.        config: Dict[Text, Any],
18.        model_storage: ModelStorage,
19.        resource: Resource,
20.        execution_context: ExecutionContext,
21.    ) -> JiebaTokenizer:
22.        """构建一个新组件."""
23.        # 本地文件系统上字典的路径
24.        dictionary_path = config["dictionary_path"]
25.
26.        if dictionary_path is not None:
27.            cls._load_custom_dictionary(dictionary_path)
28.        return cls(config, model_storage, resource)
29.
30.    @classmethod
31.    def load(
32.        cls,
33.        config: Dict[Text, Any],
34.        model_storage: ModelStorage,
35.        resource: Resource,
36.        execution_context: ExecutionContext,
37.        **kwargs: Any,
38.    ) -> JiebaTokenizer:
39.        """从模型存储加载自定义词典"""
40.        dictionary_path = config["dictionary_path"]
41.
42.        # 如果自定义字典路径在配置中,它应该保存到模型存储中
43.        if dictionary_path is not None:
44.            try:
45.                with model_storage.read_from(resource) as resource_
```

```
                    directory:
46.                     cls._load_custom_dictionary(str(resource_directory))
47.             except ValueError:
48.                 logger.debug(
49.                     f"Failed to load {cls.__name__} from model storage. "
50.                     f"Resource '{resource.name}' doesn't exist. "
51.                 )
52.         return cls(config, model_storage, resource)
```

上段代码中第 4 行，JiebaTokenizer 继承 Tokenizer，它自己会有很多的实现，这都是组件级别的一些内容。

看见这些源码，大家可能感觉有点复杂，也不用太紧张。我们在源码算法内容中，会彻底跟大家剖析每一行代码，大家学习肯定是没有难度的。很多时候会这样，说学习没有难度，不是说内容不复杂。例如很多年前作者对这些内容早就融会贯通了，Rasa 3.x 版本虽然刚出来没多久，但它不存在算法和数学的复杂度或者工程的复杂度，星空智能对话机器人核心代码就超过 12 万行。这些内容每一行代码，本书都会逐行剖析它内部的数学、算法、架构，内部的流程以及具体的运用，这些大家都不用担心。

上段代码中第 16 行 create 传入的一个参数是 cls，它自己要进行实例化。

上段代码中第 31 行定义一个 load 方法。

回到官网文档，对于训练或推理，因为是机器学习模型，不管是稠密向量，还是稀疏向量，如果指定了 is_trainable=True，Rasa 将使用图组件的 train 方法，都需要进行训练。不过很多标记化器，它可能把 is_trainable 设置为 False，举个例子，我们直接来通过代码来说明一个稀疏向量。从 Tokenizer 的角度讲，不能说是稀疏或者稠密，我们看一下 WhitespaceTokenizer，这个就是分词。

whitespace_tokenizer.py 的源代码实现：

```
1. @DefaultV1Recipe.register(
2.     DefaultV1Recipe.ComponentType.MESSAGE_TOKENIZER, is_trainable=False
3. )
4. class WhitespaceTokenizer(Tokenizer):
5.     """为实体提取创建特征"""
6.
7.
8.     @staticmethod
9.     def not_supported_languages() -> Optional[List[Text]]:
```

```
10.        """The languages that are not supported."""
11.        return ["zh", "ja", "th"]
12. ...
13.
14.    def tokenize(self, message: Message, attribute: Text) -> List[Token]:
15.        text = message.get(attribute)
16.
17.        # 需要使用正则表达式而不是re,因为
18.        # https://stackoverflow.com/questions/12746458/python-unicode-regular-expression-matching-failing-with-some-unicode-characters
19.
20.        # 删除"非单词字符"
21.        words = regex.sub(
22.            # 后面有空格或字符串的结尾
23.            r"[^\w#@&]+(?=\s|$)|"
24.            # 字符串前面有空格或开头,后面没有数字
25.            r"(\s|^)[^\w#@&]+(?=[^0-9\s])|"
26.            # not in between numbers and not . or @ or & or - or #
27.            # e.g. 10'000.00 or blabla@gmail.com
28.            # and not url characters
29.            r"(?<=[^0-9\s])[^\w._~:/?#\[\]()@!$&*+,;=-]+(?=[^0-9\s])",
30.            " ",
31.            text,
32.        ).split()
33.
34.        words = [self.remove_emoji(w) for w in words]
35.        words = [w for w in words if w]
36.
37.        # 如果删除了:)微笑之类的所有内容,请使用整个文本作为一个标记
38.        if not words:
39.            words = [text]
40.
41.        tokens = self._convert_words_to_tokens(words, text)
```

第 8 章　自定义组件 Registering 源码解析

42.
43.　　　　return self._apply_token_pattern(tokens)

上段代码中第 1 行注解 @DefaultV1Recipe.register 是有 register 的,有时候它会把 register 放在父类中。

上段代码中第 2 行设置 is_trainable=False,一般情况下它会设置成 is_trainable=False,因为它不进行神经网络训练,这些都是一些规则统计。当然我们做一些向量去表示它的状态,也是可以的。如果是一些比较高级的 Tokenizer,可以将 is_trainable 设置成 True,但也可能给我们训练好了,这时虽然是高级的,它也设置成 False。

上段代码中第 14~43 行,在 tokenize 的时候应怎么做?这显然是正则表达式,然后进行一些切分,这些内容根本就不具有状态参数。关于这些内容,以后再跟大家讲,如果迫不及待,可以看一下源码。

Rasa 将使用 process_training_data 来标记化训练数据示例,并在推理过程中使用 process 来标记化消息,因为在推理的时候,不需要训练的过程,它会直接使用结果,交给下一步得到特征化的内容。

(3) ComponentType.MESSAGE_FEATURIZER。我们看一下特征化器,这个图组件在训练和推理期间运行。如果指定 is_trainable=True,Rasa 将使用图组件的 train 方法,Rasa 将使用 process_training_data 来特征化训练数据示例,并在推理期间使用 process 来特征化消息,把训练和推理分离开。

下面我们来看一个具体特征化的代码。

如图 8-4 所示,对于特征化有稠密特征化(dense_featurizer)和稀疏特征化(sparse_featurizer),我们会有专门的内容跟大家示范怎么自定义一个特征化器的过程,包括 dense_featurizer 和 sparse_featurizer。

```
▼ featurizers
    ▼ dense_featurizer
        __init__.py
        convert_featurizer.py
        dense_featurizer.py
        lm_featurizer.py
        mitie_featurizer.py
        spacy_featurizer.py
    ▼ sparse_featurizer
        __init__.py
        count_vectors_featurizer.py
        lexical_syntactic_featurizer.py
        regex_featurizer.py
        sparse_featurizer.py
    __init__.py
    featurizer.py
```

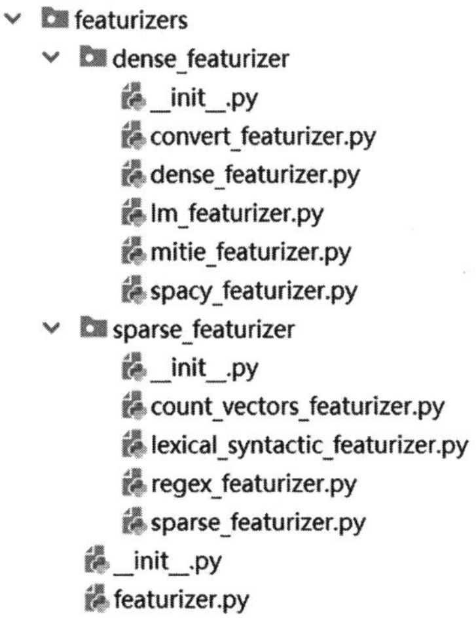

图 8-4　dense_featurizer 和 sparse_featurizer

我们可以简单看一下这里的稀疏特征化,例如这边是 count_vectors_featurizer。count_vectors_featurizer.py 的源代码实现:

1. @DefaultV1Recipe.register(
2. 　　DefaultV1Recipe.ComponentType.MESSAGE_FEATURIZER, is_trainable=True
3.)
4. class CountVectorsFeaturizer(SparseFeaturizer, GraphComponent):
5. 　　"""基于 sklearn 的 CountVectorizer 创建一系列标记计数功能
6.
7. 　　所有仅由数字组成的标记(例如 123 和 99,而不是 ab12d)将由单个特征表示
8.
9. 　　将"analyzer"设置为"char_wb"以使用子词语义哈希的思想
10. 　　https://arxiv.org/abs/1810.07150.
11. 　　"""
12. 　　OOV_words: List[Text]

上段代码中第 5 行的注释说明它自己可能会有很多的配置。看这些代码的时候,它会直接会告诉你,基于 sklearn 的 CountVectorizer 创建一系列标记计数特征。如果做机器学习,你一定对 Sklearn 很熟悉,如果对它不熟悉,只能猜测你没有写过机器学习的代码。因为它提供了很多辅助的工具方法,无论使用多么高级的模型。如果从单机角度讲,它的很多方法都是很有效、很有帮助的,大家可以自己去网络上查询一下相关的教程。

上段代码中第 9 行的注释说明它在特征提取的过程中,可以设置分析器,可以以具体标记为单位,也可以以字符为单位,可以是 1 个、2 个、3 个、4 个、5 个字符,一般不会超过 5 个。这些具体的内容不说太多,现在不是在分析特征化源码,核心是要跟大家讲注册图组件。对于这些特征化器,无论是训练的阶段,还是推理的阶段,都是需要的。

(4) ComponentType.INTENT_CLASSIFIER。我们一再反复看见的是 DIET,如图 8-5 所示,这里还有很多其他分类器,例如 fallback_classifier,也还有 keyword_intent_classifier 等之类的。

这里还有一个分类器叫 sklearn_intent_classifier,它是历史遗留问题,Rasa 3.x 的时候还没有把它改变。

sklearn_intent_classifier.py 的源代码实现:

1. @DefaultV1Recipe.register(
2. 　　DefaultV1Recipe.ComponentType.INTENT_CLASSIFIER, is_trainable=True

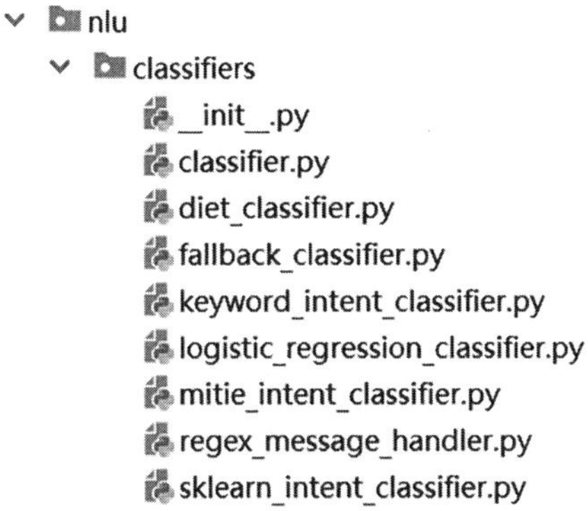

```
∨ 📁 nlu
  ∨ 📁 classifiers
    📄 __init__.py
    📄 classifier.py
    📄 diet_classifier.py
    📄 fallback_classifier.py
    📄 keyword_intent_classifier.py
    📄 logistic_regression_classifier.py
    📄 mitie_intent_classifier.py
    📄 regex_message_handler.py
    📄 sklearn_intent_classifier.py
```

图 8-5 分类器

```
3.  )
4.  class SklearnIntentClassifier(GraphComponent, IntentClassifier):
5.      """使用 sklearn 框架的意图分类器"""
6.      ……
7.      def _create_classifier(
8.          self, num_threads: int, y: np.ndarray
9.      ) -> "sklearn.model_selection.GridSearchCV":
10.         from sklearn.model_selection import GridSearchCV
11.         from sklearn.svm import SVC
12.
13.         C = self.component_config["C"]
14.         kernels = self.component_config["kernels"]
15.         gamma = self.component_config["gamma"]
16.         # str 修复,因为 sklearn 需要 str 而不是 basestr 的实例
17.         tuned_parameters = [
18.             {"C": C, "gamma": gamma, "kernel": [str(k) for k in kernels]}
19.         ]
20.
21.         # 每个折的目标是 5 个示例
22.
23.         cv_splits = self._num_cv_splits(y)
24.
25.         return GridSearchCV(
26.             SVC(C=1, probability=True, class_weight="balanced"),
27.             param_grid=tuned_parameters,
```

```python
28.            n_jobs = num_threads,
29.            cv = cv_splits,
30.            scoring = self.component_config["scoring_function"],
31.            verbose = 1,
32.        )
33.
34.    def process(self, messages: List[Message]) -> List[Message]:
35.        """返回消息的最可能意图及其概率."""
36.        for message in messages:
37.            if self.clf is None or not message.features_present(
38.                attribute = TEXT, featurizers = self.component_config.get(FEATURIZERS)
39.            ):
40.                # 组件要么没有经过训练,要么没有接收到足够的训练数据,
                    要么输入没有所需的特征
41.                intent = None
42.                intent_ranking = []
43.            else:
44.                X = self._get_sentence_features(message).reshape(1, -1)
45.
46.                intent_ids, probabilities = self.predict(X)
47.                intents = self.transform_labels_num2str(np.ravel(intent_ids))
48.                # predict 返回一个矩阵,因为它应该也适用于多个示例,因此
                    需要将其展平
49.                probabilities = probabilities.flatten()
50.
51.                if intents.size > 0 and probabilities.size > 0:
52.                    ranking = list(zip(list(intents), list(probabilities)))[
53.                        :LABEL_RANKING_LENGTH
54.                    ]
55.
56.                    intent = {"name": intents[0], "confidence": probabilities[0]}
57.
58.                    intent_ranking = [
```

```
59.                    {"name": intent_name, "confidence": score}
60.                    for intent_name, score in ranking
61.                ]
62.            else:
63.                intent = {"name": None, "confidence": 0.0}
64.                intent_ranking = []
65.
66.            message.set("intent", intent, add_to_output = True)
67.            message.set("intent_ranking", intent_ranking, add_to_output = True)
68.
69.        return messages
70. ...
71.    @classmethod
72.    def load(
73.        cls,
74.        config: Dict[Text, Any],
75.        model_storage: ModelStorage,
76.        resource: Resource,
77.        execution_context: ExecutionContext,
78.        **kwargs: Any,
79.    ) -> SklearnIntentClassifier:
80.        """加载经过训练的组件"""
81.        from sklearn.preprocessing import LabelEncoder
82.
83.        try:
84.            with model_storage.read_from(resource) as model_dir:
85.                file_name = cls.__name__
86.                classifier_file = model_dir / f"{file_name}_classifier.pkl"
87.
88.                if classifier_file.exists():
89.                    classifier = io_utils.json_unpickle(classifier_file)
90.
91.                    encoder_file = model_dir / f"{file_name}_encoder.pkl"
```

```
92.                  classes = io_utils.json_unpickle(encoder_file)
93.                  encoder = LabelEncoder()
94.                  encoder.classes_ = classes
95.
96.                  return cls(config, model_storage, resource, classifier,
                        encoder)
97.          except ValueError:
98.              logger.debug(
99.                  f"Failed to load '{cls.__name__}' from model storage. 
                    Resource "
100.                 f"'{resource.name}' doesn't exist."
101.             )
102.         return cls(config, model_storage, resource)
```

上段代码中第 4 行,SklearnIntentClassifier 继承至 GraphComponent、IntentClassifier,这是必然的,它和 DIETClassifier 进行了比较。

上段代码中第 7 行构建一个 create_classifier 方法。

上段代码中第 34 行实现一个 process 方法。

上段代码中第 72 行是 load 方法,它是跟缓存有关的。

以后会专门以 DIET 作为一个案例分享这些知识性内容,让大家也知道内部的机制过程。之所以是 SklearnIntentClassifier,印象中是它后来变成了 DIETClassifier,Rasa 创始人分享他发现 SklearnIntentClassifier 和 DIETClassifier 性能差不多,解释背后的原因,原来发现它最开始的时候也就是使用 DIETClassifier 之前,他使用的是 SklearnIntentClassifier。他使用过其他的很多模型,可能是为了兼容这个代码。现在不深入讨论这些细节,因为这和现在谈到的注册并没有直接的关系。

这里有很多分类器时,从整个注册的角度讲,它会有一些参数设置,正常的分类器都会设置 is_trainable=True,例如 DIETClassifier 也设置 is_trainable=True。

diet_classifier.py 的源代码实现:

```
1.  @DefaultV1Recipe.register(
2.      [
3.          DefaultV1Recipe.ComponentType.INTENT_CLASSIFIER,
4.          DefaultV1Recipe.ComponentType.ENTITY_EXTRACTOR,
5.      ],
6.      is_trainable=True,
7.  )
8.  class DIETClassifier(GraphComponent, IntentClassifier, EntityExt-
```

```
        ractorMixin):
9.          """用于意图分类和实体提取的多任务模型"""
10. ……
11.         @staticmethod
12.         def get_default_config() -> Dict[Text, Any]:
13.             """组件的默认配置."""
14.             # please make sure to update the docs when changing a default
                parameter
15.             return {
16.                 ...
17.                 # transformer 的单元数量
18.                 TRANSFORMER_SIZE: DEFAULT_TRANSFORMER_SIZE,
19.                 ...
20.                 # transformer 注意头的数量
21.                 NUM_HEADS: 4,
22.                 ...
```

上段代码中第 6 行设置 is_trainable=True, 如果都不给训练, 就无法提取信息。

上段代码中第 18 行设置 Transformer 的单元数量。

上段代码中第 21 行设置 Transformer 注意头的个数。

在推理过程中, Rasa 将使用图组件的 process 方法对消息的意图进行分类, 这说得很清楚, 直接使用它的 process 方法, 因为它是基于 Transformer 的。进行很多设定的时候, 有注意力头个数, 还有其他的 Transformer 单元数量等。大家有没有一种很熟悉的味道, 虽然可能从来没看过这代码, 但是感觉很熟悉, 为什么? 因为本书前面章节介绍过, 对 Transformer 内部的机制原理, 思考层面的内容, 早就分析得很详细了, 只不过现在需要一个具体化的事物, 进一步从 Rasa 具体化的角度感知一下。

(5) ComponentType.ENTITY_EXTRACTOR。然后我们看一下这个实体抽取器。DIET 同时支持 IntentClassifier 和 EntityExtractor, 这配置本身还是很直接的。

上段代码中第 3 行是 INTENT_CLASSIFIER。

上段代码中第 4 行是 ENTITY_EXTRACTOR。

上段代码中第 8 行在构建 DIETClassifier 的时候, 它本身继承至 GraphComponent, 它肯定遵循 GraphComponent 的一些接口和一些规范, 包括训练的时候怎么实例化。不是说训练的时候怎么实例化, 是要实现它的实例化才能训练出一个模型。然后这里有 IntentClassifier, 也有 EntityExtractor, EntityExtractor 同时也是个接口。

extractor.py 的源代码实现:

```
1.  class EntityExtractorMixin(abc.ABC):
```

2. """为执行实体提取的组件提供功能
3. 从该类继承将为实体提取添加实用程序函数
4. 实体提取是从消息中识别和提取实体(如人名或位置)的过程
5. """
6. …

大家可以用很多具体的实现,可以自定义组件,对于这些代码,大家现在不要感觉太紧张,不要感觉代码太多,这代码其实并不多。如果从做大型项目的角度去讲,文件最大也就是两三千行的样子,正常的可能就几百行,如果感觉几百行代码太多,只能说要加强阅读源码的基本功。如果你感觉几百行的代码都很长,确实要加强你的阅读能力,多读源码,但最快的方式是写一下几百行或几千行的代码。

我们再次回到这里,官网谈到 Extractor 的时候,DIET 模型它本身是可以支持多任务的,可以同时支持意图识别和实体抽取任务。

端到端学习是 Rasa 很重要的一个方向,但它现在正在路上,我们星空智能对话机器人几年前就已经实现了,我们来看一下官网文档怎么说。

(6) ComponentType. POLICY_WITHOUT_END_TO_END_SUPPORT。如果是这种级别的组件,设置 is_trainable=True,这个图组件仅在训练期间运行,这跟前面的信息一致。然后它说图组件总是在推理期间运行,那是必然的。如果指定了 is_trainable=True,Rasa 将使用图组件的 train 方法,Rasa 将使用图组件的 predict_action_probability 来预测下一个在对话中运行的动作。在多轮对话中,策略肯定是生成响应的,生成一个响应或下一个动作。它会有策略集成,理论上讲,会根据置信度的不同找出最高置信度来决定具体使用哪一个策略的响应。这里既然有不支持 (without) 端到端的方式,那么它肯定支持 (with) 端到端的方式。

(7) ComponentType. POLICY_WITH_END_TO_END_SUPPORT。这是支持 (with) 端到端的方式,其实思路是一样的,但是它说了一个很关键的点,端到端的特征作为预计算参数传递到图组件的 train 和 predict_action_probability 中,这是端到端的训练或者端到端的学习。在这里通过 Tokenizer 分词器分词之后,通过特征提取器提取了特征,这个过程完成之后,会把这些信息,直接交给策略进行处理。正是由于这种分裂,从 Rasa 原先的角度讲,它与传统的方式区分出了 NLU 和 Policy,已经导致了它路径的分裂。它不是一个线性的过程,这也是促使它形成图的一个很重要的原因。形成图其他的原因是什么?我们前面的章节,要看前面的内容,在这里就不再赘述。

(8) is_trainable。我们已经看到了很多次了,指定图组件在为其他依赖的图组件处理训练数据之前,或在进行预测之前是否需要对自己进行训练,这很明显。

(9) model_from。最后一个参数是 model_from,例如使用 Spacy 的时候,要提供配置,而且要表达自己的依赖关系。之所以一再提到这个 Spacy,是因为它有很多自己预训练的结果,让我们直接使用。这里指定是否需要向图组件的 train、process_

第 8 章 自定义组件 Registering 源码解析

training_data 和 process 方法提供预训练的语言模型？这些方法必须支持参数模型来接收语言模型，所以这是自然的，否则无法去调别人的模型。请注意，仍然需要确保提供该模型的图组件是模型配置的一部分，一个常见的用例是，将 SpacyNLP 语言模型提供给其他 NLU 的组件使用，这些都很明显。

上述是跟大家介绍的关于注册图组件理论问题。在结束这些内容之前，转过来有必要再次跟大家讲一下语法的使用。大家应该可以清晰看见的，当我们每次要注册的时候，都使用注解 @DefaultV1Recipe.register，它是一个装饰器的方式，例如 TEDPolicy 的注册实现。

ted_policy.py 的源代码实现：

```
1.  @DefaultV1Recipe.register(
2.      DefaultV1Recipe.ComponentType.POLICY_WITH_END_TO_END_SUPPORT, is_
        trainable = True
3.  )
4.  class TEDPolicy(Policy):
5.      """Transformer 嵌入对话(TED)策略 """
```

我们看一下 DefaultV1Recipe 的代码。

default_recipe.py 的源代码实现：

```
1.  class DefaultV1Recipe(Recipe):
2.      """将正常模型配置转换为训练和预测图的配方."""
3.      _registered_components: Dict[Text, RegisteredComponent] = {}
4.      ……
5.      @dataclasses.dataclass()
6.      class RegisteredComponent:
7.          """描述已向装饰器注册的图组件."""
8.
9.          clazz: Type[GraphComponent]
10.         types: Set[DefaultV1Recipe.ComponentType]
11.         is_trainable: bool
12.         model_from: Optional[Text]
13.
14.     @classmethod
15.     def register(
16.         cls,
17.         component_types: Union[ComponentType, List[ComponentType]],
18.         is_trainable: bool,
```

```
19.        model_from: Optional[Text] = None,
20.    ) -> Callable[[Type[GraphComponent]], Type[GraphComponent]]:
21.        """这个修饰符可以用于向配方注册类
22.
23.        参数：
24.            component_types：描述组件的类型，然后用于将组件放置在图中
25.            is_trainable："True"如果组件需要训练
26.            model_from：如果此组件需要预加载的模型（如"SpacyNLP"或
                "MitieNLP"），则可以使用
27.
28.        返回：
29.            注册的类
30.        """
31.
32.        def decorator(registered_class: Type[GraphComponent]) -> Type[GraphComponent]:
33.            if not issubclass(registered_class, GraphComponent):
34.                raise DefaultV1RecipeRegisterException(
35.                    f"Failed to register class '{registered_class.__name__}' with "
36.                    f"the recipe '{cls.name}'. The class has to be of type "
37.                    f"'{GraphComponent.__name__}'."
38.                )
39.
40.            if isinstance(component_types, cls.ComponentType):
41.                unique_types = {component_types}
42.            else:
43.                unique_types = set(component_types)
44.
45.            cls._registered_components[
46.                registered_class.__name__
47.            ] = cls.RegisteredComponent(
48.                registered_class, unique_types, is_trainable, model_from
49.            )
50.            return registered_class
51.
```

52.　　　return decorator

上段代码中第 1 行构建一个 DefaultV1Recipe 类。

上段代码中第 3 行_registered_components 是一个字典。

上段代码中第 15 行调用它的方法叫 register,这是一个类方法,调用其类方法的时候进行注册。

上段代码中第 16~19 行中,我们看一下参数,有 cls、component_types、is_trainable、model from 等,model from 这是可选的(Optional),不是每个都会有这样的设置。

上段代码中第 20 行 register 方法返回的是 Callable[[Type[GraphComponent]], Type[GraphComponent]],Callable 跟异步编程相关的。关于异步编程,我们专门有关于 Python 的高级内容。无论是 Rasa 的源代码,还是星空的源代码都是异步编程事件驱动的机制,其实这跟 future 差不多,在这里就不作延申。我们在 Pycharm 中看一下 register 方法的结构(structure),如图 8-6 所示。

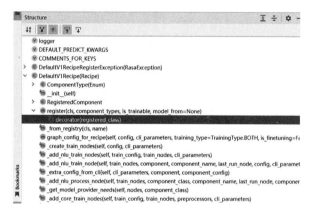

图 8-6　register 装饰器

它是属于 DefaultV1Recipe,在 DefaultV1Recipe 里看见的是 register 这个方法,在 Register 方法里有一个 decorator 的方法。

上段代码中第 32 行定义了一个 decorator 函数。

上段代码中第 33 行会判断组件是否是 GraphComponent,如果不是,它就直接抛出异常,这是不可原谅的一个事物,但要进入 GraphComponent,上下文必须是这样,它会进行不同条件的判断。

上段代码中第 45 行会调用 cls._registered_components,调用 register component 的时候,它传递的是类本身相关的信息。

上段代码中第 46 行注册的时候会有类相关的名称。

上段代码中第 48 行还有 unique_types、is_trainable 等内容。

上段代码中第 50 行,decorator 这个方法返回的是 registered class。

上段代码中第 52 行会返回 decorator。从整体 register 的角度讲,它返回的是

decorator 对象，其实是一个指针，我们可以直接去调用它。要使用 register 的时候，会获得一个 Callable[[Type[GraphComponent]], Type[GraphComponent]]

以后会以专门具体的例子，比如说讲 TED，或者讲 DIET 的时候，再具体从代码运行流程的角度跟大家讲具体的内容。我们再次回到 TED 部分看一下。

ted_policy.py 的源代码实现：

1. @DefaultV1Recipe.register(
2.   DefaultV1Recipe.ComponentType.POLICY_WITH_END_TO_END_SUPPORT, is_trainable = True
3.)
4. class TEDPolicy(Policy):
5.   """Transformer 嵌入对话(TED)策略 """

这里会注册相关的内容，什么是相关的内容？回到 Register。

default_recipe.py 的源代码实现：

1.   def decorator(registered_class: Type[GraphComponent]) -> Type[GraphComponent]:
2.   ……
3.   cls._registered_components[
4.   registered_class.__name__
5.   ] = cls.RegisteredComponent(
6.   registered_class, unique_types, is_trainable, model_from
7.   )
8.   return registered_class
9.
10.   return decorator

上段代码中第 4~7 行 registered_class.__name__、unique_types、is_trainable 等这些都是相关的内容，这里会把相关的内容注册起来，注册起来依赖的组件就可以找到你。

8.3 类似于 Rasa 注册机制的 Python Decorator 的手工全流程实现

关于装饰器，可能是一些学习者，尤其是初学者的难点，本节将快速带领大家过滤一遍。它本身其实是非常简单的，从理念的角度讲，装饰器是它包装一个函数，然后修改它的一些行为。装饰时，会增强它的一些行为，当然也可以不去增强，直接返回函数。我们直接通过例子迅速带领大家过一遍。

第8章 自定义组件 Registering 源码解析

直接从代码的角度来看,这是一个普通的函数。

```
>>> def add_one(number):
...     return number + 1
>>> add_one(2)
3
```

当然,可以调用,函数也可以传递给其他的函数,可以在一个函数中把函数传递进来。这里 greeter_func 可以传入 say_hello 和 be_awesome,然后是具体的实现。

```
def say_hello(name):
    return f"Hello {name}"
def be_awesome(name):
    return f"Yo {name}, together we are the awesomest!"
def greet_bob(greeter_func):
    return greeter_func("Bob")

>>> greet_bob(say_hello)
'Hello Bob'
>>> greet_bob(be_awesome)
'Yo Bob, together we are the awesomest! '
```

函数里有内部函数,在内部函数里,使用括号就是直接调用了它。

```
def parent():
    print("Printing from the parent() function")
    def first_child():
        print("Printing from the first_child() function")
    def second_child():
        print("Printing from the second_child() function")
    second_child()
    first_child()

>>> parent()
Printing from the parent() function
Printing from the second_child() function
Printing from the first_child() function
```

这里是根据条件判断的,这是函数的指针,因为它里面没有括号,所以返回的是函数的指针,当调它的时候要加上括号。

```
def parent(num):
    def first_child():
        return "Hi, I am Emma"
    def second_child():
        return "Call me Liam"
    if num == 1:
        return first_child
    else:
        return second_child

>>> first = parent(1)
>>> second = parent(2)
>>> first
<function parent.<locals>.first_child at 0x7f599f1e2e18>
>>> second
<function parent.<locals>.second_child at 0x7f599dad5268>
>>> first()
'Hi, I am Emma'
>>> second()
'Call me Liam'
```

注意,现在是非常快速通过代码跟大家过了一下,如果有很好的Python基础,但对装饰器不太熟悉,你也能跟上的。本书讲解的一个特点就是内容新,一定会确定前面已经讲过了,或者确保你有基本的常识,然后在这个基础上一步一步给大家推理和介绍,这么多年作者在硅谷已经形成了这样一种基本的思维。我们看最简单的装饰器是怎么回事,它里面是一个wrapper,当然可以有其他任意起的名称,这函数里面有内部的函数,传进的函数,可以在内部函数中去调用它。返回的是一个wrapper,这是一个指针,可以直接去调。

```
def my_decorator(func):
    def wrapper():
        print("Something is happening before the function is called.")
        func()
        print("Something is happening after the function is called.")
    return wrapper
def say_whee():
    print("Whee!")
```

```
say_whee = my_decorator(say_whee)
```

```
>>> say_whee()
Something is happening before the function is called.
Whee!
Something is happening after the function is called.
```

这里是 say_whee 一个这样的函数,在这里面它只是一个对象的赋值,把这个 say_whee 函数传给 my_decorator,然后再赋值给 say_whee,这时候就会加入前面的 print 和后面的 print 的信息。在执行的前后都可以作一些处理,可不可以加一些时间的处理,加一些 debug 的信息? 都可以的,当然也可以维护全局状态信息,例如,注册信息,大家可以看这里进行的一些逻辑,就是什么时候发挥作用,例如 7:00~22:00 的时候调用函数,其他的时候不能调动。

```
from datetime import datetime

def not_during_the_night(func):
    def wrapper():
        if 7 <= datetime.now().hour < 22:
            func()
        else:
            pass  # Hush, the neighbors are asleep
    return wrapper

def say_whee():
    print("Whee!")

say_whee = not_during_the_night(say_whee)
```

Python 给我们提供了一个@语法来提供装饰性模式,简化刚才的写法。有装饰器模式,就直接在这个函数注解上去进行说明,然后可以重复使用这个函数。

```
def my_decorator(func):
    def wrapper():
        print("Something is happening before the function is called.")
        func()
        print("Something is happening after the function is called.")
    return wrapper
```

```python
@my_decorator
def say_whee():
    print("Whee!")
```

使用一个@functools.wraps方法确保它的名称是传进来的名称。

```python
import functools

def do_twice(func):
    @functools.wraps(func)
    def wrapper_do_twice(*args, **kwargs):
        func(*args, **kwargs)
        return func(*args, **kwargs)
    return wrapper_do_twice
```

```
>>> say_whee
<function say_whee at 0x7ff79a60f2f0>

>>> say_whee.__name__
'say_whee'

>>> help(say_whee)
Help on function say_whee in module whee:

say_whee()
```

大家可以看基本的模式是函数传进来之前和之后可能会做一些事情。

```python
import functools

def decorator(func):
    @functools.wraps(func)
    def wrapper_decorator(*args, **kwargs):
        # Do something before
        value = func(*args, **kwargs)
        # Do something after
        return value
    return wrapper_decorator
```

比如计算时间,这比较简单。

```python
import functools
import time

def timer(func):
    """打印修饰函数的运行时间"""
    @functools.wraps(func)
    def wrapper_timer(*args, **kwargs):
        start_time = time.perf_counter()
        value = func(*args, **kwargs)
        end_time = time.perf_counter()
        run_time = end_time - start_time
        print(f"Finished {func.__name__!r} in {run_time:.4f} secs")
        return value
    return wrapper_timer

@timer
def waste_some_time(num_times):
    for _ in range(num_times):
        sum([i**2 for i in range(10000)])

# 输出
>>> waste_some_time(1)
Finished 'waste_some_time' in 0.0010 secs

>>> waste_some_time(999)
Finished 'waste_some_time' in 0.3260 secs
```

这里是debug的一个示例,加上debug注解之后,会发现增加了很多上下文的信息或者状态信息。

```python
import functools

def debug(func):
    """打印函数签名和返回值"""
    @functools.wraps(func)
    def wrapper_debug(*args, **kwargs):
```

```python
        args_repr = [repr(a) for a in args]
        kwargs_repr = [f"{k}={v!r}" for k, v in kwargs.items()]
        signature = ", ".join(args_repr + kwargs_repr)
        print(f"Calling {func.__name__}({signature})")
        value = func(*args, **kwargs)
        print(f"{func.__name__!r} returned {value!r}")
        return value
    return wrapper_debug
```

通过注解的方式，也叫注册 plugs，还是很有意义的，因为我们类似在 Rasa 中注册图组件，提供了一个全局的字典。

```python
import random
PLUGINS = dict()


def register(func):
    """将函数注册为插件"""
    PLUGINS[func.__name__] = func
    return func


@register
def say_hello(name):
    return f"Hello {name}"


@register
def be_awesome(name):
    return f"Yo {name}, together we are the awesomest!"


def randomly_greet(name):
    greeter, greeter_func = random.choice(list(PLUGINS.items()))
    print(f"Using {greeter!r}")
    return greeter_func(name)
```

这个和我们讲 Rasa recipe，在注册的时候感觉上是一样的。这是一个 _registered_components，所有 register 调动的时候都会去操作它。

default_recipe.py 的源代码实现：

1. class DefaultV1Recipe(Recipe):
2. ……

```
3.      name = "default.v1"
4.      _registered_components: Dict[Text, RegisteredComponent] = {}
5.      ……
6.
7.      @classmethod
8.      def register(
9.          cls,
10.         component_types: Union[ComponentType, List[ComponentType]],
11.         is_trainable: bool,
12.         model_from: Optional[Text] = None,
13.     ) -> Callable[[Type[GraphComponent]], Type[GraphComponent]]:
14.         ……
15.
16.         def decorator(registered_class: Type[GraphComponent]) -> Type[GraphComponent]:
17.             ……
18.             cls._registered_components[
19.                 registered_class.__name__
20.             ] = cls.RegisteredComponent(
21.                 registered_class, unique_types, is_trainable, model_from
22.             )
23.             return registered_class
24.
25.         return decorator
```

上段代码中第 4 行定义一个 _registered_components 字典。

只不过这里面它极大简化了,这是一个简化的函数,每次 function 传进来的时候,它都会放进我们的字典,比如 say_hello、be_awesome,看它执行的时候就告诉你 plus 里面的内容。

```
>>> PLUGINS
{'say_hello': <function say_hello at 0x7f768eae6730>,
'be_awesome': <function be_awesome at 0x7f768eae67b8>}

>>> randomly_greet("Alice")
Using 'say_hello'
'Hello Alice'
```

所以这是一种轻量级的注册方式，可能看到代码很简单，但其内部的过程跟 Rasa 这样一个工业级及现在最强的业务对话机器人内部过程是一样的。

这里还有很多具体的用例场景。它用例场景比较多，是因为它比较有用，而且有一些很高级。不能说复杂，它不是"complicated"的，但它是"complex"级别的，就是有很多的"complex plus"，比较婉转、折叠，折了一折一又一折。有很多回合级别的内容，这不难，但是需要你花心思。本节主要跟大家介绍 Registering Graph Components，这是我们的重点，所以有一些源码我们并没有太深入介绍，因为深入介绍，就是介绍具体的不同组件。对于具体不同的组件部分，以后会跟大家分析这两个最关键的组件，重点去介绍 DIETClassifier 和 TEDPolicy 完整的实现。

第 9 章 自定义组件及常见组件源码解析

9.1 自定义 Dense Message Featurizer 和 Sparse Message Featurizer 源码解析

本节主要讲具体组件的定制,就是 Custom Components。我们首先会介绍文档,然后会通过源码讲解两个例子,一个是标记化器的例子。看它怎么定制一个具体的图组件;另外一个是 CountVectorsFeaturizer,从实现一个自定义组件的角度跟大家展开具体的内容。官网文档中主要提供两个特征化器的实现,一个是稠密信息特征化,另外一个是稀疏信息特征化。为什么想到这个内容,大家应该很清楚知道,Rasa 源码的 Featurizer 目录里面有 dense_featurizer,也有 sparse_featurizer,它们有个共同的内容叫 Featurizer,如图 9-1 所示。

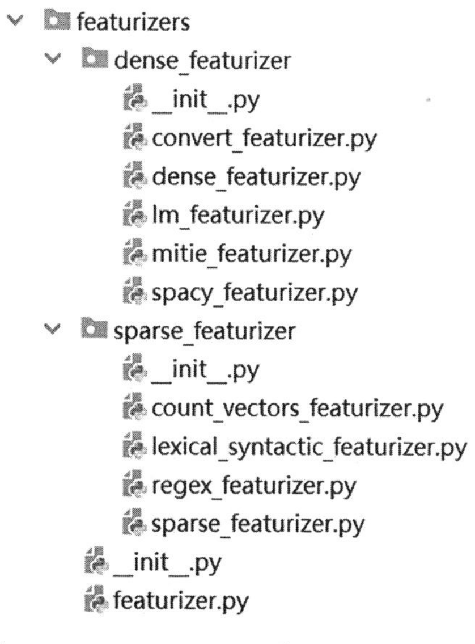

```
featurizers
  dense_featurizer
    __init__.py
    convert_featurizer.py
    dense_featurizer.py
    lm_featurizer.py
    mitie_featurizer.py
    spacy_featurizer.py
  sparse_featurizer
    __init__.py
    count_vectors_featurizer.py
    lexical_syntactic_featurizer.py
    regex_featurizer.py
    sparse_featurizer.py
  __init__.py
  featurizer.py
```

图 9-1 dense_featurizer 和 sparse_featurizer

我们一起来看代码,官网文档的源代码实现:

```
1. import numpy as np
2. import logging
3. from bpemb import BPEmb
4. from typing import Any, Text, Dict, List, Type
```

```
5.
6.  from rasa.engine.recipes.default_recipe import DefaultV1Recipe
7.  from rasa.engine.graph import ExecutionContext, GraphComponent
8.  from rasa.engine.storage.resource import Resource
9.  from rasa.engine.storage.storage import ModelStorage
10. from rasa.nlu.featurizers.dense_featurizer.dense_featurizer
    import DenseFeaturizer
11. from rasa.nlu.tokenizers.tokenizer import Tokenizer
12. from rasa.shared.nlu.training_data.training_data import TrainingData
13. from rasa.shared.nlu.training_data.features import Features
14. from rasa.shared.nlu.training_data.message import Message
15. from rasa.nlu.constants import (
16.     DENSE_FEATURIZABLE_ATTRIBUTES,
17.     FEATURIZER_CLASS_ALIAS,
18. )
19. from rasa.shared.nlu.constants import (
20.     TEXT,
21.     TEXT_TOKENS,
22.     FEATURE_TYPE_SENTENCE,
23.     FEATURE_TYPE_SEQUENCE,
24. )
25.
26.
27. logger = logging.getLogger(__name__)
28.
29.
30. @DefaultV1Recipe.register(
31.     DefaultV1Recipe.ComponentType.MESSAGE_FEATURIZER,
        is_trainable=False
32. )
33. class BytePairFeaturizer(DenseFeaturizer, GraphComponent):
34.     @classmethod
35.     def required_components(cls) -> List[Type]:
36.         """在此组件之前应包含在管道中的组件."""
37.         return [Tokenizer]
38.
```

```
39.    @staticmethod
40.    def required_packages() -> List[Text]:
41.        """运行此组件所需的任何额外python依赖项."""
42.        return ["bpemb"]
43.
44.    @staticmethod
45.    def get_default_config() -> Dict[Text, Any]:
46.        """返回组件的默认配置."""
47.        return {
48.            **DenseFeaturizer.get_default_config(),
49.            # 指定子词分割模型的语言
50.            "lang": None,
51.            # 指定子词嵌入的维数
52.            "dim": None,
53.            # 指定分割模型的词汇表大小
54.            "vs": None,
55.            # 如果设置为True,并且给定的词汇量不能为给定的模型加载,
                 则选择最接近的词汇量
56.            "vs_fallback": True,
57.        }
58.
59.    def __init__(
60.        self,
61.        config: Dict[Text, Any],
62.        name: Text,
63.    ) -> None:
64.        """构造一个新的字节对向量器"""
65.        super().__init__(name, config)
66.        # 配置字典保存在self.config作为参考.
67.        self.model = BPEmb(
68.            lang = self._config["lang"],
69.            dim = self._config["dim"],
70.            vs = self._config["vs"],
71.            vs_fallback = self._config["vs_fallback"],
72.        )
73.
```

```
74.     @classmethod
75.     def create(
76.         cls,
77.         config: Dict[Text, Any],
78.         model_storage: ModelStorage,
79.         resource: Resource,
80.         execution_context: ExecutionContext,
81.     ) -> GraphComponent:
82.         """创建一个新组件."""
83.         return cls(config, execution_context.node_name)
84.
85.     def process(self, messages: List[Message]) -> List[Message]:
86.         """处理传入消息并计算和设置特征"""
87.         for message in messages:
88.             for attribute in DENSE_FEATURIZABLE_ATTRIBUTES:
89.                 self._set_features(message, attribute)
90.         return messages
91.
92.     def process_training_data(self, training_data: TrainingData) -> TrainingData:
93.         """对给定训练数据中的训练示例进行处理."""
94.         self.process(training_data.training_examples)
95.         return training_data
96.
97.     def _create_word_vector(self, document: Text) -> np.ndarray:
98.         """从文本创建词向量,工具方法"""
99.         encoded_ids = self.model.encode_ids(document)
100.        if encoded_ids:
101.            return self.model.vectors[encoded_ids[0]]
102.
103.        return np.zeros((self.component_config["dim"],), dtype=np.float32)
104.
105.    def _set_features(self, message: Message, attribute: Text = TEXT) -> None:
106.        """在单个消息上设置特征,工具方法"""
```

```
107.        tokens = message.get(TEXT_TOKENS)
108.
109.        # 如果消息没有标记,就不能创建特征
110.        if not tokens:
111.            return None
112.
113.        # 重新改变维度大小为稀疏特征的大小,不然就是一维张量,这
             边需要二维矩阵 (n_utterance, n_dim)
114.        text_vector = self._create_word_vector(document = message.
             get(TEXT)).reshape(
115.            1, -1
116.        )
117.        word_vectors = np.array(
118.            [self._create_word_vector(document = t.text) for t in
                tokens]
119.        )
120.
121.        final_sequence_features = Features(
122.            word_vectors,
123.            FEATURE_TYPE_SEQUENCE,
124.            attribute,
125.            self._config[FEATURIZER_CLASS_ALIAS],
126.        )
127.        message.add_features(final_sequence_features)
128.        final_sentence_features = Features(
129.            text_vector,
130.            FEATURE_TYPE_SENTENCE,
131.            attribute,
132.            self._config[FEATURIZER_CLASS_ALIAS],
133.        )
134.        message.add_features(final_sentence_features)
135.
136.    @classmethod
137.    def validate_config(cls, config: Dict[Text, Any]) -> None:
138.        """验证组件是否正确配置"""
139.        if not config["lang"]:
```

```
140.            raise ValueError ( " BytePairFeaturizer needs language
                    setting via 'lang'. ")
141.        if not config["dim"]:
142.            raise ValueError(
143.                "BytePairFeaturizer needs dimensionality setting via
                    'dim'. "
144.            )
145.        if not config["vs"]:
146.            raise ValueError("BytePairFeaturizer needs a vector size
                    setting via 'vs'. ")
```

上段代码中第1行中这个代码开始先导进一些包,numpy进行一些矩阵的操作,因为这是Dense Message Featurizer。

上段代码中第3行会导进一个很特殊的包BPEmb,它是一个预训练的、使用很多预训练语言的包,大家也可以认为是个工具类。这里的注释来自下载时提供的描述。BPEmb是预训练集合,基于字节对编码(Byte-Pair Encoding,BPE),在维基百科上训练的275种语言的子词嵌入式向量。关于BPE的方式,在介绍Transformer的时候已经谈过多次,大家可以参考Transformer的内容,它训练的是Wikipedia的数据。基于神经网络,例如基于Transformer,或者其他以向量为核心做训练的一些网络。至于导入的包,从官网的角度讲,因为这是第一个关于定制组件相对比较完整的例子,我们会看得比较细致,以后例子导入的包大致都相似。

上段代码中第6行导入DefaultV1Recipe,这是配置注册的信息,都会由DefaultV1Recipe负责。

上段代码中第7行GraphComponent肯定是核心,而ExecutionContext前面也跟大家讲过。

上段代码中第8、第9行Resource、ModelStorage都分析过。

上段代码中第10行DenseFeaturizer导入的是dense_featurizer这个包下的dense_featurizer,这里有dense_featurizer,如图9-2所示。

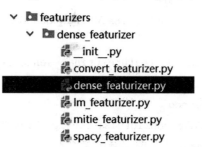

图9-2 dense_featurizer里面的dense_featurizer

第9章 自定义组件及常见组件源码解析

它导入的是 DenseFeaturizer,如果对它的实现特别感兴趣,可以具体看一下它的内容。

dense_featurizer.py 的源代码实现:

1. class DenseFeaturizer(Featurizer[np.ndarray], ABC):
2. """所有密集特征器的基类"""

它本身也非常简单,因为用向量的方式去表达,核心是要会设计一个维度。我们看它组件的定义,至于具体内容本身,例如特征怎么产生,或者怎么提取,这不是重点,这些内容会在我们的 Rasa 源码解读部分详细讲解。

上段代码中第 11 行导入标记化器,为什么它有 Tokenizer? 很简单,信大家都知道,因为在它的图中,特征化器会依赖于标记化器。理论上,所有的 Featurizer 都依赖于 Tokenizer,如图 9-3 所示。例如 CountVectorsFeaturizer1 和 CountVectors-Featurizer 2 都依赖于 Tokenizer。所以这里实现的时候肯定导入它。

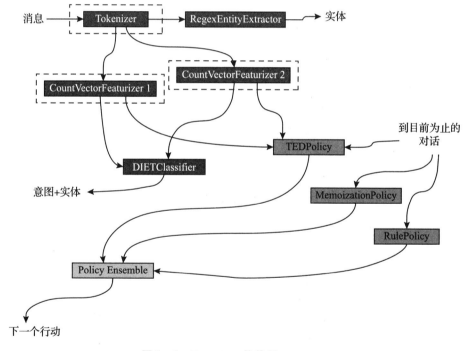

图 9-3 Featurizer 依赖于 Tokenizer

上段代码中第 14 行导入 Message,这很容易理解,为什么? 用户输入的内容,肯定是以具体的内容或者用数据结构体的方式去封装。

上段代码中第 15~18 行常量里面 DENSE_FEATURIZABLE_ATTRIBUTES、FEATURIZER_CLASS_ALIAS 等相关内容,主要是从定义一个组件的角度去谈。

203

上段代码中第 30～32 行是第一个关键的地方,那就是注册。注册主要说明自己是什么类型。对于@DefaultV1Recipe.register 的方法,在上一章非常细致跟大家进行了讲解,大家可以参考上一章的内容。在这里,它说自己是 MESSAGE_FEATURIZER 这种类型,而且设置 is_trainable=False 的状态,就是它的参数不可调整。

上段代码中第 33 行把它命名为 BytePairFeaturizer,继承至 GraphComponent,"BytePair"是字节对,它本身以 BytePair 为基础,这里使用 BPEmb 这个类。

上段代码中第 35 行是 required_components 方法,这里的每个方法我们基本都讲过,主要是让大家有一种更具体化、更直观的感受。组件在运行的时候,例如 CountVectorsFeaturizer 需要依赖 Tokenizer,这是必然的。在此组件之前应包含在管道中的组件,就是可能依赖一些库,而且有时候可能是多线程进行编程。

上段代码中第 40～42 行是 required_packages 方法,它返回一个["bpemb"],它有很多预训练的模型,Python 底层可以用其他的语言去实现,运行这个组件所需依赖的其他一些库。

上段代码中第 45～57 行是 get_default_config 方法,其返回组件的配置信息,这里有 lang、dim、vs、vs_fallback 等内容,这是具体组件的一些设定属性或者描述信息。

上段代码中第 59 行是 __init__ 方法,这是重点方法,因为要实例化,所以要注意它这个是 GraphComponent。

我们再次看一下 GraphComponent,它本身是一个抽象类。

graph.py 的源代码实现:

```
1.   class GraphComponent(ABC):
2.       """将在图中运行的任何组件的接口"""
3.
4.       @classmethod
5.       def required_components(cls) -> List[Type]:
6.           """在此组件之前应包含在管道中的组件."""
7.           return []
8.   ……
9.       @classmethod
10.      @abstractmethod
11.      def create(
12.          cls,
13.          config: Dict[Text, Any],
14.          model_storage: ModelStorage,
15.          resource: Resource,
```

16.　　　　execution_context: ExecutionContext,
17.　　) -> GraphComponent:
18.　　　　"""构建一个新的 'GraphComponent'.
19.　　……

GraphComponent 本身并没有说要进行 init，因为这里的 create 是一个抽象方法，所以 BytePairFeaturizer 在继承它的时候，要想自己做一个实例，肯定需要有一个 init 方法。

上段代码中第 67~71 行，构造了一个新的字节对向量器，这里使用 BPEmb 模型，直接进行实例化，并设定里面的语言、vs 还有 vs_fallback 等参数。

上段代码中第 75 行是一个非常关键的方法，除了 init 方法以外就是 create 方法，它可以返回一个模型的实例，其实在 init 中已经提供了模型的实例。

上段代码中第 83 行返回 GraphComponent 的时候，直接调用 cls，因为是类方法，返回了 cls(config, execution_context. node_name)，即从类本身的角度来考虑这个类要实例化，类本身实例化的时候会传递两个参数。

上段代码中第 85~90 行是 process 方法，即信息进来，这里面传进来的是 List[Message]信息，也可能是推理。如果训练的时候，可能每次是一条信息，也可能是多条信息，这里进行 for 循环，然后设置它的特征。

上段代码中第 92~95 行，这里会有一个 process_training_data 方法，这时候训练它真正的示例，会直接调用 process 方法，获取它的稠密向量。

上段代码中第 97 行_create_word_vector 方法，相当于一个工具方法。

上段代码中第 99 行对文本进行编码，构建一个 encoded_ids 变量。

上段代码中第 101 行直接返回它的向量，self. model. vectors[encoded_ids[0]]。

上段代码中第 103 行使用 np. zeros，这是 numpy 的基本操作。

上段代码中第 105 行是_set_features 方法，它前面有下划线，这是一个很重要的方法，它在单个消息上设置特征。它是一个工具方法，会被核心方法 process 调用，而 process 会被 process_training_data 调用。

上段代码中第 107 行首先会获得标记，这依赖于 Tokenizer，就是前面在整个管道(pipeline)的依赖关系。

如果上段代码中第 111 行消息没有标记，就不能创建特征。没有，它就返回 None。

上段代码中第 114 行构建一个文本向量(text_vector)，这里会涉及改变维度大小的内容，因为它是一个二维矩阵（n_utterance, n_dim），为什么是二维？传进一句话，这是一个维度，然后这句话它从多少个维度去考虑？例如 32 个维度，这里进行 reshape，它是向量或者 numpy 操作的一些基本内容，这不是我们的重点。

上段代码中第 117 行根据它的标记，生成一个词语向量(word_vectors)。

上段代码中第 121~125 行，生成一个序列特征，这是 final_sequence_features。

上段代码中第 127 行会把特征设计进信息，通过 message. add_features 方法把它设置进去。

上段代码中第 128 行是句子特征（final_sentence_features），句子特征是直接从整个文本向量的视角来看的。对于词汇向量（word_vectors）和文本向量（text_vector）大家感受应该比较直观，一个是把标记区分开的序列，一个是整个文本级别的。

上段代码中第 137 行 validate_config 方法进行基本的检查，会涉及一些基本的属性等。

上述是 Dense Message Featurizer 的内容，接下来看一下 Sparse Message Featurizer 内容。

官网文档的源代码实现：

1. import logging
2. from typing import Any, Text, Dict, List, Type
3.
4. from sklearn.feature_extraction.text import TfidfVectorizer
5. from rasa.engine.recipes.default_recipe import DefaultV1Recipe
6. from rasa.engine.graph import ExecutionContext, GraphComponent
7. from rasa.engine.storage.resource import Resource
8. from rasa.engine.storage.storage import ModelStorage
9. from rasa.nlu.featurizers.sparse_featurizer.sparse_featurizer import SparseFeaturizer
10. from rasa.nlu.tokenizers.tokenizer import Tokenizer
11. from rasa.shared.nlu.training_data.training_data import TrainingData
12. from rasa.shared.nlu.training_data.features import Features
13. from rasa.shared.nlu.training_data.message import Message
14. from rasa.nlu.constants import (
15. 　　DENSE_FEATURIZABLE_ATTRIBUTES,
16. 　　FEATURIZER_CLASS_ALIAS,
17.)
18. from joblib import dump, load
19. from rasa.shared.nlu.constants import (
20. 　　TEXT,
21. 　　TEXT_TOKENS,
22. 　　FEATURE_TYPE_SENTENCE,
23. 　　FEATURE_TYPE_SEQUENCE,
24.)
25.

```
26. logger = logging.getLogger(__name__)
27.
28.
29. @DefaultV1Recipe.register(
30.     DefaultV1Recipe.ComponentType.MESSAGE_FEATURIZER, is_trainable=True
31. )
32. class TfIdfFeaturizer(SparseFeaturizer, GraphComponent):
33.     @classmethod
34.     def required_components(cls) -> List[Type]:
35.         """应该在此组件之前包含在管道中的组件。"""
36.         return [Tokenizer]
37.
38.     @staticmethod
39.     def required_packages() -> List[Text]:
40.         """运行此组件所需的任何额外python依赖项。"""
41.         return ["sklearn"]
42.
43.     @staticmethod
44.     def get_default_config() -> Dict[Text, Any]:
45.         """返回组件的默认配置"""
46.         return {
47.             **SparseFeaturizer.get_default_config(),
48.             "analyzer": "word",
49.             "min_ngram": 1,
50.             "max_ngram": 1,
51.         }
52.
53.     def __init__(
54.         self,
55.         config: Dict[Text, Any],
56.         name: Text,
57.         model_storage: ModelStorage,
58.         resource: Resource,
59.     ) -> None:
60.         """用sklearn框架构造一个新的tf/idf向量器。"""
```

```
61.        super().__init__(name, config)
62.        # 初始化 tfidf sklearn 组件
63.        self.tfm = TfidfVectorizer(
64.            analyzer=config["analyzer"],
65.            ngram_range=(config["min_ngram"], config["max_ngram"]),
66.        )
67.
68.        # 需要稍后在保存经过训练的组件时使用这些
69.        self._model_storage = model_storage
70.        self._resource = resource
71.
72.    def train(self, training_data: TrainingData) -> Resource:
73.        """从训练数据训练组件"""
74.        texts = [e.get(TEXT) for e in training_data.training_examples if e.get(TEXT)]
75.        self.tfm.fit(texts)
76.        self.persist()
77.        return self._resource
78.
79.    @classmethod
80.    def create(
81.        cls,
82.        config: Dict[Text, Any],
83.        model_storage: ModelStorage,
84.        resource: Resource,
85.        execution_context: ExecutionContext,
86.    ) -> GraphComponent:
87.        """创建一个新的未经训练的组件"""
88.        return cls(config, execution_context.node_name, model_storage, resource)
89.
90.    def _set_features(self, message: Message, attribute: Text = TEXT) -> None:
91.        """在单个消息上设置特征。工具方法"""
92.        tokens = message.get(TEXT_TOKENS)
93.
```

```
94.     # 如果消息没有标记,就不能创建特征
95.     if not tokens:
96.         return None
97.
98.     # 区分句子特征和序列特征
99.     text_vector = self.tfm.transform([message.get(TEXT)])
100.    word_vectors = self.tfm.transform([t.text for t in tokens])
101.
102.    final_sequence_features = Features(
103.        word_vectors,
104.        FEATURE_TYPE_SEQUENCE,
105.        attribute,
106.        self._config[FEATURIZER_CLASS_ALIAS],
107.    )
108.    message.add_features(final_sequence_features)
109.    final_sentence_features = Features(
110.        text_vector,
111.        FEATURE_TYPE_SENTENCE,
112.        attribute,
113.        self._config[FEATURIZER_CLASS_ALIAS],
114.    )
115.    message.add_features(final_sentence_features)
116.
117. def process(self, messages: List[Message]) -> List[Message]:
118.     """处理传入消息并计算和设置特征."""
119.     for message in messages:
120.         for attribute in DENSE_FEATURIZABLE_ATTRIBUTES:
121.             self._set_features(message, attribute)
122.     return messages
123.
124. def process_training_data(self, training_data: TrainingData) -> TrainingData:
125.     """对给定训练数据中的训练示例进行处理."""
126.     self.process(training_data.training_examples)
127.     return training_data
128.
```

```python
129.    def persist(self) -> None:
130.        """
131.        将这个模型持久化到传递的目录中
132.
133.        返回再次加载模型所需的元数据,在这种情况下"None"
134.        """
135.        with self._model_storage.write_to(self._resource) as model_dir:
136.            dump(self.tfm, model_dir / "tfidfvectorizer.joblib")
137.
138.    @classmethod
139.    def load(
140.        cls,
141.        config: Dict[Text, Any],
142.        model_storage: ModelStorage,
143.        resource: Resource,
144.        execution_context: ExecutionContext,
145.    ) -> GraphComponent:
146.        """从磁盘加载经过训练的组件."""
147.        try:
148.            with model_storage.read_from(resource) as model_dir:
149.                tfidfvectorizer = load(model_dir / "tfidfvectorizer.joblib")
150.                component = cls(
151.                    config, execution_context.node_name, model_storage, resource
152.                )
153.                component.tfm = tfidfvectorizer
154.        except (ValueError, FileNotFoundError):
155.            logger.debug(
156.                f"Couldn't load metadata for component '{cls.__name__}' as the persisted "
157.                f"model data couldn't be loaded. "
158.            )
159.        return component
160.
```

161.	@classmethod
162.	def validate_config(cls, config: Dict[Text, Any]) -> None:
163.	"""验证组件是否正确配置."""
164.	pass

上段代码中第 4 行导入 TfidfVectorizer，TF-IDF 前面也多次提到，因为它在传统经典的 NLP 领域占有非常大的影响力，TF 是词频（Term Frequency），IDF 是逆文档频率（Inverse Document Frequency）。一个具体的单词在一个文档中出现的次数越多它就越重要，但是如果在不同的文档中出现越多，它反而越不重要，这叫逆文档概率。

上段代码中第 30 行注册的时候，是 MESSAGE_FEATURIZER，设置 is_trainable 为 True 的方式，而 Dense Message Featurizer 在注册的时候，is_trainable 是 False 的方式，因为使用的是第三方直接加载的，会依赖于特征生成的内容。这里 TF-IDF 的时候，它可以生成具体训练过程的数据，也就会改变一些参数。

上段代码中第 34 行是 required_components，肯定需要 Tokenizer 组件。

上段代码中第 39 行是 required_packages，TF-IDF 会取自 sklearn 的内容。

上段代码中第 44～51 行，get_default_config 方法返回它的默认配置，这里的 min_ngram 最小和 max_ngram 最大都是一个，当然可以设置得更复杂。

上段代码中第 53 行__init__方法构造实例。

上段代码中第 63～65 行使用 TfidfVectorizer，analyzer 是自己设置的一些参数，构建 self.tfm 变量。

上段代码中第 72～77 行定义了一个训练方法 train，会从训练数据中通过 texts = [e.get(TEXT) for e in training_data.training_examples if e.get(TEXT)] 获得这个内容，之后会获得文本本身，然后会通过我们设定的 self.tfm，也就是 TfidfVectorizer 进行拟合（fit）操作。然后会有保存（persist）的动作，这就是它的实例化。

上段代码中第 80 行定义 create 方法是构建模型本身的实例化来完成的。

上段代码中第 90 行，_set_features 是一个内部方法，这种级别的内置方法一般都是比较重要的，通过它的名字就会知道，这是在单个消息上设置特征。

上段代码中第 92 行通过 message.get(TEXT_TOKENS) 获得标记信息，TEXT_TOKENS 是定义的一个常量名("text_tokens")。

上段代码中第 99～100 行，关于 tfm.transform 具体内部怎么做，这不是我们的重点，大家可以参考网上的 TF-IDF 的内容。至于 text_vector 和 word_vectors，一个是文本级别，一个是标记级别，word_vectors 是标记级别向量，text_vector 是文本向量，这跟前面的外在表现形式上是一致的。

上段代码中第 102 行定义一个 final_sequence_features，这里会把 word_vectors 传进去，它一个序列特征。

上段代码中第 109 行如果是 final_sentence_features，则传入文本向量 text_vector，

它是一个句子特征。

上段代码中第 117～122 行是 process 方法,它循环遍历里面传入的信息(message),然后调用_set_features 方法。那谁来调用这个 process? 显然是 process_training_data 方法。

上段代码中第 124 行 process_training_data,对给定训练数据中的训练示例进行处理。

对于上段代码中第 129 行 persist 方法,前面讲得很清楚,这是持久化的具体的地方,一般是当前工程目录下的目录。

上段代码中第 135 行是 Python 的 Context Manager,它是 self._model_storage,看到这这些内容大家该感觉很亲切,因为我们前面对这里面的每一行代码都作过非常细致的讲解,然后保持至"tfidfvectorizer.joblib"。

上段代码中第 139 行。如果是 load 的时候,会从资源中查找加载的路径。

上段代码中第 150 行通过调用 cls 进行实例化,cls 是当前定义的类,这里就获得一个 component。

上段代码中第 153 行设置组件的特征提取器,把 component.tfm 设置为 tfidfvectorizer。

上段代码中第 162 行是 validate_config 方法,它验证组件是否正确配置。

官网文档给我们提供的示例本身还是非常简单的,它多次说依赖于 Tokenizer,我们具体来看一下 Tokenizer 的内容。

9.2 Rasa 的 Tokenizer 及 WhitespaceTokenizer 源码解析

Tokenizer 其实也是非常好理解的,我们以 WhitespaceTokenizer 为例来说明。whitespace_tokenizer.py 的源代码实现:

```
1.  from __future__ import annotations
2.  from typing import Any, Dict, List, Optional, Text
3.
4.  import regex
5.
6.  import rasa.shared.utils.io
7.  import rasa.utils.io
8.
9.  from rasa.engine.graph import ExecutionContext
10. from rasa.engine.recipes.default_recipe import DefaultV1Recipe
11. from rasa.engine.storage.resource import Resource
```

```
12. from rasa.engine.storage.storage import ModelStorage
13. from rasa.nlu.tokenizers.tokenizer import Token, Tokenizer
14. from rasa.shared.constants import DOCS_URL_COMPONENTS
15. from rasa.shared.nlu.training_data.message import Message
16.
17.
18. @DefaultV1Recipe.register(
19.     DefaultV1Recipe.ComponentType.MESSAGE_TOKENIZER, is_trainable = False
20. )
21. class WhitespaceTokenizer(Tokenizer):
22.     """为实体提取创建特征"""
23.
24.     @staticmethod
25.     def not_supported_languages() -> Optional[List[Text]]:
26.         """不支持的语言"""
27.         return ["zh", "ja", "th"]
28.
29.     @staticmethod
30.     def get_default_config() -> Dict[Text, Any]:
31.         """返回组件的默认配置."""
32.         return {
33.             # 标志来检查是否拆分意图
34.             "intent_tokenization_flag": False,
35.             # 应该在其上拆分意图的符号
36.             "intent_split_symbol": "_",
37.             # 用于检测标记的正则表达式
38.             "token_pattern": None,
39.         }
40.
41.     def __init__(self, config: Dict[Text, Any]) -> None:
42.         """初始化标记器."""
43.         super().__init__(config)
44.         self.emoji_pattern = rasa.utils.io.get_emoji_regex()
45.
46.         if "case_sensitive" in self._config:
```

```python
47.        rasa.shared.utils.io.raise_warning(
48.            "The option 'case_sensitive' was moved from the tokenizers to the "
49.            "featurizers.",
50.            docs = DOCS_URL_COMPONENTS,
51.        )
52.
53.    @classmethod
54.    def create(
55.        cls,
56.        config: Dict[Text, Any],
57.        model_storage: ModelStorage,
58.        resource: Resource,
59.        execution_context: ExecutionContext,
60.    ) -> WhitespaceTokenizer:
61.        """创建一个新组件"""
62.        # 本地文件系统上字典的路径
63.        return cls(config)
64.
65.    def remove_emoji(self, text: Text) -> Text:
66.        """如果全文(即标记)与表情符号正则表达式匹配,则删除表情符号"""
67.        match = self.emoji_pattern.fullmatch(text)
68.
69.        if match is not None:
70.            return ""
71.
72.        return text
73.
74.    def tokenize(self, message: Message, attribute: Text) -> List[Token]:
75.        text = message.get(attribute)
76.
77.        # 需要使用 regex 而不是 re,因为
78.        # https://stackoverflow.com/questions/12746458/python-unicode-regular-expression-matching-failing-with-some-unicode-characters
```

79.
80.   # remove 'not a word character' if
81.   words = regex.sub(
82.   # there is a space or an end of a string after it
83.   r"[^\w#@&]+(?=\s|$)|"
84.   # there is a space or beginning of a string before it
85.   # not followed by a number
86.   r"(\s|^)[^\w#@&]+(?=[^0-9\s])|"
87.   # not in between numbers and not . or @ or & or - or #
88.   # e.g. 10'000.00 or blabla@gmail.com
89.   # and not url characters
90.   r"(?<=[^0-9\s])[^\w._~:/?#\[\]()@!$&*+,;=-]+(?=[^0-9\s])",
91.   " ",
92.   text,
93.   ).split()
94.
95.   words = [self.remove_emoji(w) for w in words]
96.   words = [w for w in words if w]
97.
98.   # 删除了所有的微笑 ':)',使用整个文本作为 1 个标记
99.   if not words:
100.   words = [text]
101.
102.   tokens = self._convert_words_to_tokens(words, text)
103.
104.   return self._apply_token_pattern(tokens)

whitespace_tokenizer.py 代码中第 21 行,WhitespaceTokenizer 继承至 Tokenizer,如图 9-4 所示,Tokenizer 这里面有很多类型,例如 jieba_tokenizer、spacy_tokenizer 等内容。

我们先看一下 Tokenizer 本身这个类,Tokenizer 这个类肯定是把输入的内容生成一个又一个的标记。

tokenizer.py 的源代码实现:

1. class Tokenizer(GraphComponent, abc.ABC):
2.   """标记化器的基类"""

图 9 - 4 tokenizer

3.
4.   def __init__(self, config: Dict[Text, Any]) -> None:
5.   """构造一个新的标记化器."""
6.   self._config = config
7.   # 用于检查是否拆分意图的标志
8.   self.intent_tokenization_flag = config["intent_tokenization_flag"]
9.   # 意图的拆分符号
10.   self.intent_split_symbol = config["intent_split_symbol"]
11.   # 用于进一步拆分标记的标记模式
12.   token_pattern = config.get("token_pattern")
13.   self.token_pattern_regex = None
14.   if token_pattern:
15.   self.token_pattern_regex = re.compile(token_pattern)
16.
17.
18.   @classmethod
19.   def create(
20.   cls,
21.   config: Dict[Text, Any],
22.   model_storage: ModelStorage,
23.   resource: Resource,
24.   execution_context: ExecutionContext,
25.   ) -> GraphComponent:
26.   """创建一个新组件"""
27.   return cls(config)
28.
29.   @abc.abstractmethod

```
30.    def tokenize(self, message: Message, attribute: Text) -> List[To-
       ken]:
31.        """标记化传入消息所提供属性的文本"""
32.        ...
33.
34.    def process_training_data(self, training_data: TrainingData) ->
       TrainingData:
35.        """标记化所有训练数据."""
36.        for example in training_data.training_examples:
37.            for attribute in MESSAGE_ATTRIBUTES:
38.                if (
39.                    example.get(attribute) is not None
40.                    and not example.get(attribute) == ""
41.                ):
42.                    if attribute in [INTENT, ACTION_NAME, INTENT_
                       RESPONSE_KEY]:
43.                        tokens = self._split_name(example, attribute)
44.                    else:
45.                        tokens = self.tokenize(example, attribute)
46.                    example.set(TOKENS_NAMES[attribute], tokens)
47.        return training_data
48.
49.    def process(self, messages: List[Message]) -> List[Message]:
50.        """标记化传入的消息"""
51.        for message in messages:
52.            for attribute in MESSAGE_ATTRIBUTES:
53.                if isinstance(message.get(attribute), str):
54.                    if attribute in [
55.                        INTENT,
56.                        ACTION_NAME,
57.                        RESPONSE_IDENTIFIER_DELIMITER,
58.                    ]:
59.                        tokens = self._split_name(message, attribute)
60.                    else:
61.                        tokens = self.tokenize(message, attribute)
62.
```

```
63.                    message.set(TOKENS_NAMES[attribute], tokens)
64.          return messages
65.
66.     def _tokenize_on_split_symbol(self, text: Text) -> List[Text]:
67.          words = (
68.              text.split(self.intent_split_symbol)
69.              if self.intent_tokenization_flag
70.              else [text]
71.          )
72.
73.          return words
74.
75.     def _split_name(self, message: Message, attribute: Text = INTENT) -> List[Token]:
76.          text = message.get(attribute)
77.
78.          # 对于 INTENT_RESPONSE_KEY 属性,首先用 RESPONSE_IDENTIFIER_DELIMITER 分隔
79.          if attribute == INTENT_RESPONSE_KEY:
80.              intent, response_key = text.split(RESPONSE_IDENTIFIER_DELIMITER)
81.              words = self._tokenize_on_split_symbol(
82.                  intent
83.              ) + self._tokenize_on_split_symbol(response_key)
84.
85.          else:
86.              words = self._tokenize_on_split_symbol(text)
87.
88.          return self._convert_words_to_tokens(words, text)
89.
90.     def _apply_token_pattern(self, tokens: List[Token]) -> List[Token]:
91.          """将标记模式应用于给定的标记
92.
93.          参数:
94.              tokens: 要分割的标记列表
95.
```

```
96.         返回:
97.            标记列表
98.         """
99.         if not self.token_pattern_regex:
100.            return tokens
101.
102.        final_tokens = []
103.        for token in tokens:
104.            new_tokens = self.token_pattern_regex.findall(token.text)
105.            new_tokens = [t for t in new_tokens if t]
106.
107.            if not new_tokens:
108.                final_tokens.append(token)
109.
110.            running_offset = 0
111.            for new_token in new_tokens:
112.                word_offset = token.text.index(new_token, running_offset)
113.                word_len = len(new_token)
114.                running_offset = word_offset + word_len
115.                final_tokens.append(
116.                    Token(
117.                        new_token,
118.                        token.start + word_offset,
119.                        data = token.data,
120.                        lemma = token.lemma,
121.                    )
122.                )
123.
124.        return final_tokens
125.
126.    @staticmethod
127.    def _convert_words_to_tokens(words: List[Text], text: Text) -> List[Token]:
128.        running_offset = 0
```

```
129.        tokens = []
130.
131.        for word in words:
132.            word_offset = text.index(word, running_offset)
133.            word_len = len(word)
134.            running_offset = word_offset + word_len
135.            tokens.append(Token(word, word_offset))
136.
137.        return tokens
```

tokenizer.py 代码中第 1 行 Tokenizer 本身首先是一个 GraphComponent。

tokenizer.py 代码中第 4～15 行，通过 __ init __方法会进行一些初始化的操作。

tokenizer.py 代码中第 19～27 行，我们能看到 create 的时候，它返回类本身，这就看 WhitespaceTokenizer 的 __ init __怎么做。

whitespace_tokenizer.py 代码中第 41～51 行是 WhitespaceTokenizer 的 init 方法。初始化标记器，其中第 44 行的 self. emoji_pattern 是做标记化的时候对 emoji 进行的一些处理。第 46 行提示选项'case_sensitive'从标记器移到特征化器。这是基本的初始化，它初始化比较简单。从 WhitespaceTokenizer 的角度看，因为它核心是空格分词，当然会有一些特殊字符之类的处理。这里它要调用 super(). __ init __(config)方法，父类 super(). __ init __这个代码，个人感觉比较出色，随着更多读这两个文件的代码，就会感觉为什么它很出色，比如，WhitespaceTokenizer 只需要负责 tokenize 这个方法就行了，因为其他的方法都统一交给了父类去处理。

tokenizer.py 代码中第 30 行是父类 Tokenizer 重点提供的一个接口，就是 tokenize，这里标记化传入消息所提供属性的文本，除此以外的内容都交给父类处理，除了这个 create 以外，我们看一下 create 方法，whitespace_tokenizer.py 代码中第 54 行也有 create 方法，只不过 create 本身基本上没做什么事情。

tokenizer.py 代码中第 34 行是 process_training_data 处理，数据肯定是以 training_data 的方式表现出来，这是在 Tokenizer 这样一个父类中完成的。

tokenizer.py 代码中第 49～64 行，process 方法也是在父类 Tokenizer 中完成的，process 在父类中完成，它肯定要用 tokenize 方法，其中第 61 行调动 self. tokenize 的时候，它转过来肯定会调子类的 tokenize，注意这时候 tokenize 从父类的角度没有实现没有实现。

whitespace_tokenizer.py 代码中第 74～104 行就是 WhitespaceTokenizer 子类 tokenize 方法的具体实现。具体的逻辑是先获得文本，这里会有 regex 正则表达式，需要使用 regex 方式而不是 re 方式，里面会有一些关于匹配失败的问题。现在一般都是 regex，至于空格等之类的正则表达式的信息，这些就不说了。然后在第 96 行获得单词，在第 102 行，基于这些单词，最后会生成标记，所以它这个代码是比较出色

第9章 自定义组件及常见组件源码解析

的。所有通用 Tokenizer 的过程,它都抽象在 tokenize 接口中。也不能说只有一个方法,它是只有一个关键方法交给具体的子类去处理,其他方法要么是搞配置,要么是搞边缘化的工作。关于 get_default_config 方法,这些就没有什么特殊的地方,所以这个代码的水平还是比较高的,很值得大家去研究。另外,它很直观,这也是我们为什么从读源码的角度先跟大家分享 Tokenizer 它是怎么去做图组件的。

tokenizer.py 代码中第 61 行 process 方法处理的时候,就要不断调 tokenize,从而获得标记。

tokenizer.py 代码中第 63 行设置 message.set(TOKENS_NAMES[attribute], tokens),它会有一些辅助的方法。

tokenizer.py 代码中第 66 行是_tokenize_on_split_symbol 方法。

tokenizer.py 代码中第 75 行还有_split_name 方法,大家自己也可以增加很多方法。

tokenizer.py 上段代码中第 90 行是_apply_token_pattern 方法,这些都在具体操作层面的。不同的 Tokenizer 的实现,获得了标记之后,对这些标记的处理流程基本上是一致的。当然可以修改这个内容,不过一般标记还是相对比较稳定的,只要搞定了 Tokenizer 这个方法,生成了这个标记,其他的内容过程都是管道(Pipeline)的工作。

tokenizer.py 代码中第 127 行是 convert_words_to_tokens 方法,在 whitespace_tokenizer.py 代码中第 102 行,只要稍微比较留意,会发现这里调用了 tokens = self._convert_words_to_tokens(words, text),它转过来的是调父类的方法,这就是基于面向对象 OOP 编程,或者面向结构编程。子类可以调父类的方法,这很正常。这个代码写的质量还是非常高的,也具有非常强的借鉴意义。在这里,Tokenizer 是一个通用的工具类加上接口,它的角色既有接口,也可以扮演工具类的角色,它会规定一个一般接口,一个模板方法。所谓模板方法就是规定很多方法,而且这个方法执行有一些顺序,但是一些通用方法中,可能有某一个方法或者某两个方法,必须要子类去实现,只不过子类直接实现以后会返回数据,它本身并不具有其他的特征。

tokenizer.py 代码中第 61 行调用 self.tokenize,数据从哪里来?数据是从 Tokenizer 来的,WhitespaceTokenizer 直接从父类接收到这个数据,然后转过来,因为它被父类调,所以转过来它的方法,在 whitespace_tokenizer.py 代码中第 104 行返回它的结果,这个地方的结果转过来又返回给它的父类。

这个代码是最基础级别的代码,理论上讲,大家不应该有什么困难,如果对汉语感兴趣,大家可以看一下 Jieba 这个 Tokenizer,会发现逻辑处理基本上是一样的,只不过是汉字可能有一些特殊性。

jieba_tokenizer.py 的源代码实现:

1. from __future__ import annotations
2. import glob

3. import logging
4. import os
5. import shutil
6. from typing import Any, Dict, List, Optional, Text
7.
8. from rasa.engine.graph import ExecutionContext
9. from rasa.engine.recipes.default_recipe import DefaultV1Recipe
10. from rasa.engine.storage.resource import Resource
11. from rasa.engine.storage.storage import ModelStorage
12.
13. from rasa.nlu.tokenizers.tokenizer import Token, Tokenizer
14. from rasa.shared.nlu.training_data.message import Message
15.
16. from rasa.shared.nlu.training_data.training_data import TrainingData
17.
18. logger = logging.getLogger(__name__)
19.
20.
21. @DefaultV1Recipe.register(
22.   DefaultV1Recipe.ComponentType.MESSAGE_TOKENIZER, is_trainable=True
23.)
24. class JiebaTokenizer(Tokenizer):
25.   """这个标记器是Jieba的封装器(https://github.com/fxsjy/jieba)."""
26.
27.   @staticmethod
28.   def supported_languages() -> Optional[List[Text]]:
29.   """支持的语言."""
30.   return ["zh"]
31.
32.   @staticmethod
33.   def get_default_config() -> Dict[Text, Any]:
34.   """返回默认配置"""
35.   return {
36.   # 默认不加载自定义字典
37.   "dictionary_path": None,

```
38.         # 标志来检查是否拆分意图
39.         "intent_tokenization_flag": False,
40.         # 应该在其上拆分意图的符号
41.         "intent_split_symbol": "_",
42.         # 用于检测标记的正则表达式
43.         "token_pattern": None,
44.     }
45.
46.     def __init__(
47.         self, config: Dict[Text, Any], model_storage: ModelStorage, resource: Resource
48.     ) -> None:
49.         """初始化标记器."""
50.         super().__init__(config)
51.         self._model_storage = model_storage
52.         self._resource = resource
53.
54.     @classmethod
55.     def create(
56.         cls,
57.         config: Dict[Text, Any],
58.         model_storage: ModelStorage,
59.         resource: Resource,
60.         execution_context: ExecutionContext,
61.     ) -> JiebaTokenizer:
62.         """创建一个新组件"""
63.         # 本地文件系统上字典的路径
64.         dictionary_path = config["dictionary_path"]
65.
66.         if dictionary_path is not None:
67.             cls._load_custom_dictionary(dictionary_path)
68.         return cls(config, model_storage, resource)
69.
70.     @staticmethod
71.     def required_packages() -> List[Text]:
72.         """运行此组件所需的任何额外python依赖项."""
```

```
73.         return ["jieba"]
74.
75.     @staticmethod
76.     def _load_custom_dictionary(path: Text) -> None:
77.         """加载存储在该路径中的所有自定义字典
78.
79.         关于字典文件格式的更多信息可以在jieba文档中找到
80.         https://github.com/fxsjy/jieba#load-dictionary
81.         """
82.         import jieba
83.
84.         jieba_userdicts = glob.glob(f"{path}/*")
85.         for jieba_userdict in jieba_userdicts:
86.             logger.info(f"Loading Jieba User Dictionary at {jieba_userdict}")
87.             jieba.load_userdict(jieba_userdict)
88.
89.     def train(self, training_data: TrainingData) -> Resource:
90.         """将字典复制到模型存储中"""
91.         self.persist()
92.         return self._resource
93.
94.     def tokenize(self, message: Message, attribute: Text) -> List[Token]:
95.         """标记化传入消息所提供属性的文本."""
96.         import jieba
97.
98.         text = message.get(attribute)
99.
100.        tokenized = jieba.tokenize(text)
101.        tokens = [Token(word, start) for (word, start, end) in tokenized]
102.
103.        return self._apply_token_pattern(tokens)
104.
105.    @classmethod
```

```
106.    def load(
107.        cls,
108.        config: Dict[Text, Any],
109.        model_storage: ModelStorage,
110.        resource: Resource,
111.        execution_context: ExecutionContext,
112.        **kwargs: Any,
113.    ) -> JiebaTokenizer:
114.        """从模型存储中加载自定义字典"""
115.        dictionary_path = config["dictionary_path"]
116.
117.        # 如果自定义字典路径在配置中,我们知道它应该被保存到模型存储中
118.        if dictionary_path is not None:
119.            try:
120.                with model_storage.read_from(resource) as resource_directory:
121.                    cls._load_custom_dictionary(str(resource_directory))
122.            except ValueError:
123.                logger.debug(
124.                    f"Failed to load {cls.__name__} from model storage. "
125.                    f"Resource '{resource.name}' doesn't exist."
126.                )
127.        return cls(config, model_storage, resource)
128.
129.    @staticmethod
130.    def _copy_files_dir_to_dir(input_dir: Text, output_dir: Text) -> None:
131.        # 确保目标路径存在
132.        if not os.path.exists(output_dir):
133.            os.makedirs(output_dir)
134.
135.        target_file_list = glob.glob(f"{input_dir}/*")
136.        for target_file in target_file_list:
```

```
137.                     shutil.copy2(target_file, output_dir)
138.
139.      def persist(self) -> None:
140.          """持久化自定义字典."""
141.          dictionary_path = self._config["dictionary_path"]
142.          if dictionary_path is not None:
143.              with self._model_storage.write_to(self._resource) as resource_directory:
144.                  self._copy_files_dir_to_dir(dictionary_path, str(resource_directory))
```

上段代码中第 28~30 行是 supported_languages 方法,支持的语言是 ["zh"],现在是支持中文。

上段代码中第 33 行是 get_default_config,获取默认配置,这不用太关注。

上段代码中第 46~52 行是 __init__ 方法,即传入 model_storage、resource 进行初始化。

上段代码中第 55~68 行 create 的时候,这里 dictionary_path 是本地文件系统上字典的路径,通过 cls 类本身实现实例化。

上段代码中第 71~73 行 required_packages 需要依赖 ["jieba"],这里是使用了 ["jieba"] 这个包。实际上大家要注意的是,如果自己做一个第三方语言,会是 Rasa 或者对话系统不支持的语言,这时一般都会依赖于已有训练好的包,把它加载进来,所以这个功能其实是非常强大的,理论上讲可以任意的,不是理论上。实际上讲,可以任意加载第三方的包。

上段代码中第 76 行 _load_custom_dictionary,加载存储在路径中的所有自定义字典,根据存储的地址把它加载进来。

上段代码中第 89 行是 train 方法。

上段代码中第 94 行关键肯定还是 tokenize 方法,在第 100 行直接调用 jieba 的 tokenize 方法,大家应该会比较清楚。实际谈一个具体实现的时候,例如,如果是中文,它会有自己的 tokenize,就是一种具体中文的实现。它跟英文,跟刚才的 WhitespaceTokenizer 肯定是有所不同的,其他倒没有什么特殊的地方。

Jieba 的 __init__.py 的源代码实现:

```
1.    tokenize = dt.tokenize
2.
3.    class Tokenizer(object):
4.        ........
5.        def tokenize(self, unicode_sentence, mode="default", HMM =
```

```
           True):
6.       """
7.       标记一个句子并生成元组(word, start, end)
8.
9.       参数:
10.          - sentence: 要切分的字符串(unicode)
11.          - mode: "default" 或者 "search", "search" 是为了更精细地
                    分割
12.          - HMM: 是否使用隐马尔可夫模型 Hidden Markov Model
13.      """
14.      if not isinstance(unicode_sentence, text_type):
15.          raise ValueError("jieba: the input parameter should be
                                unicode.")
16.      start = 0
17.      if mode == 'default':
18.          for w in self.cut(unicode_sentence, HMM=HMM):
19.              width = len(w)
20.              yield (w, start, start + width)
21.              start += width
22.      else:
23.          for w in self.cut(unicode_sentence, HMM=HMM):
24.              width = len(w)
25.              if len(w) > 2:
26.                  for i in xrange(len(w) - 1):
27.                      gram2 = w[i:i + 2]
28.                      if self.FREQ.get(gram2):
29.                          yield (gram2, start + i, start + i + 2)
30.              if len(w) > 3:
31.                  for i in xrange(len(w) - 2):
32.                      gram3 = w[i:i + 3]
33.                      if self.FREQ.get(gram3):
34.                          yield (gram3, start + i, start + i + 3)
35.              yield (w, start, start + width)
36.              start += width
```

我们回到 jieba_tokenizer.py 的 JiebaTokenizer 代码。

上段代码中第 106 行 load 方法实现加载,通过 ModelStorage 进行加载。

上段代码中第130行是_copy_files_dir_to_dir方法,这些内容在前面其实都讲过了,读JiebaTokenizer代码感觉很清爽,代码清爽的原因是因为它的父类,也就是它的接口,它给我们提供了Tokenizer。这里tokenizer.py里面还有一个Token类。

tokenizer.py的源代码实现:

```
1.  class Token：
2.      """由"标记化器"使用,将单个消息拆分为多个"标记"."""
3.
4.      def __init__(
5.          self,
6.          text: Text,
7.          start: int,
8.          end: Optional[int] = None,
9.          data: Optional[Dict[Text, Any]] = None,
10.         lemma: Optional[Text] = None,
11.     ) -> None：
12.         """创建标记
13.
14.         Args：
15.             text：标记文本
16.             start：整个消息中标记的起始索引
17.             end：整个消息中标记的结束索引
18.             data：其他标记数据.
19.             lemma：标记文本的可选的词缀化版本
20.         """
21.         self.text = text
22.         self.start = start
23.         self.end = end if end else start + len(text)
24.
25.         self.data = data if data else {}
26.         self.lemma = lemma or text
27.
28.     def set(self, prop: Text, info: Any) -> None：
29.         """设置属性值."""
30.         self.data[prop] = info
31.
32.     def get(self, prop: Text, default: Optional[Any] = None) -> Any：
```

```
33.        """返回标记值."""
34.        return self.data.get(prop, default)
35.
36.    def __eq__(self, other: Any) -> bool:
37.        if not isinstance(other, Token):
38.            return NotImplemented
39.        return (self.start, self.end, self.text, self.lemma) == (
40.            other.start,
41.            other.end,
42.            other.text,
43.            other.lemma,
44.        )
45.
46.    def __lt__(self, other: Any) -> bool:
47.        if not isinstance(other, Token):
48.            return NotImplemented
49.        return (self.start, self.end, self.text, self.lemma) < (
50.            other.start,
51.            other.end,
52.            other.text,
53.            other.lemma,
54.        )
55.
56.    def __repr__(self) -> Text:
57.        return f"<Token object value='{self.text}' start={self.start} end={self.end} \
58.            at {hex(id(self))}>"
59.
60.    def fingerprint(self) -> Text:
61.        """返回此标记的稳定哈希."""
62.        return rasa.shared.utils.io.deep_container_fingerprint(
63.            [self.text, self.start, self.end, self.lemma, self.data]
64.        )
```

Token类这样一个通用类可以称之为工具类,也可以基本认为是JavaBean类型的类,只不过这里它没有说自己是dataclass。这跟它自己的特性有关系,有文本标记、开始、结束等之类的一些内容。当然不同的语言可能有些特殊性,我们只是很懂得英语和汉语具体的处理，其他的语言不太懂怎么处理，这里还有 lemma 等之类的内容。

上段代码中第 28～34 行是一些基本赋值，里面定义了 set 方法和 get 方法。

上段代码中第 36～44 行是 __eq__ 方法，这里进行了相等的比较。

上段代码中第 46 行 __lt__ 方法，这也是在进行比较。

上段代码中第 56 行还有 __repr__ 方法，相当于打印（print）的时候会调动它，打印出它的信息。

上段代码中第 60 行这里有 fingerprint 方法。

我们在标记化分词，在运行的时候肯定需要 Tokenizer 作为通用的工具，再回到 tokenize 方法，例如子类 WhitespaceTokenizer 调用 tokenize 方法的时候，返回的时候它会执行 tokens = self._convert_words_to_tokens(words, text)，我们看一下 _convert_words_to_tokens 方法。

tokenizer.py 的源代码实现：

1.   @staticmethod
2.   def _convert_words_to_tokens(words: List[Text], text: Text) -> List[Token]:
3.   running_offset = 0
4.   tokens = []
5.
6.   for word in words:
7.   word_offset = text.index(word, running_offset)
8.   word_len = len(word)
9.   running_offset = word_offset + word_len
10.   tokens.append(Token(word, word_offset))
11.
12.   return tokens

上段代码中第 2 行这个方法返回的类型是 List[Token]，就是返回 Token 的列表，这个代码很清楚。

9.3 CountVectorsFeaturizer 及 SpacyFeaturizer 源码解析

本节带领大家来看 Featurizer 的内容，同时看一下 Rasa 的 DenseFeaturizer 和 SparseFeaturizer，也可以看其他很多的内容，例如 SpacyFeaturizer，这是非常重要的 Featurizer 的实现，因为 Spacy 有很多强大的功能，我们先看 DenseFeaturizer，它继承至 Featurizer。

dense_featurizer.py 的源代码实现：

1. class DenseFeaturizer(Featurizer[np.ndarray], ABC):
2. """所有密集特征器的基类."""

featurizer.py 的源代码实现：

1. from __future__ import annotations
2. from abc import abstractmethod, ABC
3. from collections import Counter
4. from typing import Generic, Iterable, Text, Optional, Dict, Any, TypeVar
5.
6. from rasa.nlu.constants import FEATURIZER_CLASS_ALIAS
7. from rasa.shared.nlu.training_data.features import Features
8. from rasa.shared.nlu.training_data.message import Message
9. from rasa.shared.exceptions import InvalidConfigException
10. from rasa.shared.nlu.constants import FEATURE_TYPE_SENTENCE, FEATURE_TYPE_SEQUENCE
11.
12. FeatureType = TypeVar("FeatureType")
13.
14.
15. class Featurizer(Generic[FeatureType], ABC):
16. """所有特征器的基类."""
17.
18.   @staticmethod
19.   def get_default_config() -> Dict[Text, Any]:
20.   """返回组件的默认配置."""
21.   return {FEATURIZER_CLASS_ALIAS: None}
22.
23.   def __init__(self, name: Text, config: Dict[Text, Any]) -> None:
24.   """实例化一个新的特征器
25.
26.   参数：
27.   config：配置
28.   name：如果配置没有指定'alias'(或者这个'alias'为None),则可以用作标识符的名称

```python
29.        """
30.        super().__init__()
31.        self.validate_config(config)
32.        self._config = config
33.        self._identifier = self._config[FEATURIZER_CLASS_ALIAS] or name
34.
35.    @classmethod
36.    @abstractmethod
37.    def validate_config(cls, config: Dict[Text, Any]) -> None:
38.        """验证组件是否正确配置."""
39.        ...
40.
41.    def add_features_to_message(
42.        self,
43.        sequence: FeatureType,
44.        sentence: Optional[FeatureType],
45.        attribute: Text,
46.        message: Message,
47.    ) -> None:
48.        """将属性的序列和句子特性添加到给定的消息.
49.
50.        参数:
51.            sequence: 序列特征矩阵
52.            sentence: 句子特征矩阵
53.            attribute: 两个特征都描述的属性
54.            message: 要向其添加这些特性的消息
55.        """
56.        for type, features in [
57.            (FEATURE_TYPE_SEQUENCE, sequence),
58.            (FEATURE_TYPE_SENTENCE, sentence),
59.        ]:
60.            if features is not None:
61.                wrapped_feature = Features(features, type, attribute, self._identifier)
62.                message.add_features(wrapped_feature)
```

```
63.
64.    @staticmethod
65.    def raise_if_featurizer_configs_are_not_compatible(
66.        featurizer_configs: Iterable[Dict[Text, Any]]
67.    ) -> None:
68.        """验证给定的特征器配置是否可以一起使用
69.
70.        Raises:
71.            'InvalidConfigException' 如果给定的特征不应该在同一个图中
                使用
72.        """
73.        # 注意:这假设通过执行上下文给出的名称是唯一的
74.        alias_counter = Counter(
75.            config[FEATURIZER_CLASS_ALIAS]
76.            for config in featurizer_configs
77.            if FEATURIZER_CLASS_ALIAS in config
78.        )
79.        if not alias_counter:  # no alias found
80.            return
81.        if alias_counter.most_common(1)[0][1] > 1:
82.            raise InvalidConfigException(
83.                f"Expected the featurizers to have unique names but found "
84.                f"(name, count): {alias_counter.most_common()}. "
85.                f"Please update your config such that each featurizer has
                    a unique "
86.                f"alias."
87.            )
```

上段代码中第15行构建Featurizer类,它是所有Featurizer的基类。

上段代码中第19行定义get_default_config方法,获取组件的默认配置。

上段代码中第23行构建了init方法,实例化一个新的特征器。

上段代码中第41行是add_features_to_message方法,将属性的序列特征和句子特性增加到给定的消息。

上段代码中第48~55行注释说明,根据给定的信息,这里有三种参数,其中序列特征矩阵、句子特征矩阵两个特征都描述属性,这是其具体处理的内容,不是这部分的重点。现在告诉大家怎么定制Rasa组件,我们在讲Rasa源码和算法的时候,里面的每一行代码,会跟大家详细解读。

Featurizer 作为一个通用类,DenseFeaturizer 会继承它。继承的时候,大家可以看一下,上段代码中第 15 行表明 Generic[FeatureType]是泛型。Python 语法是非常重要的。如果使用 Java 语言,或者使用其他的高级语言,理论上讲,你一定会对这些内容很熟悉,因为它在应对多种类型的时候会非常有用。

dense_featurizer.py 的源代码实现:

```
1.  from abc import ABC
2.  from typing import Text
3.  import numpy as np
4.
5.  from rasa.nlu.featurizers.featurizer import Featurizer
6.  from rasa.utils.tensorflow.constants import MEAN_POOLING, MAX_POOLING
7.  from rasa.shared.exceptions import InvalidConfigException
8.
9.
10. class DenseFeaturizer(Featurizer[np.ndarray], ABC):
11.     """所有密集特征器的基类."""
12.
13.     @staticmethod
14.     def aggregate_sequence_features(
15.         dense_sequence_features: np.ndarray,
16.         pooling_operation: Text,
17.         only_non_zero_vectors: bool = True,
18.     ) -> np.ndarray:
19.         """聚合密集序列特征矩阵的非零向量
20.
21.         参数:
22.             dense_sequence_features: 一个二维矩阵,其中第一个维度是想
                要聚合 [seq_len, feat_dim]的序列维度
23.             pooling_operation: 最大池或平均池
24.             only_non_zero_vectors: 确定是否只对非零向量进行聚合
25.         返回:
26.             矩阵 [1, feat_dim]
27.         """
28.         shape = dense_sequence_features.shape
29.         if len(shape) != 2 or min(shape) == 0:
30.             raise ValueError(
```

```
31.            f"Expected a non-empty 2-dimensional matrix (where the
               first "
32.            f"dimension is the sequence dimension which we want to
               aggregate), "
33.            f" but found a matrix of shape {dense_sequence_
               features.shape}."
34.        )
35.
36.    if only_non_zero_vectors:
37.        # 只考虑非零特征向量
38.        is_non_zero_vector = [f.any() for f in dense_sequence_
           features]
39.        dense_sequence_features = dense_sequence_features[is_non_
           zero_vector]
40.
41.        # 如果特征都是零,那么 必须继续用零
42.        if not len(dense_sequence_features):
43.            dense_sequence_features = np.zeros([1, shape[-1]])
44.
45.    if pooling_operation == MEAN_POOLING:
46.        return np.mean(dense_sequence_features, axis=0, keepdims=True)
47.    elif pooling_operation == MAX_POOLING:
48.        return np.max(dense_sequence_features, axis=0, keepdims=True)
49.    else:
50.        raise InvalidConfigException(
51.            f"Invalid pooling operation specified. Available opera-
               tions are "
52.            f"'{MEAN_POOLING}' or '{MAX_POOLING}', but provided value is "
53.            f"'{pooling_operation}'."
54.        )
55.
```

上段代码中第 14 行是 aggregate_sequence_features 方法内部的一些操作,是 aggregate 形式的操作,例如求平均值、求总和等一些操作。

上段代码中第 45 行如果池化操作为 MEAN_POOLING,则通过 np.mean 方法

求平均。

上段代码中第 47 行池化操作为 MAX_POOLING 时,如果是最大,就返回 np.max 最大值。

我们现在重点看一下 SparseFeaturizer,会发现它没有内容,实际上在实现的时候,它都会基于 Featurizer,因为 Featurizer 是它们公共的内容。

sparse_featurizer.py 的源代码实现:

```
1.  from abc import ABC
2.  import scipy.sparse
3.  from rasa.nlu.featurizers.featurizer import Featurizer
4.  
5.  
6.  class SparseFeaturizer(Featurizer[scipy.sparse.spmatrix], ABC):
7.      """所有稀疏特征器的基类."""
8.  
9.      pass
```

我们刚刚看 DenseFeaturizer 的时候,其实也没有看见很多具体的内容,是因为这些内容都是类似于父类级别的对象。如果看具体的实现,例如 SpacyFeaturizer 等,关于 SpacyFeaturizer,感觉这些代码也不是那么多。

spacy_featurizer.py 的源代码实现:

```
1.  import numpy as np
2.  import typing
3.  import logging
4.  from typing import Any, Text, Dict, List, Type
5.  
6.  from rasa.engine.recipes.default_recipe import DefaultV1Recipe
7.  from rasa.engine.graph import ExecutionContext, GraphComponent
8.  from rasa.engine.storage.resource import Resource
9.  from rasa.engine.storage.storage import ModelStorage
10. from rasa.nlu.featurizers.dense_featurizer.dense_featurizer import DenseFeaturizer
11. from rasa.nlu.tokenizers.spacy_tokenizer import SpacyTokenizer
12. from rasa.shared.nlu.training_data.training_data import TrainingData
13. from rasa.shared.nlu.training_data.features import Features
14. from rasa.shared.nlu.training_data.message import Message
15. from rasa.nlu.constants import (
```

```
16.         SPACY_DOCS,
17.         DENSE_FEATURIZABLE_ATTRIBUTES,
18.         FEATURIZER_CLASS_ALIAS,
19. )
20. from rasa.shared.nlu.constants import TEXT, FEATURE_TYPE_SENTENCE, FEATURE_TYPE_SEQUENCE
21. from rasa.utils.tensorflow.constants import POOLING, MEAN_POOLING
22.
23. if typing.TYPE_CHECKING:
24.     from spacy.tokens import Doc
25.
26. logger = logging.getLogger(__name__)
27.
28.
29. @DefaultV1Recipe.register(
30.     DefaultV1Recipe.ComponentType.MESSAGE_FEATURIZER, is_trainable=False
31. )
32. class SpacyFeaturizer(DenseFeaturizer, GraphComponent):
33.     """使用 SpaCy 特征化消息."""
34.
35.     @classmethod
36.     def required_components(cls) -> List[Type]:
37.         """应该在此组件之前包含在管道中的组件"""
38.         return [SpacyTokenizer]
39.
40.     @staticmethod
41.     def required_packages() -> List[Text]:
42.         """运行此组件所需的任何额外 python 依赖项"""
43.         return ["spacy"]
44.
45.     @staticmethod
46.     def get_default_config() -> Dict[Text, Any]:
47.         """组件的默认配置"""
48.         return {
49.             **DenseFeaturizer.get_default_config(),
```

```
50.            # 指定应该使用哪种池化操作来计算完整语句的向量。可用选
               项：'mean'和'max'
51.            POOLING: MEAN_POOLING,
52.        }
53.
54.    def __init__(self, config: Dict[Text, Any], name: Text) -> None:
55.        """初始化 SpacyFeaturizer."""
56.        super().__init__(name, config)
57.        self.pooling_operation = self._config[POOLING]
58.
59.    @classmethod
60.    def create(
61.        cls,
62.        config: Dict[Text, Any],
63.        model_storage: ModelStorage,
64.        resource: Resource,
65.        execution_context: ExecutionContext,
66.    ) -> GraphComponent:
67.        """创建一个新组件"""
68.        return cls(config, execution_context.node_name)
69.
70.    def _features_for_doc(self, doc: "Doc") -> np.ndarray:
71.        """单个文档的特征向量 / sentence / tokens."""
72.        return np.array([t.vector for t in doc if t.text and t.text.strip()])
73.
74.    def _get_doc(self, message: Message, attribute: Text) -> Any:
75.        return message.get(SPACY_DOCS[attribute])
76.
77.    def process(self, messages: List[Message]) -> List[Message]:
78.        """处理传入消息并计算和设置特征."""
79.        for message in messages:
80.            for attribute in DENSE_FEATURIZABLE_ATTRIBUTES:
81.                self._set_spacy_features(message, attribute)
82.        return messages
83.
```

```
84.    def process_training_data(self, training_data: TrainingData) ->
       TrainingData:
85.        """对给定训练数据中的训练示例进行处理
86.
87.        参数：
88.            training_data：训练数据.
89.
90.        返回：
91.        处理后的训练数据相同
92.        """
93.        self.process(training_data.training_examples)
94.        return training_data
95.
96.    def _set_spacy_features(self, message: Message, attribute: Text =
       TEXT) -> None:
97.        """将空间词向量添加到消息特征中."""
98.        doc = self._get_doc(message, attribute)
99.
100.       if doc is None:
101.           return
102.
103.       # 如果使用空 spaCy 模型,则不存在向量
104.       if doc.vocab.vectors_length == 0:
105.           logger.debug("No features present. You are using an empty
       spaCy model.")
106.           return
107.
108.       sequence_features = self._features_for_doc(doc)
109.       sentence_features = self.aggregate_sequence_features(
110.           sequence_features, self.pooling_operation
111.       )
112.
113.       final_sequence_features = Features(
114.           sequence_features,
115.           FEATURE_TYPE_SEQUENCE,
116.           attribute,
```

```
117.            self._config[FEATURIZER_CLASS_ALIAS],
118.        )
119.        message.add_features(final_sequence_features)
120.        final_sentence_features = Features(
121.            sentence_features,
122.            FEATURE_TYPE_SENTENCE,
123.            attribute,
124.            self._config[FEATURIZER_CLASS_ALIAS],
125.        )
126.        message.add_features(final_sentence_features)
127.
128.    @classmethod
129.    def validate_config(cls, config: Dict[Text, Any]) -> None:
130.        """验证组件是否正确配置"""
131.        pass
```

上段代码中第36~38行是关于required_components的方法，这里返回的是[SpacyTokenizer]，它需要依赖于Spacy Tokenizer的内容。

spacy_tokenizer.py的源代码实现：

```
1. import typing
2. from typing import Dict, Text, List, Any, Optional, Type
3.
4. from rasa.engine.recipes.default_recipe import DefaultV1Recipe
5. from rasa.nlu.utils.spacy_utils import SpacyNLP
6. from rasa.nlu.tokenizers.tokenizer import Token, Tokenizer
7. from rasa.nlu.constants import SPACY_DOCS
8. from rasa.shared.nlu.training_data.message import Message
9.
10. if typing.TYPE_CHECKING:
11.     from spacy.tokens.doc import Doc
12.
13. POS_TAG_KEY = "pos"
14.
15.
16. @DefaultV1Recipe.register(
17.     DefaultV1Recipe.ComponentType.MESSAGE_TOKENIZER, is_trainable =
```

```
         False
18.   )
19.   class SpacyTokenizer(Tokenizer):
20.       """使用SpaCy的标记化器."""
21.
22.       @classmethod
23.       def required_components(cls) -> List[Type]:
24.           """应该在此组件之前包含在管道中的组件"""
25.           return [SpacyNLP]
26.
27.       @staticmethod
28.       def get_default_config() -> Dict[Text, Any]:
29.           """组件的默认配置"""
30.           return {
31.               # 标志来检查是否拆分意图
32.               "intent_tokenization_flag": False,
33.               # 应该在其上拆分意图的符号
34.               "intent_split_symbol": "_",
35.               # 用于检测标记的正则表达式
36.               "token_pattern": None,
37.           }
38.
39.       @staticmethod
40.       def required_packages() -> List[Text]:
41.           """运行此组件所需的任何额外python依赖项."""
42.           return ["spacy"]
43.
44.       def _get_doc(self, message: Message, attribute: Text) -> Optional["Doc"]:
45.           return message.get(SPACY_DOCS[attribute])
46.
47.       def tokenize(self, message: Message, attribute: Text) -> List[Token]:
48.           """标记化传入消息所提供属性的文本."""
49.           doc = self._get_doc(message, attribute)
50.           if not doc:
51.               return []
```

```
52.
53.         tokens = [
54.             Token(
55.                 t.text, t.idx, lemma = t.lemma_, data = {POS_TAG_KEY:
                    self._tag_of_token(t)}
56.             )
57.             for t in doc
58.             if t.text and t.text.strip()
59.         ]
60.
61.         return self._apply_token_pattern(tokens)
62.
63.     @staticmethod
64.     def _tag_of_token(token: Any) -> Text:
65.         import spacy
66.
67.         if spacy.about.__version__ > "2" and token._.has("tag"):
68.             return token._.get("tag")
69.         else:
70.             return token.tag_
```

上段代码中第47行中,Spacy Tokenizer是Tokenizer的一种,这里直接通过Spacy的方式来做tokenize。

我们刚才已经看过了Tokenizer,这里就不多说,然后回到spacy_featurizer.py的SpacyFeaturizer的代码。

spacy_featurizer.py代码中第60行create的时候创建了一个新组件,直接进行了实例化。

spacy_featurizer.py代码中第70行_features_for_doc方法获取单个文档的特征向量,然后这里通过np.array是它自己的方式。

spacy_featurizer.py代码中第77行有process方法,process本身很重要,它会调用_set_spacy_features方法。

spacy_featurizer.py代码中第96~126行重点是_set_spacy_features方法,这里的注释是将空间词向量加入到消息特征中,信息进来之后,通过聚合序列特征(aggregate_sequence_features)方法构建句子特征(sentence_features),既有final_sequence_features序列级别,又有final_sentence_features句子级别,跟我们前面看的文档是类似的。

转过来,我们再看Sparse Featurizer中的CountVectorsFeaturizer,如图9-5所

示,回到这张图,这是 CountVectorsFeaturizer 1、CountVectorsFeaturizer 2,我们总是看见它的身影。

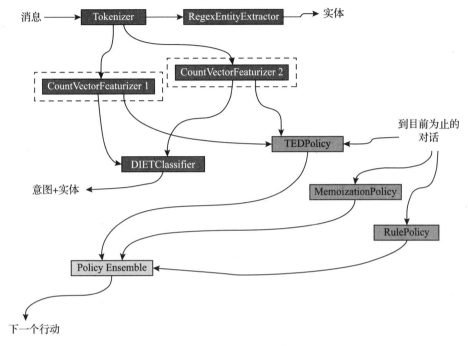

图 9-5 CountVectorsFeaturizer

CountVectorsFeaturizer 是从标记或者字符统计的角度去做的,而且它很有效,既能代表全局的信息,又能代表相对局部的信息,局部可能是几个字符,也可能是联合在一块的方式。我们一起看一下,其整个流程是跟我们前面讲的是一样的,只不过从 CountVectorsFeaturizer 的角度讲,它有自己一些特殊的内容。

count_vectors_featurizer.py 的源代码实现:

1. @DefaultV1Recipe.register(
2.   DefaultV1Recipe.ComponentType.MESSAGE_FEATURIZER, is_trainable = True
3.)
4. class CountVectorsFeaturizer(SparseFeaturizer, GraphComponent):
5.   """基于 sklearn 的"CountVectorizer"创建一系列标记计数功能
6.
7.   所有仅由数字组成的标记(例如 123 和 99,但不包括 ab12d)将由单个特征表示。将'analyzer'设置为'char_wb'以使用子词语义哈希的思想
8.   https://arxiv.org/abs/1810.07150.

```
9.          """
10.
11.         OOV_words: List[Text]
12.
13.     @classmethod
14.     def required_components(cls) -> List[Type]:
15.         """应该在此组件之前包含在管道中的组件
16.         """
17.         return [Tokenizer]
18.     @staticmethod
19.     def get_default_config() -> Dict[Text, Any]:
20.         """Returns the component's default config."""
21.         return {
22.             **SparseFeaturizer.get_default_config(),
23.             # 是否使用共享词汇表
24.             "use_shared_vocab": False,
25.             # the parameters are taken from
26.             # sklearn's CountVectorizer
27.             # whether to use word or character n-grams
28.             # 'char_wb' creates character n-grams inside word boundaries
29.             # n-grams at the edges of words are padded with space.
30.             "analyzer": "word",  # use 'char' or 'char_wb' for character
31.             # remove accents during the preprocessing step
32.             "strip_accents": None,  # {'ascii', 'unicode', None}
33.             # list of stop words
34.             "stop_words": None,  # string {'english'}, list, or None (default)
35.             # min document frequency of a word to add to vocabulary
36.             # float - the parameter represents a proportion of documents
37.             # integer - absolute counts
38.             "min_df": 1,  # float in range [0.0, 1.0] or int
39.             # max document frequency of a word to add to vocabulary
40.             # float - the parameter represents a proportion of documents
41.             # integer - absolute counts
42.             "max_df": 1.0,  # float in range [0.0, 1.0] or int
43.             # set range of ngrams to be extracted
```

```
44.            "min_ngram": 1,  # int
45.            "max_ngram": 1,  # int
46.            # limit vocabulary size
47.            "max_features": None,  # int or None
48.            # if convert all characters to lowercase
49.            "lowercase": True,  # bool
50.            # handling Out-Of-Vocabulary (OOV) words
51.            # will be converted to lowercase if lowercase is True
52.            "OOV_token": None,  # string or None
53.            "OOV_words": [],  # string or list of strings
54.            # indicates whether the featurizer should use the lemma of a word for
55.            # counting (if available) or not
56.            "use_lemma": True,
57.        }
58.        @staticmethod
59.        def required_packages() -> List[Text]:
60.            """运行此组件所需的任何额外python依赖项"""
61.            return ["sklearn"]
62.    ……
63.        def _load_vocabulary_params(self) -> Tuple[Text, List[Text]]:
64.            OOV_token = self._config["OOV_token"]
65.
66.            OOV_words = self._config["OOV_words"]
67.            if OOV_words and not OOV_token:
68.                logger.error(
69.                    "The list OOV_words={} was given, but "
70.                    "OOV_token was not. OOV words are ignored. "
71.                    "".format(OOV_words)
72.                )
73.                self.OOV_words = []
74.
75.            if self.lowercase and OOV_token:
76.                # 转换为小写字母
77.                OOV_token = OOV_token.lower()
78.                if OOV_words:
```

```
79.            OOV_words = [w.lower() for w in OOV_words]
80.
81.        return OOV_token, OOV_words
82. ……
83.    def _get_attribute_vocabulary(self, attribute: Text) -> Optional
       [Dict[Text, int]]:
84.        """从属性的计数向量器中获取训练过的词汇表。"""
85.        try:
86.            return self.vectorizers[attribute].vocabulary_
87.        except (AttributeError, TypeError, KeyError):
88.            return None
89.
90.    def _check_analyzer(self) -> None:
91.        if self.analyzer != "word":
92.            if self.OOV_token is not None:
93.                logger.warning(
94.                    "Analyzer is set to character, "
95.                    "provided OOV word token will be ignored."
96.                )
97.            if self.stop_words is not None:
98.                logger.warning(
99.                    "Analyzer is set to character, "
100.                    "provided stop words will be ignored."
101.                )
102.            if self.max_ngram == 1:
103.                logger.warning(
104.                    "Analyzer is set to character, "
105.                    "but max n-gram is set to 1. "
106.                    "It means that the vocabulary will "
107.                    "contain single letters only."
108.                )
109.
110. ……
111.    def __init__(
112.        self,
113.        config: Dict[Text, Any],
```

```
114.        model_storage: ModelStorage,
115.        resource: Resource,
116.        execution_context: ExecutionContext,
117.        vectorizers: Optional[Dict[Text, "CountVectorizer"]] =
            None,
118.        oov_token: Optional[Text] = None,
119.        oov_words: Optional[List[Text]] = None,
120.    ) -> None:
121.        """使用 sklearn 框架构造一个新的计数向量器。"""
122.        super().__init__(execution_context.node_name, config)
123.
124.        self._model_storage = model_storage
125.        self._resource = resource
126.
127.        # sklearn 的 CountVectorizer 的参数
128.        self._load_count_vect_params()
129.
130.        # 处理词汇外(OOV)单词
131.        if oov_token and oov_words:
132.            self.OOV_token = oov_token
133.            self.OOV_words = oov_words
134.        else:
135.            self.OOV_token, self.OOV_words = self._load_vocabulary_
                params()
136.
137.        # 警告某些配置参数可能被忽略
138.        self._check_analyzer()
139.
140.        # 设置要特征化的属性
141.        self._attributes = self._attributes_for(self.analyzer)
142.
143.        # 为 CountVectorizer 声明类实例
144.        self.vectorizers = vectorizers or {}
145.
146.        self.finetune_mode = execution_context.is_finetuning
147.    ……
```

```
148.        @classmethod
149.    def create(
150.        cls,
151.        config: Dict[Text, Any],
152.        model_storage: ModelStorage,
153.        resource: Resource,
154.        execution_context: ExecutionContext,
155.    ) -> CountVectorsFeaturizer:
156.        """创建一个新的未经训练的组件."""
157.        return cls(config, model_storage, resource, execution_
            context)
158.    ……
159.
160.    def _process_tokens(self, tokens: List[Text], attribute: Text =
        TEXT) -> List[Text]:
161.        """对文本应用处理和清理步骤"""
162.
163.        if attribute in [INTENT, ACTION_NAME, INTENT_RESPONSE_
            KEY]:
164.            # 不要对 intent 属性进行任何处理。将其视为整体标签
165.            return tokens
166.
167.        # 用 NUMBER 标记替换所有数字
168.        tokens = [re.sub(r"\b[0-9]+\b", "__NUMBER__", text) for
            text in tokens]
169.
170.        # 必要时转换为小写
171.        if self.lowercase:
172.            tokens = [text.lower() for text in tokens]
173.
174.        return tokens
175.    ……
176.    def _replace_with_oov_token(
177.        self, tokens: List[Text], attribute: Text
178.    ) -> List[Text]:
179.        """用 OOV 标记替换 OOV 单词"""
```

```
180.        if self.OOV_token and self.analyzer == "word":
181.            attribute_vocab = self._get_attribute_vocabulary(attribute)
182.            if attribute_vocab is not None and self.OOV_token in attribute_vocab:
183.                # CountVectorizer 经过训练,预测过程
184.                attribute_vocabulary_tokens = set(attribute_vocab.keys())
185.                tokens = [
186.                    t if t in attribute_vocabulary_tokens else self.OOV_token
187.                    for t in tokens
188.                ]
189.        elif self.OOV_words:
190.            # CountVectorizer 未接受训练,训练流程
191.            tokens = [self.OOV_token if t in self.OOV_words else t for t in tokens]
192.
193.        return tokens
194. ……
195.
196. def _create_features(
197.     self, attribute: Text, all_tokens: List[List[Text]]
198. ) -> Tuple[
199.     List[Optional[scipy.sparse.spmatrix]], List[Optional[scipy.sparse.spmatrix]]
200. ]:
201.     if not self.vectorizers.get(attribute):
202.         return [None], [None]
203.
204.     sequence_features: List[Optional[scipy.sparse.spmatrix]] = []
205.     sentence_features: List[Optional[scipy.sparse.spmatrix]] = []
206.
207.     for i, tokens in enumerate(all_tokens):
208.         if not tokens:
209.             # 没有特征
```

```
210.                sequence_features.append(None)
211.                sentence_features.append(None)
212.                continue
213.
214.            # vectorizer.transform 返回的稀疏矩阵[n_samples, n_features]
215.            # 如果应返回序列,则将输入设置为标记列表,否则将所有标记连接到单个字符串并作为列表传递
216.            if not tokens:
217.                # 属性未设置(例如,响应不存在)
218.                sequence_features.append(None)
219.                sentence_features.append(None)
220.                continue
221.
222.            seq_vec = self.vectorizers[attribute].transform(tokens)
223.            seq_vec.sort_indices()
224.
225.            sequence_features.append(seq_vec.tocoo())
226.
227.            if attribute in DENSE_FEATURIZABLE_ATTRIBUTES:
228.                tokens_text = [" ".join(tokens)]
229.                sentence_vec = self.vectorizers[attribute].transform(tokens_text)
230.                sentence_vec.sort_indices()
231.
232.                sentence_features.append(sentence_vec.tocoo())
233.            else:
234.                sentence_features.append(None)
235.
236.        return sequence_features, sentence_features
237.    ……
238.
239.    def train(
240.        self, training_data: TrainingData, model: Optional[SpacyModel] = None
241.    ) -> Resource:
```

```
242.        """训练特征
243.
244.        从 config 中获取参数,并使用 sklearn 框架构建一个新的计数向
            量器
245.        """
246.        if model is not None:
247.            # 创建 spacy lemma_ for OOV_words
248.            self.OOV_words = [
249.                t.lemma_ if self.use_lemma else t.text
250.                for w in self.OOV_words
251.                for t in model.model(w)
252.            ]
253.
254.        # 处理句子并收集所有属性的数据
255.        processed_attribute_tokens = self._get_all_attributes_processed_tokens(
256.            training_data
257.        )
258.
259.        # 训练所有属性
260.        attribute_texts = self._convert_attribute_tokens_to_texts(
261.            processed_attribute_tokens
262.        )
263.        if self.use_shared_vocab:
264.            self._train_with_shared_vocab(attribute_texts)
265.        else:
266.            self._train_with_independent_vocab(attribute_texts)
267.
268.        self.persist()
269.
270.        return self._resource
271.    ...
272.    def process_training_data(self, training_data: TrainingData) -> TrainingData:
273.        """适当处理给定训练数据中的训练示例
```

```
274.
275.            参数：
276.                training_data：训练数据
277.
278.            返回：
279.                处理后的相同训练数据
280.            """
281.            self.process(training_data.training_examples)
282.            return training_data
283.
284.        def process(self, messages: List[Message]) -> List[Message]:
285.            """处理传入消息并计算和设置特征"""
286.            if self.vectorizers is None:
287.                logger.error(
288.                    "There is no trained CountVectorizer: "
289.                    "component is either not trained or "
290.                    "didn't receive enough training data"
291.                )
292.                return messages
293.
294.            for message in messages:
295.                for attribute in self._attributes:
296.
297.                    message_tokens = self._get_processed_message_tokens_by_attribute(
298.                        message, attribute
299.                    )
300.
301.                    # 特征维度 (1, seq, dim)
302.                    sequence_features, sentence_features = self._create_features(
303.                        attribute, [message_tokens]
304.                    )
305.                    self.add_features_to_message(
306.                        sequence_features[0], sentence_features[0], attribute, message
```

```
307.            )
308.
309.            return messages
310.    ......
311.
312.    def persist(self) -> None:
313.        """将此模型持久化到传递的目录中
314.
315.        返回再次加载模型所需的元数据
316.        """
317.        if not self.vectorizers:
318.            return
319.
320.        with self._model_storage.write_to(self._resource) as model_dir:
321.            # 向量器实例不是"None",某些模型可能已经过训练
322.            attribute_vocabularies = self._collect_vectorizer_vocabularies()
323.            if self._is_any_model_trained(attribute_vocabularies):
324.                # 需要持久化词汇
325.                featurizer_file = model_dir / "vocabularies.pkl"
326.
327.                # 如果"use_shared_vocab",则只保留一个属性中的词汇。可以加载并分发到所有属性
328.                vocab = (
329.                    attribute_vocabularies[TEXT]
330.                    if self.use_shared_vocab
331.                    else attribute_vocabularies
332.                )
333.
334.                io_utils.json_pickle(featurizer_file, vocab)
335.
336.                # 单独转储OOV单词,因为它们可能在
337.                # 训练
338.                rasa.shared.utils.io.dump_obj_as_json_to_file(
339.                    model_dir / "oov_words.json", self.OOV_words
```

```
340.            )
341.      ……
342.
343.      @classmethod
344.      def _create_shared_vocab_vectorizers(
345.          cls, parameters: Dict[Text, Any], vocabulary: Optional[Any] = None
346.      ) -> Dict[Text, CountVectorizer]:
347.          """使用共享词汇表为所有属性创建向量器"""
348.
349.          shared_vectorizer = CountVectorizer(
350.              token_pattern = r"(?u)\b\w+\b" if parameters["analyzer"] == "word" else None,
351.              strip_accents = parameters["strip_accents"],
352.              lowercase = parameters["lowercase"],
353.              stop_words = parameters["stop_words"],
354.              ngram_range = (parameters["min_ngram"], parameters["max_ngram"]),
355.              max_df = parameters["max_df"],
356.              min_df = parameters["min_df"],
357.              max_features = parameters["max_features"],
358.              analyzer = parameters["analyzer"],
359.              vocabulary = vocabulary,
360.          )
361.
362.          attribute_vectorizers = {}
363.
364.          for attribute in cls._attributes_for(parameters["analyzer"]):
365.              attribute_vectorizers[attribute] = shared_vectorizer
366.
367.          return attribute_vectorizers
368.      ……
369.      @classmethod
370.      def load(
371.          cls,
372.          config: Dict[Text, Any],
```

```
373.        model_storage: ModelStorage,
374.        resource: Resource,
375.        execution_context: ExecutionContext,
376.        **kwargs: Any,
377.    ) -> CountVectorsFeaturizer:
378.        """加载经过训练的组件."""
379.        try:
380.            with model_storage.read_from(resource) as model_dir:
381.                featurizer_file = model_dir / "vocabularies.pkl"
382.                vocabulary = io_utils.json_unpickle(featurizer_file)
383.
384.                share_vocabulary = config["use_shared_vocab"]
385.
386.                if share_vocabulary:
387.                    vectorizers = cls._create_shared_vocab_vectorizers(
388.                        config, vocabulary=vocabulary
389.                    )
390.                else:
391.                    vectorizers = cls._create_independent_vocab_vectorizers(
392.                        config, vocabulary=vocabulary
393.                    )
394.
395.                oov_words = rasa.shared.utils.io.read_json_file(
396.                    model_dir / "oov_words.json"
397.                )
398.
399.                ftr = cls(
400.                    config,
401.                    model_storage,
402.                    resource,
403.                    execution_context,
404.                    vectorizers=vectorizers,
405.                    oov_token=config["OOV_token"],
406.                    oov_words=oov_words,
```

```
407.            )
408.
409.            # make sure the vocabulary has been loaded correctly
410.            for attribute in vectorizers:
411.                ftr.vectorizers[attribute]._validate_vocabulary()
412.
413.            return ftr
414.
415.        except (ValueError, FileNotFoundError, FileIOException):
416.            logger.debug(
417.                f"Failed to load '{cls.__class__.__name__}' from model storage. "
418.                f"Resource '{resource.name}' doesn't exist. "
419.            )
420.            return cls(
421.                config=config,
422.                model_storage=model_storage,
423.                resource=resource,
424.                execution_context=execution_context,
425.            )
```

上段代码中第 14 行是 required_components，返回 Tokenizer。

上段代码中第 19~57 行是 get_default_config 方法，这里有 use_shared_vocab、stop_word 等内容。如果做语言处理，对这些内容应该非常清楚，这里就不多说，因为这属于算法和源码部分要讲的细节内容，这里主要从定制组件的角度来讲。

上段代码中第 59 行是 required_packages，需要依赖 sklearn 包，它里面的特殊性就在于借助 sklearn 的方式来实现 CountVectorsFeaturize。

上段代码中第 63 行是 load_vocabulary_params，涉及 OOV_token 的内容。

上段代码中第 83 行 get_attribute_vocabulary 方法，从属性的计数向量器中获取训练过的词汇表。

上段代码中第 90 行 _check_analyzer 方法是关于 CountVectors 相对比较有特色的地方，可以设定 analyze 的级别，可能是标记级别，也可能是字符级别，字符级别可以是 1~3 个或者 1~5 个。

上段代码中第 102 行这里判断 self.max_ngram 是否等于 1，它如果是 1，就给一个警告，Analyzer 设置字符，但最大 n-gram 设置为 1，这意味着词汇表将仅包含单个字母。一般我们会设 1~3 个或者 1~5 个。

上段代码中第 111 行是 init 方法，它会调用父类的 init，然后自己实例化。

第9章 自定义组件及常见组件源码解析

上段代码中第 124 行、125 行传入 model_storage、resource，并进行赋值。

上段代码中第 132 行也有 oov_token，关于 OOV 的处理，这些都是一些很通用的操作。

上段代码中第 149 行 create 构造它的实例，创建一个新的组件。

上段代码中第 160 行 _process_tokens 方法对文本应用进行处理和清理，可以看出来它通过正则表达实现。

上段代码中第 176 行是关于 _replace_with_oov_token 的处理，其他倒没有什么特殊的地方，这些都是自然语言。如果了解 NLP，尤其是做传统的 NLP，这些内容都是很基本的。这里写的代码都是很常规的代码，我们以后会有一个专门关于 Tokenizer 的大型企业级项目，大家如果看企业级的代码，可以感受企业级代码本身会有很多特色。

上段代码中第 196 行是 _create_features 方法，这些是创建特征的一些过程。

上段代码中第 239 行是 train 方法，这是一个相对比较关键的方法，它会根据配置参数来构建，从 config 中获取参数，并使用 sklearn 框架构建一个新的计数向量器。

上段代码中第 263~266 行，在训练的时候，如果是共享词汇表，则调用 _train_with_shared_vocab 方法，否则执行 _train_with_independent_vocab 方法。

上段代码中第 268 行调用 persist 方法进行保存。

上段代码中第 272 行是 process_training_data 方法，适当处理了给定训练数据中的训练示例。

上段代码中第 284 行是 process 方法，信息进来即获得它的特征。读代码的时候，对于日志级别或者抛异常级别的这些内容，可以直接跳过，这是加速读代码的方式。

上段代码中第 294~307 行，可以看到这里是两层 for 循环，里面有多个消息（message），它取出一个消息，然后通过 _get_processed_message_tokens_by_attribute 获得 message_tokens。有了 message_tokens，它会通过 _create_features 来构建 sequence_features、sentence_features。

上段代码中第 312 行是 persist 的方法，persist 方法就是把模型保存到指定的目录中，文件名是"vocabularies. pkl"，逻辑跟前面讲的完全一样，只不过它序列化的方式可能有所不同，然后它的目录名称一定会不同，第 234 行有 json_pickle。如果使用 Python，从理论角度讲，应该使用 json_pickle。

上段代码中第 344 行 create_shared_vocab_vectorizers 是它内部的一个方法，在这里创建的 CountVectorizer 有很多的配置，会根据传递的这些配置，获取很多具体的内容。

上段代码中第 370 行是 load 方法，从保存的目录中加载"vocabularies. pkl"，在 persist 方法中是序列化，这里是反序列化。

这是 count_vectors_featurizer.py 的代码。当然也可以看其他代码，例如 RegexFeaturizer，RegexFeaturizer 是非常重要的内容。它在提取特征上，可以让正则表达式（regex expressions）的方式获得消息的 Featurizer。

regex_featurizer.py 的源代码实现：

1. from __future__ import annotations
2. import logging
3. import re
4. from typing import Any, Dict, List, Optional, Text, Tuple, Type
5. import numpy as np
6. import scipy.sparse
7. from rasa.nlu.tokenizers.tokenizer import Tokenizer
8.
9. import rasa.shared.utils.io
10. import rasa.utils.io
11. import rasa.nlu.utils.pattern_utils as pattern_utils
12. from rasa.engine.graph import ExecutionContext, GraphComponent
13. from rasa.engine.recipes.default_recipe import DefaultV1Recipe
14. from rasa.engine.storage.resource import Resource
15. from rasa.engine.storage.storage import ModelStorage
16. from rasa.nlu.constants import TOKENS_NAMES
17. from rasa.nlu.featurizers.sparse_featurizer.sparse_featurizer import SparseFeaturizer
18. from rasa.shared.nlu.constants import TEXT, RESPONSE, ACTION_TEXT
19. from rasa.shared.nlu.training_data.training_data import TrainingData
20. from rasa.shared.nlu.training_data.message import Message
21.
22. logger = logging.getLogger(__name__)
23.
24.
25. @DefaultV1Recipe.register(
26.   DefaultV1Recipe.ComponentType.MESSAGE_FEATURIZER, is_trainable=True
27.)
28. class RegexFeaturizer(SparseFeaturizer, GraphComponent):
29.   """基于正则表达式添加消息特征"""
30.

```
31.    @classmethod
32.    def required_components(cls) -> List[Type]:
33.        """在此组件之前应包含在管道中的组件."""
34.        return [Tokenizer]
35.
36.    @staticmethod
37.    def get_default_config() -> Dict[Text, Any]:
38.        """返回组件的默认配置."""
39.        return {
40.            **SparseFeaturizer.get_default_config(),
41.            # text will be processed with case sensitive as default
42.            "case_sensitive": True,
43.            # use lookup tables to generate features
44.            "use_lookup_tables": True,
45.            # use regexes to generate features
46.            "use_regexes": True,
47.            # use match word boundaries for lookup table
48.            "use_word_boundaries": True,
49.        }
50.
51.    def __init__(
52.        self,
53.        config: Dict[Text, Any],
54.        model_storage: ModelStorage,
55.        resource: Resource,
56.        execution_context: ExecutionContext,
57.        known_patterns: Optional[List[Dict[Text, Text]]] = None,
58.    ) -> None:
59.        """使用正则表达式构造正则表达式和查找表的新功能
60.
61.        参数：
62.            config：组件的配置
63.            model_storage：图组件可以用来持久化和显示自己的存储
64.
65.            resource：此组件的资源定位器,可用于持久化并从"model_
                storage"加载自身
```

66.
67.   execution_context：有关当前图运行的信息
68.   known_patterns：Regex Patterns 组件应使用
69.   """
70.   super().__init__(execution_context.node_name, config)
71.
72.   self._model_storage = model_storage
73.   self._resource = resource
74.
75.   self.known_patterns = known_patterns if known_patterns else []
76.   self.case_sensitive = config["case_sensitive"]
77.   self.finetune_mode = execution_context.is_finetuning
78.
79.   @classmethod
80.   def create(
81.   cls,
82.   config: Dict[Text, Any],
83.   model_storage: ModelStorage,
84.   resource: Resource,
85.   execution_context: ExecutionContext,
86.   ) -> RegexFeaturizer:
87.   """创建一个新的未经训练的组件."""
88.   return cls(config, model_storage, resource, execution_context)
89.
90.   def _merge_new_patterns(self, new_patterns: List[Dict[Text, Text]]) -> None:
91.   """使用从数据中提取的新模式更新已知模式
92.   新模式应始终添加到现有模式的末尾
93.   并且不应打乱现有模式的顺序
94.
95.
96.   参数：
97.   new_patterns：从训练数据中提取并与已知模式合并的模式
98.
99.   """
100.   pattern_name_index_map = {

```
101.            pattern["name"]: index for index, pattern in enumerate
                (self.known_patterns)
102.        }
103.        for extra_pattern in new_patterns:
104.            new_pattern_name = extra_pattern["name"]
105.
106.            # 有些模式可能只是添加了新的示例。这些不算作附加
                模式
107.
108.            if new_pattern_name in pattern_name_index_map:
109.                self.known_patterns[pattern_name_index_map[new_
                pattern_name]][
110.                    "pattern"
111.                ] = extra_pattern["pattern"]
112.            else:
113.                self.known_patterns.append(extra_pattern)
114.
115.    def train(self, training_data: TrainingData) -> Resource:
116.        """使用从训练数据中提取的所有模式训练组件"""
117.        patterns_from_data = pattern_utils.extract_patterns(
118.            training_data,
119.            use_lookup_tables = self._config["use_lookup_tables"],
120.            use_regexes = self._config["use_regexes"],
121.            use_word_boundaries = self._config["use_word_bounda-
                ries"],
122.        )
123.        if self.finetune_mode:
124.            # Merge patterns extracted from data with known patterns
125.            self._merge_new_patterns(patterns_from_data)
126.        else:
127.            self.known_patterns = patterns_from_data
128.
129.        self._persist()
130.        return self._resource
131.
132.    def process_training_data(self, training_data: TrainingData) ->
```

```
                    TrainingData:
133.        """处理训练示例."""
134.        for example in training_data.training_examples:
135.            for attribute in [TEXT, RESPONSE, ACTION_TEXT]:
136.                self._text_features_with_regex(example, attribute)
137.
138.        return training_data
139.
140.    def process(self, messages: List[Message]) -> List[Message]:
141.        """将所有给定的消息特征化
142.
143.        返回:
144.            修改的给定消息列表
145.        """
146.        for message in messages:
147.            self._text_features_with_regex(message, TEXT)
148.
149.        return messages
150.
151.    def _text_features_with_regex(self, message: Message, attribute: Text) -> None:
152.        """用于提取特征并在消息中适当设置它们的Helper方法
153.
154.        参数:
155.            message: 要特征化的消息
156.            attribute: 要特征化的消息属性
157.        """
158.        if self.known_patterns:
159.            sequence_features, sentence_features = self._features_for_patterns(
160.                message, attribute
161.            )
162.
163.            self._add_features_to_message(
164.                sequence_features, sentence_features, attribute, message
```

```
165.            )
166.
167.    def _features_for_patterns(
168.        self, message: Message, attribute: Text
169.    ) -> Tuple[Optional[scipy.sparse.coo_matrix], Optional
        [scipy.sparse.coo_matrix]]:
170.        """Checks which known patterns match the message.
171.
172.        Given a sentence, returns a vector of {1,0} values indicating
            which
173.        regexes did match. Furthermore, if the
174.        message is tokenized, the function will mark all tokens with
            a dict
175.        relating the name of the regex to whether it was matched.
176.
177.        参数：
178.            message：要特征化的消息
179.            attribute：要特征化的消息的属性
180.
181.        返回：
182.            消息属性的标记和句子级特征
183.        """
184.        # 属性未设置(例如,响应不存在)
185.        if not message.get(attribute):
186.            return None, None
187.
188.        tokens = message.get(TOKENS_NAMES[attribute], [])
189.
190.        if not tokens:
191.            # 没有特征
192.            return None, None
193.
194.        flags = 0  # default flag
195.        if not self.case_sensitive:
196.            flags = re.IGNORECASE
197.
```

```
198.        sequence_length = len(tokens)
199.
200.        num_patterns = len(self.known_patterns)
201.
202.        sequence_features = np.zeros([sequence_length, num_patterns])
203.        sentence_features = np.zeros([1, num_patterns])
204.
205.        for pattern_index, pattern in enumerate(self.known_patterns):
206.            matches = list(
207.                re.finditer(pattern["pattern"], message.get(attribute), flags=flags)
208.            )
209.
210.            for token_index, t in enumerate(tokens):
211.                patterns = t.get("pattern", default={})
212.                patterns[pattern["name"]] = False

214.                for match in matches:
215.                    if t.start < match.end() and t.end > match.start():
216.                        patterns[pattern["name"]] = True
217.                        sequence_features[token_index][pattern_index] = 1.0
218.                        if attribute in [RESPONSE, TEXT, ACTION_TEXT]:
219.                            # 句子向量应包含所有模式
220.                            sentence_features[0][pattern_index] = 1.0
221.
222.                t.set("pattern", patterns)
223.
224.        return (
225.            scipy.sparse.coo_matrix(sequence_features),
226.            scipy.sparse.coo_matrix(sentence_features),
227.        )
228.
```

```
229.    @classmethod
230.    def load(
231.        cls,
232.        config: Dict[Text, Any],
233.        model_storage: ModelStorage,
234.        resource: Resource,
235.        execution_context: ExecutionContext,
236.        **kwargs: Any,
237.    ) -> RegexFeaturizer:
238.        """加载经过训练的组件."""
239.
240.        known_patterns = None
241.
242.        try:
243.            with model_storage.read_from(resource) as model_dir:
244.                patterns_file_name = model_dir / "patterns.pkl"
245.                known_patterns = rasa.shared.utils.io.read_json_file(patterns_file_name)
246.        except (ValueError, FileNotFoundError):
247.            logger.warning(
248.                f"Failed to load '{cls.__class__.__name__}' from model storage. "
249.                f"Resource '{resource.name}' doesn't exist. "
250.            )
251.
252.        return cls(
253.            config,
254.            model_storage,
255.            resource,
256.            execution_context,
257.            known_patterns=known_patterns,
258.        )
252.
260.    def _persist(self) -> None:
261.        with self._model_storage.write_to(self._resource) as model_dir:
```

```
262.            regex_file = model_dir / "patterns.pkl"
263.            rasa.shared.utils.io.dump_obj_as_json_to_file(
264.                regex_file, self.known_patterns
265.            )
266.
267.       @classmethod
268.       def validate_config(cls, config: Dict[Text, Any]) -> None:
269.           """验证组件是否正确配置."""
270.           pass
```

上段代码中第 140 行关键是 process 方法,在这里面它会调用 self._text_features_with_regex 方法。

上段代码中第 151 行是_text_features_with_regex 方法,它是一个辅助方法,提取特征并在消息中适当设置它们。

上段代码中第 167 行里面会有_features_for_patterns 方法,内部数据具体一步一步的转换,我们介绍算法的时候再去讲。

通过本章的内容,大家应该对具体实现定制图组件,有更直接的一种感受,对整个流程会有一种更清晰或者更直觉级别的认知。

接下来,我们会从 Rasa 比较重磅级的组件 DIETClassifier 和 TEDPolicy 的角度跟大家分享,定制 Rasa 图组件具体该怎么做? 尤其是 DIETClassifier、TEDPolicy,它是整个 Rasa 算法两大绝对的核心,如果不懂 DIETClassifier,肯定是不懂 Rasa 的。如果只是基于数据和配置文件,调用一下训练命令,其实任何一个会使用 Python 的人都会,即使不会使用 Python,应该也会。因为就按照官方文档一步一步去做,那些内容基本上几分钟或几十分钟就可以学会了,而且以后没有什么变化。但是像 DIETClassifier、TEDPolicy 这种级别重量级的组件,它内部就有非常高的价值,因为它涉及多轮对话及多任务的信息提取,就是意图识别和实体提取,还有多轮对话的时候,注意力机制被打断了,如何实现等这些内容是核心技术。我们在两部分中都有这方面的源码,一部分是现在讲的 Rasa 内部机制部分,会彻底剖析它内部的实现;另外一个部分是 Rasa 的算法 DIET、TED,同时也从源码的角度对源码的每一行进行剖析。

第10章 框架核心 graph.py 源码完整解析及测试

10.1 GraphNode 源码逐行解析及 Testing 分析

本节的内容非常重要,我们会把 graph.py Python 文件的每一行代码都跟大家进行解析,之所以说非常重要,因为这个文件里面的每一行代码,对于整个 Rasa 3.x 的影响都具有奠基性或者内核性的影响。

如图 10-1 所示,从这幅图可以看到,这是 Rasa 3.x 发布时官方释放的图,在这里它是把所有的组件都看作一个图组件(graph component),然后通过它们之间的依赖关系表达它们之间是怎么通信或者怎么进行交互的。

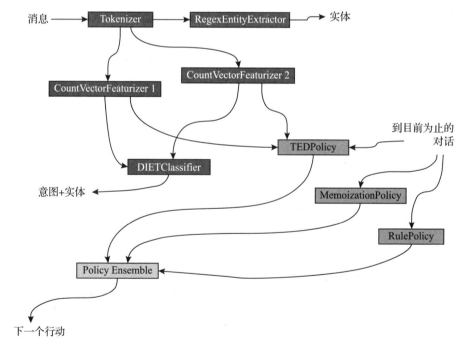

图 10-1 Rasa 3.x 架构图

前面的很多章节都反复用到了 graph.py 文件中的内容,例如大家看见 GraphComponent 本身,然后还有 ExecutionContext、GraphNode 等,这些类都是核心中的核心内容。

graph.py 的源代码实现：

```
1. class GraphComponent(ABC):
2.     """将在图中运行的任何组件的接口"""
3.     …
4. @dataclass
5. class ExecutionContext:
6.     """保存有关单个图运行的信息"""
7.     …
8. class GraphNode:
9.     """在图中实例化并运行"GraphComponent"。
```

看这张图的时候，我们会很清晰会感受到 Tokenizer 或者 TEDPolicy，这些组件从源码的层面讲，都认为是 GraphNode，我们看一下 GraphNode 初始化的代码。

graph.py 的源代码实现：

```
1. class GraphNode:
2.     """在图中实例化并运行"GraphComponent"
3.     """
4.
5.     def __init__(
6.         self,
7.         node_name: Text,
8.         component_class: Type[GraphComponent],
9.         constructor_name: Text,
10.        component_config: Dict[Text, Any],
11.        fn_name: Text,
12.        inputs: Dict[Text, Text],
13.        eager: bool,
14.        model_storage: ModelStorage,
15.        resource: Optional[Resource],
16.        execution_context: ExecutionContext,
17.        hooks: Optional[List[GraphNodeHook]] = None,
18.     ) -> None:
19.     ……
```

上段代码中第 5~18 行会传进很多参数，例如 node_name、component_class，关于组件的定义，以后会专门围绕 TEDPolicy 和 DIETClassifier 进行讲解。DIET-Classifier 是 Classifier 分类器的实现。

第10章 框架核心 graph.py 源码完整解析及测试

diet_classifier.py 的源代码实现：

1. class DIETClassifier(GraphComponent, IntentClassifier, EntityExtractorMixin):
2. 　"""用于意图分类和实体提取的多任务模型"""

DIETClassifier 和 TEDPolicy 涉及 Rasa 的过去很多版本，包括现在 3.x 版本。对于多轮对话，以后会把 TEDPolicy、DIETClassifier 每一行代码都跟大家分享，包括内部工作机制所有关于架构、设计、流程的内容。本节围绕 Rasa 整个新平台架构核心的所有代码，跟大家过滤一遍，这里的大多数内容我们反复提到，之所以要把这里面所有代码跟大家过滤一遍，是因为它提到的很多概念或者代码的实现对我们做整个 Rasa 对话机器人有至关重要的影响。

这里可以看到有 test_graph_node.py，这是对 GraphNode 的测试，其实 Rasa 对各个组件都提供了测试的内容，如果想看具体实现的时候，可以直接去看这些测试的内容。

test_graph_node.py 的源代码实现：

1. from __future__ import annotations
2. from typing import Any, Dict, Optional, Text
3. from unittest.mock import Mock
4.
5. import pytest
6.
7. import rasa.shared
8. import rasa.shared.utils
9. import rasa.shared.utils.io
10. from rasa.engine.exceptions import GraphComponentException
11. from rasa.engine.graph import ExecutionContext, GraphComponent, GraphNode, GraphSchema
12. from rasa.engine.storage.storage import ModelStorage
13. from rasa.engine.storage.resource import Resource
14. from tests.engine.graph_components_test_classes import (
15. 　　AddInputs,
16. 　　ExecutionContextAware,
17. 　　ProvideX,
18. 　　SubtractByX,
19. 　　PersistableTestComponent,
20. 　)

从架构图的角度看,因为它把所有的元素都看作节点(Node),所以最简单的方式就是从节点本身研究它具体怎么回事,也就是 GraphNode。

graph.py 的源代码实现:

```
1.  class GraphNode:
2.      """在图中实例化并运行"GraphComponent"
3.      """
```

GraphNode 肯定会使用例如 GraphComponent 等相关的内容,如果从整个架构的角度讲,就是这整张图。它会有配置文件。

graph.py 的源代码实现:

```
1.  @dataclass()
2.  class GraphModelConfiguration:
3.      """在训练和预测期间作为图运行的模型配置."""
4.
5.      train_schema: GraphSchema
6.      predict_schema: GraphSchema
7.      training_type: TrainingType
8.      language: Optional[Text]
9.      core_target: Optional[Text]
10.     nlu_target: Optional[Text]
```

这是一个 dataclass,大家对 Python 语法应该是很熟悉的,借助 dataclass,封装 train_schema、predict_schema、training_type、language 等内容。core_target 涉及策略,然后 nlu_target 是语言理解部分,在实例化整张图的时候,整个 Rasa 系列内容的口号(slogan)就是 One Graph to Rule them All,这个口号是作者提出的,不是官方提出的。这里模型配置在训练和预测期间以图的形式运行,显然这张图不仅是整个 Rasa 的架构图。具体来说,它明确告诉了我们,从训练到预测或者推理,它们之间的依赖关系、数据的流动过程。在配置的时候设定 GraphSchema,还有其他的一些描述信息,但我们介绍 GraphSchema 之前,会先介绍它的核心组件 GraphNode,大家可以简单看一下 test_graph_node.py。

test_graph_node.py 的源代码实现:

```
1.  def test_calling_component(default_model_storage: ModelStorage):
2.      node = GraphNode(
3.          node_name = "add_node",
4.          component_class = AddInputs,
5.          constructor_name = "create",
```

```
6.        component_config = {},
7.        fn_name = "add",
8.        inputs = {"i1": "input_node1", "i2": "input_node2"},
9.        eager = False,
10.       model_storage = default_model_storage,
11.       resource = None,
12.       execution_context = ExecutionContext(GraphSchema({}), "1"),
13.   )
14.
15.   result = node(("input_node1", 3), ("input_node2", 4))
16.
17.   assert result = = ("add_node", 7)
```

上段代码中第 3 行有 node_name,可以设定为"add_node"。

上段代码中第 4 行是 component_class,赋值 AddInputs。

上段代码中第 5 行是 constructor_name,每一个具体节点 GraphComponent 在运行的时候,一定会调动它的 create 方法,这是指训练级别。

上段代码中第 6 行是 component_config 相关的内容。

上段代码中第 7 行里面有很关键的内容叫 fn_name,为什么这很关键? 因为节点在运行的时候,肯定调用方法,这个方法会作为参数传递过去。我们看一下源代码本身,包括它的注释,会给大家一种更具体化的一个感受。我们在 Pycharm 中打开 structure 视图,单击打开 GraphNode 代码。如图 10-2 所示。

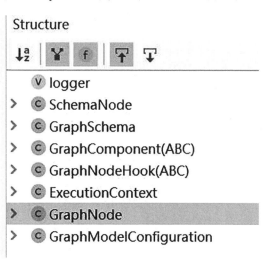

图 10-2　GraphNode 代码

271

graph.py 的源代码实现：

```
1.  class GraphNode：
2.      """在图中实例化并运行"GraphComponent"
3.
4.      "GraphNode"是"GraphComponent"的封装器，它允许在图上下文中执行。
        它负责在正确的时间实例化组件，收集来自父节点的输入，运行组件的运
        行函数，并将输出向前传递。
5.      """
```

上段代码中第 4 行注释说明在图中做了实例化，并运行 GraphComponent。GraphComponent 显然是一个接口。

graph.py 的 GraphComponent 源代码实现：

```
1.  class GraphComponent(ABC)：
2.      """将在图中运行的任何组件的接口"""
3.
4.      @classmethod
5.      def required_components(cls) -> List[Type]：
6.          """应该在此组件之前包含在管道中的组件."""
7.          return []
8.
9.      @classmethod
10.     @abstractmethod
11.     def create(
12.         cls,
13.         config：Dict[Text, Any],
14.         model_storage：ModelStorage,
15.         resource：Resource,
16.         execution_context：ExecutionContext,
17.     ) -> GraphComponent：
18.         """创建一个新的 GraphComponent
19.
20.         参数：
21.             config：该配置将覆盖 default_config
22.             model_storage：图组件可以用来持久化和加载自身的存储
23.             resource：该组件的资源定位器，可用于持久化并从 model_storage
                     加载自身
```

24.   execution_context：关于当前图运行的信息
25.   返回：一个实例化的 GraphComponent
26.   """
27.   ...
28.
29.   @classmethod
30.   def load(
31.   cls,
32.   config: Dict[Text, Any],
33.   model_storage: ModelStorage,
34.   resource: Resource,
35.   execution_context: ExecutionContext,
36.   ** kwargs: Any,
37.   ) -> GraphComponent:
38.   """使用组件本身的持久化版本创建组件
39.
40.   如果没有覆盖此方法，则仅调用 create
41.
42.   参数：
43.   config：图组件的配置。这是组件的默认配置，与用户指定的配置合并
44.   model_storage：图组件可以用来持久化和加载自身的存储
45.   resource：该组件的资源定位器，可用于持久化并从'model_storage 加载自身
46.   execution_context：关于当前图运行的信息
47.   kwargs：以前节点的输出值可以作为 kwarg 传入
48.   返回：
49.   实例化，加载 GraphComponent
50.   """
51.   return cls.create(config, model_storage, resource, execution_context)
52.
53.   @staticmethod
54.   def get_default_config() -> Dict[Text, Any]:
55.   """返回组件的默认配置
56.

57.   在配置传递给组件的 create 和 load 方法之前,GraphNode 将默认配置和用户配置合并
58.
59.   返回:
60.   组件的默认配置
61.   """
62.   return {}
63.
64.
65.   @staticmethod
66.   def supported_languages() -> Optional[List[Text]]:
67.   """确定此组件可以使用哪些语言
68.
69.   返回:支持的语言列表,或"None"表示支持所有语言
70.   """
71.   return None

GraphComponent 上段代码中第 5 行中,每个 GraphComponent 在定义的时候,要指定依赖的组件。为了让大家更好地理解,一个最直观的例子是 Tokenizer,这里会有一些方法,最核心的是 tokenize 方法。这里是 WhitespaceTokenizer,继承至 Tokenizer,它会有很多核心的处理方法。

whitespace_tokenizer.py 的源代码实现:

1. class WhitespaceTokenizer(Tokenizer):
2.   """为实体提取创建特征."""

这里具体讲一下 Featurizer,围绕 Tokenizer 一个非常简单、非常直觉性的内容就是 CountVectorsFeaturizer。在 Rasa 架构图中,它作为一个组件具体实现的时候,肯定有图中的 required_components,要么是它自己直接提供,要么是它继承,我们来看一下这个代码。

count_vectors_featurizer.py 的 CountVectorsFeaturizer 源代码实现:

1. class CountVectorsFeaturizer(SparseFeaturizer, GraphComponent):
2.   """基于 sklearn 的 CountVectorizer 创建一系列标记计数特征
3.   """
4.
5.   OOV_words: List[Text]
6.
7.   @classmethod

```
8.    def required_components(cls) -> List[Type]:
9.        """应该在此组件之前包含在管道中的组件."""
10.       return [Tokenizer]
11.
12. ……
13.
14.    @staticmethod
15.    def required_packages() -> List[Text]:
16.        """运行此组件所需的任何额外 python 依赖项"""
17.        return ["sklearn"]
18.
19.    def __init__(
20.        self,
21.        config: Dict[Text, Any],
22.        model_storage: ModelStorage,
23.        resource: Resource,
24.        execution_context: ExecutionContext,
25.        vectorizers: Optional[Dict[Text, "CountVectorizer"]] = None,
26.        oov_token: Optional[Text] = None,
27.        oov_words: Optional[List[Text]] = None,
28.    ) -> None:
29.        """使用 sklearn 框架构造一个新的计数向量器"""
30.        super().__init__(execution_context.node_name, config)
31.
32.        self._model_storage = model_storage
33.        self._resource = resource
34.
35.        # sklearn 的 CountVectorizer 参数
36.        self._load_count_vect_params()
37.
38.        # 处理词汇表外(OOV)单词
39.        if oov_token and oov_words:
40.            self.OOV_token = oov_token
41.            self.OOV_words = oov_words
42.        else:
43.            self.OOV_token, self.OOV_words = self._load_vocabulary_params()
```

```
44.
45.        #警告某些配置参数可能被忽略
46.        self._check_analyzer()
47.
48.        #设置要突出的属性
49.        self._attributes = self._attributes_for(self.analyzer)
50.
51.        #声明 CountVectorizer 的类实例
52.        self.vectorizers = vectorizers or {}
53.
54.        self.finetune_mode = execution_context.is_finetuning
55.
56.    @classmethod
57.    def create(
58.        cls,
59.        config: Dict[Text, Any],
60.        model_storage: ModelStorage,
61.        resource: Resource,
62.        execution_context: ExecutionContext,
63.    ) -> CountVectorsFeaturizer:
64.        """创建一个新的未经训练的组件"""
65.        return cls(config, model_storage, resource, execution_context)
```

上段代码第 1 行构建 CountVectorsFeaturizer，它继承至 SparseFeaturizer。

上段代码中第 8~10 行构建了一个 required_components 方法，required_components 返回依赖的组件是 Tokenizer。现在是用一个具体的实例跟大家分享这个内容，验证它的接口是 GraphComponent，CountVectorsFeaturizer 明显对应的是需要 Tokenizer。

上段代码中第 15~17 行定义 required_packages 方法，它依赖于 sklearn。

上段代码中第 19 行定义了 init 方法，这里面传递相关的参数，我们带领大家快速回顾一下代码。

回到 GraphComponent 上段代码中第 11 行有一个 create 方法，create 是必然要实现的方法，因为它是抽象方法。

再看一下上段代码中第 57 行，在这里具体实现了 create 方法。在 init 方法之后，一般是 create 方法，因为 create 方法很多时候使用 init 方法的内容，这里它创建了一个未训练的组件(untrained component)。

回到 GraphComponent 上段代码中第 30 行，这里有 load 方法，把模型加载了进来。

具体实现子类的时候，里面都会有相应的方法，但如果在一个具体子类中看不见，肯定是看它父类的内容，比较简单的方式是在 Pycharm 中看 structure 的结构，这里面会有很多的内容。如图 10-3 所示，这里有 get_default_config、_load_vocabulary_params、persist 等很多内容。

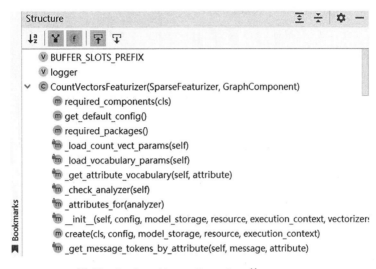

图 10-3　CountVectorsFeaturizer 的 structure

回到 Graph 本身，GraphComponent 上段代码中第 54 行还有 get_default_config，返回组件的默认配置。

GraphComponent 上段代码中第 66 行还有 supported_languages 等方法，前面已都讲得非常清楚，在这里只不过稍微带领大家回顾一下。

10.2　GraphModelConfiguration、ExecutionContext、GraphNodeHook 源码解析

回到 GraphNode 本身。

graph.py 的 GraphNode 源代码实现：

```
1.  class GraphNode：
2.      """在图中实例化并运行"GraphComponent"
3.      """
4.  
5.      def __init__(
6.          self,
```

```
7.    node_name: Text,
8.    component_class: Type[GraphComponent],
9.    constructor_name: Text,
10.   component_config: Dict[Text, Any],
11.   fn_name: Text,
12.   inputs: Dict[Text, Text],
13.   eager: bool,
14.   model_storage: ModelStorage,
15.   resource: Optional[Resource],
16.   execution_context: ExecutionContext,
17.   hooks: Optional[List[GraphNodeHook]] = None,
18. ) -> None:
19. ……
```

GraphNode 上段代码中第 8 行是 component_class，它的类型是 Type[GraphComponent]类本身，从 test_graph_node.py，也可以看见它会传进来相关的参数。

test_graph_node.py 的源代码实现：

```
1. def test_calling_component(default_model_storage: ModelStorage):
2.     node = GraphNode(
3.         node_name = "add_node",
4.         component_class = AddInputs,
5.         constructor_name = "create",
6.         component_config = {},
7.         fn_name = "add",
8.         inputs = {"i1": "input_node1", "i2": "input_node2"},
9.         eager = False,
10.        model_storage = default_model_storage,
11.        resource = None,
12.        execution_context = ExecutionContext(GraphSchema({}), "1"),
13.    )
14.
15.    result = node(("input_node1", 3), ("input_node2", 4))
16.
17.    assert result == ("add_node", 7)
```

test_graph_node 上段代码中第 4 行 component_class，可以看见它会传进来一个 AddInputs 的参数。

第 10 章　框架核心 graph.py 源码完整解析及测试

上段代码中第 7 行 fn_name 是非常关键的内容,因为处理的时候会调动 fn_name。

上段代码中第 8 行有 input,作为一个具体的节点,会有输入输出,也有它的模式(eager),这个模式涉及什么时候开始运行。

上段代码中第 10 行 model_storage 前面讲得非常清楚,训练的时候,要把具体的每一个节点保存起来,然后再次训练,进行缓存级别的一些处理,都要依赖于 ModelStorage。

上段代码中第 11 行是 resource,具体某个节点里会包含路径等信息,但不是每一个节点都会有路径,所以它是可选的(Optional)。

上段代码中第 12 行 ExecutionContext 执行的上下文,它的描述信息都是比较关键的信息。

graph.py 的 ExecutionContext 源代码实现:

1. @dataclass
2. class ExecutionContext:
3. 　　"""保存关于单张图运行的信息."""
4.
5. 　　graph_schema: GraphSchema = field(repr = False)
6. 　　model_id: Optional[Text] = None
7. 　　should_add_diagnostic_data: bool = False
8. 　　is_finetuning: bool = False
9. 　　# 这是在传递给 GraphComponent 之前由 GraphNode 设置的
10. 　　node_name: Optional[Text] = None
11.

上段代码中第 10 行肯定是 node_name 本身。

上段代码中第 8 行设置是否微调(is_finetuning)的方式。

上段代码中第 7 行是否加入诊断信息(should_add_diagnostic_data)。

上段代码中第 6 行 model_id 为以后加入多个机器人(bot)作一些准备。Rasa 3.x 有很多改进,model_id 是其中很重要的改变,这样可以使用很多模型。

上段代码中第 5 行是 graph_schema,既然多次看见了 GraphSchema,一起来看一下,它的语法很特别,这是 field(repr = False),括号里面是 repr = False,这是 Python 的语法。如果这样设定,指定要打印出整个 ExecutionContext,它不会包含 graph_schema,这也不能说是高级的 Python 语法,它就是一个知识点,描述它一般会打印出一个字符,@dataclass 通过 field 可以做很多控制操作,对打印的时候不可见。不可见的时候就把它设置成 False。graph_schema 也是修饰为 @dataclass,我们看一下整个图的 GraphSchema 是怎么回事。

graph.py 的 GraphSchema 源代码实现：

1. @dataclass
2. class GraphSchema：
3.   """表示用于训练模型或进行预测的图."""
4.
5.   nodes：Dict[Text, SchemaNode]
6.
7.
8.   def as_dict(self) -> Dict[Text, Any]：
9.   """以可序列化的格式返回图形模式
10.
11.   返回：
12.   图模式的格式可以转储为 JSON 或其他格式
13.   """
14.   serializable_graph_schema：Dict[Text, Dict[Text, Any]] = {"nodes": {}}
15.   for node_name, node in self.nodes.items():
16.   serializable = dataclasses.asdict(node)
17.
18.   # 类不是 JSON 序列化的
19.   serializable["uses"] = f"{node.uses.__module__}.{node.uses.__name__}"
20.
21.   serializable_graph_schema["nodes"][node_name] = serializable
22.
23.   return serializable_graph_schema
24.
25.   @classmethod
26.   def from_dict(cls, serialized_graph_schema：Dict[Text, Any]) -> GraphSchema：
27.   """使用 schema.as_dict()加载已序列化的图模式
28.
29.   参数：
30.   serialized_graph_schema：一个序列化的图模式
31.

```
32.        返回：
33.            正确加载的模式
34.
35.        Raises:
36.            GraphSchemaException:以防找不到节点的组件类
37.        """
38.        nodes = {}
39.        for node_name, serialized_node in serialized_graph_schema["nodes"].items():
40.            try:
41.                serialized_node[
42.                    "uses"
43.                ] = rasa.shared.utils.common.class_from_module_path(
44.                    serialized_node["uses"]
45.                )
46.
47.                resource = serialized_node["resource"]
48.                if resource:
49.                    serialized_node["resource"] = Resource(**resource)
50.
51.            except ImportError as e:
52.                raise GraphSchemaException(
53.                    "Error deserializing graph schema. Can't "
54.                    "find class for graph component type "
55.                    f"'{serialized_node['uses']}'. "
56.                ) from e
57.
58.            nodes[node_name] = SchemaNode(**serialized_node)
59.
60.        return GraphSchema(nodes)
61.
62.    @property
63.    def target_names(self) -> List[Text]:
64.        """"返回所有目标节点的名称"""
65.        return [node_name for node_name, node in self.nodes.items() if node.is_target]
```

```
66.
67.    def minimal_graph_schema(self, targets: Optional[List[Text]] =
       None) -> GraphSchema:
68.        """返回一个新模式,其中所有节点都是目标的后代。"""
69.        dependencies = self._all_dependencies_schema(
70.            targets if targets else self.target_names
71.        )
72.
73.        return GraphSchema(
74.            {
75.                node_name: node
76.                for node_name, node in self.nodes.items()
77.                if node_name in dependencies
78.            }
79.        )
```

上段代码中第 5 行,Rasa 的图组件里面肯定有很多节点,所以是 nodes,显然它本身是一个字典的方式。这里也说得很明白,GraphSchema 表示用于训练模型或进行预测的图。现在围绕图以及从 GraphNode 的角度出发,带领大家再次过滤一遍代码,我们在谈节点的时候,它里边叫 GraphSchema,这个代码实现非常好,这里没有说直接是 GraphNode,它是 SchemaNode,这还是很巧妙的,相当于加了一个中间的缓存层来描述具体的节点。

上段代码中第 8~23 行是 as_dict 方法,在这里进行字典循环和序列化,把它变成了 Json 的方式,表达信息的时候,要描述它的模块和名称{node.uses.__module__}.{node.uses.__name__}。

上段代码中第 26~60 行是 from_dict,有序列化,肯定要有反序列化的功能,序列化和反序列化是 Pyhton 代码的基本操作,它不具有任何的思考难度。

上段代码中第 58 行会发现是 SchemaNode(* * serialized_node),看见这个代码,就知道 Rasa 团队很会写代码,当然也有做对话机器人的贡献者。

上段代码中第 63、第 64 行是 target_names,循环遍历,我们看是否是 target,返回所有目标节点的名称。

上段代码中第 67 行构建一个 minimal_graph_schema 方法。

我们又看到这个 GraphSchema,里面的核心是 SchemaNode,它也是 @dataclass,这是预想到的,因为它描述了基本的信息,SchemaNode 本身是描述 Schema 的,相当于原始数据的描述。

graph.py 的 SchemaNode 源代码实现:

第10章 框架核心 graph.py 源码完整解析及测试

1. @dataclass
2. class SchemaNode：
3. 　　"""表示模式中的一个节点
4.
5. 　　参数：
6. needs:描述 fn(或 constructor_name if eager ==False)中的哪些参数由哪些父节点填充
7.
8. uses:为特定图节点的行为建模的类
9.
10. constructor_name:用于实例化组件的构造函数的名称。如果 eager == False,构造函数也可以指定由父节点填充的参数。例如,如果父节点返回一个资源,而这个节点想直接从这个资源中加载自己,这是很有用的
11.
12. fn:函数名,当图执行时,应该在实例化组件上调用该函数。来自需求的参数从父节点重新填充
13.
14. config:用户对这个图节点的配置。这个配置不需要指定所有可能的参数；缺少参数的默认值稍后将被填充
15.
16. eager:如果设置为 eager,则组件在运行之前就被实例化。它是在运行图时（延迟的）被实例化。通常,我们总是在训练期间延迟实例化,而在推理期间立即实例化（以避免第一次预测花费更长的时间）
17.
18. is_target:如果为 True,则该节点不能在指纹识别期间被修剪（它可能会被缓存的值替换）。例如,这用于所有训练的组件,因为它们的结果总是需要添加到模型存档中,以便在推理期间可用数据
19.
20. is_input:带有 is_input 的节点将 _always_ run(也在指纹运行期间)。这可以确保我们检测到文件内容的变化
21.
22. resource:如果给出,那么图节点将从现有资源加载,而不是从头实例化。这是用来加载一个训练组件的预测
23. 　　"""
24.
25. 　　needs: Dict[Text, Text]

```
26.    uses: Type[GraphComponent]
27.    constructor_name: Text
28.    fn: Text
29.    config: Dict[Text, Any]
30.    eager: bool = False
31.    is_target: bool = False
32.    is_input: bool = False
33.    resource: Optional[Resource] = None
34.
35.
36.    def _all_dependencies_schema(self, targets: List[Text]) -> List[Text]:
37.        required = []
38.        for target in targets:
39.            required.append(target)
40.            try:
41.                target_dependencies = self.nodes[target].needs.values()
42.            except KeyError:  # This can happen if the target is an input placeholder.
43.                continue
44.            for dependency in target_dependencies:
45.                required += self._all_dependencies_schema([dependency])
46.
47.        return required
```

上段代码中第3～22行注释说明，这里说得很明白，表示模式中的一个节点，它有很多成员属性。

上段代码中第6行 needs 描述 fn，或者 constructor_name if eager==False 中哪些参数由哪些父节点填充。

上段代码中第8行 uses 为特定图节点的行为建模的类。

上段代码中第10行，属性都很明显，我们重点其实看两个内容，一是 fn，一是 constructor_name。constructor_name 用于实例化组件的构造函数的名称。如果 eager==False，构造函数也可以指定由父节点填充的参数，例如，如果父节点返回一个资源，而这个节点想直接从这个资源中加载，这是很有用的，这些描述的是依赖关系。

上段代码中第12行 fn 是函数名，当图执行时，应该在实例化组件上调用该函数，来自需求的参数从父节点重新填充，它被执行的时候，就是依赖的节点。

上段代码中第33行 resource 是可选的，是因为依赖者可能会反馈一些内容，也

第10章 框架核心 graph.py 源码完整解析及测试

可能不会反馈一些内容。

上段代码中第 36 行中另外一个相对比较关键的方法叫 _all_dependencies_schema,它里面的参数是列表(List)级别的,这是预料中的,它循环遍历 target_dependencies,然后增加到列表中。

GraphSchema 会使用 SchemaNode,而 SchemaNode 直接跟 GraphNode 紧密关联,再次回到 GraphNode 本身,它会进行各种赋值,调动它的时候,肯定会传进相关的内容。

graph.py 的 GraphNode 源代码实现:

```
1.  class GraphNode:
2.      """实例化并运行图中的 GraphComponent
3.
4.      GraphNode 是 GraphComponent 的包装器,它允许 GraphComponent 被执行
        在图的上下文中。对象上实例化组件正确的时间,从父节点收集输入,运
        行 run 函数并将输出传递给组件.
5.      """
6.
7.      def __init__(
8.          self,
9.          node_name: Text,
10.         component_class: Type[GraphComponent],
11.         constructor_name: Text,
12.         component_config: Dict[Text, Any],
13.         fn_name: Text,
14.         inputs: Dict[Text, Text],
15.         eager: bool,
16.         model_storage: ModelStorage,
17.         resource: Optional[Resource],
18.         execution_context: ExecutionContext,
19.         hooks: Optional[List[GraphNodeHook]] = None,
20.     ) -> None:
21.         """初始化 GraphNode
22.
23.         参数:
24.             node_name:模式中的节点名
25.
26.             component_class:要实例化并运行的类
```

```
27.
28.         constructor_name：用于实例化组件的方法
29.
30.         component_config：要传递给组件的配置
31.
32.         fn_name：实例化的 GraphComponent 上的函数，在节点执行时运行
33.
34.         inputs：从输入名称到提供它的父节点名称的映射
35.
36.         eager：确定节点是立即实例化，还是在运行之前实例化
37.
38.         model_storage：图组件可以用来持久化和加载自身的存储
39.
40.         resource：如果给定，GraphComponent 将使用给定的资源从 model_
             storage 加载
41.
42.         execution_context：关于当前图运行的信息
43.
44.         hooks：它们在执行之前和之后被调用
45.         """
46.         self._node_name: Text = node_name
47.         self._component_class: Type[GraphComponent] = component_class
48.         self._constructor_name: Text = constructor_name
49.         self._constructor_fn: Callable = getattr(
50.             self._component_class, self._constructor_name
51.         )
52.         self._component_config: Dict[Text, Any] = rasa.utils.common.override_defaults(
53.             self._component_class.get_default_config(), component_config
54.         )
55.         self._fn_name: Text = fn_name
56.         self._fn: Callable = getattr(self._component_class, self._fn_name)
57.         self._inputs: Dict[Text, Text] = inputs
58.         self._eager: bool = eager
```

```python
59.
60.        self._model_storage = model_storage
61.        self._existing_resource = resource
62.
63.        self._execution_context: ExecutionContext = dataclasses.replace(
64.            execution_context, node_name=self._node_name
65.        )
66.
67.        self._hooks: List[GraphNodeHook] = hooks if hooks else []
68.
69.        self._component: Optional[GraphComponent] = None
70.        if self._eager:
71.            self._load_component()
72.
73.
74.    def _load_component(self, **kwargs: Any) -> None:
75.        logger.debug(
76.            f"Node '{self._node_name}' loading "
77.            f"'{self._component_class.__name__}.{self._constructor_name}' "
78.            f"and kwargs: '{kwargs}'."
79.        )
80.
81.        constructor = getattr(self._component_class, self._constructor_name)
82.        try:
83.            self._component: GraphComponent = constructor(  # type: ignore[no-redef]
84.                config=self._component_config,
85.                model_storage=self._model_storage,
86.                resource=self._get_resource(kwargs),
87.                execution_context=self._execution_context,
88.                **kwargs,
89.            )
90.        except InvalidConfigException:
91.            # 传递一些预期的异常,以允许对异常进行更精细的处理
92.            raise
```

```
93.        except Exception as e:
94.            if not isinstance(e, RasaException):
95.                raise GraphComponentException(
96.                    f"Error initializing graph component for node {self._node_name}."
97.                ) from e
98.            else:
99.                logger.error(
100.                   f"Error initializing graph component for node {self._node_name}."
101.               )
102.               Raise
103.
104.
105.   def _get_resource(self, kwargs: Dict[Text, Any]) -> Resource:
106.       if "resource" in kwargs:
107.           # 父节点在训练期间提供资源。此"GraphNode"包装的组件将从此资源加载自身
108.           return kwargs.pop("resource")
109.
110.       if self._existing_resource:
111.           # 在推断过程中,应从经过训练的资源加载组件,分类器可以在训练期间训练并保持自己,然后在推理期间从该资源加载自己
112.           return self._existing_resource
113.
114.       # 组件有机会持久化自己
115.       return Resource(self._node_name)
116.
117.
118.   def __call__(
119.       self, *inputs_from_previous_nodes: Tuple[Text, Any]
120.   ) -> Tuple[Text, Any]:
121.       """当节点在图中执行时,调用 GraphComponent run 方法
122.
123.       参数:
124.           * inputs_from_previous_nodes:所有父节点的输出。每个都是
```

一个字典，其中有一个将节点名称映射到其输出的条目。
```
125.      返回：
126.          节点名称及其输出
127.      """
128.      received_inputs: Dict[Text, Any] = dict(inputs_from_previous_nodes)
129.
130.      kwargs = {}
131.      for input_name, input_node in self._inputs.items():
132.          kwargs[input_name] = received_inputs[input_node]
133.
134.      input_hook_outputs = self._run_before_hooks(kwargs)
135.
136.      if not self._eager:
137.          constructor_kwargs = rasa.shared.utils.common.minimal_kwargs(
138.              kwargs, self._constructor_fn
139.          )
140.          self._load_component(**constructor_kwargs)
141.          run_kwargs = {
142.              k: v for k, v in kwargs.items() if k not in constructor_kwargs
143.          }
144.      else:
145.          run_kwargs = kwargs
146.
147.      logger.debug(
148.          f"Node '{self._node_name}' running "
149.          f"'{self._component_class.__name__}.{self._fn_name}'."
150.      )
151.
152.      try:
153.          output = self._fn(self._component, **run_kwargs)
154.      except InvalidConfigException:
155.          # 传递某种程度上预期的异常，以允许对异常进行更细粒度的处理
156.          raise
```

```python
157.        except Exception as e:
158.            if not isinstance(e, RasaException):
159.                raise GraphComponentException(
160.                    f"Error running graph component for node {self._node_name}."
161.                ) from e
162.            else:
163.                logger.error(
164.                    f"Error running graph component for node {self._node_name}."
165.                )
166.                raise
167.
168.        self._run_after_hooks(input_hook_outputs, output)
169.
170.        return self._node_name, output
171.
172.
173.    def _run_after_hooks(self, input_hook_outputs: List[Dict], output: Any) -> None:
174.        for hook, hook_data in zip(self._hooks, input_hook_outputs):
175.            try:
176.                logger.debug(
177.                    f"Hook'{hook.__class__.__name__}.on_after_node' "
178.                    f"running for node'{self._node_name}'."
179.                )
180.                hook.on_after_node(
181.                    node_name = self._node_name,
182.                    execution_context = self._execution_context,
183.                    config = self._component_config,
184.                    output = output,
185.                    input_hook_data = hook_data,
186.                )
187.            except Exception as e:
188.                raise GraphComponentException(
189.                    f"Error running after hook for node'{self._node_name}'."
```

```
190.            ) from e
191.
192.    def _run_before_hooks(self, received_inputs: Dict[Text, Any]) ->
        List[Dict]:
193.        input_hook_outputs = []
194.        for hook in self._hooks:
195.            try:
196.                logger.debug(
197.                    f"Hook'{hook.__class__.__name__}.on_before_node'"
198.                    f"running for node'{self._node_name}'."
199.                )
200.                hook_output = hook.on_before_node(
201.                    node_name = self._node_name,
202.                    execution_context = self._execution_context,
203.                    config = self._component_config,
204.                    received_inputs = received_inputs,
205.                )
206.                input_hook_outputs.append(hook_output)
207.            except Exception as e:
208.                raise GraphComponentException(
209.                    f"Error running before hook for node'{self._node_name}'."
210.                ) from e
211.        return input_hook_outputs
212.
213.
214.    @classmethod
215.    def from_schema_node(
216.        cls,
217.        node_name: Text,
218.        schema_node: SchemaNode,
219.        model_storage: ModelStorage,
220.        execution_context: ExecutionContext,
221.        hooks: Optional[List[GraphNodeHook]] = None,
222.    ) -> GraphNode:
223.        """从 SchemaNode 创建一个 GraphNode"""
224.        return cls(
```

```
225.            node_name = node_name,
226.            component_class = schema_node.uses,
227.            constructor_name = schema_node.constructor_name,
228.            component_config = schema_node.config,
229.            fn_name = schema_node.fn,
230.            inputs = schema_node.needs,
231.            eager = schema_node.eager,
232.            model_storage = model_storage,
233.            execution_context = execution_context,
234.            resource = schema_node.resource,
235.            hooks = hooks,
236.        )
```

上段代码中第 56 行的 self._fn: Callable = getattr(self._component_class, self._fn_name)，这里 self._fn: Callable，前面没有太细致地跟大家讲。谈 Callable 的时候，就是要确保在将来去调用的时候，是可以获得结果的。跟 Java 的 Runnable 或者 Future 做一个类比，这种结果是类似的。如果从 Python 的角度来讲，Callable 作用就是确保可以被调用。可能大家会问，是否还有不可以被调用的情况？肯定是具有的。例如，一般很多的 Python 对象，尤其是自定义的对象，如果里面没有 Callable 方法，它其实是不可以被调的，这是 Python 的语法，就是要确保返回的对象是可以被调的。这个 fn 函数是至关重要的，如果传进来的这个 fn 不可以去调，运行的时候肯定出错。所以能通过源码学习 Python 的语法是捷径了，因为这都是具体的场景。我们一再提起这个 fn 函数，它是在节点运行的时候调用，如果传进来的属性或者方法，肯定指向对象，都不能去调，运行的时候肯定会报错。所以这个语法稍微跟大家解释一下，前面跟讲的 Callable 类似于 Runnable 之类，从 Python 的视角来看，将来可以调用，而且会获得一个结果，这跟异步与否或者多线程与否没有必然的关系。后面我们会讲 Python 的异步编程，关于 Python 的异步或者多线程编程、CPU 密集型（CPU-bound/Compute-Intensive）、IO 密集型（IO bound/IO-Intensive），这些内容都属于 Python 的异步编程，它是目前市面上能见到的最高质量的 Python 实战级编程的内容，里面所有的内容都基于我们多年做星空智能对话机器人使用到的技术，基于 12 万行的核心代码使用的技术去讲的。

从实例化的角度讲看，其他倒没有特别的。

上段代码中第 63 行讲了 Execution context。

上段代码中第 69 行讲了 GraphComponent。

上段代码中第 67 行要注意，这是一个特别重要的点，在它实例化时有一个 GraphNodeHook，它非常重要。看它的功能就明白，它具有保存在 GraphNode 之前

第 10 章　框架核心 graph.py 源码完整解析及测试

和之后运行的功能。

graph.py 的 GraphNodeHook 源代码实现:

```
1.  class GraphNodeHook(ABC):
2.      """保存在 GraphNode 之前和之后运行的功能."""
3.
4.      @abstractmethod
5.      def on_before_node(
6.          self,
7.          node_name: Text,
8.          execution_context: ExecutionContext,
9.          config: Dict[Text, Any],
10.         received_inputs: Dict[Text, Any],
11.     ) -> Dict:
12.         """在 GraphNode 执行之前运行.
13.
14.         参数:
15.             node_name: 正在运行的节点名
16.             execution_context: 当前图运行的执行上下文
17.             config: 节点的配置
18.             received_inputs: 从参数名到输入值的映射
19.
20.         返回:
21.             然后传递给 on_after_node 的数据
22.
23.         """
24.         ...
25.
26.     @abstractmethod
27.     def on_after_node(
28.         self,
29.         node_name: Text,
30.         execution_context: ExecutionContext,
31.         config: Dict[Text, Any],
32.         output: Any,
33.         input_hook_data: Dict,
34.     ) -> None:
```

```
35.         """在 GraphNode 执行后运行
36.
37.         参数：
38.             node_name：已运行节点的名称
39.             execution_context：当前图运行的执行上下文
40.             config：节点的配置。
41.             output：节点输出。
42.             input_hook_data：on_before_node 返回的数据
43.         """
44.         ...
45.
```

从整体角度讲，每个节点的运行过程包括运行前、运行中、运行后。我们一再强调的 function 的回调，其实运行中、运行前和运行后肯定会涉及初始化、保存，还有跟整个 Schema 交付的过程。

对于上段代码中第 1 行的 GraphNodeHook，如果具有正常的编程经验，看到这些内容都应该会很兴奋，因为它能够对我们节点的整个生命周期进行控制，包括完成一些初始化和一些清理性的工作。通过 GraphNode 可以把整个图里面的所有内容以及架构都会关联起来。

上段代码中第 5 行 on_before_node 方法传入 node_name、execution_context、config、received_inputs 等参数。最关键的是，运行前，理论上都会有输入的内容，所以这里是 received_inputs，它指定具体一个节点，也可能有很多的节点。如图 10-4 所示，从这张图中，我们看见 DIETClassifier 有 CountVectorsFeaturizer 1、CountVectorsFeaturizer2，也可以有更多个，这是根据依赖关系设置的。

上段代码中第 12~21 行是 on_before_node 的注释说明，它在 GraphNode 执行之前运行，其中 received_inputs 从参数名到输入值的映射，返回并传递给 on_after_node 的数据，然后把返回的内容转过来交给我们的 on_after_note。它定义了一个 GraphNodeHook，主要专注于节点运行前和运行后的工作，并把获取的信息 received_inputs 进行处理，不直接传给 GraphNode，而是直接传给自己的 on_after_node，有 hook。从正常编码的角度讲，这里的一些信息也可以传给节点的本身，这里返回的结果是直接传递给 on_after_node。

上段代码中第 27 行是 on_after_node 方法。

上段代码中第 33 行可以看见 input_hook_data，其他没有特别的事物。

我们再次回到 GraphNode 的源代码。

上段代码中第 74 行这个地方是 _load_component，大家看里面是 ** kwargs: Any，它可以传进任意键值对（Key Value Pair）级别的一些参数。对于第 75 行的日志本身，倒不用太关注。

第 10 章 框架核心 graph.py 源码完整解析及测试

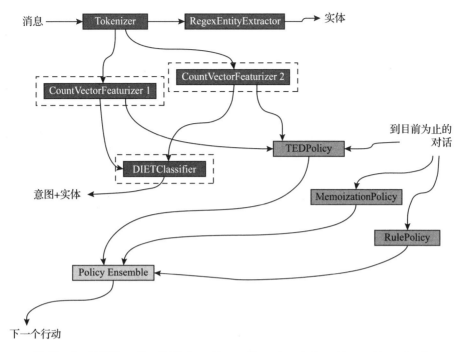

图 10-4 DIETClassifier 依赖 CountVectorsFeaturizer 1、CountVectorsFeaturizer2

上段代码中第 81 行是 constructor，获得 constructor 的内容。

上段代码中第 83 行使用 constructor 构建 GraphComponent，前面实现了 GraphComponent，转过来被 GraphNode 调用或者实例化。

上段代码中第 84～88 行，在 constructor 里面传入 config、model_storage、resource、execution_context 等参数，然后传任意的 ∗∗kwargs 过来，它是一个 Key-Value 类型的参数。至于第 90 行的异常（Exception）不用看，在实例化的过程中会调动一些方法，model_storage 一般是全局性的信息。

上段代码中第 86 行 resource 是当前组件节点本身的资源，里面的核心是 URL。

上段代码中第 105 行构建_get_resource 方法，如果是 existing_resource，在推断过程中会从经过训练的资源加载组件，分类器可以在训练期间训练并保持自己，然后在推理期间从该资源加载自己，直接返回 self._existing_resource。

上段代码中第 118 行里有一个非常重要的方法叫__call__方法，如果把一个节点实例化，除了 init 方法本身以外，最重要调的方法就是__call__方法。什么是实例化？大家应该清楚，例如 GraphNode，传进参数，会调用这里面的初始化完成实例化，但转过来讲，获得的是一个变量，即 GraphNode 实例变量具体运行的示例，我们看一下 test_graph_node。

test_graph_node.py 的源代码实现：

```
1.  def test_calling_component(default_model_storage: ModelStorage):
2.      node = GraphNode(
3.          node_name = "add_node",
4.          component_class = AddInputs,
5.          constructor_name = "create",
6.          component_config = {},
7.          fn_name = "add",
8.          inputs = {"i1": "input_node1", "i2": "input_node2"},
9.          eager = False,
10.         model_storage = default_model_storage,
11.         resource = None,
12.         execution_context = ExecutionContext(GraphSchema({}), "1"),
13.     )
14. 
15.     result = node(("input_node1", 3), ("input_node2", 4))
16. 
17.     assert result == ("add_node", 7)
```

test_graph_nod上段代码中第2行获得一个node变量,这时候进行实例化,获得的是它的一个实例。转过来要去调用它,这点很关键。如果Python基础不太好,或者对整个体系不太了解,就不太容易懂。我们获得了对象,node不是直接调用它的方法。

test_graph_nod上段代码中第15行node里有传递进来的一些参数,这时候它会调什么?会调动它的__call__方法,所以__call__方法肯定是至关重要的。再次注意,在测试的时候,使用这个对象时,需把这个对象传进参数,大家以前如果写过这方面的代码,应该会很熟悉。

再次回到GraphNode的源代码。

上段代码中第119行在__call__方法中,用对象传参数的时候,其实这时候把参数传给了_call_方法,__call__方法前面有两个下划线,后面也有两个下划线。在这里,可以传任意参数, * inputs_from_previous_nodes:Tuple[Text, Any]是元组(Tuple)的方式,而且也是指针的方式,然后通过for in 语句进行循环遍历。本书每部分内容都要跟大家精心讲解,然后将最恰到好处的内容跟大家展示,否则大家会不太容易理解怎么回事。

切换回test_graph_nod的源代码。

test_graph_nod上段代码中第15行 result = node(("input_node1", 3), ("input_node2", 4))这里面有两个Tuple,("input_node1", 3)是一个Tuple,("input_node2", 4)是另外一个Tuple。

第10章 框架核心 graph.py 源码完整解析及测试

再次回到 GraphNode 的源代码。

上段代码中第 132 行在循环的时候,可以获得它传递进来的信息,这里要进行进一步的状态的赋值。

切换回 test_graph_nod 的源代码。

test_graph_nod 上段代码中第 15 行在这里肯定会运行。从测试的角度讲,它会返回结果,但运行的结果从哪里来?

再次回到 GraphNode 的源代码。

上段代码中第 134 行 input_hook_outputs = self._run_before_hooks(kwargs) 收到前面传入的一些参数信息,会发现这时候调用了_run_before_hooks 方法。大家看它是 self,_run_before_hooks 是对象本身的方法,跟 GraphNodeHook 不一样,它是 GraphNode 本身的方法。

上段代码中第 173 行是_run_after_hooks 方法,这是对象内部方法,大家看前面的下划线会很清楚。

上段代码中第 192 行是_run_before_hooks 方法,我觉得这 2 个方法_run_before_hooks、_run_after_hooks 命名不太好。回到 GraphNodeHook 类,从 Hook 的角度讲,它的 on_before_node、on_after_node 命名就很清晰,这是关于生命周期的维护,是 GraphNodeHook 节点内部,即是面向节点对象的。至于 GraphNode 里的_run_after_hooks、_run_before_hooks 方法,可以再加一个下划线_graphnode,改为:_run_before_hooks_graphnode、_run_after_hooks_graphnode,这样命名会更好,但这些不是重点,重点是它怎么做事情。

上段代码中第 180 行在_run_after_hooks 方法中调用 hook.on_after_node,转过来会调用 on_after_node。

上段代码中第 200 行在_run_before_hooks 方法中调用 hook.on_before_node 方法。

上段代码中第 201~204 行,在 hook.on_before_node 方法中传入 node_name、execution_context、config、output、input_hook_data 等内容。

上段代码中第 206 行前面进行了初始化的一些操作,进行前提准备性的工作,获得它的输出 input_hook_outputs,之前跟大家说的还是正确的,就是 GraphNode-Hook 的 on_before_node 输出内容,除了传给 on_after_node 以外,节点本身确实也会收到。为什么节点本身确实也会收到?因为上段代码中第 134 行 input_hook_outputs=self._run_before_hooks(kwargs)有 input_hook_outputs 收到信息。

上段代码中第 140 行这边 self._load_component(**constructor_kwargs),把它加载进来。

上段代码中第 147 行 logger 打印日志,这些不用管。

上段代码中第 153 行 output = self._fn(self._component, **run_kwargs),最关键的地方是 self._fn,为什么我们一再强调它,因为这才是真正产生 output 的地

方,所以传进来的这个 fn 是关键,它执行之后会调用_run_after_hooks 方法。

上段代码中第 168 行 self._run_after_hooks(input_hook_outputs,output),前面传进获得 input_hook_outputs 的内容会传递给这个方法,而这个方法在内部_run_after_hooks 会调用 on_after_node。这是根据 input_hook_outputs 的内容传进来的,会传给 on_after_node 的内容。

这就是最核心的__call__方法,Python 帮助实现语法的一些特性。当实例化之后,再次直接通过实例的名字,在后面再加上括号调用,它就会调到我们这个__call__方法。这也是我们为什么要跟大家分享源码的原因。

上段代码中第 215 行有一个类方法叫 from_schema_node,它返回 cls 实例化,基于 SchemaNode 创建 GraphNode,怎么知道它创建的是 GraphNode?因为返回的 cls 显然是 GraphNode。

这个非常重要的核心代码,就是 GraphNode。我们通过 GraphNode 帮助大家贯通了整个 Graph 这个 Python 文件的核心内容,当然它基础性的内容肯定是 GraphComponent,这是我们前面花了很多时间跟大家谈的,GraphSchema 跟大家谈过了,SchemaNode 也跟大家谈过,它相当于一个 JavaBean 类型。

10.3　GraphComponent 源码回顾及其应用源码

我们带领大家看一下 graph.py 导入的包,还是蛮有意思的,这也是写代码必然面临的,包括写一些高级代码,做项目,从 Rasa 的角度讲,导入的这些库都是以后会多次使用的。

graph.py 导入包的源代码实现:

1. from __future__ import annotations
2.
3. import dataclasses
4. from abc import ABC, abstractmethod
5. from dataclasses import dataclass, field
6. import logging
7. from typing import Any, Callable, Dict, List, Optional, Text, Type, Tuple
8.
9. from rasa.engine.exceptions import GraphComponentException, GraphSchemaException
10. import rasa.shared.utils.common
11. import rasa.utils.common
12. from rasa.engine.storage.resource import Resource

13.
14. from rasa.engine.storage.storage import ModelStorage
15. from rasa.shared.exceptions import InvalidConfigException, RasaException
16. from rasa.shared.data import TrainingType
17.
18. logger = logging.getLogger(__name__)

上段代码中第 3 行导入 dataclasses,这是必然的,因为它会生成很多数据。

上段代码中第 4 行 ABC 一般会伴随着同时使用 abstractmethod。

上段代码中第 5 行导入 dataclass、field,这个 field 很重要,可以认为它是方法,一起来看一下。

dataclasses.py 的 field 的源代码实现：

1. #使用此函数而不是直接使用 Field 创建,这样可以(通过重载)告诉类型检查器这是一个类型依赖于其参数的函数
2. def field(*, default = MISSING, default_factory = MISSING, init = True, repr = True,
3.   hash = None, compare = True, metadata = None):
4.   """返回一个对象来标识数据类 fields
5.
6.   default 是字段的默认值。Default_factory 是一个 0 参数函数,用于初始化字段的值。如果是 True,该字段将是类的 __init__()函数的参数。如果 repr 为 True,该字段将包含在对象的 repr()中。如果 hash 为 True,该字段将包含在对象的 hash()中。如果 compare 为 True,该字段将用于比较函数。如果指定了元数据,则必须是存储的映射,但不能由数据类检查。同时指定 default 和 default_factory 是错误的
7.   """
8.
9.   if default is not MISSING and default_factory is not MISSING:
10.   raise ValueError('cannot specify both default and default_factory')
11.   return Field(default, default_factory, init, repr, hash, compare,
12.   metadata)

field 方法上段代码中第 1 行注释说明,使用此函数而不是直接使用 Field 创建,这样可以(通过重载)告诉类型检查器这是一个类型依赖于其参数的函数。这是必然的,它会对数据进行很多种操作,包括 default_factory,大家应该知道它的原理,要实例化某个 field,进行实例化的时候,可能通过一个 factory。显然这是很强大的。

对于 field 方法，上段代码中第 4～7 行注释说明，返回一个对象来标识数据类 fields，Default_factory 是一个零参数函数，也就是没有参数，因为它会是一个指针的方式，这是 Python 的内容，这些内容值得大家去认真阅读。如果做 Python 开发，尤其是规范的大型项目的开发，一定会用到这个类里面的内容，因为要处理数据，要把这个类的代码好好看看。

回到 graph.py 导入包的源代码。

上段代码中第 6 行 logging 是打印日志的使用。

上段代码中第 7 行，现在大家写代码一般都喜欢通过 typing 写，在这里定义一些对象类或者接口。

上段代码中第 9 行导入 GraphComponentException 和 GraphSchemaException。

上段代码中第 10 行导入 rasa.shared.utils.common。

上段代码中第 12 行 Resource 具体的代码，我们也跟大家讲得很清楚，再一次看到它是 @dataclass。

resource.py 的源代码实现：

1. @dataclass
2. class Resource：
3.   """表示图中的持久图组件

大家可能不怎么了解 dataclass，点击注解看一下，这是一个装饰器（decorator），是 Python 的内容，大家应该很清楚。

dataclasses.py 的源代码实现：

1. def dataclass(cls = None, /, *, init = True, repr = True, eq = True, order = False,
2.   unsafe_hash = False, frozen = False)：
3.   """返回与传入的相同的类，根据类中定义的字段添加 dunder 方法
4.
5.   检查 PEP 526 __annotations__ to 以确定字段
6.
7.   If init is true, an __init__() method is added to the class. If
8.   repr is true, a __repr__() method is added. If order is true, rich
9.   comparison dunder methods are added. If unsafe_hash is true, a
10.   __hash__() method function is added. If frozen is true, fields may
11.   not be assigned to after instance creation
12.   如果 init 为 true，则将 __init__() 方法添加到类中。如果 repr 为 true，则添加 __repr__() 方法。如果 order 为 true，则添加 rich comparison dunder

方法。如果 unsafe_hash 为 true,则添加 __hash__()方法函数。如果 frozen 为 true,则在实例创建后不能分配字段

13.
14.
15.   """
16.
17.   def wrap(cls):
18.   return _process_class(cls, init, repr, eq, order, unsafe_hash, frozen)
19.
20.   #被调用@dataclass or @dataclass()
21.   if cls is None:
22.   #被调用有父类
23.   return wrap
24.
25.   #被调用 @dataclass 无父类
26.   return wrap(cls)
27. ……
28. def _process_class(cls, init, repr, eq, order, unsafe_hash, frozen):
29.   #既然 dict 保留了插入顺序,就没有理由使用有序的 dict。在这里利用了这种排序,因为已验证的类字段覆盖基类字段,但顺序是由基类定义的,这是首先找到的
30.   fields = {}
31.
32.   if cls.__module__ in sys.modules:
33.   globals = sys.modules[cls.__module__].__dict__
34.   else:
35.   #理论上,如果将自定义字符串写入 cls.__module__,就会发生这种情况。在这种情况下,这样的数据类将不能完全 introspectable (w.r.t. typeing.get_type_hint),但仍能正常工作
36.   globals = {}
37. ……

dataclass 上段代码中第17、第18行定义了一个 wrap 方法,dataclass 是一个装饰器,通过 wrap 方法包装里面的内容可以对类进行包装。这里是_process_class 返回 class 本身,但这时候它是通过 wrap 的方式。return 之前在这里可以进行各种级别的操作。

dataclass 上段代码中第 28 行中,大家可以看到 _process_class 方法具体的操作,这里面有很多的内容,围绕这个类进行一些判断,然后是一些属性的赋值。为什么会自动进行操作? 因为它借助装饰器的模式,默认做了很多事情,具体可以看源代码,这都是很直观、很直白的。如果大家有任何一门编程语言的基础,应该会知道这是很重要的内容。

回到 graph.py 导入包的源代码。

上段代码中第 14 行导入 ModelStorage。Model storage 是核心,它的功能是作为需要持久化的"GraphComponents"的存储后端。注意 GraphComponents 是复数的形式,它加了"s",我们在代码中已经多次看见 ModelStorage 保存模型、读取模型的内容,from_model_archive、metadata_from_archive 代码都跟大家分享过。

resource.py 的源代码实现:

1. class ModelStorage(abc.ABC):
2.   """作为需要持久化的"GraphComponents"的存储后端."""

上段代码中第 15 行是 InvalidConfigException、RasaException,这些基本的内容不用讲。

上段代码中第 16 行是 TrainingType。

其他没有非常特殊的地方,我们看整个 graph.py 这样一个 Python 文件,它以 GraphComponent 这个类为基石,这是它的最关键点。

graph.py 的源代码实现:

1. class GraphComponent(ABC):
2.   """将在图中运行的任何组件的接口"""

如图 10-5 所示,可以看到 GraphComponent 里面有一系列内部方法,也有继承等内容,这里不多说。

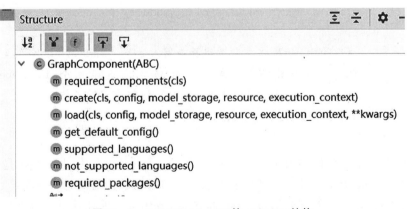

图 10-5　GraphComponent 的 structure 结构

第 10 章　框架核心 graph.py 源码完整解析及测试

GraphComponent 类有 required_components 方法,因为它表达具体组件的依赖关系;Create 方法创建一个模型,尤其是训练的时候;load 方法是加载模型,训练完成之后就加载;然后是 get_default_config 方法,配置就不用说了;supported_languages、not_supported_languages 是支持的语言以及不支持的语言;还有 required_packages,分享源码的时候我们重点去讲了,因为在模块运行或者训练的时候,可能依赖于第三方的组件,这里可以看一下 Usage 的使用,如图 10-6 所示。

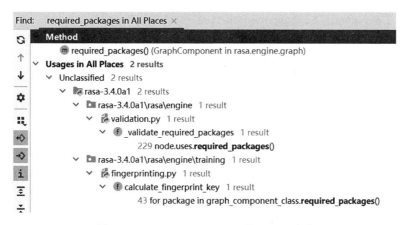

图 10-6　required_packages 的 Usage 查询

直接看一下代码,例如这里是 SpacyFeaturizer。
spacy_featurizer.py 的源代码实现:

1. class SpacyFeaturizer(DenseFeaturizer, GraphComponent):
2. 　　"""使用 SpaCy 特征化消息."""
3.
4. 　　@classmethod
5. 　　def required_components(cls) -> List[Type]:
6. 　　　　"""应该在此组件之前包含在管道中的组件"""
7. 　　　　return [SpacyTokenizer]
8.
9. 　　@staticmethod
10. 　　def required_packages() -> List[Text]:
11. 　　　　"""运行此组件所需的任何额外 python 依赖项."""
12. 　　　　return ["spacy"]

大家看一下上段代码中第 5 行是 required_components,它依赖于 SpacyTokenizer。另外,它也有自己的一些方法。

上段代码中第 10 行是 required_packages 方法,依赖于 spacy。

我们也看一下 SpacyTokenizer。

spacy_tokenizer.py 的源代码实现:

```
1. class SpacyTokenizer(Tokenizer):
2.     """使用 SpaCy 的标记化器."""
3.
4.     @classmethod
5.     def required_components(cls) -> List[Type]:
6.         """应该在此组件之前包含在管道中的组件."""
7.         return [SpacyNLP]
8.     ……
9.     @staticmethod
10.    def required_packages() -> List[Text]:
11.        """运行此组件所需的任何额外 python 依赖项"""
12.        return ["spacy"]
```

上段代码中第 10~12 行,SpacyTokenizer 依赖于 spacy。

如图 10-7 所示,SpacyFeaturizer 跟 CountVectorsFeaturizer 类似,它们都是特征提取器,会依赖于 Tokenizer,这里的 Tokenizer 依赖于 spacy,运行的时候要安装 spacy,这是必然要安装的,例如下载 Rasa 的代码并测试运行 test_graph_node.py。

test_graph_node.py 的源代码实现:

```
1. ……
2. @pytest.mark.parametrize("eager", [True, False])
3. def test_eager_and_not_eager(eager: bool, default_model_storage:
       ModelStorage):
4.     run_mock = Mock()
5.     create_mock = Mock()
6.
7.     class SpyComponent(GraphComponent):
8.         @classmethod
9.         def create(
10.            cls,
11.            config: Dict,
12.            model_storage: ModelStorage,
13.            resource: Resource,
14.            execution_context: ExecutionContext,
```

第 10 章　框架核心 graph.py 源码完整解析及测试

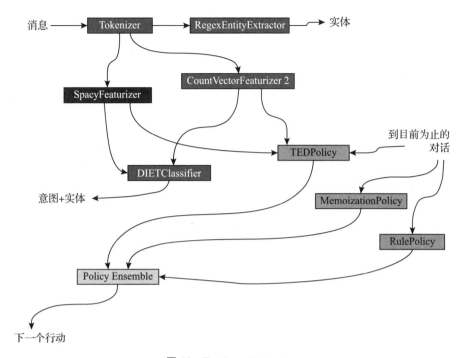

图 10-7　SpacyFeaturizer

```
15.         ) -> SpyComponent：
16.             create_mock()
17.             return cls()
18.
19.         def run(self)：
20.             return run_mock()
21.
22.     node = GraphNode(
23.         node_name = "spy_node",
24.         component_class = SpyComponent,
25.         constructor_name = "create",
26.         component_config = {},
27.         fn_name = "run",
28.         inputs = {},
29.         eager = eager,
30.         model_storage = default_model_storage,
31.         resource = None,
32.         execution_context = ExecutionContext(GraphSchema({}), "1"),
```

```
33.        )
34.
35.     if eager:
36.         assert create_mock.called
37.     else:
38.         assert not create_mock.called
39.
40.     assert not run_mock.called
41.
42.     node()
43.
44.     assert create_mock.call_count == 1
45.     assert run_mock.called
46. …
```

点击运行 test_graph_node.py 的时候，如果没有安装 spacy，它肯定会报错的。关于 spacy 的安装，大家看网络上的内容，到官网复制然后安装，这没什么特殊的。test_graph_node.py 的运行效果，如图 10-8 所示。

图 10-8　test_graph_node.py 运行截图

GraphComponent 里有很多其他辅助性的内部方法，如图 10-9 所示。
GraphComponent 里有一个 __annotations__ 方法，这是个字典。
builtins.pyi 的源代码实现：

1. class object:

第10章 框架核心 graph.py 源码完整解析及测试

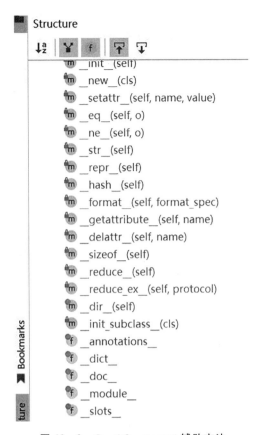

图 10-9 GraphComponent 辅助方法

2. __doc__: str | None
3. __dict__: dict[str, Any]
4. __slots__: str | Iterable[str]
5. __module__: str
6. __annotations__: dict[str, Any]
7. @property
8. def __class__(self: _T) -> Type[_T]: ...
9. # 忽略属性 getter 和 setter 之间类型不匹配的错误
10. @__class__.setter
11. def __class__(self, __type: Type[object]) -> None: ... # type: ignore # noqa: F811
12. def __init__(self) -> None: ...
13. def __new__(cls: Type[_T]) -> _T: ...
14. def __setattr__(self, name: str, value: Any) -> None: ...

```
15.    def __eq__(self, o: object) -> bool: ...
16.    def __ne__(self, o: object) -> bool: ...
17.    def __str__(self) -> str: ...
18.    def __repr__(self) -> str: ...
19.    def __hash__(self) -> int: ...
20.    def __format__(self, format_spec: str) -> str: ...
21.    def __getattribute__(self, name: str) -> Any: ...
22.    def __delattr__(self, name: str) -> None: ...
23.    def __sizeof__(self) -> int: ...
24.    def __reduce__(self) -> str | Tuple[Any, ...]: ...
25.    if sys.version_info >= (3, 8):
26.        def __reduce_ex__(self, protocol: SupportsIndex) -> str | Tup-
           le[Any, ...]: ...
27.    else:
28.        def __reduce_ex__(self, protocol: int) -> str | Tuple[Any, ...]: ...
29.    def __dir__(self) -> Iterable[str]: ...
30.    def __init_subclass__(cls) -> None: ...
```

上段代码中第 6 行的 __annotations__ 特别重要的,它让写 Python 代码完全从面向对象的角度去写。

图 10-10 所示为关于 GraphNodeHook 的方法。

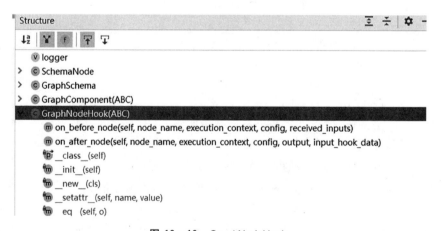

图 10-10 GraphNodeHook

GraphNodeHook 里面有 on_before_node、on_after_node 方法,它会被 GraphNode 的两个方法回调,其中的一个方法叫 _run_before_hooks,另外一个方法叫_run_after_hooks。

图 10-11 是 GraphNode 的结构图。

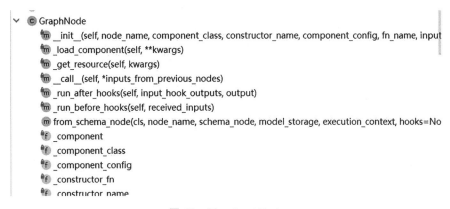

图 10-11　GraphNode

如图 10-12 所示，ExecutionContext 里主要就是对象，所说的对象是它的属性，一切皆对象，这是 Python 的一个基本理念。

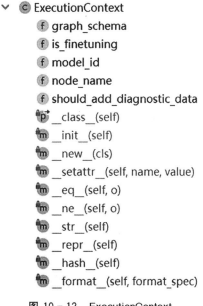

图 10-12　ExecutionContext

图 10-13 是 GraphNode 的结构，它这里 fn 是处理具体数据的关键点，运行的时候要产出结果。

图 10-14 是 GraphModelConfiguration，这是核心内容。

如图 10-15 所示，转过来再回到这幅图。从 Rasa 3.x 基于图的角度理解所有的语言，将信息进行策略处理，这些内容都变成了图组件，它已经模糊了不同的组

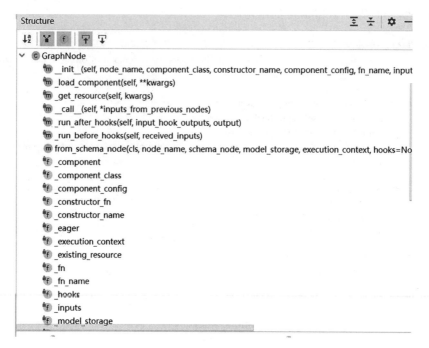

图 10-13 GraphNode

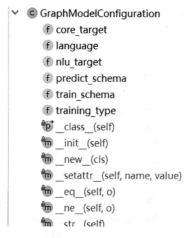

图 10-14 GraphModelConfiguration

成部分。这时候按照作者做星空智能对话机器人的经验判断,整个 Rasa 会成为工业界和学术界事实上做业务对话机器人标准性的框架、引擎或者平台。怎么称呼它都好,很关键的点在于有任何组件。至于自定义组件,我们跟大家讲得非常清楚,每一步也讲得非常细致,不仅是自定义的组件,也以 Rasa 里面的组件具体分析它的源代码。

第 10 章 框架核心 graph.py 源码完整解析及测试

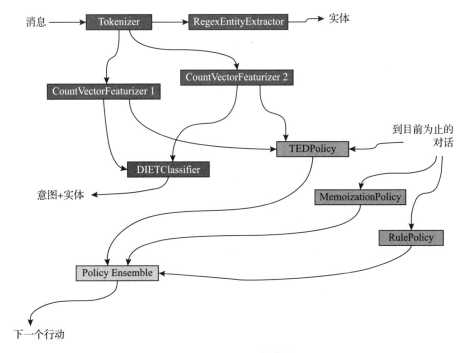

图 10-15 Rasa 架构图

整个 Rasa 3.x 内部机制的内容就跟大家讲解这么多,相信大家对整体图的理解应该是非常通透了,包括怎么自定义它的组件,甚至改造它已有的组件,应该是没有任何问题的。如果有问题,也不是 Rasa 的问题或者做对话机器人的问题,而应是对 NLP 自然语言理解本身的一些基本功的问题了。围绕基本功,我们会有好几个专项项目的内容,例如专门做 Tokenizer 类型的项目,它是企业级完成分词的完整的项目。另外,还有关于特征提取的企业级项目,也是必然绕不过去的主题。

我们自己在企业中,可能不使用 Rasa,那么企业让你专门做分词,或者专门做特征提取,怎么去做?我们以后有专门的课题讲解整个 NLP 在企业级应用的每个环节,会专门讲解相对比较大规模的一些项目,并围绕具体的专题展开。接下来的内容主要围绕 DIETClassifier、TEDPolicy 里的每一行代码,帮大家进行剖析。我们整个 Rasa 系列,主要跟大家传递架构、思维、流程内部一些核心层面的内容。

第 11 章 框架 DIETClassifier 及 TED

11.1 GraphComponent 的 DIETClassifier 和基于 TED 实现的 All-in-one 的 Rasa 架构

本节会跟大家讲 All-in-One Rasa Architecture with DIET and TED，接下来会讲 Rasa 中最重要的机器学习两大 Transformer 模型 DIET 和 TED，一方面是作一下回顾，以 Rasa 团队本身写的两篇论文为素材，跟大家分享相关的内容，这两篇素材的标题：Introducing DIET: state-of-the-art architecture that outperforms fine-tuning BERT and is 6X faster to train 以及 Unpacking the TED Policy in Rasa Open Source。另外，在 Rasa 3.x 的时候，大家应该很清楚知道，把所有的元素都看作是图的组件，而 Rasa 团队当年发布 DIET 和 TED 的时候，并没有从图的角度去思考，所以本节的主题是 All-in-One Rasa Architecture with DIET and TED。我们从 3.x 图的视角讲解，这张图大家已经太熟悉了，如图 11-1 所示。

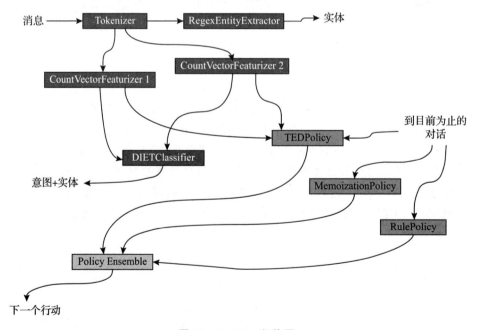

图 11-1　Rasa 架构图

第 11 章 框架 DIETClassifier 及 TED

我们前面的内容其实都是围绕图,包括图本身的构造 GraphNode 和 GraphComponent,以及数据的流动和组件的定制等介绍的,且都跟大家讲得很清楚。这里面的 DIETClassifier、TEDPolicy 显得非常显著,它们都是基于 Transformer 的。我们来看一下它的代码,这样会给大家更具体,或者心里更踏实的一种感受。

diet_classifier.py 的源代码实现:

1. class DIETClassifier(GraphComponent, IntentClassifier, EntityExtractorMixin):
2.   """用于意图分类和实体提取的多任务模型
3.   """

显然,DIETClassifier 作为一个图的组件,作为图上的节点,它肯定是继承至 GraphComponent。我们看一下 TEDPolicy,在这个地方没有看见 GraphComponent,是因为它继承 Policy。

ted_policy.py 的源代码实现:

1. class TEDPolicy(Policy):
2.   """Transformer 嵌入对话(TED)策略
3.   ……
4.   """

而 Policy 继承了 GraphComponent,学习了本书前面的内容,肯定对这些内容是非常熟悉的。

policy.py 的源代码实现:

1. class Policy(GraphComponent):
2.   """所有对话策略的公共父类"""
3.   ……

看一下 DIET 对自己的描述,可以看官方文档,也可以看其他的文档,但看源码中的注释是最有效的方式,因为它以最简洁的方式描述最核心的内容。看新技术的时候,一般都会直接读它的源码。DIET 是多任务模型,同样一个模型可以做不同的事情,从 DIETClassifier 类的签名可以了解,它除了是一个节点以外,还是一个 IntentClassifier,同时也是 EntityExtractorMixin,看见这些内容的时候,会直接感受它是做意图方面识别的,相当于是一个普通接口级别。

classifier.py 的源代码实现:

1. class IntentClassifier:
2.   """意图分类器"""
3.
4.   # TODO:"向消息添加意图/排名"功能

5.   pass

从意图的角度讲，IntentClassifier现在没有做其他的内容，这样做，它是为了以后扩展。

至于EntityExtractorMixin，它为执行实体提取的组件提供功能，这里说得很明白，继承该类将为实体提取并添加实用函数，就是一个工具类，实体提取是识别和提取实体的过程，如人名或消息中的位置。

extractor.py的源代码实现：

1. class EntityExtractorMixin(abc.ABC):
2.   """为执行实体提取的组件提供功能
3.   从该类继承将为实体提取添加实用程序函数
4.   实体提取是从消息中识别和提取实体（如人名或位置）的过程
5.   """
6.   …

大家知道DIET属于NLU的部分同时负责意图分类和信息实体的提取，属于语言理解部分。关于IntentClassifier，大家想一下为什么在这里没有实现？它只做了一个类似于接口，是因为也有其他的Classifier，可以看一下其他的Classifier，可能感觉有点提前去看了，因为这应该属于后面章节的内容，FallbackClassifier也说自己属于IntentClassifier。

fallback_classifier.py的源代码实现：

1. class FallbackClassifier(GraphComponent, IntentClassifier):
2.   """以低NLU置信度处理传入消息."""
3.   …

Classifiers还有其他的内容，如图11-2所示。

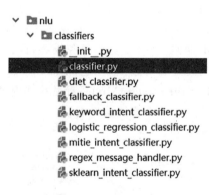

图11-2　Classifiers

单击 classifier.py 文件,可以看见 classifier 本身就是一个 IntentClassifier,没有作一些特殊的处理,也可以看见 SklearnIntentClassifier。现在它提供了接口 Intent-Classifier,提供的接口表明自己会作意图分类,只是先有这样一个接口的说明,但是它没有限制,主要是为了将来的扩展。

sklearn_intent_classifier.py 的源代码实现:

1. class SklearnIntentClassifier(GraphComponent, IntentClassifier):
2. """使用 sklearn 框架的意图分类器"""
3. …

我们继续看 DIETClassifier 的说明,DIET 是 $Dual\ Intent\ and\ Entity\ Transformer$,DIET 是每个单词首字母的简写,该体系结构基于两个任务共享 Transformer。这两个任务混用,它的架构具体怎么理解?大家可以看这张图,如图 11-3 所示,这是官方论文给的图。

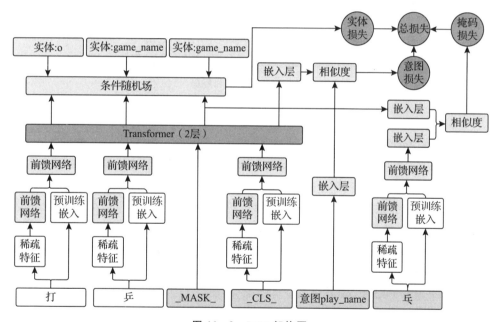

图 11-3 DIET 架构图

例如,"打乒乓球"("play ping pong")这句话,它会把这句话意图识别为 play game,然后把"ping""pong"作为一个实体,从意图分类或者实体提取的角度讲,前面这些信息叫 encoding 也好,叫 embedding 也好,这些参数其实是共用的。

大家看前馈神经网络(Feed forward network),它有两种级别的前馈网络,其中第一层的前馈神经网络,参数它们都是共用的,回顾一下,一个实体标签序列是通过一个条件随机场(Conditional Random Field,CRF)标签层,是在 Transformer 输出序列对应的输入序列预测的。如图11-4所示，CRF上侧的输入部分相当于是它的实际值（ground truth）。

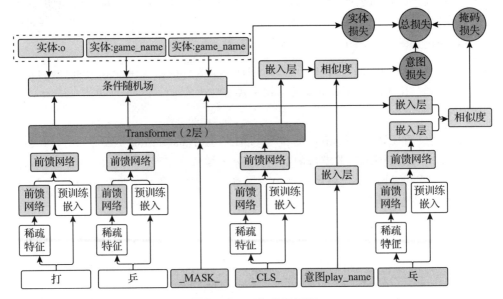

图11-4 CRF的目标值

Transformer通过注意力机制对信息进行编码之后，会通过一个前馈神经网络输出信息，可以认为神经网络有这种位置级别的前馈网络，然后不同的节点之间又有注意力，所以它能表达的信息非常丰富。CRF位置有一个"transition"，中文可以翻译为转移矩阵，由于CRF天生的弱点是自己对标记具体输入信息表达能力不足，只是信息进来表达关系的时候会表达得很好，而信息表达不行，所以这里使用Transformer，跟大家谈得很清楚。这里说CRF标记层位于对应于标记输入序列的Transformer输出序列的顶部，这很明显，"__CLS__"标记和意图标签的Transformer输出嵌入到单个语义向量空间中，这其实是Star Space的思想。在DIET中，它把最后一个位置作为"__CLS__"作为意图分类的部分，如图11-5所示。

这里使用了点积损失最大化与目标标签的相似性，并最小化与负样本的相似性，这些都是比较简单的内容。

我们转过来也可以看见TEDPolicy。

ted_policy.py的源代码实现：

```
1.　class TEDPolicy(Policy):
2.　　　"""Transformer 嵌入对话(TED)策略
3.　　……
4.　　"""
```

第 11 章 框架 DIETClassifier 及 TED

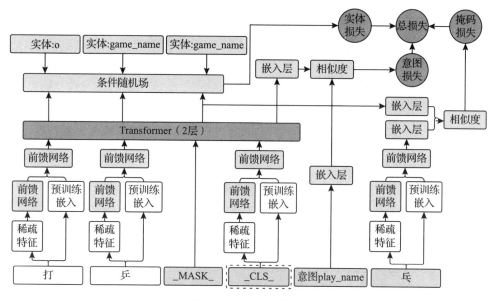

图 11-5 __CLS__标记

TEDPolicy 也是基于 Transformer 的内容,这个地方一开头就说 Transformer Embedding Dialogue (TED) Policy,简称为 TEDPolicy。Dialogue Transformers 这篇论文描述了模型架构,它的链接是 https://arxiv.org/abs/1910.00486,这篇论文在前面跟大家讲得非常清楚。

如图 11-6 所示,该体系结构包括以下步骤(the architecture comprises of the following steps),是"comprises of",为什么后面加了"of",这个地方英语的语法表达有问题,可以直接说"the architecture comprises the following steps",也可以说"consist of",因为整体涵盖局部的时候,说"comprises"就行了,没必要加这个"of"。

(1)将用户输入(用户意图和实体)、上一个系统动作(Previous System Actions)、词槽和每个时间步骤的活动表单连接到输入向量的预 Transformer 嵌入层,用户的输入会经过 DIET 提取意图及实体抽取。TEDPolicy 是属于对话管理方面的,根据用户输入的信息它会进行处理。如图 11-7 所示,会看见 CountVectorsFeaturizer 1,CountVectorsFeaturizer 2,这是端到端学习。

在正常情况下,我们一般都不会有端到端的能力,至少目前 Rasa 是这样的,这时候肯定是要接收 DIETClassifier 产生意图和实体。根据用户的信息处理,TEDPolicy 肯定有用户输入的信息,通过 DIETClassifier 产生了实体和意图,这里再连接用户输入,用户输入存在的方式是意图和实体,还有上一个系统动作,大家看图 11-7 中很明显"conversation so far"就是上一个系统动作。这个地方还有一个词槽(slots),在这张图中看不见,因为图强调的是不同的组件,而这个词槽。只要做对话机器人,就不可能不知道词槽,它在一个会话的对话中存储状态信息,类似于做安卓

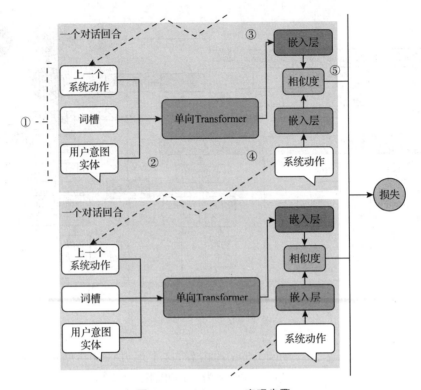

图 11-6 TEDPolicy 实现步骤

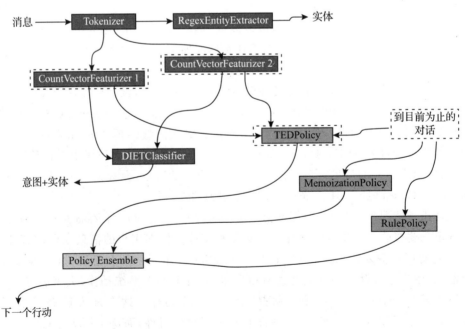

图 11-7 Rasa 架构图(TEDPolicy)

开发时，它相当于"preference"级别的内容。词槽也可以持久化，因为 Rasa 后端可以进行一个配置。至于将每个时间步长的活动表单输入到预 Transformer 嵌入层的输入向量中，活动表单是 Rasa 的组件，我们不用关心。现在用户有当前回合的输入信息、历史信息，还有状态信息以及特殊的组件，应把这些内容作为输入向量，把所有的事物变成一个向量，整合起来输入 Transformer，这很正常。

（2）然后输入 Transformer 嵌入层。

（3）对 Transformer 的输出应用密集层（dense layer），以获得每个时间步骤的对话嵌入；在具体的对话中，它会根据用户输入的信息、历史信息、状态信息和一些特殊的组件信息。这些都通过 Transformer 进行编码，编码之后，通过了一个密集层。现在看这些内容都是完全靠直觉，太轻松了，就是"breeze"的感受。这些内容，如果你有任何问题，只能说明没有学习我们前面章节的内容。这些内容是我们反复从多个不同的维度，多个不同的视角，多种不同的场景反复讲过的，都是最基本的。它对用户当前的状态信息、历史信息进行了编码。

（4）应用密集层为每个时间步的系统动作构建一个嵌入式向量，这个说法不是太好，但这种说法没有错，但为什么说这种说法不是太好？是因为这是系统动作，理论上讲，系统动作在运行的时候是固定的，进行一次就行了。把它编码通过一个密集层，这个密集层和对输入信息和状态信息的密集层是一样的。如果不一样，就无法进行比较，这是 Star Space 的思想，因为系统动作或者称之为响应，它就是一个集合，训练一次就行了。也可以重复去使用，之所以说不好，在这里会给你一种感觉，就是它每一次都重新训练一下，显然既费算力，效率又不高。

（5）然后，对于计算对话嵌入和嵌入式系统动作之间的相似性，它说得很明白，这是基于 Star Space 的想法，前面都是基于 Star Space，TEDPolicy 的源码注释写的不是让人读了心花怒放、欢欣雀跃的那种，相对而言 DIETClassifier 的源码注释就写得干净清爽很多。

回到官网的文档中，关于 DIETClassifier，它是 Rasa 1.8 版本提出的，TEDPolicy 提出的时间更早，也是 1.x 的版本，具体什么版本不是太重要。在这里强调，Rasa 过去的很多版本，核心之一是意图分类和实体抽取，另外核心之一是关于对话的策略，尤其是多轮对话，大家应该知道正常的多轮对话，可称之为非线性对话（Non-linear conversation），这是很重要的内容。

这时候，基于 Transformer 的注意力机制就特别重要，尤其是要进行 TEDPolicy 的时候。举个例子，Rasa 是业务对话机器人，假设你在购物，正在支付信用卡的时候，突然要减掉几个物品，或者问一下，"你是否是机器人？"，因为支付这种事情比较敏感，这其实是一个正常对话的状态，这时候使用基于 Transformer 的模型架构，比如 TEDPolicy，它就特别重要。

回到 Rasa 的架构图 11-7，至于 DIETClassifier，它在更高准确度的同时也有了更快的速度，尤其是推理的时候，现在是 Rasa 3.x 通过图的方式有依赖关系，每个组件理论上讲,都可以把训练的内容保存起来,而且也可以进行并行的训练,这里只是带领大家稍微温习一下。

11.2 Introducing DIET:state-of-the-art architecture that outperforms fine-tuning BERT and is 6X faster to train

Rasa官方团队提出了两篇文章,第一个标题是"Introducing DIET:state-of-the-art architecture that outperforms fine-tuning BERT and is 6X faster to train",这是在实践中已经反复证明的,而且从业务对话的角度讲,即使一些不用预训练的模型,就使用简单的稀疏向量模型,有可能也会比BERT表现得好,至少不比它表现得差。大家听说这种内容可能很惊奇,其中有一个很重要的原因是,BERT基于比较通用级别信息的计算,而且它还是基于书籍及一些比较正规化的文字进行训练,而实际的业务对话场景,跟这个有所不同。具体有哪些不同,大家看前面章节的内容,我们都有讲解的。如果以前从来没讲过,肯定会给大家细致说明它到底是怎么回事。如果只是顺便带过一下,说明我们前面比较细致讲过。它比BERT好,这个事情已经被实践反复证明了。

这里它说训练速度快6倍,现在Rasa 3.x已经不是快6倍,估计可能达到训练速度快50倍,因为它说这时是Rasa 1.8版本,现在已是Rasa 3.x版本。如图11-8所示,这张图本身也很简单,用户输入信息进行标记化器之后,会通过两层的共享神经网络进行信息编码,传给Transformer产出内容,第一个是产出相应的标记,传出的标记会作为CRF的输入内容,这些输入内容会跟CRF的实际标签(ground truth)来计算损失(loss)。

另外是"cls"部分,进行意图分类的时候,是代表全局信息的,它要配合具体实际的分类标签,通过Star Space比较计算损失,意图是"play_game"。另外是MASK机制,前面跟大家也说得很清楚,在这里除了对语言层面理解,还有一点是对话,可能大家的用语不规范等,这时候使用MASK向量表达每个位置的具体内容,可以产生动态编码,然后训练很多次,基本上正常的位置都可以表达。当初讲这篇论文的时候是从它的总损失(total loss)出发的,里面的每个关键点都跟大家解析过。它是轻量级的(light weight),因为Transformer只是两层,而且它有很多dropout等相关的内容,前面也都讲得很清楚。

多任务是意图分类和实体识别,多意图是没有问题的,这里说了一句很关键的话,即它提供了插入和使用各种预训练模型嵌入的能力,例如BERT、GloVe、ConveRT等。我们也专门讲解了ConveRT,它确实是一篇很出色的论文,为什么是这样?因为这里有预训练嵌入式向量,可以把任意的例如BERT嵌入式向量配置嵌入进去,这是可插拔的技术,也是一个很理想的架构。模块化架构尤其重要,为什么这

第11章 框架 DIETClassifier 及 TED

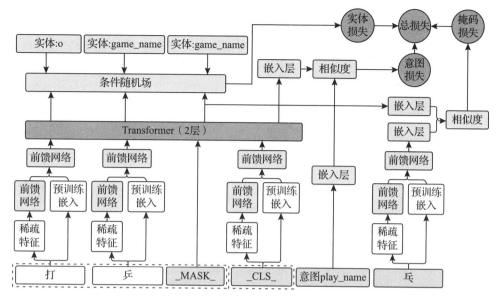

图 11-8　DIET 架构图

样说？因为可以插拔各种组件，但是在不同的数据集中，没有一组嵌入式向量始终是最佳的，就是没有一个嵌入式向量在不同的数据集中的表现都是最好的，所以这时候可插拔的状态是至关重要的，业界要不要可插拔？实际上只要有经验，肯定知道要做成可插拔的，这不用探讨。当然如果没经验，可以随便探讨，就是不同的数据有不同的特性，然后不同的模型，它在提出的时候可能会记一些特别的数据，这时候模块化是至关重要的。

大规模的预训练语言模型对于构建对话式 AI 应用程序的开发人员来说并不理想，它也会解释很多原因，包括训练的时长等。这篇文章读起来不是太流畅，如果是我们写，既然说了对于开发人员并不理想，紧接着一定要解释怎么回事，但是它把解释放在后面了，效果不错。但是和大规模训练也没有太大关系，这有点隐藏，其实可以直接说还有最致命的内容。举个例子，BERT 的核心就是慢，这是从训练速度的角度来看的，当然 BERT 还有其他很多的问题，它非常慢，需要 GPU 来训练，更不用说这个推理了。另外如果是多语言，也会很麻烦，它没有大规模的预训练，因为大多数预训练的模型都是用英文训练的。其他有很多语言，它根本就没有那么多的语料，这时候会使用一些数据增强的技术，例如翻译等，这些我们就不多讲，前面都跟大家分享过。

Rasa 的 NLU 管道实际上是词袋模型的方式，听起来不可思议，但是 Rasa 的核心创始人说它表现得很好，要把这个词汇放在一个词袋模型里面，类似于一个基本的统计，但是它确实很有效。

刚才说了预训练，也说了 DIET 之前的一些内容，觉得官网这篇文档写的顺序有问题,DIET不同,因为它是一个模块化架构,适合于典型的软件开发工作流,在准确性和性能上与大规模预训练语言模型进行比较,改进了当前的状态,训练速度快了6倍。DIET之所以更好,是因为在嵌入式向量阶段做了很多工作,它达到了领先的状态,训练速度快6倍,但其实现在不只是6倍了。

也可以执行一个单一的任务,例如,配置关闭意图分类和训练,它只做实体提取,这也是我们讲论文的时候特别强调的一点。它是多任务的一个架构,但是可以把实体抽取的功能,也就是CRF的功能去掉,直接做意图识别,或者情感分类,转过来也可以,只做实体识别,这些都可以,它只是配置的问题,如图11-9所示。

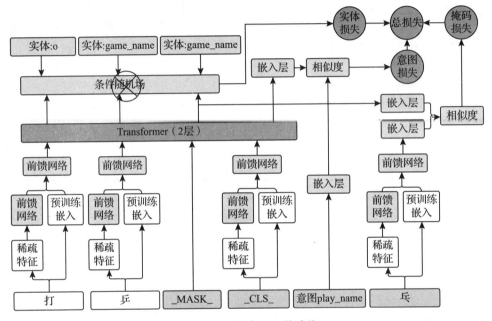

图11-9 去掉CRF的功能

Rasa有个口号是应用研究(applied research),它的目标是让任何人都能够应用对机器学习的一些算法,并能够享受这些成就等,还是不错的,所以它产生了很多低代码的技术,大多数都是通过配置去完成。但如果背后访问业务API,这时候一般写Python代码,Java代码或者其他代码,默认是Python代码,因为它背后有Action微服务。

我们继续看简化后的图,如图11-10所示。

输入"I want play ping pong",可能会通过一个预训练模型,但是也可以完全不使用,因为它可插拔,然后识别的意图是"Intent:Play Game",抽取的实体是"Entetities:Game="ping pong""。实际上是一个乒乓实体,然后它证明了一句自豪的方式,达到最先进的精度,且不再意味着牺牲效率,达到领先的水平(State-Of-The-Art)。国内很多人称之为SOTA,它是每个字母的开头的简写,准确度提高没

第 11 章 框架 DIETClassifier 及 TED

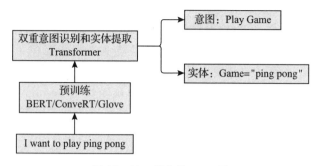

图 11-10 简化的 DIET 图

有必要牺牲它的效率,也就是质量又高、速度又快,显然是理想中的。

怎么使用 DIET,这就不说了,因为这不是我们讲的重点,大家也可以稍微看一下,配置文件有很多内容会形成依赖。DIET 可以基于稀疏特征,也可以基于稠密特征。从图中可以看得很清楚,但无论是稀疏特征、稠密特征,还是它们的联合,最后肯定都通过前馈神经网络变成了稠密特征。这里有很多的解释,比如 ConveRTFeaturizer 是稠密特征,这里是 LanguageModelFeaturizer,例如 BERT 之类模型;CountVectorsFeaturizer 是稀疏特征级别的。还有 LexicalSyntacticFeaturizer,用于实体抽取设置,大家看 LexicalSyntactic 这个单词就知道它会和实体有关。最后得出了一个结论,可以认为是原因,也是结论点,官网发布它有两个原因:构建高性能 AI 助手并不总是需要大规模预训练的语言模型,希望为开发人员提供一个灵活的、即插即用的架构。DIET 提高了当前的水平,优于微调 BERT,并且训练速度快 6 倍,这是一个很重要的里程碑,注意它是用于处理多轮对话的,而且能够处理业务,它用业界的实践证明了这一点。这是 DIET 部分,要点我们都讲到了。

11.3 Unpacking the TED Policy in Rasa Open Source

关于官方提出的"Unpacking the TED Policy in Rasa Open Source",这篇文章它不是论文,而是一篇博客,写得还不错,它的逻辑或者里面的核心点显然更多。

不过核心是我们在这个地方讲它源码文档注释的时候,虽然觉得这个文档注释不是很完美,但读到它的开头,读到它说的这种话,感觉是让大脑瞬间高潮的这种话。它说许多人工智能助理并没有像大家想象的那么多地使用机器学习,看见很多 AI 的助理或者对话系统,可能感觉它用了 AI 机器学习,但实际上可能没有那么多机器学习的内容。虽然将机器学习应用于 NLU 是一种常见的实践,但涉及对话管理时,许多开发人员仍然使用规则和状态机,提取意图或者提取信息的时候是 NLU,现在我们使用最先进的模型就是 Transformer。

说到对话管理,就是要生成下一步的回复,怎么基于状态信息生成下一步回复?许多开发人员仍然(still)使用规则和状态机。"still"这个词好棒,显然跟机器学习没什么关系,它一针见血地指出,为什么许多人工智能助理并没有那么多地使用机器学习?为什么很多的开发人员仍然使用规则和状态机?因为他们想控制结果。凡是业务级别的,都有一个共同的特征,叫确定性(deterministic),这是业务级别的模型特征。很多开发者可能受技术能力的限制或者技术视野的限制,这跟技术发展水平也有关系,他们无法很好驾驭已有的模型,尤其是神经网络模型的确定性。无法驾驭就不能做业务方面的 AI 系统,不能做业务,就只能自己作研究或自娱自乐。文档说使用机器学习来选择助手的响应提供了一种灵活且可扩展的替代方案,言外之意是前面是规则或者状态机,模式很固化。从对话的角度讲,一个灵活且可扩展的替代方案是至关重要的,因为对话会充满很多变化,会插入一些跟当前主题没有关系的内容。对话的过程中可能会忘记一些东西,或者会修改一些东西,这些内容如果使用规则或者状态机,这就太痛苦了。大家应该很清楚它为什么很痛苦,这里也说得很直白,其原因是机器学习的核心概念比较泛化,这种文字令人心花怒放。

当程序可以泛化时,不需要为每个可能的输入进行硬编码响应,因为模型会根据已经看到的示例来学习识别模式,这是硬编码规则无法达到的规模。它既适用于对话管理,也适用于 NLU,这种文章写得太棒了,使用机器学习的模型可以完成泛化,如果有新的模式,只需要增加训练数据就行了。基于训练数据,它会自动学习,不需要手动做 Rasa 或者维护状态。

Rasa 使用机器学习基于作为训练数据提供的示例对话选择助手的下一个动作,它基于过去的历史信息训练模型,然后这个模型会知道下一步做什么,不是为每个可能的对话回合编写 if/else 语句,而是为模型提供可泛化的示例对话,这就是机器学习训练。

当需要支持一个新的对话路径的时候,不必试图通过更新现有的复杂规则集来推理,而是向训练数据中添加符合新模式的示例对话,这是机器学习的一些通用法则,这里不作太多解释。这种方法不仅适用于简单的来回对话,还可以支持自然语音、多回合的交互,这是 Rasa 在做业务对话机器人更强大的地方。

在这篇博客文章中,我们将通过打开(unpacking)Rasa 中使用的一个机器学习策略来探索对话管理,"unpacking"这个单词很形象,假设有一个礼物,"unpacking"相当于把它打开。然后它说是机器学习策略,因为它有很多策略,大家可以看一下,这里有很多策略,包括 UnexpecTEDIntentPolicy。

Transformer Embedding Dialogue Policy 简称 TED,是 Rasa 开源用来选择助手下一步应该采取行动的对话策略,它使用 Transformer 架构决定在进行预测时哪些对话需要关注,哪些对话要选择性忽略。它会基于历史状态信息,将用户输入(用户意图和实体)、以前的系统动作、词槽和每个时间步骤的活动表单连接到预 Transformer 嵌入层的输入向量中。Rasa 助理在其配置中使用多个策略决定下一步采取

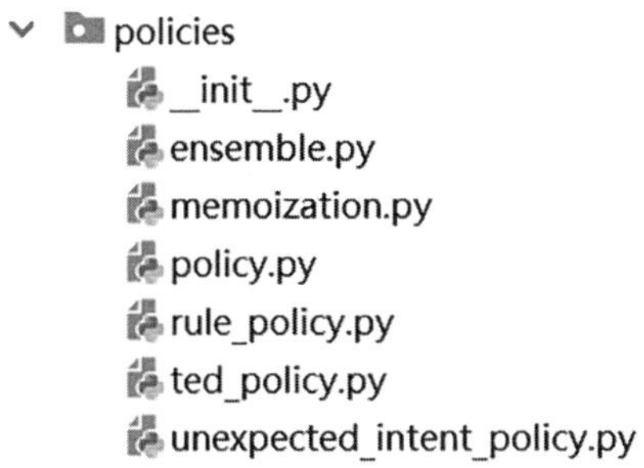

第 11 章 框架 DIETClassifier 及 TED

```
▼ 📁 policies
    🐍 __init__.py
    🐍 ensemble.py
    🐍 memoization.py
    🐍 policy.py
    🐍 rule_policy.py
    🐍 ted_policy.py
    🐍 unexpected_intent_policy.py
```

图 11 - 11 对话策略

哪个动作,这是它自己对话策略管理的机制。它谈到了多个策略,因此一些对话策略针对简单的任务进行了优化,例如,将当前对话与训练数据中的对话进行匹配,而其他对话策略,例如 TED 策略适用于建模对话。这是我们谈的核心问题,需要依靠先前的上下文来选择下一步最合适的动作。

如图 11 - 12 所示,我们看一下这张流程图,这张流程图在讲论文的时候,已经反复看过。

这里是单向 Transformer(Unidirectional Transformer),为什么是单向?因为训练的时候,如果看到后面的内容,相当于没有学习,直接就看到了结果。这里输入的信息有以前的系统动作、词槽,还有用户意图和实体,会形成一个嵌入式向量层,然后系统动作是所有的响应信息。通过嵌入式向量层,从星空 Star Space 的角度讲,两个嵌入式向量层是共享的,它们能够进行相似度比较。

回到文档,因为 TED 是复杂的多轮对话,它会选取最高的评分,采用预测置信度最高的策略决定所采取的动作,TED 策略在非线性对话中表现得特别好,因为非线性对话肯定是智能对话,甚至是业务对话机器人核心的难点。在这种对话中,用户会插入一个偏离主题的信息。"inte"是放进去、中间的意思,"jects"从词根、词源的角度讲是扔的意思,如果"project"不从名词角度,而从动词的角度讲是预测、向前,"interject"是在中间插入的意思,即会插入一个题外话。在讲它的词根、词源的时候,其实就是一个题外话。现在我们再回到正常的内容中。

这里它还讲了另外一个点,循环修改之前的状态信息,这很正常,也很重要。比如,提供注册的时候,使用了一个邮箱信息,可能感觉使用工作邮箱信息更合适。开始提供的是私人的邮箱信息,然后如果说,"Wait a moment, I wanna use my email in my workplace",这时候就修改前面的邮箱。这只是举个例子,对话有很多的不确定性,当然可以插入题外的内容。这些类型的多轮对话反映了用户实际交谈的方式,而且它们也是那些试图用一组规则建模的特别复杂(complex)的对话类型。至于"complex",我们多次遇到这个词,它会有很多"plex",就是很卷,例如折一张纸,一折又一折的叫"plex","complex"就是一起卷,其实它的核心是"Multilayer",就是有很

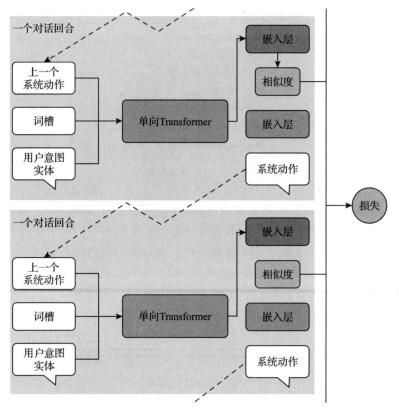

图 11-12　TED 策略

多不同的层次,因为我们插入一个题外话,这些都是新的层次。试图用一组规则建模很复杂,那是必然的,因为要把所有的情况都考虑进去,即使不考虑所有的情况。

真正的对话往往会在话题或离题之间来回移动,所以能够很清楚根据历史信息决定接下来怎么跟用户交互是特别重要的。它举了一个例子,我们直接看一下它的描述,在下面的对话中,用户在继续进行主要目标(购买)之前返回来验证账户上的信用,然后,用户在购买完成后返回到信用主题。

机器人问:你的总金额是 15.50 美元,我可以用你上次的卡支付吗?

Your total is $15.50 - shall I charge the card you used last time?

用户回答:我的账户上还有退款吗?

Do I still have credit on my account from that refund I got?

注意,这个地方其实是讲另外一个主题了,从你要付钱这件事情看,其实它是在讲另外一个事物了。但从正常的对话角度讲,如果是人与人之间对话,可能感觉不到,但细细去体会一下,它说你应该支付 15.5 美金,现在要不要用上一次的卡支付,你应该说是用还是不用？这才是正常的,但这不能说这才是正常的对话,这只是同样一个主题的对话。你现在问退款的这些内容,这是另外一个问题了,所以它是复杂的("complex")。

机器人问：是的,你的账户有10美元的存款。这又是一个层次。

Yes, your account has $10 in credit.

用户回答：好的,太好了。

ok, great.

然后对话机器人说,我要下订单吗？

Shall I place the order?

用户肯定回复,是的。

Yes.

然后完成,机器人提示明天收到物品。

Done. You should have your items tomorrow.

这时候,用户又问了一个题外话,那用我的信用吗？

so did that use my credit?

你可以继续去跟它讲了,这就是一个正常的对话过程,如果使用状态机等有不同的主题组合,前面说了句开玩笑的话,让你后悔来到人世间,想一想这多复杂,而且在这过程中,例如,对话机器人说,我要下订单吗？

Shall I place the order?

用户可能转过来又问,你是机器人吗,今天天气怎么样？

are u a bot, are what is the weather today?

还有闲聊那些话,从状态的角度,如果手动去做这些状态,那就太痛苦了。

它也描述了其他的例子,我们就不多说,可能是闲聊,例如,"你是机器人吗？",然后回到之前的任务。前面说了,如果用户想修改之前的请求,助理应该能够跟上,并读取上下文,以做出必要的调整,这里还说当用户改变话题时,复杂度会增加,正常情况下,一般的人都喜欢谈谈这、谈谈那,最后把事情办完,为了跟上相关内容,助理需要处理的复杂性增加了。这里给了另外一个例子。

机器人询问用户,你的总金额是15.50美元,我可以用你上次的卡支付吗？

Your total is $15.50 - shall I charge the card you used last time?

用户回答,我的账户上还有退款吗？

Do I still have credit on my account from that refund I got?

机器人查询告知,你的账户有10美元的存款。

Yes, your account has ＄10 in credit.

这时候,用户问了一句题外话:你是机器人吗?

Wait, are you a bot?

对话机人答复,它不是人类,但可以帮你做很多有用的事情。

Why yes I am! I may not be human, but I can help with lots of useful tasks.

用户回复信息。

ok, great.

机器人询问是否下订单。

Shall I place the order?

用户答复:我改变主意了。把最后一项从订单中去掉。

Take the last thing I added out of my order. I changed my mind.

对话机器人删掉这项订单。对于用户请求的改变,如果是状态机实现,那会很痛苦。

Okay, removing Reusable water bottle - Color blue

用户回复,现在就下订单。

Cool, place the order now

像这样的情况可能很有挑战性,因为虽然确定下一个动作可能不需要整个对话历史,但对于用户可能引用的对话历史有多长是没有限制的,因为不知道要考虑多长的历史信息。我们使用注意力机制主要基于Transformer,注意力可以理清层次分明的话题,理清哪些是重要的,哪些是无关紧要的。这里也谈到RNN、LSTM这些内容,大家看我们前面的内容,都讲得很清楚,例如为什么LSTM虽然可以遗忘一些东西,但是也不合适,这是基因上的问题,它们的问题在技术上是不可解决的,可能有一些东西可以缓解,但它这个是基因缺陷,而Transformer架构天生是最合适的。

总而言之,在预测更复杂的多轮对话时,Transformer架构提供了两个优势,它可以决定对话序列中哪些元素是重要的,哪些是需要注意的,并且它的每个预测都独立于序列中的其他元素,因此,如果用户插入了一些意想不到的话题,它能够恢复。这是伟大的进步,就是解耦了复杂度,这不是很小的进步,而是很大的进步。

然后它谈到TED如何去工作,我们前面讲论文的时候,讲得很清楚,看源码注释也讲得很清楚的,只不过如果不知道它的机制,可能会误导你,但它该说的已经说了,这个博客其实写得比官方注释更清楚,它也是来自官方的团队。

在每个对话轮中,TED 策略将三条信息作为输入:用户的消息、预测的前一个系统动作以及作为词槽保存在助手内存中的任何值。在被输入到 Transformer 之前,它们中的每一个都被指定并连接起来,这里写得非常清楚,是自注意力机制发挥作用的地方。Transformer 在每轮对话中,动态访问对话历史的不同部分,然后评测和重新计算以前轮次的相关性,这使得 TED 策略可以在某一时刻考虑用户话语,但在另一时刻完全忽略它,这使得 Transformer 成为处理对话历史的有用架构,写得也非常棒。

然后它接着说:把这个过程描述得很清晰,将一个密集层应用 Transformer 的输出,以获得用于近似对话上下文和系统动作文本的嵌入式向量特征,计算嵌入式向量之间的差异,TED 策略最大化与目标标签的相似性,并最小化与错误标签的相似性,这是一种基于 Star Space 算法的技术,它讲得很清楚。读这种级别文章的感觉,用英文词汇来描述,就叫"lucid",是清醒的、清楚的意思。当需要预测下一个系统动作时,所有可能的系统动作都会根据它们的相似度进行排序,并选择相似度最高的动作。

至此,从知识点回顾的角度,已经跟大家过了一遍,最后它认为可以通过从示例对话中提取模式来概括的机器学习策略是构建 AI 助手的新标准,而有了 TED 策略,AI 助手可以对达到三级所需的复杂对话做出适当的反应,这是它的一个结论,它的实力和实践确实也支撑了这个结论。

接下来要讲 TEDPolicy 源码本身,大家看一下源码,它有 2 000 多行,另外一个是 DIETClassifier,它的代码有 1 000 多行,我们稍微带领大家回顾一下论文的信息,这是一种比较平和的回顾。从整体的视角来看,接下来会跟大家分享这两个算法 DIET 和 TED 的实现,这些内容是属于 Rasa 最核心的论文 DIET 和 TED,同时也属于 Rasa 3.x 内核和自定义扩展中关于 DIETClassifier、TEDPolicy 的内容。

第 12 章 DIET 多行源码剖析

12.1 DIETClassifier 代码解析

本节跟大家讲 DIET 的源码实现部分，很多朋友对这些内容期待已久，确实也值得期待。为什么？它是目前 DIET 在对话机器人领域，尤其是业务对话机器人领域，已经反复被证明是最有效的，同时又能够提供实时推理速度的一种多任务架构。如图 12-1 所示，多任务在这张图中可以同时完成意图分类，还有联合使用 Transformer，以及 CRF 构成的实体识别方面的内容，这是 NER 的部分。

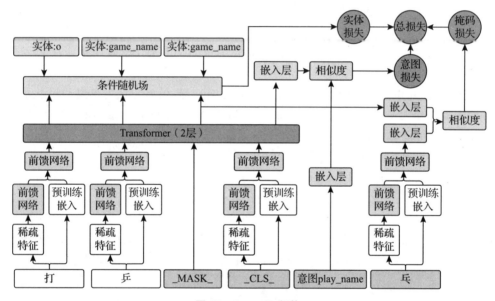

图 12-1 DIET 架构

从整个架构的角度讲，大家可以看得非常清楚它还有 Mask 掩码机制，从语言理解，尤其是增强对话场景下的语言理解，可能说话用语不是那么规范，它不像 BERT 在训练的时候，基于书籍等这种相对比较规范化的文字，所以 DIET 有这三种训练任务来完成整个模型的训练，且它达到的结果是领先的。无论是意图识别，还是在 NER 方面，它都达到业界领先的程度，同时它的速度也是实时的推理速度，显然这是大家梦寐以求的架构，而我们这节讲的 DIETClassifier 肯定也是大家梦寐以求期待的内容，大家都很清楚，我们是基于 Rasa 的。

diet_classifier.py 的源代码实现：

1. class DIETClassifier(GraphComponent, IntentClassifier,
   EntityExtractorMixin):
2. """用于意图分类和实体提取的多任务模型
3. """

现在,我们的视角是从 Rasa 3.x 架构的角度来考虑的。

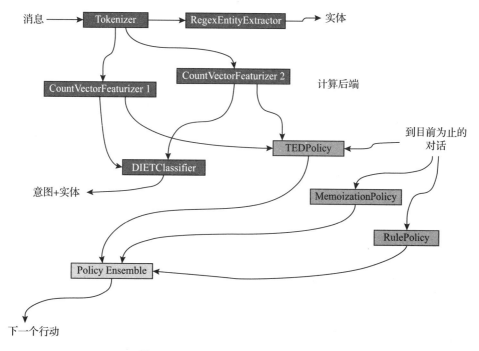

图 12 - 2　Rasa Computational Backend

所谓 Rasa 的 3.x 架构,它有一个新的计算后端 Computational Backend 这样一个计算后端。无论是语言理解层面,还是对话策略层面,都把它融入在一张图中,而且通过一个统一的抽象接口,这个统一的抽象接口就是 GraphComponent。从图 12 - 2 的视角来看,它叫 Graph Node,它通过这样一个统一的接口,把语言理解、语言处理都抽象为 GraphComponent 的方式。从代码实现的角度,从运行的角度是 GraphNode,前面完整分析过的 graph.py 文件,这里每行代码我们都分析过。大家如果不太熟悉,可以看前面的内容,GraphComponent 继承至 ABC。

graph.py 的源代码实现:

1. class GraphComponent(ABC):
2. 　　"""将在图中运行的任何组件的接口"""
3. 　　……

ABC 是一个抽象基类（Abstract Base Class），要做 Python 开发，尤其是企业级的 Python 开发，不可能不知道 ABC，因为这是面向接口编程的一个核心的基础类。

graph.py 里它描述的是具体的每一个组件，从图 12 - 2 看，它是在讲节点（node）的一些基本方法，尤其是训练的时候，create 方法创建模型的时候该怎么去做。

graph.py 的 GraphComponent 源代码实现：

```
1.    @classmethod
2.    @abstractmethod
3.    def create(
4.        cls,
5.        config: Dict[Text, Any],
6.        model_storage: ModelStorage,
7.        resource: Resource,
8.        execution_context: ExecutionContext,
9.    ) -> GraphComponent:
10.   ……
```

然后在推理的时候，会使用节点的 load 方法加载相关的内容，前面我们非常详细跟大家逐行解读过。

graph.py 的 GraphComponent 源代码实现：

```
1.    @classmethod
2.    def load(
3.        cls,
4.        config: Dict[Text, Any],
5.        model_storage: ModelStorage,
6.        resource: Resource,
7.        execution_context: ExecutionContext,
8.        **kwargs: Any,
9.    ) -> GraphComponent:
10.   ……
```

包括 GraphNodeHook 这些流程级别、生命周期级别的内容，我们都跟大家讲过。

graph.py 的源代码实现：

```
1. class GraphNodeHook(ABC):
2.     """保存要在 GraphNode 之前和之后运行的功能"""
```

第 12 章 DIET 多行源码剖析

3. ……

从实例化运行的角度看，它就是 GraphNode。

graph.py 的源代码实现：

1. class GraphNode：
2. 　　"""在图中实例化并运行"GraphComponent"
3. 　　"""

GraphNode 在图中实例化并运行 GraphComponent，从实例化并运行的角度看，GraphComponent 是类，GraphNode 相当于是类的实例，刚才讲过这两个概念。为了论述的严谨和完整性，跟大家补充一下，本节的内容会从源码的角度分享重要的两点，第一个点是 DIETClassifier，它怎么遵循整张图的架构，又是怎么去实现的呢？遵循整张图的架构，肯定是实现 GraphComponent 接口。第二点是从 Transformer 的角度看，Transformer 在语言理解，包括意图分类、实体识别方面是统一架构的多任务，它怎么做的？

斯坦福大学的吴恩达回顾 2021 年整个 AI 领域的时候，提到 Transformer，他说了很重要的一句话，即架构驾驭一切，他说的这种架构就是 Transformer，我们转过来，再次通过 DIET 的架构说明这句话的有效性。

现在，事实上工业界的业务对话机器人最成功的标准就是 Rasa，而且是最先进、最严谨、最严肃的。无论是语言理解层面，还是对话策略层面，它显然都基于 Transforme。这里也有端到端学习，这是另外一个层面的内容，即使是另外一个层面的端到端学习，如果要交给 TEDPolicy，TEDPolicy 也是 Transformer，所以本节内容的重要性是显然的。从个人的角度讲，TEDPolicy 更具有价值，为什么？因为它是语言理解，语言理解是一切的基础，TEDPolicy 主要是从对话的场景，结合对话历史信息，结合状态信息，结合当前的用户输入信息特征。

但是语言理解中的实体确实是整个 NLP 中最核心的部分，而 DIET 只用一种架构统一了意图分类及实体抽取这两大最重要的任务，可想而知它的重要意义，再加上它现在又通过把自己变成一个组件的方式，通过继承 GraphComponent 了接口实现。下面我们看代码直接说明，DIETClassifier 继承至 GraphComponent。

classifier.py 的源代码实现：

1. class DIETClassifier(GraphComponent, IntentClassifier,
   　　EntityExtractorMixin)：
2. 　　"""用于意图分类和实体提取的多任务模型
3. 　　"""

它在运行的时候形成一个 GraphNode 的组件，使得组件能运行，就是基于整个图运行，它具有依赖关系，可以接收上游的数据，也可以产出结果，接收别人的数据，例如 CountVectorsFeaturizer。可能有不同的 Featurizer，GraphComponent 帮你完成了一些生命周期方法的封装，同时 GraphNodeHook 帮你进一步辅助运行，比如节点在运行之前，在运行之后。这里也有 ExecutionContext。

graph.py 的 ExecutionContext 源代码实现：

1. @dataclass
2. class ExecutionContext：
3. """保存关于单个图运行的信息."""

还有最核心的是 GraphNode 本身，它转过来会使用_load_component 等方法。
graph.py 的 GraphComponent 源代码实现：

1. def _load_component(self, **kwargs: Any) -> None：
2. ……

也会使用_get_resource 方法表现 GraphComponent 的内容，例如 creat 产生的内容，或者加载进来的内容。
graph.py 的 GraphComponent 源代码实现：

1. def _get_resource(self, kwargs: Dict[Text, Any]) -> Resource：
2. ……

它融进了我们 Rasa 3.x 的整个架构，大家也可以看它最原始的论文，关于 DIET 的论文，Rasa 3.x 算法最重要的两篇论文是 DIET 和 TED。

如图 12-3 所示，这里现在思考的核心是实体损失（Entity Loss），它是基于 CRF 加上 Transformer 来做 NER 部分。之所以要 CRF，因为 CRF 作为经典的命名实体识别，过去几十年已证明它确实是最有效的，但是它最大的缺陷是什么？最大的缺陷就是它信息表达能力不够。它有描述状态的能力，描述状态尤其状态转移，因为涉及实体识别肯定有一些语法、语义的关系，相互顺序的关系，这是必然的，能够想象。其实这没什么玄乎的，背后就是神经网络，加入状态转移矩阵层，但由于它信息表达能力有限，例如原始标记，它就不擅长表达，所以我们使用 Rasa 基于 Transformer 表达信息，因为 Transformer 的输出会作为 CRF 的输入。

当然 Rasa DIET 的架构，它的信息表达能力很强，不仅因为它使用 Transformer，非常核心的原因是它的嵌入式向量做得非常好，而嵌入式向量做得很好，类似于我们一再讲到的星空提出的 Bayesian 思想。它可以使用稀疏特征，也可以使用密集特征，使用一些预训练模型，例如来自 BERT 或者 ConveRT 等，不仅这样，它在网络上也下了很大的功夫。

这里说了句很简单的话，至于短语"play ping pong"具有一个意图分类"play_game"，提取"ping pong"的实体名为"game_name"，这是非常直观的，大家看 DIETClassifier 继承的第二个类是 IntentClassifier，继承的第三个类是 EntityExtrac-

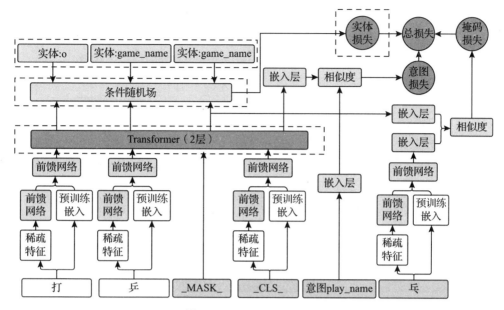

图 12-3 DIET Entity Loss

torMixin。

diet_classifier.py 的源代码实现:

1. class DIETClassifier(GraphComponent, IntentClassifier,
   EntityExtractorMixin):
2. """用于意图分类和实体提取的多任务模型
3. """

它的接口是非常清晰的,显然很明确表明它就干了两件事情:意图分类和实体提取。DIET 作为一种非常灵活的架构,肯定可以只作实体识别,就是 NER 部分。也可以只作意图分类,前面在讲论文的时候都非常详细跟大家讲过,这里就不过多赘述了,我们本节的核心是讲源码层面的内容。

我们讲 DIETClassifier 源码,再次看一下它的注释,其实已经看了很多遍,它是多任务模型,可以作意图分类和实体提取这两种任务,这里讲得很明白,DIET 是双重意图和实体 Transformer 架构,它是做意图和实体相关的内容,而且是 Transformer。这个架构是基于两个任务共享的(shared),"shared"是一个非常关键的词。前面也非常清晰地跟大家从实验的角度说过,实体提取和意图分类它们能够相互促进,可在同样一个架构不同的任务中进行训练,然后共享整个网络的时候,它能提高彼此的表现。

如图 12-4 所示,这里说预测一系列实体标签,其实就是 CRF 上面的部分,这些是实际标签(ground truth)。

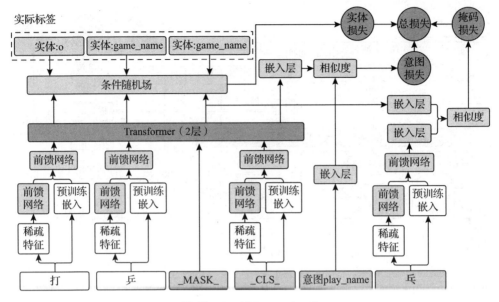

图 12-4 CRF ground truth

如图12-5所示，它第一个单词"打"（"play"）对应的实体是"Entity:o"，从NER的角度讲，它本身是一个动词，不是一个具体的实体。而第二个和第三个就可以看见"乒乓"（"ping pong"）是"Entity:game_name"的实体，这里"乓"（"pong"）是一个MASK掩码。

这里通过条件随机字段CRF预测实体标签序列，做网络训练的时候，肯定有实际标签，然后Transformer会有预测，通过CRF内部的网络进行处理，通过Entity Loss计算误差。条件随机场（CRF）标记层位于Transformer输出序列的顶部，对应于标记的输入序列，"CLS"标记是Transformer输出，把最后一个位置作为"CLS"，这些前面也跟大家讲过了，标记和意图标签嵌入到单个语义向量空间中，现在使用Star Space的思想，使用点积损失来最大化与目标标签的相似度，并最小化与负样本的相似度，这都是最基础的内容，只要跟着本书前面的内容，这些都容易理解。

接下来围绕DIETClassifier展开，之所以这样做，因为它嵌入融合Rasa 3.x的架构，模型本身的名称叫DIET，它的实现是在同样的diet_classifier.py文件里面，继承至TransformerRasaModel。

diet_classifier.py的DIET源代码实现：

```
1.   class DIET(TransformerRasaModel):
2.       def __init__(
3.           self,
```

第 12 章 DIET 多行源码剖析

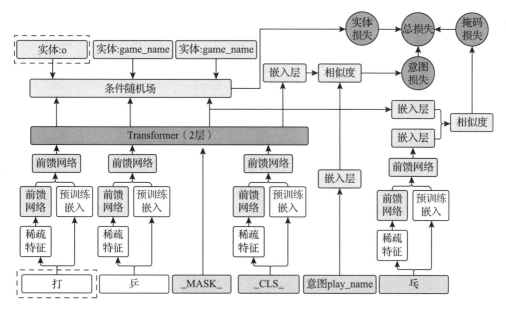

图 12-5 DIET 实体提取

```
4.         data_signature: Dict[Text, Dict[Text, List[FeatureSignature]]],
5.         label_data: RasaModelData,
6.         entity_tag_specs: Optional[List[EntityTagSpec]],
7.         config: Dict[Text, Any],
8.     ) -> None:
9.         # 在调用 super 之前创建实体标记规范,否则构建模型将失败
10.        super().__init__("DIET", config, data_signature, label_data)
11.        self._entity_tag_specs =
           self._ordered_tag_specs(entity_tag_specs)
12.
13.        self.predict_data_signature = {
14.            feature_name: features
15.            for feature_name, features in data_signature.items()
16.            if TEXT in feature_name
17.        }
18.
19.        # tf 训练
20.        self._create_metrics()
21.        self._update_metrics_to_log()
22.
```

23.   #高效预测所需
24.   self.all_labels_embed: Optional[tf.Tensor] = None
25.
26.   self._prepare_layers()

至于TransformerRasaModel，一听到名字就应该很明白，Rasa使用Transformer一些共同的内容，包括一些要实现的抽象方法，肯定都是在TransformerRasaModel里面，这也是Rasa架构设计非常优秀的点，DIETClassifier、TEDPolicy它们都是TransformerRasaModel的实现，也可以看一下TED的实现，它继承至TransformerRasaModel。

ted_policy.py的TED源代码实现：

1. class TED(TransformerRasaModel):
2.   """TED模型架构 https://arxiv.org/abs/1910.00486."""
3.
4.   def __init__(
5.   self,
6.   data_signature: Dict[Text, Dict[Text, List[FeatureSignature]]],
7.   config: Dict[Text, Any],
8.   max_history_featurizer_is_used: bool,
9.   label_data: RasaModelData,
10.   entity_tag_specs: Optional[List[EntityTagSpec]],
11.   ) -> None:
12.   """初始化TED模型
13.
14.   参数：
15.   data_signature:输入数据的数据签名
16.   config:模型配置
17.   max_history_featurizer_is_used:如果为True,则只使用最后一个对话回合
18.   label_data:标签数据
19.   entity_tag_specs:实体标签规范
20.   """
21.   super().__init__("TED", config, data_signature, label_data)
22.
23.   self.max_history_featurizer_is_used = max_history_featurizer_is_used

```
24.
25.        self.predict_data_signature = {
26.            feature_name: features
27.            for feature_name, features in data_signature.items()
28.            if feature_name in PREDICTION_FEATURES
29.        }
30.
31.        self._entity_tag_specs = entity_tag_specs
32.
33.        # 指标
34.        self.action_loss = tf.keras.metrics.Mean(name = "loss")
35.        self.action_acc = tf.keras.metrics.Mean(name = "acc")
36.        self.entity_loss = tf.keras.metrics.Mean(name = "e_loss")
37.        self.entity_f1 = tf.keras.metrics.Mean(name = "e_f1")
38.        self.metrics_to_log + = ["loss", "acc"]
39.        if self.config[ENTITY_RECOGNITION]:
40.            self.metrics_to_log + = ["e_loss", "e_f1"]
41.
42.        # 高效预测所需
43.        self.all_labels_embed: Optional[tf.Tensor] = None
44.
45.        self._prepare_layers()
46. ……
```

DIETClassifier很直白,我们从它核心引擎的角度,从图的角度出发,看一下代码。

diet_classifier.py 的 DIETClassifier 源代码实现:

```
1. class DIETClassifier(GraphComponent, IntentClassifier,
   EntityExtractorMixin):
2.     """用于意图分类和实体提取的多任务模型
3.     """
4. …
5.     @classmethod
6.     def required_components(cls) -> List[Type]:
7.         """在此组件之前应包含在管道中的组件."""
8.         return [Featurizer]
```

9. ...
10.   @staticmethod
11.   def get_default_config() -> Dict[Text, Any]:
12.   """组件的默认配置"""
13.   # 请确保在更改默认参数时更新文档
14.   return {
15.   # ## 所用神经网络的架构,在用户消息和标签的嵌入层之前隐藏层的大小。隐藏层的数量等于相应列表的长度
16.   HIDDEN_LAYERS_SIZES: {TEXT: [], LABEL: []},
17.   # 是否在用户消息和标签之间共享隐藏层权重
18.   SHARE_HIDDEN_LAYERS: False,
19.   # transformer 的单元数量
20.   TRANSFORMER_SIZE: DEFAULT_TRANSFORMER_SIZE,
21.   # transformer 层数
22.   NUM_TRANSFORMER_LAYERS: 2,
23.   # transformer 注意头的数量
24.   NUM_HEADS: 4,
25.   # 如果"True",请注意使用键相关嵌入
26.   KEY_RELATIVE_ATTENTION: False,
27.   # 如果"True",请注意使用值相关嵌入
28.   VALUE_RELATIVE_ATTENTION: False,
29.   # 相对嵌入的最大位置。仅在启用键或值相关关注时有效
30.   MAX_RELATIVE_POSITION: 5,
31.   # 使用单向或双向编码器
32.   UNIDIRECTIONAL_ENCODER: False,
33.   # ## 训练参数
34.   # 初始和最终批量大小
35.   # 批次大小将在每个时期线性增加
36.   BATCH_SIZES: [64, 256],
37.   # 创建批次时使用的策略,可以是"sequence"或"balanced"
38.   BATCH_STRATEGY: BALANCED,
39.   # 要训练的时代数
40.   EPOCHS: 300,
41.   ...
42.   # 损失函数的类型,"cross_entropy"或"margin"
43.   LOSS_TYPE: CROSS_ENTROPY,

```
44.     …
45.     #将不同标签嵌入之间最小化最大相似性重要程度的尺度,仅
        当"loss_type"设置为"margin"时使用
46.     NEGATIVE_MARGIN_SCALE: 0.8,
47.     #编码器的 Dropout
48.     DROP_RATE: 0.2,
49.     #注意力 Dropout
50.     DROP_RATE_ATTENTION: 0,
51.     …
52.     #如果"True",则将屏蔽输入消息的随机标记,并且模型应预
        测这些标记
53.     MASKED_LM: False,
54.     #"BILOU_flag"确定是否使用 BILOU 标记。如果设置为
        "True",则标签更为严格,但每个实体需要更多示例。经验法
        则:每个实体应该有 100 个以上的示例
55.     BILOU_FLAG: True,
56.     …
57.     #如果想使用 tensorboard 可视化训练和验证指标,请将此选
        项设置为有效的输出目录
58.     TENSORBOARD_LOG_DIR: None,
59.     #定义何时记录 tensorboard 的训练指标。无论是在每个
        Epoch 之后,还是在每个训练步骤之后,有效值:"epoch"和
        "batch"
60.     TENSORBOARD_LOG_LEVEL: "epoch",
61.     …
62.     #指定使用哪些特征作为序列和句子特征,默认使用管道中的
        所有特征
63.     FEATURIZERS: [],
64.     #用逗号分隔实体,这是有意义的,例如,对于接收者中的成分
        列表,但对于地址的各个部分,这是没有意义的
65.     SPLIT_ENTITIES_BY_COMMA: True,
66.     …
67.
68.             def __init__(
69.     self,
70.     config: Dict[Text, Any],
```

```
71.         model_storage: ModelStorage,
72.         resource: Resource,
73.         execution_context: ExecutionContext,
74.         index_label_id_mapping: Optional[Dict[int, Text]] = None,
75.         entity_tag_specs: Optional[List[EntityTagSpec]] = None,
76.         model: Optional[RasaModel] = None,
77.         sparse_feature_sizes: Optional[Dict[Text, Dict[Text, List
            [int]]]] = None,
78.     ) -> None:
79.         """使用默认值声明实例变量."""
80.         if EPOCHS not in config:
81.             rasa.shared.utils.io.raise_warning(
82.                 f"Please configure the number of '{EPOCHS}' in your
                configuration file. "
83.                 f" We will change the default value of '{EPOCHS}' in
                the future to 1. "
84.             )
85.
86.         self.component_config = config
87.         self._model_storage = model_storage
88.         self._resource = resource
89.         self._execution_context = execution_context
90.
91.         self._check_config_parameters()
92.
93.         # 将数字转换为标签
94.         self.index_label_id_mapping = index_label_id_mapping or {}
95.
96.         self._entity_tag_specs = entity_tag_specs
97.
98.         self.model = model
99.
100.        self.tmp_checkpoint_dir = None
101.        if self.component_config[CHECKPOINT_MODEL]:
102.            self.tmp_checkpoint_dir = Path(rasa.utils.io.create_
                temporary_directory())
```

```
103.
104.        self._label_data: Optional[RasaModelData] = None
105.        self._data_example: Optional[Dict[Text, Dict[Text, List
            [FeatureArray]]]] = None
106.
107.        self.split_entities_config = rasa.utils.train_utils.
            init_split_entities(
108.            self.component_config[SPLIT_ENTITIES_BY_COMMA],
109.            SPLIT_ENTITIES_BY_COMMA_DEFAULT_VALUE,
110.        )
111.
112.        self.finetune_mode = self._execution_context.is_finetuning
113.        self._sparse_feature_sizes = sparse_feature_sizes
114.    。
115.
116.    # init 辅助方法
117.    def _check_masked_lm(self) -> None:
118.        if (
119.            self.component_config[MASKED_LM]
120.            and self.component_config[NUM_TRANSFORMER_LAYERS] == 0
121.        ):
122.            raise ValueError(
123.                f"If number of transformer layers is 0, "
124.                f"'{MASKED_LM}' option should be 'False'. "
125.            )
126.
127.
128.    def _check_share_hidden_layers_sizes(self) -> None:
129.        if self.component_config.get(SHARE_HIDDEN_LAYERS):
130.            first_hidden_layer_sizes = next(
131.                iter(self.component_config[HIDDEN_LAYERS_SIZES].
                values())
132.            )
133.            # 检查所有隐藏层的大小是否相同
134.            identical_hidden_layer_sizes = all(
135.                current_hidden_layer_sizes == first_hidden_layer_
```

```
                        sizes
136.            for current_hidden_layer_sizes in self.component_
                config[
137.                HIDDEN_LAYERS_SIZES
138.            ].values()
139.        )
140.        if not identical_hidden_layer_sizes:
141.            raise ValueError(
142.                f"If hidden layer weights are shared, "
143.                f"{HIDDEN_LAYERS_SIZES} must coincide. "
144.            )
145.
146.    def _check_config_parameters(self) -> None:
147.        self.component_config = train_utils.check_deprecated_
            options(
148.            self.component_config
149.        )
150.
151.        self._check_masked_lm()
152.        self._check_share_hidden_layers_sizes()
153.
154.        self.component_config = train_utils.update_confidence_
            type(
155.            self.component_config
156.        )
157.
158.        train_utils.validate_configuration_settings
            (self.component_config)
159.
160.        self.component_config = train_utils.update_similarity_type(
161.            self.component_config
162.        )
163.        self.component_config = train_utils.update_evaluation_
            parameters(
164.            self.component_config
165.        )
```

```
166.    ...
167.    @classmethod
168.    def create(
169.        cls,
170.        config: Dict[Text, Any],
171.        model_storage: ModelStorage,
172.        resource: Resource,
173.        execution_context: ExecutionContext,
174.    ) -> DIETClassifier:
175.        """创建一个新的未经训练的组件."""
176.        return cls(config, model_storage, resource, execution_context)
177.
178.    @property
179.    def label_key(self) -> Optional[Text]:
180.        """如果意图分类被激活,则返回键."""
181.        return LABEL_KEY if self.component_config[INTENT_
            CLASSIFICATION] else None
182.
183.    @property
184.    def label_sub_key(self) -> Optional[Text]:
185.        """如果意图分类被激活,返回子键."""
186.        return LABEL_SUB_KEY if self.component_config[INTENT_
            CLASSIFICATION] else None
187.
188.    @staticmethod
189.    def model_class() -> Type[RasaModel]:
190.        return DIET
191.    ...
```

上段代码中第6~8行是required_components,它需要依赖Featurizer,这是必然的,因为它是一个机器学习模型,是Transformer这样一个模型,它要的特征肯定是以向量的方式呈现,把这些特征都以向量的方式输入给它。

上段代码中第11~66行是get_default_config方法,这是一些配置,这些不用说太多,它里面主要是跟Transformer相关的一些内容,也有它自己本身的功能。DIETClassifier继承至GraphComponent,具体的组件肯定有自己的特殊性,根据使用的模型、训练的任务以及怎么训练数据会设定一些特殊性。

上段代码中第16行是HIDDEN_LAYERS_SIZES,设置隐藏层大小。

上段代码中第 20 行是 TRANSFORMER_SIZE，设置 Transformer 的单元数量。

上段代码中第 24 行 NUM_HEADS 是 Transformer 注意头的数量，这些内容应该都是非常清晰的，我们前面已经重复很多次了。

上段代码中第 43 行是 LOSS_TYPE，表示损失函数的类型是 CROSS_ENTROPY，这比较简单。

上段代码中第 46 行设置 NEGATIVE_MARGIN_SCALE 为 0.8。

上段代码中第 48 行编码器的 Dropout 是 0.2。

上段代码中第 50 行也有 DROP_RATE_ATTENTION，设置为 0。

上段代码中第 53 行还有 MASKED_LM 掩码语言模型默认是 False，也可以改成 True，这些都是参数的配置。

上段代码中第 55 行叫 BILOU_FLAG，这种关系到做 NER 实体抽取，BILOU 有自己的一套算法，会标识一个实体的开头，一个实体的结束，其他的实体怎么表示，会有自己的一套算法。

上段代码中第 58 行设置目录 TENSORBOARD_LOG_DIR。

上段代码中第 60 行设置日志级别 TENSORBOARD_LOG_LEVEL。大家肯定知道 Rasa 使用 TensorFlow 实现，很多人在实现算法的时候，如果搞学术研究，相对比较倾向于 Pytorch，是因为它很多的 API 给你感觉更直观或者更友好，所谓更直观、更友好，就是你只需要专注你的算法和想法，而不用关心神经网络的事物，也不用关心测试结果。然后大家感觉 TensorFlow 有点复杂，但是从 TensorFlow 2.x 开始，它极大深度整合了 TensorFlow 和 Keras，这时候使用 TensorFlow 和 Pytorch，在作者的角度来看是没有任何区别的，使用任何机器学习框架都没有什么区别，因为写的框架太多了，背后的引擎或者框架本身，在作者看来背后都是实体之间的相互作用，以及数据或者逻辑的流动。现在使用 TensorFlow 2.x，如果是做生产级别，不是作纯粹学术研究，这里我们是推荐的，尤其是在线上部署。线上部署会有很多事物，包括测试，也包括一些数据方面的调整等，这是 TensorFlow 非常吸引人的地方，它也有很多其他的内容，因为它一开始就标榜自己是工业级的，确实做得也不错。

上段代码中第 63 行 FEATURIZERS 指定使用哪些特征作为序列和句子特征。

上段代码中第 65 行是 SPLIT_ENTITIES_BY_COMMA，可以发现这里很多参数跟上一节内容的参数是一致的，原因很简单，大家都是基于 Transformer，只不过有时候设置为 False，有时候是 True，在实际运行的时候，需要进行调整。

上段代码中第 68 行 init 方法构建 DIETClassifier，它的做法其实跟其他组件没有什么区别。

上段代码中第 70~73 行传入参数 config、model_storage、resource、execution_context，这些都是一样的，看一个大家可能会认为特别简单的内容，例如标记化器（Tokenizer），有一个 WhitespaceTokenizer，它继承至 Tokenizer。

whitespace_tokenizer.py 的源代码实现:

```
1.  class WhitespaceTokenizer(Tokenizer):
2.      """为实体提取创建特征"""
3.      …
4.      @classmethod
5.      def create(
6.          cls,
7.          config: Dict[Text, Any],
8.          model_storage: ModelStorage,
9.          resource: Resource,
10.         execution_context: ExecutionContext,
11.     ) -> WhitespaceTokenizer:
12.         """创建一个新组件"""
13.         # 本地文件系统上字典的路径
14.         return cls(config)
15.
16.
```

WhitespaceTokenizer 上段代码中第 7~10 行,在 create 的时候,可以发现它传入参数 config、model_storage、resource、execution_context。但是它这里就没有 DIETClassifier 第 74~77 行传入的参数 index_label_id_mapping、entity_tag_specs、model、sparse_feature_sizes,因为模型不一样,任务不一样。这里面参数都可以加,内容没有太多好说的。

回到 DIETClassifier 的代码。

上段代码中第 117 行是 _check_masked_lm 方法,感觉还是蛮重要的,已经多次说过了,就是一些对话场景大家用语不规范,假设是文字,可能它的写法也不规范,这时候用掩码语言机制显然可以很好应对各种变化。

上段代码中第 128 行这里有其他一系列的检查,这些先不讲,因为这些不具有思考上的难度。

上段代码中第 168 行一个关键的方法叫 create,它返回的是 DIETClassifier,这时候创建了模型,没有经过具体的训练,是因为传进参数 cls,只是进行初始化赋值,没做其他的事情,所以就没有训练,但很多时候也可以在里面有自己训练的方式。

上段代码中第 179 行是 label_key 方法。

上段代码中第 184 行是 label_sub_key 方法。

上段代码中第 189 行构建了一个关键的方法叫 model_class,真正的模型本质是什么?要很清楚知道 DIETClassifier 是融入整个 Rasa 3.x 框架的基础上构建的,构建一个架构级别的事物,但具体模型本身对数据的加载、预处理及训练等都是由模型决定,这也是为什么在看 create 方法的时候,看见它是一个未经训练的组件(untrained components),这就是它的分层结构。肯定也会看见一些模型和一些组件 create 就会有训练的部分,只不过 DIET 结构相对比较复杂,它产生的这种分层是一种非常好的架构,代码级别的架构是非常出色的。

12.2　DIET 代码解析

既然说到这个地方,我们就看 DIET,看这个地方的时候,一定绕不开的就是 TransformerRasaModel。

diet_classifier.py 的 DIET 源代码实现:

```
1. class DIET(TransformerRasaModel):
2.     def __init__(
3.         self,
4.         data_signature: Dict[Text, Dict[Text, List[FeatureSignature]]],
5.         label_data: RasaModelData,
6.         entity_tag_specs: Optional[List[EntityTagSpec]],
7.         config: Dict[Text, Any],
8.     ) -> None:
9. ...
```

models.py 的 TransformerRasaModel 源代码实现:

```
1. class TransformerRasaModel(RasaModel):
2.     def __init__(
3.         self,
4.         name: Text,
5.         config: Dict[Text, Any],
6.         data_signature: Dict[Text, Dict[Text, List[FeatureSignature]]],
7.         label_data: RasaModelData,
8.     ) -> None:
9.         super().__init__(name=name, random_seed=config[RANDOM_SEED])
10.
11.         self.config = config
12.         self.data_signature = data_signature
13.         self.label_signature = label_data.get_signature()
14.         self._check_data()
```

```
15.
16.         label_batch = RasaDataGenerator.prepare_batch(label_data.
            data)
17.         self.tf_label_data = self.batch_to_model_data_format(
18.             label_batch, self.label_signature
19.         )
20.
21.         #构建tf层
22.         self._tf_layers: Dict[Text, tf.keras.layers.Layer] = {}
23.
24.
25.     def adjust_for_incremental_training(
26.         self,
27.         data_example: Dict[Text, Dict[Text, List[FeatureArray]]],
28.         new_sparse_feature_sizes: Dict[Text, Dict[Text, List[int]]],
29.         old_sparse_feature_sizes: Dict[Text, Dict[Text, List[int]]],
30.     ) -> None:
31.         """为增量训练调整模型
32.
33.         首先,我们应该检查是否有任何稀疏特征尺寸减小,如果发生这种情
            况,就引发异常。如果它们都没有减少,任何一个增加了,那么函数更
            新'DenseForSparse'层,编译模型,在其上拟合一个样本数据以激活
            调整后的层,并更新数据签名。新的和旧的稀疏特征大小可能是这
            样的:
34.         {TEXT: {FEATURE_TYPE_SEQUENCE: [4, 24, 128], FEATURE_TYPE_
            SENTENCE: [4, 128]}}
35.
36.         Args:
37.             data_example: a data example that is stored with the ML
                component.
38.             new_sparse_feature_sizes: sizes of current sparse features.
39.             old_sparse_feature_sizes: sizes of sparse features the
                model was
40.                                        previously trained on.
41.         """
42.         self._check_if_sparse_feature_sizes_decreased(
```

```
43.              new_sparse_feature_sizes = new_sparse_feature_sizes,
44.              old_sparse_feature_sizes = old_sparse_feature_sizes,
45.          )
46.          if self._sparse_feature_sizes_have_increased(
47.              new_sparse_feature_sizes = new_sparse_feature_sizes,
48.              old_sparse_feature_sizes = old_sparse_feature_sizes,
49.          ):
50.              self._update_dense_for_sparse_layers(
51.                  new_sparse_feature_sizes, old_sparse_feature_sizes
52.              )
53.              self._compile_and_fit(data_example)
54.
55.      @staticmethod
56.      def _check_if_sparse_feature_sizes_decreased(
57.          new_sparse_feature_sizes: Dict[Text, Dict[Text, List[int]]],
58.          old_sparse_feature_sizes: Dict[Text, Dict[Text, List[int]]],
59.      ) -> None:
60.          """检查在微调期间稀疏特征的大小是否减小.
61.
62.          在改变训练数据后,稀疏特征的大小可能会减小。这可以发生,例如"LexicalSyntacticFeaturizer"。我们不支持这种行为,如果发生这种情况,会引发异常
63.
64.          参数:
65.              new_sparse_feature_sizes:当前稀疏特征的大小
66.              old_sparse_feature_sizes:模型之前训练过的稀疏特征的大小
67.
68.          Raises:
69.              RasaException:当任何稀疏特征的大小从上次训练运行时减少
70.          """
71.          for attribute, new_feature_sizes in new_sparse_feature_sizes.items():
72.              old_feature_sizes = old_sparse_feature_sizes[attribute]
73.              for feature_type, new_sizes in new_feature_sizes.items():
74.                  old_sizes = old_feature_sizes[feature_type]
75.                  for new_size, old_size in zip(new_sizes, old_sizes):
```

```
 76.                    if new_size < old_size:
 77.                        raise RasaException(
 78.                            "Sparse feature sizes have decreased from the last time "
 79.                            "training was run. The training data was changed in a way "
 80.                            "that resulted in some features not being present in the "
 81.                            "data anymore. This can happen if you had "
 82.                            "'LexicalSyntacticFeaturizer' in your pipeline. "
 83.                            "The pipeline cannot support incremental training "
 84.                            "in this setting. We recommend you to retrain "
 85.                            "the model from scratch."
 86.                        )
 87. ...
 88.     def _compile_and_fit(
 89.         self, data_example: Dict[Text, Dict[Text, List[FeatureArray]]]
 90.     ) -> None:
 91.         """编译修改后的模型并拟合样本数据
 92.
 93.         参数:
 94.             data_example: 与 ML 组件一起存储的数据示例
 95.         """
 96.         self.compile(optimizer=tf.keras.optimizers.Adam(self.config[LEARNING_RATE]))
 97.         label_key = LABEL_KEY if self.config[INTENT_CLASSIFICATION] else None
 98.         label_sub_key = LABEL_SUB_KEY if self.config[INTENT_CLASSIFICATION] else None
 99.
100.         model_data = RasaModelData(
101.             label_key=label_key, label_sub_key=label_sub_key,
```

```
                data = data_example
102.        )
103.        self._update_data_signatures(model_data)
104.        data_generator = RasaBatchDataGenerator(model_data, batch_size = 1)
105.        self.fit(data_generator, verbose = False)
```

上段代码中第 2 行是 init 方法，这里基本上都是进行一些赋值。

上段代码中第 25 行这里是 adjust_for_incremental_training 方法，这是作为增量训练的。增量训练可以有很多不同的实现，一种基本的实现就是改变它的训练次数等，这里就不多说，因为背后它有一套完整的数学和理论机制的支撑。

上段代码中第 56 行是 _check_if_sparse_feature_sizes_decreased 方法，检查在微调期间稀疏特征是否减小。

上段代码中第 88 行有个很关键的方法叫 _compile_and_fit，"fit"是拟合的意思，基于新的数据来调整网络。

上段代码中第 100 行构建一个 RasaModelData，这是 Rasa 提供的一个很通用、很重要的一个类。

model_data.py 的 RasaModelData 源代码实现：

```
1.  class RasaModelData:
2.      """用于所有 RasaModel 的数据对象
3.  
4.      它包含了训练模型所需的所有特征。'data'是属性名(例如 TEXT, INTENT 等)和特征名的映射，例如，SENTENCE, SEQUENCE 等，到表示实际的特征数组列表特性
5.      'label_key'和'label_sub_key'指向'data'中的标签。例如，如果你的意图标签存储在 intent -> IDS 下,'label_key'将是" intent ", 'label_sub_key'将是"IDS"
6.  
7.      """
8.  
9.      def __init__(
10.         self,
11.         label_key: Optional[Text] = None,
12.         label_sub_key: Optional[Text] = None,
13.         data: Optional[Data] = None,
14.     ) -> None:
```

```
15.         """
16.         初始化 RasaModelData 对象
17.
18.         参数:
19.             label_key:用于平衡等的标签键
20.             label_sub_key:用于平衡的标签的子键等
21.             data:保存特征的数据
22.         """
23.         self.data = data or defaultdict(lambda: defaultdict(list))
24.         self.label_key = label_key
25.         self.label_sub_key = label_sub_key
26.         # 应在添加功能时更新
27.         self.num_examples = self.number_of_examples()
28.         self.sparse_feature_sizes: Dict[Text, Dict[Text, List[int]]] = {}
```

RasaModelData 上段代码中第 2～6 行为注释说明,开头就说它用于所有 RasaModel 的数据对象,大家可以想象一个模型的数据描述。如果你自己手写过关于机器学习的代码,看见这些内容,即使没有看前面的内容,也应该会感觉很熟悉。

回到 DIET 的内容,这里面有很多代码,我们通过这一节把整个内容过一下,过一下肯定是按照架构体系中不同的组件部分以及它们之间的相互作用角度去讲的。这里很多代码或者一些判断,一些基本的描述都是知识层面的内容,知识层面的内容就是你自己读一下,理论上讲也是没有问题的,这些就不一一讲了。DIET 它本身有 2 000 行左右的代码,如果跟它相关的所有代码都讲得很细致,每一步都讲得很细致,那肯定会有上万行代码,这里我们就不多讲了。

diet_classifier.py 的 DIET 源代码实现:

```
1.  class DIET(TransformerRasaModel):
2.      def __init__(
3.          self,
4.          data_signature: Dict[Text, Dict[Text, List[FeatureSignature]]],
5.          label_data: RasaModelData,
6.          entity_tag_specs: Optional[List[EntityTagSpec]],
7.          config: Dict[Text, Any],
8.      ) -> None:
9.          # 在调用 super 之前创建实体标记规范,否则构建模型将失败
10.         super().__init__("DIET", config, data_signature, label_data)
```

```python
11.        self._entity_tag_specs = self._ordered_tag_specs(entity_
               tag_specs)
12.
13.        self.predict_data_signature = {
14.            feature_name: features
15.            for feature_name, features in data_signature.items()
16.            if TEXT in feature_name
17.        }
18.
19.        # tf 训练
20.        self._create_metrics()
21.        self._update_metrics_to_log()
22.
23.        # 高效预测所需
24.        self.all_labels_embed: Optional[tf.Tensor] = None
25.
26.        self._prepare_layers()
27.
28.    @staticmethod
29.    def _ordered_tag_specs(
30.        entity_tag_specs: Optional[List[EntityTagSpec]],
31.    ) -> List[EntityTagSpec]:
32.        """确保实体标签规范的顺序与CRF层顺序匹配"""
33.        if entity_tag_specs is None:
34.            return []
35.
36.        crf_order = [
37.            ENTITY_ATTRIBUTE_TYPE,
38.            ENTITY_ATTRIBUTE_ROLE,
39.            ENTITY_ATTRIBUTE_GROUP,
40.        ]
41.
42.        ordered_tag_spec = []
43.
44.        for tag_name in crf_order:
45.            for tag_spec in entity_tag_specs:
```

```
46.                if tag_name = = tag_spec.tag_name:
47.                    ordered_tag_spec.append(tag_spec)
48.
49.        return ordered_tag_spec
50.
51.    def _check_data(self) -> None:
52.        if TEXT not in self.data_signature:
53.            raise InvalidConfigException(
54.                f"No text features specified. "
55.                f"Cannot train '{self.__class__.__name__}' model."
56.            )
57.        if self.config[INTENT_CLASSIFICATION]:
58.            if LABEL not in self.data_signature:
59.                raise InvalidConfigException(
60.                    f"No label features specified. "
61.                    f"Cannot train '{self.__class__.__name__}' model."
62.                )
63.
64.        if self.config[SHARE_HIDDEN_LAYERS]:
65.            different_sentence_signatures = False
66.            different_sequence_signatures = False
67.            if (
68.                SENTENCE in self.data_signature[TEXT]
69.                and SENTENCE in self.data_signature[LABEL]
70.            ):
71.                different_sentence_signatures = (
72.                    self.data_signature[TEXT][SENTENCE]
73.                    ! = self.data_signature[LABEL][SENTENCE]
74.                )
75.            if (
76.                SEQUENCE in self.data_signature[TEXT]
77.                and SEQUENCE in self.data_signature[LABEL]
78.            ):
79.                different_sequence_signatures = (
80.                    self.data_signature[TEXT][SEQUENCE]
81.                    ! = self.data_signature[LABEL][SEQUENCE]
```

```
82.                  )
83.
84.                  if different_sentence_signatures or different_
                     sequence_signatures:
85.                      raise ValueError(
86.                          "If hidden layer weights are shared, data signatures "
87.                          "for text_features and label_features must coincide."
88.                      )
89.
90.          if self.config[ENTITY_RECOGNITION] and (
91.              ENTITIES not in self.data_signature
92.              or ENTITY_ATTRIBUTE_TYPE not in self.data_signature[ENTITIES]
93.          ):
94.              logger.debug(
95.                  f"You specified '{self.__class__.__name__}' to train entities, but "
96.                  f"no entities are present in the training data. Skipping training of "
97.                  f"entities."
98.              )
99.              self.config[ENTITY_RECOGNITION] = False
100.
101.     def _create_metrics(self) -> None:
102.         # self.metrics 的顺序与创建的顺序相同,因此首先创建损失度量,然后输出损失
103.         self.mask_loss = tf.keras.metrics.Mean(name = "m_loss")
104.         self.intent_loss = tf.keras.metrics.Mean(name = "i_loss")
105.         self.entity_loss = tf.keras.metrics.Mean(name = "e_loss")
106.         self.entity_group_loss = tf.keras.metrics.Mean(name = "g_loss")
107.         self.entity_role_loss = tf.keras.metrics.Mean(name = "r_loss")
108.         # create accuracy metrics second to output accuracies second
109.         self.mask_acc = tf.keras.metrics.Mean(name = "m_acc")
```

```python
110.        self.intent_acc = tf.keras.metrics.Mean(name = "i_acc")
111.        self.entity_f1 = tf.keras.metrics.Mean(name = "e_f1")
112.        self.entity_group_f1 = tf.keras.metrics.Mean(name = "g_f1")
113.        self.entity_role_f1 = tf.keras.metrics.Mean(name = "r_f1")
114.    ...
115.    def _update_metrics_to_log(self) -> None:
116.        debug_log_level = logging.getLogger("rasa").level == logging.DEBUG
117.
118.        if self.config[MASKED_LM]:
119.            self.metrics_to_log.append("m_acc")
120.            if debug_log_level:
121.                self.metrics_to_log.append("m_loss")
122.        if self.config[INTENT_CLASSIFICATION]:
123.            self.metrics_to_log.append("i_acc")
124.            if debug_log_level:
125.                self.metrics_to_log.append("i_loss")
126.        if self.config[ENTITY_RECOGNITION]:
127.            for tag_spec in self._entity_tag_specs:
128.                if tag_spec.num_tags != 0:
129.                    name = tag_spec.tag_name
130.                    self.metrics_to_log.append(f"{name[0]}_f1")
131.                    if debug_log_level:
132.                        self.metrics_to_log.append(f"{name[0]}_loss")
133.
134.        self._log_metric_info()
135.
136.    def _log_metric_info(self) -> None:
137.        metric_name = {
138.            "t": "total",
139.            "i": "intent",
140.            "e": "entity",
141.            "m": "mask",
142.            "r": "role",
143.            "g": "group",
```

```
144.        }
145.        logger.debug("Following metrics will be logged
                during training: ")
146.        for metric in self.metrics_to_log:
147.            parts = metric.split("_")
148.            name = f"{metric_name[parts[0]]}{parts[1]}"
149.            logger.debug(f"  {metric} ({name})")
150.
151.    def _prepare_layers(self) -> None:
152.        # 对于用户文本,准备结合不同特征类型的层,使用 transformer
                嵌入所有内容,还可以选择做屏蔽语言建模
153.
154.        self.text_name = TEXT
155.        self._tf_layers[
156.            f"sequence_layer.{self.text_name}"
157.        ] = rasa_layers.RasaSequenceLayer(
158.            self.text_name, self.data_signature[self.text_name],
                self.config
159.        )
160.        if self.config[MASKED_LM]:
161.            self._prepare_mask_lm_loss(self.text_name)
162.
163.        # 意图标签与用户文本类似,但没有 transformer,没有屏蔽语言
                建模,也没有应用于单个特征的丢失,只有在所有标签特征组合后
                才应用于整体标签嵌入
164.
165.        if self.config[INTENT_CLASSIFICATION]:
166.            self.label_name = TEXT if self.config[SHARE_HIDDEN_
                LAYERS] else LABEL
167.
168.            # 禁用应用于稀疏和密集标签特征的输入丢失
169.            label_config = self.config.copy()
170.            label_config.update(
171.                {SPARSE_INPUT_DROPOUT: False, DENSE_INPUT_DROP-
                    OUT: False}
172.            )
```

```
173.
174.            self._tf_layers[
175.                f"feature_combining_layer.{self.label_name}"
176.            ] = rasa_layers.RasaFeatureCombiningLayer(
177.                self.label_name, self.label_signature[self.label_name], label_config
178.            )
179.
180.            self._prepare_ffnn_layer(
181.                self.label_name,
182.                self.config[HIDDEN_LAYERS_SIZES][self.label_name],
183.                self.config[DROP_RATE],
184.            )
185.
186.    self._prepare_label_classification_layers(predictor_attribute = TEXT)
187.
188.        if self.config[ENTITY_RECOGNITION]:
189.            self._prepare_entity_recognition_layers()
190.    …
191.    def _prepare_mask_lm_loss(self, name: Text) -> None:
192.        # 用于在屏蔽位置嵌入预测标记
193.        self._prepare_embed_layers(f"{name}_lm_mask")
194.
195.        # 用于嵌入被屏蔽的实际标记
196.        self._prepare_embed_layers(f"{name}_golden_token")
197.
198.        # 掩码损失是附加损失
199.        # 将缩放设置为 False,这样就不会超过其他损失
200.        self._prepare_dot_product_loss(f"{name}_mask", scale_loss = False)
201.
202.    …
203.    def _create_bow(
204.        self,
```

```
205.            sequence_features: List[Union[tf.Tensor, tf.SparseTensor]],
206.            sentence_features: List[Union[tf.Tensor, tf.SparseTensor]],
207.            sequence_feature_lengths: tf.Tensor,
208.            name: Text,
209.        ) -> tf.Tensor:
210.
211.            x, _ = self._tf_layers[f"feature_combining_layer.{name}"](
212.                (sequence_features, sentence_features, sequence_feature_lengths),
213.                training = self._training,
214.            )
215.
216.            # 通过沿着序列维度求和转换为词袋
217.            x = tf.reduce_sum(x, axis = 1)
218.
219.            return self._tf_layers[f"ffnn.{name}"](x, self._training)
220.    ...
221.        def _create_all_labels(self) -> Tuple[tf.Tensor, tf.Tensor]:
222.            all_label_ids = self.tf_label_data[LABEL_KEY][LABEL_SUB_KEY][0]
223.
224.            sequence_feature_lengths = self._get_sequence_feature_lengths(
225.                self.tf_label_data, LABEL
226.            )
227.
228.            x = self._create_bow(
229.                self.tf_label_data[LABEL][SEQUENCE],
230.                self.tf_label_data[LABEL][SENTENCE],
231.                sequence_feature_lengths,
232.                self.label_name,
233.            )
234.            all_labels_embed = self._tf_layers[f"embed.{LABEL}"](x)
235.
236.            return all_label_ids, all_labels_embed
237.
```

```
238.    ...
239.    def _mask_loss(
240.        self,
241.        outputs: tf.Tensor,
242.        inputs: tf.Tensor,
243.        seq_ids: tf.Tensor,
244.        mlm_mask_boolean: tf.Tensor,
245.        name: Text,
246.    ) -> tf.Tensor:
247.        # 确保掩码中至少有一个元素
248.        mlm_mask_boolean = tf.cond(
249.            tf.reduce_any(mlm_mask_boolean),
250.            lambda: mlm_mask_boolean,
251.            lambda: tf.scatter_nd([[0, 0, 0]], [True], tf.shape(mlm_mask_boolean)),
252.        )
253.
254.        mlm_mask_boolean = tf.squeeze(mlm_mask_boolean, -1)
255.
256.        # 选择被屏蔽的元素,丢弃批处理和序列维度,并有效地从形状(batch_size, sequence_length, units)切换到(num_masked_elements, units)
257.        outputs = tf.boolean_mask(outputs, mlm_mask_boolean)
258.        inputs = tf.boolean_mask(inputs, mlm_mask_boolean)
259.        ids = tf.boolean_mask(seq_ids, mlm_mask_boolean)
260.
261.        tokens_predicted_embed = self._tf_layers[f"embed.{name}_lm_mask"](outputs)
262.        tokens_true_embed = self._tf_layers[f"embed.{name}_golden_token"](inputs)
263.
264.        # 为了限制计算成本高昂的损失计算,我们将 MLM 中的标签空间(即 标记空间)限制为仅在此批处理中被掩盖的标记。因此,标记嵌入的简化列表(tokens_true_embed)和标签的简化列表(ids)分别被传递给 all_labels_embed 和 all_labels。以后可以减少限制,构建一个稍微大一点的标签空间,它也可以包括当前批处理中
```

没有掩盖的标记

```
265.        return self._tf_layers[f"loss.{name}_mask"](
266.            inputs_embed = tokens_predicted_embed,
267.            labels_embed = tokens_true_embed,
268.            labels = ids,
269.            all_labels_embed = tokens_true_embed,
270.            all_labels = ids,
271.        )
272.
273.    def _calculate_label_loss(
274.        self, text_features: tf.Tensor, label_features: tf.Tensor,
            label_ids: tf.Tensor
275.    ) -> tf.Tensor:
276.        all_label_ids, all_labels_embed = self._create_all_labels()
277.
278.        text_embed = self._tf_layers[f"embed.{TEXT}"](text_
            features)
279.        label_embed = self._tf_layers[f"embed.{LABEL}"](label_
            features)
280.
281.        return self._tf_layers[f"loss.{LABEL}"](
282.            text_embed, label_embed, label_ids, all_labels_embed,
                all_label_ids
283.        )
284.
285.    def batch_loss(
286.        self, batch_in: Union[Tuple[tf.Tensor, ...], Tuple[np.
            ndarray, ...]]
287.    ) -> tf.Tensor:
288.        """计算给定批次的损失
289.        参数:
290.            batch_in:批次.
291.
292.        返回:
293.            给定批次的损失
294.        """
```

```
295.        tf_batch_data = self.batch_to_model_data_format(batch_
            in, self.data_signature)
296.
297.        sequence_feature_lengths = self._get_sequence_feature_
            lengths(
298.            tf_batch_data, TEXT
299.        )
300.
301.        (
302.            text_transformed,
303.            text_in,
304.            mask_combined_sequence_sentence,
305.            text_seq_ids,
306.            mlm_mask_boolean_text,
307.            _,
308.        ) = self._tf_layers[f"sequence_layer.{self.text_name}"](
309.            (
310.                tf_batch_data[TEXT][SEQUENCE],
311.                tf_batch_data[TEXT][SENTENCE],
312.                sequence_feature_lengths,
313.            ),
314.            training=self._training,
315.        )
316.
317.        losses = []
318.
319.        # 在句子级特征的情况下,序列的长度总是1,但如果句子级特征
            不存在,它们可以有效地为0
320.        sentence_feature_lengths = self._get_sentence_feature_
            lengths(
321.            tf_batch_data, TEXT
322.        )
323.
324.        combined_sequence_sentence_feature_lengths = (
325.            sequence_feature_lengths + sentence_feature_lengths
326.        )
```

```
327.
328.            if self.config[MASKED_LM] and self._training:
329.                loss, acc = self._mask_loss(
330.                    text_transformed, text_in, text_seq_ids, mlm_mask_boolean_text, TEXT
331.                )
332.                self.mask_loss.update_state(loss)
333.                self.mask_acc.update_state(acc)
334.                losses.append(loss)
335.
336.            if self.config[INTENT_CLASSIFICATION]:
337.                loss = self._batch_loss_intent(
338.                    combined_sequence_sentence_feature_lengths,
339.                    text_transformed,
340.                    tf_batch_data,
341.                )
342.                losses.append(loss)
343.
344.            if self.config[ENTITY_RECOGNITION]:
345.                losses += self._batch_loss_entities(
346.                    mask_combined_sequence_sentence,
347.                    sequence_feature_lengths,
348.                    text_transformed,
349.                    tf_batch_data,
350.                )
351.
352.            return tf.math.add_n(losses)
353.    ...
354.    def _batch_loss_intent(
355.        self,
356.        combined_sequence_sentence_feature_lengths_text: tf.Tensor,
357.        text_transformed: tf.Tensor,
358.        tf_batch_data: Dict[Text, Dict[Text, List[tf.Tensor]]],
359.    ) -> tf.Tensor:
360.        # 获取意图分类的句子特征向量
```

```
361.        sentence_vector = self._last_token(
362.            text_transformed, combined_sequence_sentence_feature_
             lengths_text
363.        )
364.
365.        sequence_feature_lengths_label = self._get_sequence_
            feature_lengths(
366.            tf_batch_data, LABEL
367.        )
368.
369.        label_ids = tf_batch_data[LABEL_KEY][LABEL_SUB_KEY][0]
370.        label = self._create_bow(
371.            tf_batch_data[LABEL][SEQUENCE],
372.            tf_batch_data[LABEL][SENTENCE],
373.            sequence_feature_lengths_label,
374.            self.label_name,
375.        )
376.        loss, acc = self._calculate_label_loss(sentence_vector,
            label, label_ids)
377.
378.        self._update_label_metrics(loss, acc)
379.
380.        return loss
381.    ...
382.    def _batch_loss_entities(
383.        self,
384.        mask_combined_sequence_sentence: tf.Tensor,
385.        sequence_feature_lengths: tf.Tensor,
386.        text_transformed: tf.Tensor,
387.        tf_batch_data: Dict[Text, Dict[Text, List[tf.Tensor]]],
388.    ) -> List[tf.Tensor]:
389.        losses = []
390.
391.        entity_tags = None
392.
393.        for tag_spec in self._entity_tag_specs:
```

```
394.                if tag_spec.num_tags == 0:
395.                    continue
396.
397.                tag_ids = tf_batch_data[ENTITIES][tag_spec.tag_name][0]
398.                # 为句子特征添加一个零(没有实体),以匹配输入的形状
399.                tag_ids = tf.pad(tag_ids, [[0, 0], [0, 1], [0, 0]])
400.
401.                loss, f1, _logits = self._calculate_entity_loss(
402.                    text_transformed,
403.                    tag_ids,
404.                    mask_combined_sequence_sentence,
405.                    sequence_feature_lengths,
406.                    tag_spec.tag_name,
407.                    entity_tags,
408.                )
409.
410.                if tag_spec.tag_name == ENTITY_ATTRIBUTE_TYPE:
411.                    # 使用实体标记作为角色和组 CRF 的额外输入
412.                    entity_tags = tf.one_hot(
413.                        tf.cast(tag_ids[:, :, 0], tf.int32), depth=tag_spec.num_tags
414.                    )
415.
416.                self._update_entity_metrics(loss, f1, tag_spec.tag_name)
417.
418.                losses.append(loss)
419.
420.         return losses
421.    ...
422.    def prepare_for_predict(self) -> None:
423.        """为预测准备模型."""
424.        if self.config[INTENT_CLASSIFICATION]:
425.            _, self.all_labels_embed = self._create_all_labels()
426.
427.    def batch_predict(
428.        self, batch_in: Union[Tuple[tf.Tensor, ...], Tuple
```

```
                    [np.ndarray, ...]]
429.            ) -> Dict[Text, tf.Tensor]:
430.                """预测给定批的输出
431.
432.                参数：
433.                    batch_in：批次
434.
435.                返回：
436.                    预测输出
437.                """
438.                tf_batch_data = self.batch_to_model_data_format(
439.                    batch_in, self.predict_data_signature
440.                )
441.
442.                sequence_feature_lengths = self._get_sequence_feature_lengths(
443.                    tf_batch_data, TEXT
444.                )
445.                sentence_feature_lengths = self._get_sentence_feature_lengths(
446.                    tf_batch_data, TEXT
447.                )
448.
449.                text_transformed, _, _, _, _, attention_weights = self._tf_layers[
450.                    f"sequence_layer.{self.text_name}"
451.                ](
452.                    (
453.                        tf_batch_data[TEXT][SEQUENCE],
454.                        tf_batch_data[TEXT][SENTENCE],
455.                        sequence_feature_lengths,
456.                    ),
457.                    training=self._training,
458.                )
459.                predictions = {
460.                    DIAGNOSTIC_DATA: {
```

```
461.                "attention_weights": attention_weights,
462.                "text_transformed": text_transformed,
463.            }
464.        }
465.
466.        if self.config[INTENT_CLASSIFICATION]:
467.            predictions.update(
468.                self._batch_predict_intents(
469.                    sequence_feature_lengths + sentence_feature_lengths
470.                    text_transformed,
471.                )
472.            )
473.
474.        if self.config[ENTITY_RECOGNITION]:
475.            predictions.update(
476.                self._batch_predict_entities(sequence_feature_lengths, text_transformed)
477.            )
478.
479.        return predictions
480. ...
481.
482.    def _batch_predict_entities(
483.        self, sequence_feature_lengths: tf.Tensor, text_transformed: tf.Tensor
484.    ) -> Dict[Text, tf.Tensor]:
485.        predictions: Dict[Text, tf.Tensor] = {}
486.
487.        entity_tags = None
488.
489.        for tag_spec in self._entity_tag_specs:
490.            #如果没有训练，跳过CRF层
491.            if tag_spec.num_tags == 0:
492.                continue
493.
```

```
494.                name = tag_spec.tag_name
495.                _input = text_transformed
496.
497.                if entity_tags is not None:
498.                    _tags = self._tf_layers[f"embed.{name}.tags"](entity_tags)
499.                    _input = tf.concat([_input, _tags], axis=-1)
500.
501.                _logits = self._tf_layers[f"embed.{name}.logits"](_input)
502.                pred_ids, confidences = self._tf_layers[f"crf.{name}"](
503.                    _logits, sequence_feature_lengths
504.                )
505.
506.                predictions[f"e_{name}_ids"] = pred_ids
507.                predictions[f"e_{name}_scores"] = confidences
508.
509.                if name == ENTITY_ATTRIBUTE_TYPE:
510.                    # 使用实体标记作为角色和组 CRF 的额外输入
511.                    entity_tags = tf.one_hot(
512.                        tf.cast(pred_ids, tf.int32), depth=tag_spec.num_tags
513.                    )
514.
515.            return predictions
516.
517.    def _batch_predict_intents(
518.        self,
519.        combined_sequence_sentence_feature_lengths: tf.Tensor,
520.        text_transformed: tf.Tensor,
521.    ) -> Dict[Text, tf.Tensor]:
522.
523.        if self.all_labels_embed is None:
524.            raise ValueError(
525.                "The model was not prepared for prediction. "
526.                "Call `prepare_for_predict` first."
```

```
527.              )
528.
529.             #得到用于意图分类的句子特征向量
530.             sentence_vector = self._last_token(
531.                 text_transformed, combined_sequence_sentence_feature_
                    lengths
532.             )
533.             sentence_vector_embed = self._tf_layers[f"embed.{TEXT}"]
                    (sentence_vector)
534.
535.             _, scores = self._tf_layers[
536.                 f"loss.{LABEL}"
537.             ].get_similarities_and_confidences_from_embeddings(
538.                 sentence_vector_embed[:, tf.newaxis, :],
539.                 self.all_labels_embed[tf.newaxis, :, :],
540.             )
541.
542.             return {"i_scores": scores}
```

上段代码中第 51 行构建一个 _check_data 方法，显然这是一个很重要的方法，数据要符合模型的需要。

上段代码中第 101 行是 _create_metrics 方法，这里都是 tf.keras.metrics 的方式。

上段代码中第 136 行这里还有 log 日志的一些信息，包括 total、intent、entity、mask、role、group 等相关的内容。

上段代码中第 151 行 _prepare_layers 这个方法很重要，因为输入的时候可能有不同的特征，DIETClassifier 可以依赖于不同类别的特征提取器，会接收它们的数据。

上段代码中第 157 行这里使用了一个 RasaSequenceLayer 的内容，它会进行处理。

上段代码中第 180 行调用 _prepare_ffnn_layer 方法，它描述的内容都是我们前面在讲论文的时候跟大家讲的。

上段代码中第 191 行是 _prepare_mask_lm_loss 方法。

上段代码中第 193 行用于在掩码位置嵌入预测标记，它是 lm_mask。

上段代码中第 196 行用于嵌入被掩码的实际标记，它是 golden_token。

如图 12-6 所示，左侧这边有一个 MASK，把这个位置遮掉，然后右侧有一个"乓"("pong")，它是一个黄金标记(golden token)。理论上讲，预测值肯定和它会有偏差,进行相似度计算的时候就有一个掩码损失(Mask Loss),这非常清晰,如果你学习了我们前面的内容,理论上讲不会有任何问题。

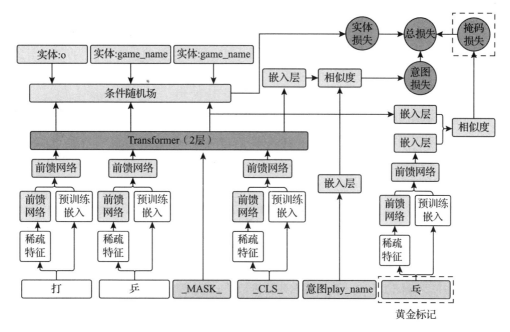

图 12-6 MASK 示意图

上段代码中第 200 行这里调用_prepare_dot_product_loss 方法,这比较简单,不仅是 Mask Loss,Entity Loss 和 Intent Loss 其实都是一样,都是点积损失的方式。

上段代码中第 203 行定义_create_bow 方法。

上段代码中第 209 行_create_bow 方法返回一个 tf.Tensor。

上段代码中第 217 行这是词袋方式,沿着序列维度求和转换为词袋问题。

上段代码中第 221 行_create_all_labels 方法,显然这里有很多标签,它分成不同的类型。

上段代码中第 229 行是一个序列标签数据。

上段代码中第 230 行是一个句子的标签数据,如果看过前面 Rasa 3.x 组件定制部分的内容,应该很熟悉。

上段代码中第 239 行定义一个掩码损失函数_mask_loss,具体做法就是最大似然估计,将预测值和实际的黄金标签进行概率最大化,但如果是负样本级别的,它就最小化。

上段代码中第 273 行是_calculate_label_loss 方法,这很清晰,就是进行误差计算。上段代码中第 285 行是 batch_loss 方法,没什么好说的,每次处理的时候,例如 32 个示例或者 64 个,关于批处理操作,里面其实有很多学问,包括收敛速度优化等内容。

上段代码中第 382 行是_batch_loss_entities 方法。

上段代码中第 389 行在_batch_loss_entities 方法里面定义了一个损失列表 losses，它是一个 List 的方式。

上段代码中第 418 行在列表中 losses 追加损失，这些都很直观。

上段代码中第 354 行_batch_loss_intent 方法计算意图的损失，如果看过最开始的时候我们讲的 Transformer 的内容，尤其是我们对论文的讲解，对这些不应该有任何理解难度。

上段代码中第 422 行 prepare_for_predict，为预测准备模型，因为要进行预测。

上段代码中第 427 行 batch_predict 进行不同的分类预测。

上段代码中第 459 行~463 行构建一个预测变量 predictions。

上段代码中第 468 行 self._batch_predict_intents 更新意图的预测。

上段代码中第 476 行 self._batch_predict_entities 更新实体的预测。

上段代码中第 482 行构建批量实体预测的方法_batch_predict_entities。

上段代码中第 517 行构建批量意图分类预测的方法 batch_predict_intents。

转过来看具体的内容，这里有_batch_predict_entities 的部分，也有_batch_predict_intents。如图 12-7 所示，从推理的阶段看，整个图对你的期待是产出意图和实体信息，我们可以看它里面具体的代码逻辑都是完全一样，就是最大似然估计，它结合了我们的 Start Space 的理念，这个代码很直观，是一个多任务的模型。

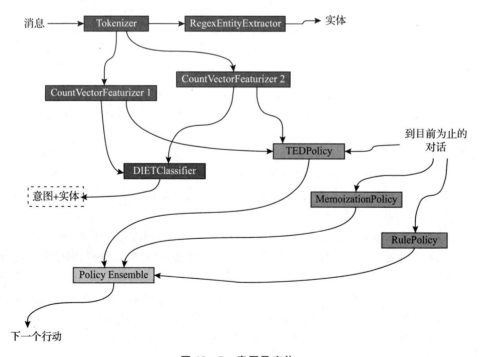

图 12-7 意图及实体

第 12 章 DIET 多行源码剖析

我们看了这些代码之后,回到 DIETClassifier 代码本身,刚才看是它返回的模型,然后把模型跟大家分析了一下,在完成了初始化之后,以及基本检查操作和创建之后,它返回的是 DIETClassifier 本身,这里有一系列的内容,如 model_class 方法,也获得了很多辅助类或者静态方法,文件加载进来的时候可以去记录。

diet_classifier.py 的源代码实现:

```
1.  class DIETClassifier(GraphComponent, IntentClassifier,
        EntityExtractorMixin):
2.      """用于意图分类和实体提取的多任务模型
3.      """
4.      ...
5.      #训练数据助理:
6.      @staticmethod
7.      def _label_id_index_mapping(
8.          training_data: TrainingData, attribute: Text
9.      ) -> Dict[Text, int]:
10.         """创建 label_id 字典."""
11.
12.         distinct_label_ids = {
13.             example.get(attribute) for example in training_data.
                intent_examples
14.         } - {None}
15.         return {
16.             label_id: idx for idx, label_id in enumerate(sorted
                (distinct_label_ids))
17.         }
18.     ...
19.
20.     @staticmethod
21.     def _invert_mapping(mapping: Dict) -> Dict:
22.         return {value: key for key, value in mapping.items()}
23.
24.     def _create_entity_tag_specs(
25.         self, training_data: TrainingData
26.     ) -> List[EntityTagSpec]:
27.         """使用各自的标记 id 映射创建实体标记规范"""
```

```
28.
29.          _tag_specs = []
30.
31.          for tag_name in POSSIBLE_TAGS:
32.              if self.component_config[BILOU_FLAG]:
33.                  tag_id_index_mapping = bilou_utils.build_tag_id_dict(
34.                      training_data, tag_name
35.                  )
36.              else:
37.                  tag_id_index_mapping = self._tag_id_index_mapping_for(
38.                      tag_name, training_data
39.                  )
40.
41.              if tag_id_index_mapping:
42.                  _tag_specs.append(
43.                      EntityTagSpec(
44.                          tag_name = tag_name,
45.                          tags_to_ids = tag_id_index_mapping,
46.  ids_to_tags = self._invert_mapping(tag_id_index_mapping),
47.                          num_tags = len(tag_id_index_mapping),
48.                      )
49.                  )
50.
51.          return _tag_specs
52.
53.      @staticmethod
54.      def _find_example_for_label(
55.          label: Text, examples: List[Message], attribute: Text
56.      ) -> Optional[Message]:
57.          for ex in examples:
58.              if ex.get(attribute) == label:
59.                  return ex
60.          return None
61.
62.      def _check_labels_features_exist(
63.          self, labels_example: List[Message], attribute: Text
```

```
64.     ) -> bool:
65.         """检查是否所有标签都设置了特征."""
66.
67.         return all(
68.             label_example.features_present(
69.                 attribute, self.component_config[FEATURIZERS]
70.             )
71.             for label_example in labels_example
72.         )
73. ...
74.     def _extract_features(
75.         self, message: Message, attribute: Text
76.     ) -> Dict[Text, Union[scipy.sparse.spmatrix, np.ndarray]]:
77.
78.         (
79.             sparse_sequence_features,
80.             sparse_sentence_features,
81.         ) = message.get_sparse_features(attribute, self.component_config[FEATURIZERS])
82.         dense_sequence_features, dense_sentence_features = message.get_dense_features(
83.             attribute, self.component_config[FEATURIZERS]
84.         )
85.
86.         if dense_sequence_features is not None and sparse_sequence_features is not None:
87.             if (
88.                 dense_sequence_features.features.shape[0]
89.                 != sparse_sequence_features.features.shape[0]
90.             ):
91.                 raise ValueError(
92.                     f"Sequence dimensions for sparse and dense sequence features "
93.                     f"don't coincide in '{message.get(TEXT)}'"
94.                     f"for attribute '{attribute}'. "
95.                 )
```

```
96.        if dense_sentence_features is not None and sparse_sentence_
               features is not None:
97.            if (
98.                dense_sentence_features.features.shape[0]
99.                != sparse_sentence_features.features.shape[0]
100.           ):
101.               raise ValueError(
102.                   f"Sequence dimensions for sparse and dense sentence features "
103.                   f"don't coincide in '{message.get(TEXT)}'"
104.                   f"for attribute '{attribute}'. "
105.               )
106.
107.       # 如果我们不使用transformer, 也不想做实体识别, 为了加快训练速度, 只使用句子特征作为特征向量。在这个设置中, 我们不会使用这个序列。将这些特征应用到实际的训练过程中需要相当长的时间
108.
109.
110.       if (
111.           self.component_config[NUM_TRANSFORMER_LAYERS] == 0
112.           and not self.component_config[ENTITY_RECOGNITION]
113.           and attribute not in [INTENT, INTENT_RESPONSE_KEY]
114.       ):
115.           sparse_sequence_features = None
116.           dense_sequence_features = None
117.
118.       out = {}
119.
120.       if sparse_sentence_features is not None:
121.           out[f"{SPARSE}_{SENTENCE}"] = sparse_sentence_features.features
122.       if sparse_sequence_features is not None:
123.           out[f"{SPARSE}_{SEQUENCE}"] = sparse_sequence_features.features
124.       if dense_sentence_features is not None:
```

```
125.            out[f"{DENSE}_{SENTENCE}"] = dense_sentence_
                    features.features
126.        if dense_sequence_features is not None:
127.            out[f"{DENSE}_{SEQUENCE}"] = dense_sequence_
                    features.features
128.
129.        return out
130.    ...
131.
132.    def _check_input_dimension_consistency(self, model_data:
        RasaModelData) -> None:
133.        """如果隐藏层是共享的,检查特征是否具有相同的维数."""
134.        if self.component_config.get(SHARE_HIDDEN_LAYERS):
135.            num_text_sentence_features = model_data.number_of_
                    units(TEXT, SENTENCE)
136.            num_label_sentence_features = model_data.number_of_
                    units(LABEL, SENTENCE)
137.            num_text_sequence_features = model_data.number_of_
                    units(TEXT, SEQUENCE)
138.            num_label_sequence_features = model_data.number_of_
                    units(LABEL, SEQUENCE)
139.
140.            if (0 < num_text_sentence_features != num_label_sentence_
                    features > 0) or (
141.                0 < num_text_sequence_features != num_label_
                    sequence_features > 0
142.            ):
143.                raise ValueError(
144.                    "If embeddings are shared text features and
                        label features "
145.                    "must coincide. Check the output dimensions of
                        previous components."
146.                )
147.
148.    def _extract_labels_precomputed_features(
149.        self, label_examples: List[Message], attribute: Text = INTENT
```

```
150.    ) -> Tuple[List[FeatureArray], List[FeatureArray]]:
151.        """收集预计算的编码"""
152.        features = defaultdict(list)
153.
154.        for e in label_examples:
155.            label_features = self._extract_features(e, attribute)
156.            for feature_key, feature_value in label_features.items():
157.                features[feature_key].append(feature_value)
158.        sequence_features = []
159.        sentence_features = []
160.        for feature_name, feature_value in features.items():
161.            if SEQUENCE in feature_name:
162.                sequence_features.append(
163.                    FeatureArray(np.array(feature_value), number_
                        of_dimensions = 3)
164.                )
165.            else:
166.                sentence_features.append(
167.                    FeatureArray(np.array(feature_value), number_
                        of_dimensions = 3)
168.                )
169.        return sequence_features, sentence_features
170.
171.
172.    def _create_label_data(
173.        self,
174.        training_data: TrainingData,
175.        label_id_dict: Dict[Text, int],
176.        attribute: Text,
177.    ) -> RasaModelData:
178.        """创建一个矩阵,其中label_ids以行为单位编码为词袋
179.
180.        为每个标签找到一个训练示例,并从相应的Message对象中获得编码的
            特征。如果特征已经计算出来,则从消息对象中获取它们,否则为标签计
            算一个单热编码作为特征向量
181.        """
```

```
182.        # 为每个标签收集一个示例
183.        labels_idx_examples = []
184.        for label_name, idx in label_id_dict.items():
185.            label_example = self._find_example_for_label(
186.                label_name, training_data.intent_examples,
                    attribute
187.            )
188.            labels_idx_examples.append((idx, label_example))
189.
190.        # 根据 label_idx 对元组列表进行排序
191.        labels_idx_examples = sorted(labels_idx_examples, key =
                lambda x: x[0])
192.        labels_example = [example for (_, example) in labels_idx_
                examples]
193.        # 收集特征,如果它们存在,则预先计算,否则实时计算
194.        if self._check_labels_features_exist(labels_example,
                attribute):
195.            (
196.                sequence_features,
197.                sentence_features,
198.            ) = self._extract_labels_precomputed_features(labels_
                example, attribute)
199.        else:
200.            sequence_features = None
201.            sentence_features = self._compute_default_label_
                features(labels_example)
202.
203.        label_data = RasaModelData()
204.        label_data.add_features(LABEL, SEQUENCE, sequence_features)
205.        label_data.add_features(LABEL, SENTENCE, sentence_features)
206.        if label_data.does_feature_not_exist(
207.            LABEL, SENTENCE
208.        ) and label_data.does_feature_not_exist(LABEL, SEQUENCE):
209.            raise ValueError(
210.                "No label features are present. Please check your
                    configuration file."
```

```
211.            )
212.
213.         label_ids = np.array([idx for (idx, _) in labels_idx_
                examples])
214.         #显式地向label_ids添加最后一个维度以正确跟踪动态序列
215.         label_data.add_features(
216.             LABEL_KEY,
217.             LABEL_SUB_KEY,
218.             [
219.                 FeatureArray(
220.                     np.expand_dims(label_ids, -1),
221.                     number_of_dimensions = 2,
222.                 )
223.             ],
224.         )
225.
226.         label_data.add_lengths(LABEL, SEQUENCE_LENGTH, LABEL,
                SEQUENCE)
227.
228.         return label_data
229.
230.     def _use_default_label_features(self, label_ids: np.ndarray) ->
            List[FeatureArray]:
231.         if self._label_data is None:
232.             return []
233.
234.         feature_arrays = self._label_data.get(LABEL, SENTENCE)
235.         all_label_features = feature_arrays[0]
236.         return [
237.             FeatureArray(
238.                 np.array([all_label_features[label_id] for label_
                    id in label_ids]),
239.                 number_of_dimensions = all_label_features.number_of_dimensions,
240.             )
241.         ]
242.
```

```
243.
244.    def _create_model_data(
245.        self,
246.        training_data: List[Message],
247.        label_id_dict: Optional[Dict[Text, int]] = None,
248.        label_attribute: Optional[Text] = None,
249.        training: bool = True,
250.    ) -> RasaModelData:
251.        """为训练准备数据并创建 RasaModelData 对象."""
252.        from rasa.utils.tensorflow import model_data_utils
253.
254.        attributes_to_consider = [TEXT]
255.        if training and self.component_config[INTENT_CLASSIFICATION]:
256.            # 我们在预测过程中没有任何意图标签,只是在训练过程中添加它们
257.            attributes_to_consider.append(label_attribute)
258.        if (
259.            training
260.            and self.component_config[ENTITY_RECOGNITION]
261.            and self._entity_tag_specs
262.        ):
263.            # 仅在训练期间以及仅当为 DIET 配置为预测实体的实体添加了训练数据时,才将实体添加为标签
264.            attributes_to_consider.append(ENTITIES)
265.
266.        if training and label_attribute is not None:
267.            # 仅使用在训练期间设置了 label_attribute 的训练示例
268.            training_data = [
269.                example for example in training_data if label_
                    attribute in example.data
270.            ]
271.
272.        training_data = [
273.            message
274.            for message in training_data
275.            if message.features_present(
```

```
276.                    attribute = TEXT, featurizers = self.component_config.
                            get(FEATURIZERS)
277.                    )
278.                ]
279.
280.        if not training_data:
281.            #没有要训练的训练数据
282.            return RasaModelData()
283.
284.        (
285.            features_for_examples,
286.            sparse_feature_sizes,
287.        ) = model_data_utils.featurize_training_examples(
288.            training_data,
289.            attributes_to_consider,
290.            entity_tag_specs = self._entity_tag_specs,
291.            featurizers = self.component_config[FEATURIZERS],
292.            bilou_tagging = self.component_config[BILOU_FLAG],
293.        )
294.        attribute_data, _ = model_data_utils.convert_to_data_format(
295.            features_for_examples, consider_dialogue_dimension = False
296.        )
297.
298.        model_data = RasaModelData(
299.            label_key = self.label_key, label_sub_key = self.label_sub_key
300.        )
301.        model_data.add_data(attribute_data)
302.        model_data.add_lengths(TEXT, SEQUENCE_LENGTH, TEXT, SEQUENCE)
303.        #当前的实现尚未考虑更新标签属性的稀疏特征大小。这就是我们删除它们的原因
304.        sparse_feature_sizes = self._remove_label_sparse_feature_sizes(
305.            sparse_feature_sizes = sparse_feature_sizes, label_
```

```
306.                    attribute = label_attribute
307.                )
308.                model_data.add_sparse_feature_sizes(sparse_feature_sizes)
309.
310.                self._add_label_features(
                        model_data, training_data, label_attribute, label_id_dict, training
311.                )
312.
313.                # 在训练和预测过程中,确保所有的键都是相同的顺序,当从模型数据构建实际张量时,依赖于键和子键的顺序
314.                model_data.sort()
315.
316.                return model_data
317.
318.            @staticmethod
319.            def _remove_label_sparse_feature_sizes(
320.                sparse_feature_sizes: Dict[Text, Dict[Text, List[int]]],
321.                label_attribute: Optional[Text] = None,
322.            ) -> Dict[Text, Dict[Text, List[int]]]:
323.
324.                if label_attribute in sparse_feature_sizes:
325.                    del sparse_feature_sizes[label_attribute]
326.                return sparse_feature_sizes
327.
328.            def _add_label_features(
329.                self,
330.                model_data: RasaModelData,
331.                training_data: List[Message],
332.                label_attribute: Text,
333.                label_id_dict: Dict[Text, int],
334.                training: bool = True,
335.            ) -> None:
336.                label_ids = []
337.                if training and self.component_config[INTENT_CLASSIFICATION]:
338.                    for example in training_data:
```

```
339.                    if example.get(label_attribute):
340.        label_ids.append(label_id_dict[example.get(label_attribute)])
341.            #显式地向label_ids添加最后一个维度以正确跟踪动态序列
342.            model_data.add_features(
343.                LABEL_KEY,
344.                LABEL_SUB_KEY,
345.                [
346.                    FeatureArray(
347.                        np.expand_dims(label_ids, -1),
348.                        number_of_dimensions = 2,
349.                    )
350.                ],
351.            )
352.
353.        if (
354.            label_attribute
355.            and model_data.does_feature_not_exist(label_attribute, SENTENCE)
356.            and model_data.does_feature_not_exist(label_attribute, SEQUENCE)
357.        ):
358.            #没有标签特性,从_label_data中获取默认特性
359.            model_data.add_features(
360.                LABEL, SENTENCE, self._use_default_label_features(np.array(label_ids))
361.            )
362.
363.        #因为label_attribute可以有不同的值,例如INTENT或RE-SPONSE,将这些特征复制到LABEL键,以便更容易地访问模型内部的标签特征
364.        model_data.update_key(label_attribute, SENTENCE, LABEL, SENTENCE)
365.        model_data.update_key(label_attribute, SEQUENCE, LABEL, SEQUENCE)
366.        model_data.update_key(label_attribute, MASK, LABEL, MASK)
367.
```

```
368.        model_data.add_lengths(LABEL, SEQUENCE_LENGTH, LABEL,
                SEQUENCE)
369.
370.    #训练辅助方法
371.    def preprocess_train_data(self, training_data: TrainingData) ->
        RasaModelData:
372.        """为训练准备数据
373.
374.        对训练数据进行完整性检查,提取标签编码
375.        """
376.        if self.component_config[BILOU_FLAG]:
377.            bilou_utils.apply_bilou_schema(training_data)
378.
379.        label_id_index_mapping = self._label_id_index_mapping(
380.            training_data, attribute = INTENT
381.        )
382.
383.        if not label_id_index_mapping:
384.            #训练时没有标签
385.            return RasaModelData()
386.
387.        self.index_label_id_mapping = self._invert_mapping(label_id_index_mapping)
388.
389.        self._label_data = self._create_label_data(
390.            training_data, label_id_index_mapping, attribute = INTENT
391.        )
392.
393.        self._entity_tag_specs = self._create_entity_tag_specs(training_data)
394.
395.        label_attribute = (
396.            INTENT if self.component_config[INTENT_CLASSIFICATION]
                else None
397.        )
398.        model_data = self._create_model_data(
```

```
399.            training_data.nlu_examples,
400.            label_id_index_mapping,
401.            label_attribute = label_attribute,
402.        )
403.
404.        self._check_input_dimension_consistency(model_data)
405.
406.        return model_data
407.
408.
409.    @staticmethod
410.    def _check_enough_labels(model_data: RasaModelData) -> bool:
411.        return len(np.unique(model_data.get(LABEL_KEY, LABEL_SUB_
                KEY))) >= 2
412.
413.
414.
415.
416.
417.    def train(self, training_data: TrainingData) -> Resource:
418.        """在数据集上训练嵌入意图分类器."""
419.        model_data = self.preprocess_train_data(training_data)
420.        if model_data.is_empty():
421.            logger.debug(
422.                f"Cannot train '{self.__class__.__name__}'. No
                    data was provided. "
423.                f"Skipping training of the classifier."
424.            )
425.            return self._resource
426.
427.        if not self.model and self.finetune_mode:
428.            raise rasa.shared.exceptions.InvalidParameterException(
429.                f"{self.__class__.__name__} was instantiated "
430.                f"with 'model = None' and 'finetune_mode = True'. "
431.                f"This is not a valid combination as the component "
432.                f"needs an already instantiated and trained model "
```

```
433.            f"to continue training in finetune mode. "
434.        )
435.
436.    if self.component_config.get(INTENT_CLASSIFICATION):
437.        if not self._check_enough_labels(model_data):
438.            logger.error(
439.                f"Cannot train '{self.__class__.__name__}'. "
440.                f"Need at least 2 different intent classes. "
441.                f"Skipping training of classifier. "
442.            )
443.            return self._resource
444.    if self.component_config.get(ENTITY_RECOGNITION):
445.        self.check_correct_entity_annotations(training_data)
446.
447.    # 保留一个持久化和加载的示例
448.    self._data_example = model_data.first_data_example()
449.
450.    if not self.finetune_mode:
451.        # 没有可以加载的预训练模型。创建模型的新实例
452.        self.model = self._instantiate_model_class(model_data)
453.        self.model.compile(
454. optimizer=tf.keras.optimizers.Adam(self.component_config[LEARNING_RATE])
455.        )
456.    else:
457.        if self.model is None:
458.            raise ModelNotFound("Model could not be found. ")
459.
460.        self.model.adjust_for_incremental_training(
461.            data_example=self._data_example,
462. new_sparse_feature_sizes=model_data.get_sparse_feature_sizes(),
463.            old_sparse_feature_sizes=self._sparse_feature_sizes,
464.        )
465.    self._sparse_feature_sizes = model_data.get_sparse_feature_sizes()
```

```python
466.
467.        data_generator, validation_data_generator = train_utils.create_
                data_generators(
468.            model_data,
469.            self.component_config[BATCH_SIZES],
470.            self.component_config[EPOCHS],
471.            self.component_config[BATCH_STRATEGY],
472.            self.component_config[EVAL_NUM_EXAMPLES],
473.            self.component_config[RANDOM_SEED],
474.        )
475.        callbacks = train_utils.create_common_callbacks(
476.            self.component_config[EPOCHS],
477.            self.component_config[TENSORBOARD_LOG_DIR],
478.            self.component_config[TENSORBOARD_LOG_LEVEL],
479.            self.tmp_checkpoint_dir,
480.        )
481.
482.        self.model.fit(
483.            data_generator,
484.            epochs=self.component_config[EPOCHS],
485.            validation_data=validation_data_generator,
486.            validation_freq=self.component_config[EVAL_NUM_EPOCHS],
487.            callbacks=callbacks,
488.            verbose=False,
489.            shuffle=False,  # we use custom shuffle inside data generator
490.        )
491.
492.        self.persist()
493.
494.        return self._resource
495.
496.    def persist(self) -> None:
497.        """将这个模型持久化到传递的目录中."""
498.        if self.model is None:
499.            return None
```

```
500.
501.        with self._model_storage.write_to(self._resource) as model_
            path:
502.            file_name = self.__class__.__name__
503.            tf_model_file = model_path / f"{file_name}.tf_model"
504.
505.   rasa.shared.utils.io.create_directory_for_file(tf_model_file)
506.
507.            if self.component_config[CHECKPOINT_MODEL] and self.tmp_
            checkpoint_dir:
508.                self.model.load_weights(self.tmp_checkpoint_dir /
                    "checkpoint.tf_model")
509.                # Save an empty file to flag that this model has been
510.                # produced using checkpointing
511.                checkpoint_marker = model_path / f"{file_name}.from_
                    checkpoint.pkl"
512.                checkpoint_marker.touch()
513.
514.            self.model.save(str(tf_model_file))
515.
516.            io_utils.pickle_dump(
517.                model_path / f"{file_name}.data_example.pkl", self._
                    data_example
518.            )
519.            io_utils.pickle_dump(
520.                model_path / f"{file_name}.sparse_feature_
                    sizes.pkl",
521.                self._sparse_feature_sizes,
522.            )
523.            io_utils.pickle_dump(
524.                model_path / f"{file_name}.label_data.pkl",
525.                dict(self._label_data.data) if self._label_data is
                    not None else {},
526.            )
527.            io_utils.json_pickle(
528.                model_path / f"{file_name}.index_label_id_
```

```
529.                    mapping.json",
530.                    self.index_label_id_mapping,
531.                )
532.
533.                entity_tag_specs = (
534.                    [tag_spec._asdict() for tag_spec in self._entity_
                        tag_specs]
535.                    if self._entity_tag_specs
536.                    else []
537.                )
538.                rasa.shared.utils.io.dump_obj_as_json_to_file(
539.                    model_path / f"{file_name}.entity_tag_specs.json",
                        entity_tag_specs
540.                )
541.
542.
543.    @classmethod
544.    def load(
545.        cls: Type[DIETClassifierT],
546.        config: Dict[Text, Any],
547.        model_storage: ModelStorage,
548.        resource: Resource,
549.        execution_context: ExecutionContext,
550.        **kwargs: Any,
551.    ) -> DIETClassifierT:
552.        """从存储中加载NLU组件"""
553.        try:
554.            with model_storage.read_from(resource) as model_path:
555.                return cls._load(
556.                    model_path, config, model_storage, resource,
                        execution_context
557.                )
558.        except ValueError:
559.            logger.debug(
560.                f"Failed to load {cls.__class__.__name__} from
                    model storage. Resource "
```

```
560.                f"'{resource.name}' doesn't exist."
561.            )
562.            return cls(config, model_storage, resource, execution_
                context)
563.
564.
565.    @classmethod
566.    def _load(
567.        cls: Type[DIETClassifierT],
568.        model_path: Path,
569.        config: Dict[Text, Any],
570.        model_storage: ModelStorage,
571.        resource: Resource,
572.        execution_context: ExecutionContext,
573.    ) -> DIETClassifierT:
574.        """从提供的目录加载训练过的模型."""
575.        (
576.            index_label_id_mapping,
577.            entity_tag_specs,
578.            label_data,
579.            data_example,
580.            sparse_feature_sizes,
581.        ) = cls._load_from_files(model_path)
582.
583.        config = train_utils.update_confidence_type(config)
584.        config = train_utils.update_similarity_type(config)
585.
586.        model = cls._load_model(
587.            entity_tag_specs,
588.            label_data,
589.            config,
590.            data_example,
591.            model_path,
592.            finetune_mode = execution_context.is_finetuning,
593.        )
594.
```

```
595.            return cls(
596.                config = config,
597.                model_storage = model_storage,
598.                resource = resource,
599.                execution_context = execution_context,
600.                index_label_id_mapping = index_label_id_mapping,
601.                entity_tag_specs = entity_tag_specs,
602.                model = model,
603.                sparse_feature_sizes = sparse_feature_sizes,
604.            )
605.    ...
606.        # 处理辅助工具
607.        def _predict(
608.            self, message: Message
609.        ) -> Optional[Dict[Text, Union[tf.Tensor, Dict[Text, tf.Tensor]]]]:
610.            if self.model is None:
611.                logger.debug(
612.                    f"There is no trained model for '{self.__class__.__name__}': The "
613.                    f"component is either not trained or didn't receive enough training "
614.                    f"data."
615.                )
616.                return None
617.
618.            # 从消息创建会话数据并将其转换为 1 的批处理
619.            model_data = self._create_model_data([message], training = False)
620.            if model_data.is_empty():
621.                return None
622.            return self.model.run_inference(model_data)
623.
624.        def run_inference(
625.            self,
626.            model_data: RasaModelData,
```

```
627.        batch_size: Union[int, List[int]] = 1,
628.        output_keys_expected: Optional[List[Text]] = None,
629.    ) -> Dict[Text, Union[np.ndarray, Dict[Text, Any]]]:
630.        """通过模型实现批量推理
631.
632.        参数：
633.            model_data：输入要馈送给模型的数据
634.            batch_size：生成器应创建的批的大小
635.            output_keys_expected：期望在输出中出现的键。在将输出
                与所有批次的输出合并之前，应该将输出过滤为只有这些键
636.
637.        返回：
638.            与输入相对应的输出模型
639.        """
640.        outputs: Dict[Text, Union[np.ndarray, Dict[Text, Any]]] = {}
641.        (data_generator, _) = rasa.utils.train_utils.create_data_generators(
642.            model_data=model_data, batch_sizes=batch_size, epochs=1, shuffle=False
643.        )
644.        data_iterator = iter(data_generator)
645.        while True:
646.            try:
647.                # Data_generator 是一个包含 2 个元素的元组——
                    input 和 output。我们只需要输入，因为输出总是 None，
                    并且不会被我们的 TF 图所消耗
648.                batch_in = next(data_iterator)[0]
649.                batch_out: Dict[
650.                    Text, Union[np.ndarray, Dict[Text, Any]]
651.                ] = self._rasa_predict(batch_in)
652.                if output_keys_expected:
653.                    batch_out = {
654.                        key: output
655.                        for key, output in batch_out.items()
656.                        if key in output_keys_expected
657.                    }
```

```python
658.                outputs = self._merge_batch_outputs(outputs,
                        batch_out)
659.            except StopIteration:
660.                # 生成器批次用完,完成推理的时间
661.                break
662.        return outputs
663.
664.    @staticmethod
665.    def _merge_batch_outputs(
666.        all_outputs: Dict[Text, Union[np.ndarray, Dict[Text, Any]]],
667.        batch_output: Dict[Text, Union[np.ndarray, Dict[Text, np.ndarray]]],
668.    ) -> Dict[Text, Union[np.ndarray, Dict[Text, Any]]]:
669.        """将一个批的输出合并到所有批的输出中
670.
671.        函数假设批处理输出的模式保持不变,即键和它们的值类型
                不会在一个批次的输出中改变
672.
673.        参数:
674.            all_outputs:以前所有批次的 输出
675.            batch_output:批次输出
676.
677.        返回:
678.            合并的输出与当前批次的输出叠加在所有先前批次的输出
                之下
679.        """
680.        if not all_outputs:
681.            return batch_output
682.        for key, val in batch_output.items():
683.            if isinstance(val, np.ndarray):
684.                all_outputs[key] = np.concatenate(
685.                    [all_outputs[key], batch_output[key]], axis=0
686.                )
687.
688.            elif isinstance(val, dict):
689.                # recurse and merge the inner dict first
```

```
690.                all_outputs[key] = RasaModel._merge_batch_outputs
                       (all_outputs[key], val)
691.        return all_outputs
692.
693.    def _predict_label(
694.        self, predict_out: Optional[Dict[Text, tf.Tensor]]
695.    ) -> Tuple[Dict[Text, Any], List[Dict[Text, Any]]]:
696.        """预测所提供消息的意图."""
697.        label: Dict[Text, Any] = {"name": None, "confidence": 0.0}
698.        label_ranking: List[Dict[Text, Any]] = []
699.
700.        if predict_out is None:
701.            return label, label_ranking
702.
703.        message_sim = predict_out["i_scores"]
704.        message_sim = message_sim.flatten()  # sim is a matrix
705.
706.        # 如果 X 包含所有零,则不预测某个标签
707.        if message_sim.size == 0:
708.            return label, label_ranking
709.
710.        # 对置信度进行排名
711.        ranking_length = self.component_config[RANKING_LENGTH]
712.        renormalize = (
713.            self.component_config[RENORMALIZE_CONFIDENCES]
714.            and self.component_config[MODEL_CONFIDENCE] == SOFTMAX
715.        )
716.        ranked_label_indices, message_sim = train_utils.rank_and_mask(
717.            message_sim, ranking_length=ranking_length, renormalize=renormalize
718.        )
719.
720.        # 构建标签和排名
721.        casted_message_sim: List[float] = message_sim.tolist()  # np.float to float
```

```python
722.            top_label_idx = ranked_label_indices[0]
723.            label = {
724.                "name": self.index_label_id_mapping[top_label_idx],
725.                "confidence": casted_message_sim[top_label_idx],
726.            }
727.
728.            ranking = [(idx, casted_message_sim[idx]) for idx in
                    ranked_label_indices]
729.            label_ranking = [
730.                {"name": self.index_label_id_mapping[label_idx],
                    "confidence": score}
731.                for label_idx, score in ranking
732.            ]
733.
734.            return label, label_ranking
735.
736.    def _predict_entities(
737.        self, predict_out: Optional[Dict[Text, tf.Tensor]],
            message: Message
738.    ) -> List[Dict]:
739.        if predict_out is None:
740.            return []
741.
742.        predicted_tags, confidence_values = train_utils.entity_
            label_to_tags(
743.            predict_out, self._entity_tag_specs, self.component_
            config[BILOU_FLAG]
744.        )
745.
746.        entities = self.convert_predictions_into_entities(
747.            message.get(TEXT),
748.            message.get(TOKENS_NAMES[TEXT], []),
749.            predicted_tags,
750.            self.split_entities_config,
751.            confidence_values,
752.        )
```

```
753.
754.            entities = self.add_extractor_name(entities)
755.            entities = message.get(ENTITIES, []) + entities
756.
757.        return entities
758.
759.    def process(self, messages: List[Message]) -> List[Message]:
760.        """用意图、实体和诊断数据扩充消息."""
761.        for message in messages:
762.            out = self._predict(message)
763.
764.            if self.component_config[INTENT_CLASSIFICATION]:
765.                label, label_ranking = self._predict_label(out)
766.
767.                message.set(INTENT, label, add_to_output=True)
768.                message.set("intent_ranking", label_ranking, add_to_output=True)
769.
770.            if self.component_config[ENTITY_RECOGNITION]:
771.                entities = self._predict_entities(out, message)
772.
773.                message.set(ENTITIES, entities, add_to_output=True)
774.
775.            if out and self._execution_context.should_add_diagnostic_data:
776.                message.add_diagnostic_data(
777.                    self._execution_context.node_name, out.get(DIAGNOSTIC_DATA)
778.                )
779.
780.        return messages
```

上段代码中第 7 行是 _label_id_index_mapping 方法,做神经网络,id_index_mapping 这一定是你绕不过去的内容,因为神经网络的训练是符号与符号之间的相互作用,所以提供 ID 就行了。

上段代码中第 21 行定义 _invert_mapping 方法。

上段代码中第 24 行 _create_entity_tag_specs 方法,这些是基本的信息。

上段代码中第 54 行是_find_example_for_label 方法。

上段代码中第 62 行是_check_labels_features_exist 方法。

上段代码中第 74 行这个方法相对比较重要,就是_extract_features,如图 12-8 所示,从整个 Rasa 的角度来讲,它可以是稀疏特征,或者(or)稠密特征,用"or"这个逻辑词,大家应该知道可以是其中一个,也可以是两个都有,在这里它会考虑稀疏特征,还有稠密特征,当然它里面无论是什么级别的信息,最后都变成一个稠密特征,从图 12-8 可以看到,当变成稠密特征的时候,前馈神经网络肯定会涉及维度的事情。

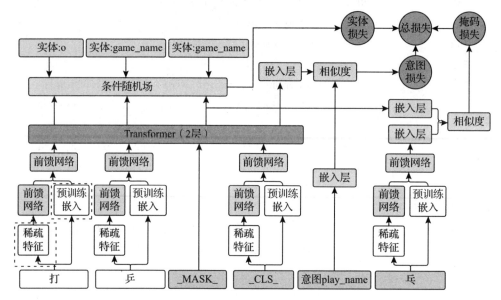

图 12-8 稀疏特征和稠密特征

上段代码中第 132 行有_check_input_dimension_consistency 方法。

上段代码中第 148 行_extract_labels_precomputed_features,无论是从实体的角度,还是从意图的角度,它基本上都是复用。从传统的一般意义上的业务对话机器人的角度看,有些意图其实是提前给定义好的,所以它会提前生成一些特征。

上段代码中第 172 行是_create_label_data 方法。

上段代码中第 203 行构建一个 RasaModelData 实例,label_data 是一个 RasaModelData 实例,RasaModelData 这个类特别重要,它是一个数据封装的工具类,之所以一再强调它很重要,是因为很多时候做调试会一再遇到它。

上段代码中第 230 行是_use_default_label_features 方法。

上段代码中第 244 行这里是_create_model_data 方法,显然实例化 RasaModelData 的时候,要把这个数据准备好,这里传入 training_data、label_id_dict、label_attribute、training,对相关内容进行判断,这没有什么难度。

上段代码中第 319 行是_remove_label_sparse_feature_sizes 方法。

上段代码中第 328 行是_add_label_features 方法。

上段代码中第 371 行里有一个很重要的辅助方法叫 preprocess_train_data，从整个训练的角度来讲，它有很多铺垫性的工作为训练准备数据，包括对训练数据进行完整性检查，提取标签编码等，会涉及背后一些运行服务级别的内容。我们现在谈的是组件，不涉及背后把组件变成服务级别的一些事。以后我们会有一个专题课程，讲解 Rasa 服务体系的运行建立。

上段代码中第 398 行通过调用 self._create_model_data 获取模型数据 model data。

上段代码中第 410 行是_check_enough_labels 方法。

上段代码中第 417 行 train 方法有很多不同状态的判断，而且它还会完成自己的持久化，在数据集上训练嵌入意图分类器。

上段代码中第 419 行调用 preprocess_train_data 方法。

如图 12-9 所示，上段代码中第 450 行涉及微调，这是预训练嵌入式向量（Pretrained embedding），这个 DIET 本身的微调叫 Pretrained embedding，是另外级别的一个内容。

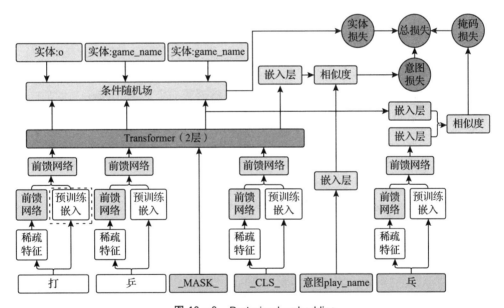

图 12-9　Pretrained embedding

如图 12-10 所示，大家一定要注意，这个地方的微调和预训练嵌入式向量是有所不同的，这里从整个 DIETClassifier 层面判断是否有这个模型，如果有，可以在它基础上进行微调。

现在看到的代码是基于模型的角度，如果没有可以加载的预训练模型，会创建模型的新实例，在上段代码中第 452 行 self.model = self._instantiate_model_class

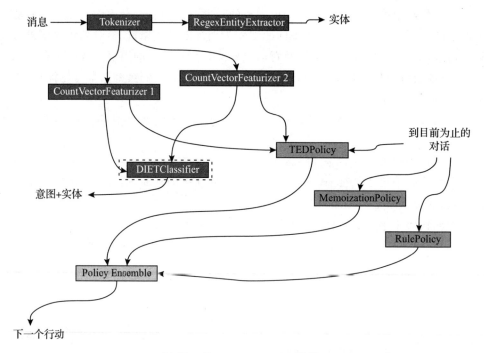

图 12 - 10 DIETClassifier 微调

（model_data），_instantiate_model_class 方法显然返回一个 RasaModel。

diet_classifier.py 的_instantiate_model_class 源代码实现：

1. def _instantiate_model_class(self, model_data: RasaModelData) -> "RasaModel":
2.   return self.model_class()(
3.   data_signature = model_data.get_signature(),
4.   label_data = self._label_data,
5.   entity_tag_specs = self._entity_tag_specs,
6.   config = self.component_config,
7.   )

上段代码中第 1 行_instantiate_model_class 方法返回的结果是一个 RasaModel。
上段代码中第 2 行 RasaModel 的 model_class，model_class 是什么？显然就是 DIET。
diet_classifier.py 的 model_class 源代码实现：

1. @staticmethod
2. def model_class() -> Type[RasaModel]:
3.   return DIET

第12章 DIET 多行源码剖析

所以它是从整个模型的角度来看的,而不是预训练嵌入式向量,特别提出来这个问题,是因为可能有些人会把它搞混淆。我们继续回到 train 的部分。

上段代码中第 482 行调用 self.model.fit,这时候是整个 Transformer 的运行,整个 fit 方法在运行,可以看一下,fit 方法在 temp_keras_modules.py 文件里面。

temp_keras_modules.py 的 fit 源代码实现:

```
1.  class TmpKerasModel(Model):
2.      """临时的解决方案。Keras 模型,其中使用了自定义数据适配器."""
3.
4.      # 我们不再需要这个
5.      # https://github.com/tensorflow/tensorflow/pull/45338
6.      # 已经移植到 keras 并在那里合并
7.
8.      # 此代码改编
9.      # https://github.com/keras-team/keras/blob/v2.7.0/keras/
        engine/training.py L902
10.
11.     @traceback_utils.filter_traceback  # type: ignore[misc]
12.     def fit(
13.         self,
14.         x: Optional[
15.             Union[np.ndarray, tf.Tensor, tf.data.Dataset,
                tf.keras.utils.Sequence]
16.         ] = None,
17.         y: Optional[
18.             Union[np.ndarray, tf.Tensor, tf.data.Dataset, tf.keras.
                utils.Sequence]
19.         ] = None,
20.         batch_size: Optional[int] = None,
21.         epochs: int = 1,
22.         verbose: int = 1,
23.         callbacks: Optional[List[Callback]] = None,
24.         validation_split: float = 0.0,
25.         validation_data: Optional[Any] = None,
26.         shuffle: bool = True,
27.         class_weight: Optional[Dict[int, float]] = None,
```

```
28.         sample_weight: Optional[np.ndarray] = None,
29.         initial_epoch: int = 0,
30.         steps_per_epoch: Optional[int] = None,
31.         validation_steps: Optional[int] = None,
32.         validation_batch_size: Optional[int] = None,
33.         validation_freq: int = 1,
34.         max_queue_size: int = 10,
35.         workers: int = 1,
36.         use_multiprocessing: bool = False,
37.     ) -> History:
38.         """为固定数量的 epoch(数据集上的迭代)训练模型
39.         ......
```

继续回到 train 的代码。

上段代码中第 492 行是持久化(persist),这个 persist 大家早就很熟悉了,它把模型本身,以及附带的一些信息进行持久化,不过主要是围绕模型本身。

上段代码中第 496~539 行,持久化 tf_model、checkpoint.tf_model、from_checkpoint.pkl、data_example.pkl、sparse_feature_sizes.pkl、label_data.pkl、index_label_id_mapping.json、entity_tag_specs.json 等相关内容会保存在一个具体的目录之下,一般在当前工程下,基本上放在 .Rasa 目录中。当然只要涉及持久化,肯定会用到 load 方法。

上段代码中第 543 行 load 方法是把模型加载进来。

上段代码中第 549 行输入参数 **kwargs,加载的时候前面有个双星号,为什么会有这些内容?大家要明白一件事情,虽然我们在讲 DIET,但是 DIETClassifier 封装了 DIET 这个模型,封装它的时候,它对其他的节点有依赖关系,其他节点要给它传数据过来,如图 12-11 所示。

由于每个组件传递的数据可能具有不确定性,现在看见的是 CountVectorsFeaturizer 1 和 CountVectorsFeaturizer 2 这两个特征,也可能有其他更多的特征,为什么更多?如图 12-12 所示,可以看一下,它这是可插拔的,显然可以应对很多的特征(Featurizer)。

围绕这些特征数据怎么做?肯定就是 **kwargs 的方式,这个大家应该是很清楚的,可以不限长度,然后在里面放入任意的内容。

上段代码中第 553 行从读取模型的角度看,里面是 with model_storage.read_from(resource) as model_path,这个代码我们已经看了太多遍了。

上段代码中第 554 行现在通过 cls._load 方法把它实例化,其中下划线是因为 _load 是内部方法。

第 12 章 DIET 多行源码剖析

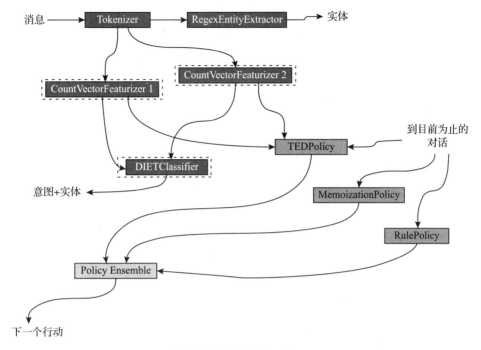

图 12 - 11 DIETClassifier

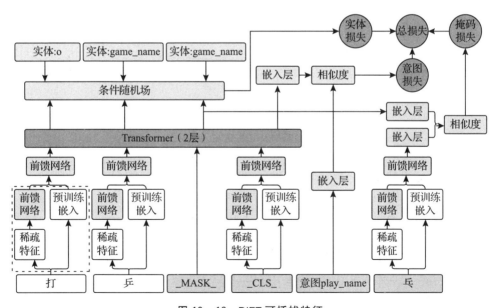

图 12 - 12 DIET 可插拔特征

上段代码中第 566 行是 _load 方法，是更具体化的一个内部的 _load，这里面基本上都是核心内容，例如 model_path 、config、model_storage、resource、execution_context 等，在这里面它完成实例化。在这实例化的过程中，会发现它会生产很多内容，这些参数都是很重要的参数。

上段代码中第 586～593 行最后会生成模型，cls._load_model 根据参数还有一些全局性的配置信息生成 model。

上段代码中第 595 行返回 cls，如图 12-13 所示，我们可以非常清晰看见这个路线，现在这个 cls 指向 DIETClassifier，显然它内部封装的是 DIET，这个代码非常清晰。

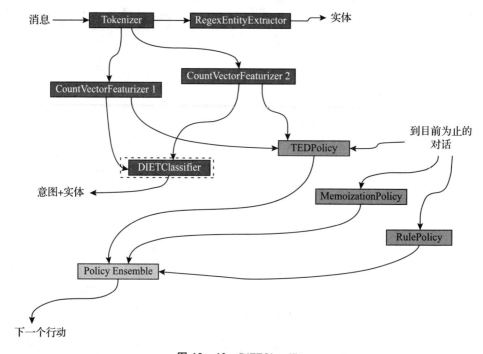

图 12-13 DIETClassifier

我们看一下其他的内容，预测部分会有很多具体的内容，但对于我们而言，主要考虑的核心是意图和实体，是训练，而不是预测这边。

上段代码中第 607 行 _predict 是一个工具方法。

上段代码中第 624 行是 run_inference 方法，在这里面有它的 model_data、batch_size、output_keys_expected 部分，然后通过模型实现批量推理操作。这里它涉及一个 batch_size 的配置，看见这个代码，理论上讲应该会很激动。从整个架构的角度讲，对话机器人如果运行起来，它一直在运行的时候等你的信息过来。

上段代码中第 644 行执行代码 data_iterator = iter(data_generator)。

上段代码中第 645 行这里有个 while True 循环，对具体批量的内容，会通过 data_iterator 获取。

上段代码中第 648 行是 next(data_iterator)[0]，获得它的 batch_in。

上段代码中第 649 行获得它的 batch_out。

上段代码中第 658 行然后通过 _merge_batch_outputs 方法把 outputs、batch_out 合并起来。

上段代码中第 665 行 _merge_batch_outputs 代码也说得很清楚，这都是基本的操作。

然后我们回到前面，其实核心代码已经讲了，也就是大部分的核心代码都已经跟大家讲了，我们再次看 DIETClassifier。

上段代码中第 693 行这边 _predict_label 预测的是意图，是获得意图的内容，这代码都很普通。

上段代码中第 734 行返回 label、label_ranking，这个 label ranking 是排序或者排名。

上段代码中第 736 行是 _predict_entities 方法。

上段代码中第 754、755 行调用 add_extractor_name 方法获得 entities，然后会跟前面的 message.get(ENTITIES, [])进行组拼。

上段代码中第 759 行是 process 方法，process 也可以加入很多的诊断信息，这都是基本的调用。

上段代码中第 771 行调用 _predict_entities 方法，这都是基本的调用。

DIETClassifier 这个文件，我们已经跟大家过了一遍，主要是从它新一代的架构以及 DIET 本身架构的角度出发，看它每一步所在的位置以及完成的功能和相互作用。

12.3　EntityExtractorMixin 代码解析

围绕 DIET 肯定有很多其他内容，因为它是在上下文中，围绕这个上下文，背后有很多内容大家可能都没有看到，不过我们一步一步来，这没有太大的关系。现在跟大家看另外一个很重要的内容，就是它的接口，这个接口是一个关于实体的接口，我们回到它最原始的类签名。

diet_classifier.py 的源代码实现：

1. class DIETClassifier(GraphComponent, IntentClassifier,
   EntityExtractorMixin):
2. 　　"""用于意图分类和实体提取的多任务模型
3. 　　"""

这个类的签名叫 EntityExtractorMixin，它也是一个抽象接口，在这个接口中，它提供的是一些基本的辅助工具来帮助我们继承这个类将为实体提取增加实用函数。实体提取是识别和提取实体的过程，比如人名或者位置信息，我们来看一下这个关键内容。

extractor.py 的 EntityExtractorMixin 源代码实现：

```
1.  class EntityExtractorMixin(abc.ABC):
2.      """为执行实体提取的组件提供功能
3.
4.      继承该类将为实体提取添加实用函数。实体提取是识别和提取实体的过
        程，如人名或消息中的位置
5.      """
6.
7.      @property
8.      def name(self) -> Text:
9.          """返回类的名称"""
10.         return self.__class__.__name__
11.
12.     def add_extractor_name(
13.         self, entities: List[Dict[Text, Any]]
14.     ) -> List[Dict[Text, Any]]:
15.         """将此提取器的名称添加到实体列表中
16.
17.         参数：
18.             entities：提取的实体
19.
20.         返回：
21.             修改后的实体
22.         """
23.         for entity in entities:
24.             entity[EXTRACTOR] = self.name
25.         return entities
26.
27.     def add_processor_name(self, entity: Dict[Text, Any]) -> Dict
        [Text, Any]:
28.         """将此提取器的名称添加到此实体的处理器列表中
29.
30.         参数：
```

```
31.            entity:提取的实体及其元数据
32.
33.        返回:
34.            被修改的实体
35.        """
36.        if "processors" in entity:
37.            entity["processors"].append(self.name)
38.        else:
39.            entity["processors"] = [self.name]
40.
41.        return entity
42. ...
43.
44.
45.    @staticmethod
46.    def find_entity(
47.        entity: Dict[Text, Any], text: Text, tokens: List[Token]
48.    ) -> Tuple[int, int]:
49.        offsets = [token.start for token in tokens]
50.        ends = [token.end for token in tokens]
51.
52.        if entity[ENTITY_ATTRIBUTE_START] not in offsets:
53.            message = (
54.                "Invalid entity {} in example '{}': "
55.                "entities must span whole tokens. "
56.                "Wrong entity start. ".format(entity, text)
57.            )
58.            raise ValueError(message)
59.
60.        if entity[ENTITY_ATTRIBUTE_END] not in ends:
61.            message = (
62.                "Invalid entity {} in example '{}': "
63.                "entities must span whole tokens. "
64.                "Wrong entity end. ".format(entity, text)
65.            )
66.            raise ValueError(message)
```

```python
67.
68.         start = offsets.index(entity[ENTITY_ATTRIBUTE_START])
69.         end = ends.index(entity[ENTITY_ATTRIBUTE_END]) + 1
70.         return start, end
71.
72.     def filter_trainable_entities(
73.         self, entity_examples: List[Message]
74.     ) -> List[Message]:
75.         """过滤掉不可训练的实体注释
76.
77.         创建 entity_examples 实体副本,在这种情况下,将提取器设置为
            self.name 以外的东西的实体(例如 CRFEntityExtractor )被删除
78.         """
79.
80.         filtered = []
81.         for message in entity_examples:
82.             entities = []
83.             for ent in message.get(ENTITIES, []):
84.                 extractor = ent.get(EXTRACTOR)
85.                 if not extractor or extractor == self.name:
86.                     entities.append(ent)
87.             data = message.data.copy()
88.             data[ENTITIES] = entities
89.             filtered.append(
90.                 Message(
91.                     text = message.get(TEXT),
92.                     data = data,
93.                     output_properties = message.output_properties,
94.                     time = message.time,
95.                     features = message.features,
96.                 )
97.             )
98.
99.         return filtered
100.
101.    @staticmethod
```

```
102.    def convert_predictions_into_entities(
103.        text: Text,
104.        tokens: List[Token],
105.        tags: Dict[Text, List[Text]],
106.        split_entities_config: Dict[Text, bool] = None,
107.        confidences: Optional[Dict[Text, List[float]]] = None,
108.    ) -> List[Dict[Text, Any]]:
109.        """将预测转化为实体
110.
111..       参数:
112.            text:文本信息
113.            tokens:没有 CLS 标记的消息标记
114.            tags:预测标签
115.            split_entities_config:用于处理拆分实体列表的配置
116.            confidences:预测标签的置信度
117.
118.        返回:
119.            实体
120.        """
121.        import rasa.nlu.utils.bilou_utils as bilou_utils
122.
123.        entities = []
124.
125.        last_entity_tag = NO_ENTITY_TAG
126.        last_role_tag = NO_ENTITY_TAG
127.        last_group_tag = NO_ENTITY_TAG
128.        last_token_end = -1
129.
130.        for idx, token in enumerate(tokens):
131.            current_entity_tag = EntityExtractorMixin.get_tag_for(
132.                tags, ENTITY_ATTRIBUTE_TYPE, idx
133.            )
134.
135.            if current_entity_tag == NO_ENTITY_TAG:
136.                last_entity_tag = NO_ENTITY_TAG
137.                last_token_end = token.end
```

```
138.            continue
139.
140.            current_group_tag = EntityExtractorMixin.get_tag_for(
141.                tags, ENTITY_ATTRIBUTE_GROUP, idx
142.            )
143.            current_group_tag = bilou_utils.tag_without_prefix(current_group_tag)
144.            current_role_tag = EntityExtractorMixin.get_tag_for(
145.                tags, ENTITY_ATTRIBUTE_ROLE, idx
146.            )
147.            current_role_tag = bilou_utils.tag_without_prefix(current_role_tag)
148.
149.            group_or_role_changed = (
150.                last_group_tag != current_group_tag or last_role_tag != current_role_tag
151.            )
152.
153.            if bilou_utils.bilou_prefix_from_tag(current_entity_tag):
154.                # 检查新的 bilou 标签
155.                # 新 bilou 标签开始不是 I-, L- tags
156.                new_bilou_tag_starts = last_entity_tag != current_entity_tag and (
157.                    bilou_utils.LAST
158.                    != bilou_utils.bilou_prefix_from_tag(current_entity_tag)
159.                    and bilou_utils.INSIDE
160.                    != bilou_utils.bilou_prefix_from_tag(current_entity_tag)
161.                )
162.
163.                # 处理只有 I-、L-标签而没有 B-标签的 bilou 标签
164.                # 连续处理多个 u-tag
165.                new_unigram_bilou_tag_starts = (
166.                    last_entity_tag == NO_ENTITY_TAG
167.                    or bilou_utils.UNIT
```

```
168.                    = = bilou_utils. bilou_prefix_from_tag
                        (current_entity_tag)
169.                )
170.
171.            new_tag_found = (
172.                new_bilou_tag_starts
173.                or new_unigram_bilou_tag_starts
174.                or group_or_role_changed
175.            )
176.            last_entity_tag = current_entity_tag
177.            current_entity_tag = bilou_utils. tag_without_prefix
                    (current_entity_tag)
178.        else:
179.            new_tag_found = (
180.                last_entity_tag! = current_entity_tag or group_
                    or_role_changed
181.            )
182.            last_entity_tag = current_entity_tag
183.
184.        if new_tag_found:
185.            #发现新的实体
186.            entity = EntityExtractorMixin._create_new_entity(
187.                list(tags.keys()),
188.                current_entity_tag,
189.                current_group_tag,
190.                current_role_tag,
191.                token,
192.                idx,
193.                confidences,
194.            )
195.            entities. append(entity)
196.        elif EntityExtractorMixin._check_is_single_entity(
197.            text, token, last_token_end, split_entities_config,
                current_entity_tag
198.        ):
199.            #当前标记具有与之前标记相同的实体标记,并且两个标记
```

由最多3个符号分隔,其中每个符号必须是标点符号(例如"."或",")和空格
200.   entities[-1][ENTITY_ATTRIBUTE_END] = token.end
201.   if confidences is not None:
202.   EntityExtractorMixin._update_confidence_values(
203.   entities, confidences, idx
204.   )
205.
206.   else:
207.   # 标记具有与之前标记相同的实体标记,但两个标记被至少2个符号分隔(例如多个空格,逗号和空格等),也不应该表示为单个实体
208.   entity = EntityExtractorMixin._create_new_entity(
209.   list(tags.keys()),
210.   current_entity_tag,
211.   current_group_tag,
212.   current_role_tag,
213.   token,
214.   idx,
215.   confidences,
216.   )
217.   entities.append(entity)
218.
219.   last_group_tag = current_group_tag
220.   last_role_tag = current_role_tag
221.   last_token_end = token.end
222.
223.   for entity in entities:
224.   entity[ENTITY_ATTRIBUTE_VALUE] = text[
225.   entity[ENTITY_ATTRIBUTE_START] : entity[ENTITY_ATTRIBUTE_END]
226.   ]
227.
228.   return entities
229.
230.

```
231.    @staticmethod
232.    def _check_is_single_entity(
233.        text: Text,
234.        token: Token,
235.        last_token_end: int,
236.        split_entities_config: Dict[Text, bool],
237.        current_entity_tag: Text,
238.    ) -> bool:
239.        # 当前标记具有与之前标记相同的实体标记,并且两个标记之间
            最多只能用一个符号分隔(例如空格、破折号等)
240.        if token.start - last_token_end <= 1:
241.            return True
242.
243.        # 标记之间的距离不超过 3 个位置
244.        # 选择数字 3,可以提取以下两种情况
245.        #   - Schönhauser Allee 175, 10119 Berlin
246.        #     (address compounds separated by 2 tokens (", "))
247.        #   - 22 Powderhall Rd., EH7 4GB
248.        #     (abbreviated "Rd." results in a separation of 3 tokens
                  (". ", ""))
249.        # 超过 3 个可能已经引入了不应该按照这种逻辑考虑的情况
250.        tokens_within_range = token.start - last_token_end <= 3
251.
252.        # 交错符号 * 必须 * 为句号、逗号或空格
253.        interleaving_text = text[last_token_end : token.start]
254.        tokens_separated_by_allowed_chars = all(
255.            filter(
256.                lambda char: True
257.                if char in SINGLE_ENTITY_ALLOWED_INTERLEAVING_CHARSET
258.                else False,
259.                interleaving_text,
260.            )
261.        )
262.
263.        # 当前实体类型必须与配置匹配(默认值为 True)
264.        default_value = split_entities_config[SPLIT_ENTITIES_BY_
```

```
                    COMMA]
265.        split_current_entity_type = split_entities_config.get(
266.            current_entity_tag, default_value
267.        )
268.
269.        return (
270.            tokens_within_range
271.            and tokens_separated_by_allowed_chars
272.            and not split_current_entity_type
273.        )
```

上段代码中第 8~10 行是 name 方法,返回 self.__class__.__name__,可以直接引用名称,而不需要方法调用。

上段代码中第 12~25 行这里是 add_extractor_name 方法,在这里把 entities 作为传入的内容,将此提取器的名称添加到实体列表中。

上段代码中第 27 行是 add_processor_name 方法,将此提取器的名称添加到此实体的处理器列表,这都是基本性的工作。

上段代码中第 46 行是 find_entity 方法,它返回一个 Tuple[int, int],这里会进行一些基本的判断。

上段代码中第 68、第 69 行,我们可以看一下实体,关键就是获得它的开始和结束,因为对于一个具体的实体,如果要标记它的开始和结束。有时候它可能是几个标记连在一块,以 Tuple 的方式展示,并通过标记索引标识。所谓标记的索引,就是输入信息有 0、1、2、3、4 这些位置,它按照这个索引告诉我们。

上段代码中第 72 行是 filter_trainable_entities 方法,这里过滤掉不可训练的实体标注,就是把不必要的过滤掉,通过循环进行条件判断,不多说。

上段代码中第 102 行是 convert_predictions_into_entities 方法,为什么会有这样一个过程?当看到参数输入就会明白,text、tokens、tags、split_entities_config、confidences 等这些内容,它让获得变成具体的实体。

上段代码中第 153 行这里 bilou 还是很不错的,如果要做命名实体识别,强烈建议去看一下 Bilou。Tensorflow 有一个很大的优势,就是它把很多工业级,注意不仅是学术研究,更重要的是工业级千锤百炼的一些内容融入自己的框架中。大家可以到 TensorFlow Hub 获取很多很成熟的库,这都是一些基本的内容。

上段代码中第 208 行这里有 entity = EntityExtractorMixin._create_new_entity,注释也说得很明白,标记具有与之前标记相同的实体,但两个标记被至少 2 个符号分隔,例如多个空格,逗号和空格等,不应该表示为单个实体。命名实体识别本身,它没有特别的复杂度。

上段代码中第 232 行 _check_is_single_entity 方法是知识性的内容。大家可以

第 12 章 DIET 多行源码剖析

自己去看。

至于 get_tag_for、_create_new_entity 等方法是告诉我们具体怎么操作。至此，快速帮助大家过了一下代码，我们以后会有一个专题内容，会从 Transformer 的视角以及 Rasa 3.x 架构的视角跟大家专门去谈 DIET 和 DIETClassifier，因为 DIETClassifier 会涉及整个图，也会涉及和其他组件的关系，还有很多具体的至关重要的事物。最重要的是什么呢？最重要的它现在是 Rasa 工业界事实上的标准，这样一个平台，它做 NLU 语言理解中最核心的部分，即使就从语言理解的角度，这个内容也值得大家花工夫精力深度研究它的每一行代码，以及代码实现背后到底是怎么样的流程，最重要的是它背后为什么这么做。分享都是以代码为依据，验证不同组件之间的相互作用，讲解至少需要 10 个小时。我们这节的内容希望达成的目标是，第一，让大家对 DIETClassifier 的整个代码有一个整体性的认识，会知道它有哪些不同部分，然后不同部分的核心功能是什么；第二让大家知道 DIETClassifier 和 DIET 的相互作用的关系；第三带领大家用 DIETClassifier 更深度、更具体的方式感受一下 Rasa 3.x 的内容。

本节提到的所有的内容，以后都会进行延展，每一步都跟大家非常清晰讲解，尤其它是怎么来的，背后的目的动机是什么，以及为什么这么做是合理的。现在主要是 3.x 版本前面有很多版本，为什么 Rasa 最终选择的是基于 Transformer？斯坦福大学吴恩达提出 Transformer 是一种架构，它可驾驭一切，其最初是为自然语言处理开发，但是现在已经成为深度学习的万金油，在药物、语音识别、图像、地震检测、蛋白质分类等这些方面都有广泛应用。Rasa 的 DIETClassifier 是基于 DIET，但 DIET 基于 Transformer，所以无论是学习最成熟的对话机器人、最先进的业务对话机器人，还是学习语言理解，或者学习 Transformer，它本身都值得大家付出至少 10 小时的时间去深入研究源码。

第 13 章 TEDPolicy 近 2130 行源码剖析

13.1 TEDPolicy 父类 Policy 代码解析

本节会跟大家介绍 TED 和 DIET 源码部分内容。上一节跟大家回顾了 Rasa 整个架构中 DIETClassifier 和 TEDPolicy，包括它们背后设计的动机、核心点，以及它在面向整个对话领域，尤其是业务对话领域方面的一些核心特性。从 Rasa 最重要的两篇论文 DIET 和 TED 的角度看，Rasa 3.x 将 DIET 和 TED 融入了图中，里面的知识、架构、思想或者它内部的一些机制，在论文中都有详细的剖析，它把 TED 和 DIET 放在图中作为图的组件。对于 Rasa 3.x 内核架构和组件自定义开发，如 DIETClassifier 和 TEDPolicy 我们已经多次提到，只不过侧重点会有所不同，本节跟大家分享 TEDPolicy 的源代码。

我们一起来看 TEDPolicy 源代码的内容，有一点想跟大家分享，就是读代码的时候，如果你自己去读代码，可能会感觉无所适从。读代码其实有很多方法，例如使用它的测试读，Rasa 有很多自带的测试类，当然也可以自己去写测试类，这是一种技巧。还有一种技巧，就是你跟着它的官方文档读，但官方文档并不是作者比较热爱的方式，因为与官方文档相比，作者更喜欢看源码里面的注释，它更简洁更直接。还有一种方式也是本书作者用的最多的一种方式，这种方式是什么？就是自己写一个最简单的代码，最简单的代码会包含 TEDPolicy 的功能，这就是面临多轮对话开启了 TED 的方式，如果要应对一些意想不到的对话，例如题外话等，无论是从训练的视角，还是推理的视角，肯定可以看见训练的内部过程。因为它会打日志，即会根据内部过程进入日志内部阅读里面的源代码。它打的日志，理论上讲一般都是有顺序的，但有时候它是多线程的方式，就是在后面看见的日志不一定是在后面才出现的。另外从推理的角度讲，把模型训练好之后，可以制造一些异常，它一般都会有堆栈。关于这些方面的内容，以后再跟大家讲。通过比较，大家现在都比较熟悉的一点是知道 DIETClassifier 和 TEDPolicy，TEDPolicy 是一个图组件，它基于我们的 One Graph to Rule Everything 思想，是一个图节点，只不过它有自己的一些特殊性，这是 Transformer 本身技术的特殊性。Transformer 像一个驱动器（driver）融入到 Rasa3.x 的框架中，最好的方式是要么选择 Transformer，要么选择 Rasa 3.x 从如何定义一个组件开始。关于组件的定义，我们前面讲得非常清楚，本节我们选择从 TEDPolicy 作为一个图组件的角度讲，这有很多原因，原因是我们上一章，还有前面很多论文的内容主要是基于 Rasa 3.x 图架构思想，围绕组件本身的开发、组件前后之间的依赖关系等相关内容讲解的，这些也是大家比较熟悉的，而 TEDPolicy 只是所有不同节点之一,它也必须遵循框架。我们前面也清楚讲明了为什么它必须遵循这个框架,显然是 Python 以及框架一些语法的限制。从图组件的角度出发,可以看出注释及官方发布博客的一些内容,确实写得非常好。

如图 13-1 所示,TEDPolicy 的核心有两点,一方面可以根据 DIETClassifier 生成的意图加上实体,还有全局信息,还有"到目前为止的对话"(conversation so far)信息。它是对话历史信息,以及活动表单(Active Form)等相关信息。它会把这些信息编成一个向量,通过连接的方式把它们拼接在一起,然后输入 Transformer,说到底 TEDPolicy 底层还是 Transformer 的方式。

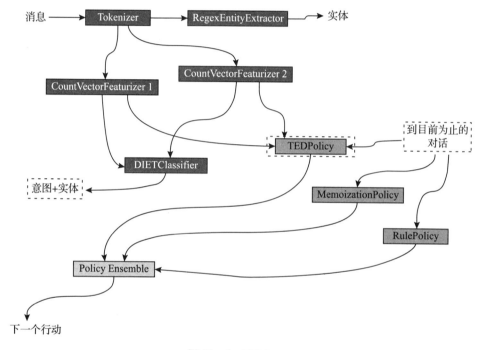

图 13-1 TEDPolicy

另外一种方式是端到端学习,前面也跟大家讲得非常详细,在 Rasa 3.x 内幕解密和框架定义的时候讲得非常清楚,它不是获得 DIETClassifier 的意图和实体,而是直接从特征(Featurizers),这里 Featurizers 加上"s",是复数的形式,例如 CountVectorsFeaturizer,获得它们的向量或者特征的表示。基于这些信息,还有自己训练的 TEDPolicy,它的训练是基于历史对话,训练一个对话机器人,所以肯定会有客服或者历史的数据,包括用户和系统的交互信息,例如,过去两三周的数据。一般情况下如果能上线,就是线上开始运行,至少要有同一个场景下 100 个对话的用例,它会根据数据识别找出具体的模式,然后把用户的信息变成一个特征,然后驱动 TEDPolicy 的运行。

大家看 TEDPolicy，它继承至 Policy，之所以继承 Policy，是面向对象的 OOP 编程。Rasa 除了 TEDPolicy，还有其他的一些 Policy，这里面的每个 Policy，后面我们都会详细跟大家讲解。

ted_policy.py 的源代码实现：

1. class TEDPolicy(Policy):
2.   """Transformer 嵌入对话(TED)策略。
3.   模型体系结构在 https://arxiv.org/abs/1910.00486. 总之，该体系结构包括以下步骤
    -将每个时间步骤的用户输入(用户意图和实体)、先前的系统动作、词槽和活动形式连接到预训练 Transformer 嵌入层的输入向量中
    -将其馈送给 Transformer
    -将密集层应用于 Transformer 的输出，以获得每个时间步长的对话的嵌入
    -应用密集层为每个时间步骤的系统动作创建嵌入
    -计算对话嵌入和嵌入式系统动作之间的相似度。此步骤基于 StarSpace 的 (https://arxiv.org/abs/1709.03856)
4.   """

我们看一下 Policy 本身，它继承至 GraphComponent，大家可以看得很清楚。
policy.py 的源代码实现：

1. class Policy(GraphComponent):
2.   """所有对话策略的公共父类"""
3.
4.   @staticmethod
5.   def supported_data() -> SupportedData:
6.   """此策略支持的数据类型
7.   默认情况下，这只是基于 ML 的训练数据。如果策略支持规则数据，或者同时基于 ML 的数据和规则数据，它们需要重写此方法
8.   返回：
9.   此策略支持的数据类型(基于 ML 的训练数据)
10.   """
11.   return SupportedData.ML_DATA
12.
13.
14.   def __init__(
15.   self,
16.   config: Dict[Text, Any],

第13章 TEDPolicy 近 2130 行源码剖析

```
17.        model_storage: ModelStorage,
18.        resource: Resource,
19.        execution_context: ExecutionContext,
20.        featurizer: Optional[TrackerFeaturizer] = None,
21.    ) -> None:
22.        """构造新的策略对象."""
23.        self.config = config
24.        if featurizer is None:
25.            featurizer = self._create_featurizer()
26.        self.__featurizer = featurizer
27.
28.        self.priority = config.get(POLICY_PRIORITY, DEFAULT_POLICY_PRIORITY)
29.        self.finetune_mode = execution_context.is_finetuning
30.
31.        self._model_storage = model_storage
32.        self._resource = resource
33.
34.    @classmethod
35.    def create(
36.        cls,
37.        config: Dict[Text, Any],
38.        model_storage: ModelStorage,
39.        resource: Resource,
40.        execution_context: ExecutionContext,
41.        **kwargs: Any,
42.    ) -> Policy:
43.        """创建一个新的未经训练的策略"""
44.        return cls(config, model_storage, resource, execution_context)
45.
46.    def _create_featurizer(self) -> TrackerFeaturizer:
47.        policy_config = copy.deepcopy(self.config)
48.
49.        featurizer_configs = policy_config.get("featurizer")
50.
51.        if not featurizer_configs:
```

```
52.            return self._standard_featurizer()
53.
54.        featurizer_func = _get_featurizer_from_config(
55.            featurizer_configs,
56.            self.__class__.__name__,
57.            lookup_path = "rasa.core.featurizers.tracker_featurizers",
58.        )
59.        featurizer_config = featurizer_configs[0]
60.
61.        state_featurizer_configs = featurizer_config.pop("state_featurizer", None)
62.        if state_featurizer_configs:
63.            state_featurizer_func = _get_featurizer_from_config(
64.                state_featurizer_configs,
65.                self.__class__.__name__,
66.                lookup_path = "rasa.core.featurizers.single_state_featurizer",
67.            )
68.            state_featurizer_config = state_featurizer_configs[0]
69.
70.            featurizer_config["state_featurizer"] = state_featurizer_func(
71.                **state_featurizer_config
72.            )
73.
74.        featurizer = featurizer_func(**featurizer_config)
75.        if (
76.            isinstance(featurizer, MaxHistoryTrackerFeaturizer)
77.            and POLICY_MAX_HISTORY in policy_config
78.            and POLICY_MAX_HISTORY not in featurizer_config
79.        ):
80.            featurizer.max_history = policy_config[POLICY_MAX_HISTORY]
81.        return featurizer
82.
83.    def _standard_featurizer(self) -> MaxHistoryTrackerFeaturizer:
84.        """"初始化此策略的标准特征"""
```

```
85.         return MaxHistoryTrackerFeaturizer(
86.             SingleStateFeaturizer(), self.config.get(POLICY_MAX_HISTORY)
87.         )
88.
89.
90.     @property
91.     def featurizer(self) -> TrackerFeaturizer:
92.         """返回策略的特征."""
93.         return self.__featurizer
94.
95.
96.     @staticmethod
97.     def _get_valid_params(func: Callable, **kwargs: Any) -> Dict:
98.         """过滤掉不能传递给 func 的 kwarg
99.
100.
101.        参数:
102.            func:可调用函数
103.
104.        返回:
105.            参数字典
106.        """
107.        valid_keys = rasa.shared.utils.common.arguments_of(func)
108.
109.        params = {key: kwargs.get(key) for key in valid_keys if
                        kwargs.get(key)}
110.        ignored_params = {
111.            key: kwargs.get(key) for key in kwargs.keys() if not
                        params.get(key)
112.        }
113.        logger.debug(f"Parameters ignored by 'model.fit(...)':
                        {ignored_params}")
114.        return params
115.
116.    ...
```

上段代码中第 5 行是 supported_data,这是它的静态方法。

上段代码中第 14~32 行是 init 方法，它实例化的时候有一些 featurizer、resource 的设置。

上段代码中第 35 行 create 方法创造它的实例，可能是用 init 构建，所以使用 cls。

上段代码中第 46 行是 _create_featurizer，作为一个具体策略，它获得产生返回的对象，返回的对象为 TrackerFeaturizer；这是根据它们之间的依赖关系或者继承关系产生的，是基于 TEDPolicy 的角度。如果从整个 Policy 的角度看，Rasa 有很多具体的 Policy，它会按照状态信息和历史对话信息生成策略，状态信息就是意图、实体、词槽等相关的内容。

上段代码中第 83 行是 _standard_featurizer 方法。

这里还有 featurizer、_get_valid_params 等内容，这些内容大家肯定很熟悉，因为它在具体的 Policy 和 GraphComponent 中直接加了一层抽象，很多方法都是 GraphComponent 提供的方法。由于本节我们主要谈 TEDPolicy，就不过多去延展了。如果过多延展，整个 TEDPolicy 涉及的每一个模块和每个组件，ted_policy.py 会有 2 000 多行。本节从它的核心架构，源码的角度来讲核心的功能以及功能之间的相互作用部分，这样学习了本章的内容之后，大家就可以自己去看这个代码。以后还会有 TEDPolicy 和其他 Policy 的专题内容，要知道 TEDPolicy 是做语言的，它根据已经初步处理的信息来生成下一个动作（next action），包括 DIETClassifier，理论上讲它是现在对话机器人领域与在语义理解方面最强的实现。如果要把这个组件讲透，最强的对话领域 NLU 方面的组件是怎么实现的？显然这里面涉及的内容太多，本书主要是从架构流程和功能的角度，让大家理解它是怎么回事，细节化的内容我们不讲太多。

13.2　TEDPolicy 完整解析

接下来的内容都是围绕 TEDPolicy 展开的，理论上讲，这部分内容应该会很轻松，很轻松是从思维层面上讲，会很清晰知道这是做什么，明白它和其他的方法或者组件的相互作用关系。

ted_policy.py 的 get_default_config 源代码实现：

```
1. class TEDPolicy(Policy):
2.     """
3.     Transformer 嵌入对话(TED)策略
4.     """
5.     @staticmethod
6.     def get_default_config() -> Dict[Text, Any]:
7.         """返回默认配置"""
```

```
8.      # 请确保在更改默认参数时更新文档
9.      return {
10.         # 所用神经网络的架构在用户消息和标签的嵌入层之前,隐藏层
            的大小。隐藏层的数量等于相应列表的长度
11.         HIDDEN_LAYERS_SIZES: {
12.             TEXT: [],
13.             ACTION_TEXT: [],
14.             f"{LABEL}_{ACTION_TEXT}": [],
15.         },
16.         # 用于稀疏特征的密集维度
17.         DENSE_DIMENSION: {
18.             TEXT: 128,
19.             ACTION_TEXT: 128,
20.             f"{LABEL}_{ACTION_TEXT}": 128,
21.             INTENT: 20,
22.             ACTION_NAME: 20,
23.             f"{LABEL}_{ACTION_NAME}": 20,
24.             ENTITIES: 20,
25.             SLOTS: 20,
26.             ACTIVE_LOOP: 20,
27.         },
28.
29.         # 用于连接序列和句子特征的默认维度
30.         CONCAT_DIMENSION: {
31.             TEXT: 128,
32.             ACTION_TEXT: 128,
33.             f"{LABEL}_{ACTION_TEXT}": 128,
34.         },
35.
36.         #   对话transformer编码器之前嵌入向量的维数
37.         ENCODING_DIMENSION: 50,
38.
39.         #   transformer编码器的单元数
40.         TRANSFORMER_SIZE: {
41.             TEXT: 128,
42.             ACTION_TEXT: 128,
```

```
43.            f"{LABEL}_{ACTION_TEXT}": 128,
44.            DIALOGUE: 128,
45.        },
46.
47.        # transformer 编码器中的层数
48.        NUM_TRANSFORMER_LAYERS: {
49.            TEXT: 1,
50.            ACTION_TEXT: 1,
51.            f"{LABEL}_{ACTION_TEXT}": 1,
52.            DIALOGUE: 1,
53.        },
54.
55.        # transformer 注意头的数量
56.        NUM_HEADS: 4,
57.        ...
58.        #相对嵌入的最大位置。只有在 Key 或 value 相对注意力被打开
            时才有效
59.        MAX_RELATIVE_POSITION: 5,
60.
61.        #使用单向或双向编码器,对于 text、action_text 和 label_
            action_text
62.        UNIDIRECTIONAL_ENCODER: False,
63.
64.        #训练参数初始和最终批大小:批大小将为每个 epoch 线性增加
65.        BATCH_SIZES: [64, 256],
66.        #    创建批时使用的策略,可以是"序列"或"平衡"
67.        BATCH_STRATEGY: BALANCED,
68.        #要训练的 epoch 数
69.        EPOCHS: 1,
70.        #将随机种子设置为任何"int",以获得可重复的结果
71.        RANDOM_SEED: None,
72.        #优化器的初始学习率
73.        LEARNING_RATE: 0.001,
74.
75.        #   嵌入参数嵌入向量的尺寸
76.        EMBEDDING_DIMENSION: 20,
```

77.
78.   # 错误标签的数量。该算法将在训练过程中最小化它们与用户输入的相似性
79.   NUM_NEG: 20,
80.
81.   # 要使用的相似度度量类型,可以是'auto' or 'cosine' or 'inner'.
82.   SIMILARITY_TYPE: AUTO,
83.   # 损失函数的类型,可以是"cross_entropy",也可以是"margin"
84.   LOSS_TYPE: CROSS_ENTROPY,
85.
86.   # 确定所选顶部操作的置信度是否应该进行正则化,使它们的总和为1。默认情况下,我们不重新规格化并原样返回顶部操作的置信度。请注意,只有通过"softmax"生成置信度时,正则化才有意义
87.   RENORMALIZE_CONFIDENCES: False,
88.   ...
89.   # 正则化参数正则化的尺度
90.   REGULARIZATION_CONSTANT: 0.001,
91.
92.   # 话语级特征嵌入层的丢弃率
93.   DROP_RATE: 0.0,
94.   ...
95.   # 如果'True',输入消息的随机标记将被屏蔽。由于 TED 内部没有使用相关的损失项,因此屏蔽有效地变成了应用于用户话语文本的输入 dropout
96.   MASKED_LM: False,
97.   # 评价参数多长时间计算一次验证精度。较小的值可能会影响性能
98.   EVAL_NUM_EPOCHS: 20,
99.   # 如果想使用 tensorboard 来可视化训练和验证指标,请将此选项设置为有效的输出目录
100.   TENSORBOARD_LOG_DIR: None,
101.
102.   # 定义何时记录张量板的训练指标。要么在每个阶段之后,要么在每个训练步骤之后。有效值:'epoch'和'batch'
103.   TENSORBOARD_LOG_LEVEL: "epoch",

```
104.
105.        # 指定使用什么特征作为序列和句子特征。默认情况下使用管道
            中的所有特征
106.        FEATURIZERS: [],
107.        # 如果设置为true,则在用户语句中预测实体
108.        ENTITY_RECOGNITION: True,
109.        # 在推理期间返回的模型置信度。目前,唯一可能的值是"softmax"
110.        MODEL_CONFIDENCE: SOFTMAX,
111.        # 'BILOU_flag'决定是否使用BILOU标记。如果设置为"True",则
            标签更严格,但每个实体需要更多示例。经验法则:每个实体的示
            例应该超过100个
112.        BILOU_FLAG: True,
113.    ...
114.        #  用逗号分隔实体,这是有意义的,例如,对于recipe中的配料
            列表,但对于地址的各个部分,这是没有意义的
115.        SPLIT_ENTITIES_BY_COMMA: SPLIT_ENTITIES_BY_COMMA_DEFAULT_
            VALUE,
116.        # 最大策略历史,默认情况下不受限制
117.        POLICY_MAX_HISTORY: DEFAULT_MAX_HISTORY,
118.        # 决定了策略的重要性,值高的优先
119.        POLICY_PRIORITY: DEFAULT_POLICY_PRIORITY,
120.    ...
121.
122.    def __init__(
123.        self,
124.        config: Dict[Text, Any],
125.        model_storage: ModelStorage,
126.        resource: Resource,
127.        execution_context: ExecutionContext,
128.        model: Optional[RasaModel] = None,
129.        featurizer: Optional[TrackerFeaturizer] = None,
130.        fake_features: Optional[Dict[Text, List[Features]]] =
            None,
131.        entity_tag_specs: Optional[List[EntityTagSpec]] = None,
132.    ) -> None:
133.        """用默认值声明实例变量."""
```

```
134.            super().__init__(
135.                config, model_storage, resource, execution_context,
                   featurizer = featurizer
136.            )
137.            self.split_entities_config = rasa.utils.train_utils.init_
               split_entities(
138.                config[SPLIT_ENTITIES_BY_COMMA], SPLIT_ENTITIES_BY_
                   COMMA_DEFAULT_VALUE
139.            )
140.            self._load_params(config)
141.
142.            self.model = model
143.
144.            self._entity_tag_specs = entity_tag_specs
145.
146.            self.fake_features = fake_features or defaultdict(list)
147.            #如果只有文本出现在fake特征中,则TED只有端到端,这些
               fake特征代表了这个训练过TED的当前版本所有可能的输入
               特征
148.            self.only_e2e = TEXT in self.fake_features and INTENT
               not in self.fake_features
149.
150.            self._label_data: Optional[RasaModelData] = None
151.            self.data_example: Optional[Dict[Text, Dict[Text, List
               [FeatureArray]]]] = None
152.
153.            self.tmp_checkpoint_dir = None
154.            if self.config[CHECKPOINT_MODEL]:
155.                self.tmp_checkpoint_dir = Path(rasa.utils.io.create_
                   temporary_directory())
156.
157.        @staticmethod
158.        def model_class() -> Type[TED]:
159.            """获取策略要使用的模型体系结构的类
160.
161.            返回:
```

162.   所需的类
163.   """
164.   return TED

上段代码中第 6 行 get_default_config 方法，我们已经看过若干次了，至于 TEDPolicy 的一些配置，由于它基于 Transformer，肯定会有很多 Transformer 相关的配置。

上段代码中第 11 行设置 hidden_layers_sizes 参数，它要输给 Transformer 的时候，会形成一个稠密向量的方式，把很多事物拼接起来，它会有不同的内容。

上段代码中第 17~27 行，这里有 text、action_text、label_action_text、intent、action_name、label_action_name、entities、slots、active_loop 等参数，这里看见的这些实体都是前面论文或者上一章讲解的内容，如果你对这些内容特别感兴趣，那么现在看见源代码对它的映射或者实现，应该是很激动的。

上段代码中第 30~34 行是 concat_dimension，这是它的一些设置。

上段代码中第 37 行是 encoding_dimension，它把所有的数据拼接起来，输入给 TED Transformer 对话编码器，维度设置为 50，大家可能也会思考为什么不是更多，转过来也很好理解，50 个应该足够表达一个对话机器人，尤其是业务对话机器人对话过程的信息表示，比如 50 个维度进行各种组合，能组合成很多种情况。

上段代码中第 40~45 行是 transformer_size，这不多多讲，不讲的地方，一般情况下是我们前面讲过，跟这一节的目标并没有直接的关系。

上段代码中第 48~53 行是 num_transformer_layers，它比较有意思，针对不同级别，尤其知道对话就是一层，使用 Transformer，这里很明显，不一定要用 6 层或者 12 层，只要能足够表达信息就行。Rasa 很强的一个地方在于它在嵌入式向量下了很多功夫，所以 Transformer 有两层，它也能很好地表达信息。

上段代码中第 56 行这里是多头注意力机制，num_heads 是 4。

上段代码中第 59 行有其他很多的参数，这里还有 max_relative_position，大家很清楚知道这是什么，因为我们前面分享过 10 篇论文。很多论文都提到位置编码的事情，还有注意力机制，相对位置编码跟它的注意力机制相关，就是你能注意到周边多少信息，这里不多说。

上段代码中第 62 行 unidirectional_encoder 设置使用单向或双向编码器，默认是 False，但如果从对话的角度，你讲一句，系统讲一句，这种级别它肯定是 True。否则就无法进行训练，因为假设设置为双向编码，训练时可直接看见结果，也就不用训练了。

上段代码中第 65 行设置训练参数 batch_sizes 初始批大小和最终批大小。

上段代码中第 69 行设置要训练的 epochs。

上段代码中第 73 行设置优化器的初始学习率 learning_rates 为 0.001。

上段代码中第 76 行 embedding_dimension 设置嵌入式向量维度的大小。

上段代码中第 79 行是 num_neg，训练的时候进行负采样，要最小化与用户输入的训练相似性。

上段代码中第 84 行 loss_type 是损失函数的类型，可以是"cross_entropy"，也可以是"margin"，这些大家都很熟悉了。

上段代码中第 87 行是 renormalize_confidences，这跟余弦函数相关，大家可以看一下，确定所选 Top 动作的置信度是否应该进行正则化，使它们的总和为 1。默认情况下，我们不重新正则化，并原样返回 Top 动作的置信度，注意只有通过"softmax"生成置信度时，正则化才有意义，大家应该很容易理解，"confidence"就是它的概率。

上段代码中第 90 行这里还有一个 regularization_constant 参数，关系到最后正则化时候的一些处理，这方面很多知识点，如果跟这节内容没有直接关系，我们就不延伸讲了。

上段代码中第 93 行 drop_rate 设置话语级别特征嵌入层的丢弃率。

上段代码中第 96 行 masked_lm 设置掩码语言模型。

上段代码中第 98 行 eval_num_epochs 设置评价参数多长时间计算一次验证精度。

上段代码中第 100 行，如果使用 Tensorboard 可视化训练和验证指标，将 tensorboard_log_dir 设置为有效的输出目录。

上段代码中第 103 行 tensorboard_log_level，定义何时记录 Tensorboard 的训练指标，要么在每个阶段之后，要么在每个训练步骤之后，它的有效值可以为"epoch"和"batch"。

上段代码中第 106 行 featurizers 指定使用什么特征作为序列和句子特征，默认情况下使用管道中的所有特征。

上段代码中第 108 行 entity_recognition 为实体识别，这时候 TEDPolicy 会使用实体。这里也讲了它具体的一些作用。如果设置为 True，则在用户语句中预测实体，但这不是我们的侧重点。

上段代码中第 110 行设置 model_confidence，在推理期间返回模型置信度，目前唯一可能的值是"softmax"。

上段代码中第 112 行 bilou_flag 是实体识别的一种方式，就是每个实体具体怎么识别它的开头、中间、结束，当然它可能还会有其他的一些标签。

上段代码中第 115 行设置 split_entities_by_comma。

上段代码中第 117 行 policy_max_history 设置最大策略历史信息，默认情况下不受限制，如图 13-2 所示，我们在这张图中看到"到目前为止的对话"，这显然就是当前的对话，可以限定只看过去 5 步的内容，也可以只看过去 10 步，当然也可以看过去所有的内容。

上段代码中第 119 行是 policy_priority，我们有很多不同的策略（Policy），策略会有

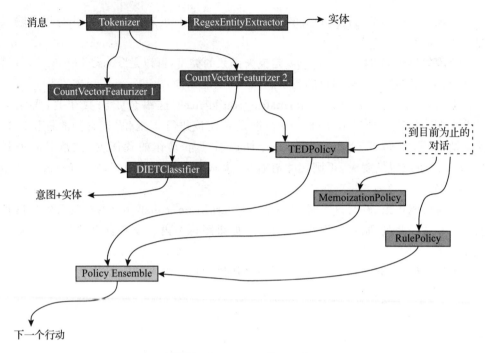

图 13-2 conversation so far

重要的优先指示,理论上讲 RulePolicy 和 MemoizationPolicy 肯定会比 TEDPolicy 更大,举个例子,如果基于 RulePolicy,每次必须是同样的过程,很多时候是业务逻辑,例如 Form 表单,它不需要学习,也不涉及概率,要么是,要么不是,这会涉及关于策略的一些内容。

constants.py 的源代码实现:

1. #最低优先级用于机器学习策略
2. DEFAULT_POLICY_PRIORITY = 1
3.
4. #意图预测策略的优先级
5. #这里应该低于所有基于规则的策略,但高于基于机器学习的策略。在集成内部实现了一个循环,如果没有基于规则的策略预测到一个操作,而意图预测策略预测到一个操作,那么它的预测将由集成选择,然后再次运行基于机器学习的策略以获得对实际操作的预测。为了防止无限循环,意图预测策略仅在跟踪器中的最后一个事件类型为 UserUttered 时预测操作。因此,他们在每次谈话中都做出最多的行动预测。这允许其他策略预测一个获胜的行动预测
6. UNLIKELY_INTENT_POLICY_PRIORITY = DEFAULT_POLICY_PRIORITY + 1
7.

8. # 内存策略打算使用的优先级。优先考虑训练故事比默认情况要高
9. MEMOIZATION_POLICY_PRIORITY = UNLIKELY_INTENT_POLICY_PRIORITY + 1
10.
11. # RulePolicy 的优先级高于所有其他策略，因为规则执行优先于训练故事或预测操作
12. RULE_POLICY_PRIORITY = MEMOIZATION_POLICY_PRIORITY + 1

上段代码中第 2 行可以看一下，这里是最低优先级，用于机器学习策略，它设置成 1，也有其他的一些策略。

上段代码中第 12 行是 rule_policy_priority 显然是最高的，可以看得很清楚，它是在 memoization_policy_priority 的基础上加 1。

上段代码中第 9 行 memoization_policy_priority 是在 unlikely_intent_policy_priority 的基础上加 1。

上段代码中第 6 行 unlikely_intent_policy_priority 是在 default_policy_priority 的基础上加 1，所以它们的优先级分别为 1、2、3、4，RulePolicy 的优先级是 4，显然是最高的，TEDPolicy 是最低的，假设概率是一样的，优先级越高，显然选最高的。

回到 TEDPolicy 的代码。

上段代码中第 122 行是 __init__ 方法，大家都知道它作为一个图组件的具体类直接继承至 Policy。要有实例化过程，model_storage 这是必然的，resource 也是必然，这是我们前面反复跟大家讲的，只不过不同的组件有自己的一些特殊性，除了 config、model_storage、resource、execution_context，一个很核心的点是 model，然后这里有 featurizer，还有 fake_features，它跟端到端学习相关。如果是端到端学习的方式，就直接从 NLU 这一侧的特征提取器中获取信息，而不是基于 DIETClassifier 获取一些意图和实体的信息，所以它就成了"fake features"，如图 13-3 所示。

参数 entity_tag_specs 本身很简单，就是对实体描述，一看 EntityTagSpec 就明白它是描述级别的，点开源代码一看果然是这样，这称为训练数据中实体标签的规范。这里有 tag_name、ids_to_tags、tags_to_ids、num_tags，这些都是最基本级别的一些内容。

extractor.py 的 EntityTagSpec 源代码实现：

1. class EntityTagSpec(NamedTuple):
2. 　　"""训练数据中实体标签的规范."""
3.
4. 　　tag_name: Text
5. 　　ids_to_tags: Dict[int, Text]
6. 　　tags_to_ids: Dict[Text, int]
7. 　　num_tags: int

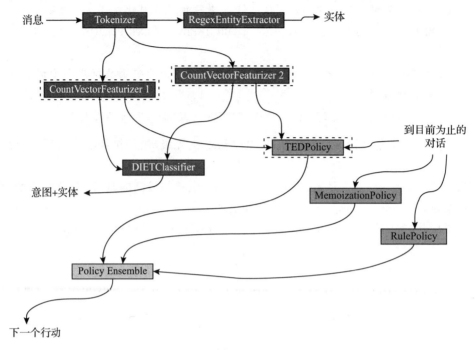

图 13 - 3　fake features

回到 TEDPolicy 的代码。

上段代码中第 142 行要完成实例化，关键点是 model，而 model 在这里面它会有一些辅助属性的设置。

上段代码中第 148 行是 self.only_e2e，注释也说得很明白，如果只有文本出现在 fake 特征中，则 TED 只有端到端学习，这些 fake 特征代表了这个训练过 TED 的当前版本的所有可能的输入特征。

上段代码中第 158 行是 model_class 方法，从 Rasa 3.x 的角度来看，一切皆是图上的节点，在具体实现的时候，会调动以前很多的实现，这是指功能级别的实现，即 model_class 方法获取策略要使用模型体系结构的类。TEDPolicy 遵循图组件的架构，但是肯定需要一个具体的 model，这个 model 就称之为 TED，所以它的论文也说得很明白，什么叫 TED，就是 $Transformer\ Embedding\ Dialogue$。在很多的场合，我们都说 TED，没有直接说 TEDPolicy，讲 TED 的时候我们讲的是 model，这时候就直接返回 TED，接下来我们就看一下 TED。

13.3　继承自 TransformerRasaModel 的 TED 代码解析

TED 模型显然是实现 TransformerRasaModel 的，对于 TransformerRasaModel 我们不去看。我们看 TED 在实现的时候，会发现它跟正常做机器学习的模型非常相似,只不过 TED 的训练是基于历史对话信息。

ted_policy.py 的 TED 源代码实现:

```
1.  class TED(TransformerRasaModel):
2.      """TED 模型架构 https://arxiv.org/abs/1910.00486."""
3.
4.      def __init__(
5.          self,
6.          data_signature: Dict[Text, Dict[Text, List[FeatureSignature]]],
7.          config: Dict[Text, Any],
8.          max_history_featurizer_is_used: bool,
9.          label_data: RasaModelData,
10.         entity_tag_specs: Optional[List[EntityTagSpec]],
11.     ) -> None:
12.         """初始化 TED 模型
13.
14.         参数:
15.             data_signature:输入数据的数据签名
16.             config:模型配置
17.             max_history_featurizer_is_used:如果为 True,则只使用最后一个对话回合
18.             label_data:标签数据
19.             entity_tag_specs:实体标签规范
20.         """
21.         super().__init__("TED", config, data_signature, label_data)
22.
23.         self.max_history_featurizer_is_used = max_history_featurizer_is_used
24.
25.         self.predict_data_signature = {
26.             feature_name: features
27.             for feature_name, features in data_signature.items()
28.             if feature_name in PREDICTION_FEATURES
29.         }
30.
31.         self._entity_tag_specs = entity_tag_specs
32.
```

```python
33.        # 指标
34.        self.action_loss = tf.keras.metrics.Mean(name="loss")
35.        self.action_acc = tf.keras.metrics.Mean(name="acc")
36.        self.entity_loss = tf.keras.metrics.Mean(name="e_loss")
37.        self.entity_f1 = tf.keras.metrics.Mean(name="e_f1")
38.        self.metrics_to_log += ["loss", "acc"]
39.        if self.config[ENTITY_RECOGNITION]:
40.            self.metrics_to_log += ["e_loss", "e_f1"]
41.
42.        # 高效预测所需
43.        self.all_labels_embed: Optional[tf.Tensor] = None
44.
45.        self._prepare_layers()
46.
47.    def _check_data(self) -> None:
48.        if not any(key in [INTENT, TEXT] for key in self.data_signature.keys()):
49.            raise RasaException(
50.                f"No user features specified. "
51.                f"Cannot train '{self.__class__.__name__}' model."
52.            )
53.
54.        if not any(
55.            key in [ACTION_NAME, ACTION_TEXT] for key in self.data_signature.keys()
56.        ):
57.            raise ValueError(
58.                f"No action features specified. "
59.                f"Cannot train '{self.__class__.__name__}' model."
60.            )
61.        if LABEL not in self.data_signature:
62.            raise ValueError(
63.                f"No label features specified. "
64.                f"Cannot train '{self.__class__.__name__}' model."
65.            )
66.
```

```python
67.
68.    def _prepare_layers(self) -> None:
69.        for name in self.data_signature.keys():
70.            self._prepare_input_layers(
71.                name, self.data_signature[name], is_label_attribute=False
72.            )
73.            self._prepare_encoding_layers(name)
74.
75.        for name in self.label_signature.keys():
76.            self._prepare_input_layers(
77.                name, self.label_signature[name], is_label_attribute=True
78.            )
79.            self._prepare_encoding_layers(name)
80.
81.        self._tf_layers[
82.            f"transformer.{DIALOGUE}"
83.        ] = rasa_layers.prepare_transformer_layer(
84.            attribute_name=DIALOGUE,
85.            config=self.config,
86.            num_layers=self.config[NUM_TRANSFORMER_LAYERS][DIALOGUE],
87.            units=self.config[TRANSFORMER_SIZE][DIALOGUE],
88.            drop_rate=self.config[DROP_RATE_DIALOGUE],
89.            # 使用双向transformer,因为将反转对话序列,以便最后一个回合位于第一个位置,并且始终具有完全相同的位置编码
90.            unidirectional=not self.max_history_featurizer_is_used,
91.        )
92.
93.        self._prepare_label_classification_layers(DIALOGUE)
94.
95.        if self.config[ENTITY_RECOGNITION]:
96.            self._prepare_entity_recognition_layers()
97.
98.    def _prepare_input_layers(
99.        self,
100.       attribute_name: Text,
101.       attribute_signature: Dict[Text, List[FeatureSignature]],
```

```
102.            is_label_attribute: bool = False,
103.        ) -> None:
104.            """为句子/序列级特征准备特征处理层
105.
106.            区分标签特征和其他特征,不对标签特征应用输入dropout
107.            """
108.            # 如果这是一个标签属性,要禁用使用的配置中的输入dropout
109.            if is_label_attribute:
110.                config_to_use = self.config.copy()
111.                config_to_use.update(
112.                    {SPARSE_INPUT_DROPOUT: False, DENSE_INPUT_DROPOUT: False}
113.                )
114.            else:
115.                config_to_use = self.config
116.            # 具有序列级特征的属性也具有句子级特征,这些特征都需要进行组合和进一步处理
117.            if attribute_name in SEQUENCE_FEATURES_TO_ENCODE:
118.                self._tf_layers[
119.                    f"sequence_layer.{attribute_name}"
120.                ] = rasa_layers.RasaSequenceLayer(
121.                    attribute_name, attribute_signature, config_to_use
122.                )
123.            # 没有序列级特征的属性在只有句子级特征时才需要一些实际的特征处理。没有序列级和句子级特征的属性(dialogue, entity_tags, label)在这里被跳过
124.            elif SENTENCE in attribute_signature:
125.                self._tf_layers[
126.                    f"sparse_dense_concat_layer.{attribute_name}"
127.                ] = rasa_layers.ConcatenateSparseDenseFeatures(
128.                    attribute = attribute_name,
129.                    feature_type = SENTENCE,
130.                    feature_type_signature = attribute_signature[SENTENCE],
131.                    config = config_to_use,
132.                )
133.
134.    def _prepare_encoding_layers(self, name: Text) -> None:
```

```
135.        """在组合所有对话特征之前创建 Ffnn 编码层
136.
137.        参数：
138.            name：属性名称
139.        """
140.        # 仅为需要编码的特征创建编码层
141.        if name not in SENTENCE_FEATURES_TO_ENCODE + LABEL_FEATURES_
            TO_ENCODE：
142.            return
143.        # 检查 data 中属性名是否有 SENTENCE 特征
144.        if (
145.            name in SENTENCE_FEATURES_TO_ENCODE
146.            and FEATURE_TYPE_SENTENCE not in self.data_signature[name]
147.        )：
148.            return
149.        # label_data 也一样
150.        if (
151.            name in LABEL_FEATURES_TO_ENCODE
152.            and FEATURE_TYPE_SENTENCE not in self.label_signature[name]
153.        )：
154.            return
155.
156.        self._prepare_ffnn_layer(
157.            f"{name}",
158.            [self.config[ENCODING_DIMENSION]],
159.            self.config[DROP_RATE_DIALOGUE],
160.            prefix = "encoding_layer",
161.        )
162.
163.    @staticmethod
164.    def _compute_dialogue_indices(
165.        tf_batch_data：Dict[Text, Dict[Text, List[tf.Tensor]]]
166.    ) -> None：
167.        dialogue_lengths = tf.cast(tf_batch_data[DIALOGUE]
            [LENGTH][0], dtype = tf.int32)
168.        # 包装在一个列表中，因为这是 tf_batch_data 的结构
```

```
169.            tf_batch_data[DIALOGUE][INDICES] = [
170.                (
171.                    tf.map_fn(
172.                        tf.range,
173.                        dialogue_lengths,
174.                        fn_output_signature = tf.RaggedTensorSpec(
175.                            shape = [None], dtype = tf.int32
176.                        ),
177.                    )
178.                ).values
179.            ]
180.
181.    def _create_all_labels_embed(self) -> Tuple[tf.Tensor, tf.Tensor]:
182.        all_label_ids = self.tf_label_data[LABEL_KEY][LABEL_SUB_KEY][0]
183.        # 标签不能有"fake"的所有特征
184.        all_labels_encoded = {}
185.        for key in self.tf_label_data.keys():
186.            if key != LABEL_KEY:
187.                attribute_features, _, _ = self._encode_real_features_per_attribute(
188.                    self.tf_label_data, key
189.                )
190.                all_labels_encoded[key] = attribute_features
191.
192.        x = self._collect_label_attribute_encodings(all_labels_encoded)
193.
194.        # 额外的序列轴是 RasaModelData 创建的工件
195.        # TODO 检查是否需要在创建数据时解决这个问题
196.        x = tf.squeeze(x, axis = 1)
197.
198.        all_labels_embed = self._tf_layers[f"embed.{LABEL}"](x)
199.
200.        return all_label_ids, all_labels_embed
```

```python
201.
202.    def _embed_dialogue(
203.        self,
204.        dialogue_in: tf.Tensor,
205.        tf_batch_data: Dict[Text, Dict[Text, List[tf.Tensor]]],
206.    ) -> Tuple[tf.Tensor, tf.Tensor, tf.Tensor, Optional[tf.Tensor]]:
207.        """创建对话级别嵌入和掩码
208.
209.        参数：
210.            dialogue_in:编码的对话
211.            tf_batch_data:批处理模型数据格式
212.        返回：
213.            对话嵌入、掩码以及(为了诊断目的)注意力权重
214.        """
215.        dialogue_lengths = tf.cast(tf_batch_data[DIALOGUE][LENGTH][0], tf.int32)
216.        mask = rasa_layers.compute_mask(dialogue_lengths)
217.
218.        if self.max_history_featurizer_is_used:
219.            # 颠倒对话序列,以便最后一个回合始终具有完全相同的位置编码
220.            dialogue_in = tf.reverse_sequence(dialogue_in, dialogue_lengths, seq_axis=1)
221.
222.        dialogue_transformed, attention_weights = self._tf_layers[
223.            f"transformer.{DIALOGUE}"
224.        ](dialogue_in, 1 - mask, self._training)
225.        dialogue_transformed = tf.nn.gelu(dialogue_transformed)
226.
227.        if self.max_history_featurizer_is_used:
228.            # 如果使用 Max 历史特征器,则选择最后一个向量,因为它颠倒了对话序列,最后一个向量实际上是第一个向量
229.            dialogue_transformed = dialogue_transformed[:, :1, :]
230.            mask = tf.expand_dims(self._last_token(mask, dialogue_lengths), 1)
231.        elif not self._training:
```

```
232.            # 在预测过程中,不关心之前的对话回合,为了节省计算时
                间,只使用最后一个回合
233.            dialogue_transformed = tf.expand_dims(
234.                self._last_token(dialogue_transformed, dialogue_
                    lengths), 1
235.            )
236.            mask = tf.expand_dims(self._last_token(mask, dialogue_
                lengths), 1)
237.
238.            dialogue_embed = self._tf_layers[f"embed.{DIALOGUE}"]
                (dialogue_transformed)
239.
240.        return dialogue_embed, mask, dialogue_transformed, attention_
            weights
241.
242.
243.    @staticmethod
244.    def _convert_to_original_shape(
245.        attribute_features: tf.Tensor,
246.        tf_batch_data: Dict[Text, Dict[Text, List[tf.Tensor]]],
247.        attribute: Text,
248.    ) -> tf.Tensor:
249.        """将属性特征转换回原始形状
250.
251.        给定的形状:(combined batch and dialogue dimension x 1 x units)
252.        原来的形状:(batch x dialogue length x units)
253.
254.        参数:
255.            attribute_features:实际特征转换
256.            tf_batch_data:将每个属性映射到其特征和掩码的字典
257.            attribute:将为其编码特征的属性 (e.g., ACTION_NAME, INTENT)
258.
259.        返回:
260.            转换后的属性特征
261.        """
262.        # 为了将具有形状(combined batch-size and dialogue length
```

x 1 x units)的属性特征转换为(batch-size x dialogue length x units)的形状,我们使用 tf. scatter_nd。因此,需要目标形状和索引,将属性特征的值映射到结果张量中的位置

```
263.        # attribute_mask 形状为 batch x dialogue_len x 1
264.        attribute_mask = tf_batch_data[attribute][MASK][0]
265.
266.        if attribute in SENTENCE_FEATURES_TO_ENCODE + STATE_LEVEL_
            FEATURES:
267.            dialogue_lengths = tf.cast(
268.                tf_batch_data[DIALOGUE][LENGTH][0], dtype = tf.int32
269.            )
270.            dialogue_indices = tf_batch_data[DIALOGUE][INDICES][0]
271.        else:
272.            # for labels, dialogue length is a fake dim and equal to 1
273.            dialogue_lengths = tf.ones((tf.shape(attribute_mask)
                [0],), dtype = tf.int32)
274.            dialogue_indices = tf.zeros((tf.shape(attribute_mask)
                [0],), dtype = tf.int32)
275.
276.        batch_dim = tf.shape(attribute_mask)[0]
277.        dialogue_dim = tf.shape(attribute_mask)[1]
278.        units = attribute_features.shape[-1]
279.
280.        # Attribute_mask 有形状(batch x dialgue_len x 1),删除最后一个维度
281.        attribute_mask = tf.cast(tf.squeeze(attribute_mask, axis =
            -1), dtype = tf.int32)
282.        # 属性掩码的总和包含了具有实际特征的对话回合数
283.        non_fake_dialogue_lengths = tf.reduce_sum(attribute_
            mask, axis = -1)
284.        # 创建批处理索引
285.        batch_indices = tf.repeat(tf.range(batch_dim), non_fake_
            dialogue_lengths)
286.
287.        # Attribute_mask 有形状(batch x dialgue_len x 1),而 edialgue_
            indexes 有形状(combined_dialgue_len,)为了找到实际输入的位
```

置，我们需要将属性掩码压扁为(combined_dialgue_len,)
288.   dialogue_indices_mask = tf.boolean_mask(
289.   attribute_mask, tf.sequence_mask(dialogue_lengths, dtype = tf.int32)
290.   )
291.   # 只选择那些包含实际输入的索引
292.   dialogue_indices = tf.boolean_mask(dialogue_indices, dialogue_indices_mask)
293.
294.   indices = tf.stack([batch_indices, dialogue_indices], axis = 1)
295.
296.   shape = tf.convert_to_tensor([batch_dim, dialogue_dim, units])
297.   attribute_features = tf.squeeze(attribute_features, axis = 1)
298.
299.   return tf.scatter_nd(indices, attribute_features, shape)
300.
301.   def _process_batch_data(
302.   self, tf_batch_data: Dict[Text, Dict[Text, List[tf.Tensor]]]
303.   ) -> Tuple[tf.Tensor, Optional[tf.Tensor], Optional[tf.Tensor]]:
304.   """编码批处理数据.
305.
306.   结合意图和文本以及动作名称和动作文本(如果两者都存在)
307.
308.   参数：
309.   tf_batch_data:将每个属性映射到其特征和掩码的字典
310.
311.   返回：
312.   Tensor:批处理中所有特征的编码,合并
313.   """
314.   # 编码 tf_batch_data 中的每个属性
315.   text_output = None
316.   text_sequence_lengths = None
317.   batch_encoded = {}

```python
318.        for attribute in tf_batch_data.keys():
319.            if attribute in SENTENCE_FEATURES_TO_ENCODE + STATE_LEVEL_
                FEATURES:
320.                (
321.                    attribute_features,
322.                    _text_output,
323.                    _text_sequence_lengths,
324.                ) = self._encode_features_per_attribute(tf_batch_
                data, attribute)
325.
326.                batch_encoded[attribute] = attribute_features
327.                if attribute == TEXT:
328.                    text_output = _text_output
329.                    text_sequence_lengths = _text_sequence_lengths
330.
331.        # 如果动作文本和动作名称同时存在,将它们结合起来;否则,返回当前的值
332.
333.        if (
334.            batch_encoded.get(ACTION_TEXT) is not None
335.            and batch_encoded.get(ACTION_NAME) is not None
336.        ):
337.            batch_action = batch_encoded.pop(ACTION_TEXT) + batch_encoded.pop(
338.                ACTION_NAME
339.            )
340.        elif batch_encoded.get(ACTION_TEXT) is not None:
341.            batch_action = batch_encoded.pop(ACTION_TEXT)
342.        else:
343.            batch_action = batch_encoded.pop(ACTION_NAME)
344.        # 用户输入也是一样
345.        if (
346.            batch_encoded.get(INTENT) is not None
347.            and batch_encoded.get(TEXT) is not None
348.        ):
349.            batch_user = batch_encoded.pop(INTENT) + batch_
```

```
                encoded.pop(TEXT)
350.        elif batch_encoded.get(TEXT) is not None:
351.            batch_user = batch_encoded.pop(TEXT)
352.        else:
353.            batch_user = batch_encoded.pop(INTENT)
354.
355.        batch_features = [batch_user, batch_action]
356.        # 一旦我们有了用户输入和之前的操作,将所有其他属性(SLOTS,
            ACTIVE_LOOP 等)添加到 batch_features:
357.        for key in batch_encoded.keys():
358.            batch_features.append(batch_encoded.get(key))
359.
360.        batch_features = tf.concat(batch_features, axis = -1)
361.
362.        return batch_features, text_output, text_sequence_lengths
363.
364.    def _reshape_for_entities(
365.        self,
366.        tf_batch_data: Dict[Text, Dict[Text, List[tf.Tensor]]],
367.        dialogue_transformer_output: tf.Tensor,
368.        text_output: tf.Tensor,
369.        text_sequence_lengths: tf.Tensor,
370.    ) -> Tuple[tf.Tensor, tf.Tensor, tf.Tensor]:
371.        # 文本序列转换器输出的第一个维度与文本在最后一个对话回合
            的实际特征数量相同(称之为N),它对应于标签id张量的第一个维
            度。为了计算实体的损失,我们需要文本序列转换器的输出(N x
            sequence length x units),对话转换器的输出(batch size x dia-
            logue length x units)和实体的标签id(N x sequence length - 1 x
            units)。为了处理张量,它们需要具有相同的形状。将对话转换
            器的输出转换为形状(N x 1 x units)。注:CRF 层不能处理 4D 张
            量。例如,我们不能使用 batch size x dialogue length x se-
            quence length x units
372.
373.        # 对话转换器的输出转换为形状( real entity dim x 1 x units)
374.        attribute_mask = tf_batch_data[TEXT][MASK][0]
375.        dialogue_lengths = tf.cast(tf_batch_data[DIALOGUE]
```

```
                [LENGTH][0], tf.int32)
376.
377.        if self.max_history_featurizer_is_used:
378.            # pick outputs that correspond to the last dialogue turns
379.            attribute_mask = tf.expand_dims(
380.                self._last_token(attribute_mask, dialogue_lengths),
                    axis = 1
381.            )
382.            dialogue_transformer_output = tf.boolean_mask(
383.                dialogue_transformer_output, tf.squeeze(attribute_
                    mask, axis = -1)
384.            )
385.
386.            # 布尔掩码已删除 axis = 1,将其添加回
387.            dialogue_transformer_output = tf.expand_dims(
388.                dialogue_transformer_output, axis = 1
389.            )
390.
391.            # 广播对话转换器输出 sequence-length-times,以获得与文本
                序列转换器输出相同的形状
392.            dialogue_transformer_output = tf.tile(
393.                dialogue_transformer_output, (1, tf.shape(text_output)
                    [1], 1)
394.            )
395.
396.        # 将对话转换器的输出连接到文本序列转换器的输出(添加上下
            文)产生的形状(N x sequence length x 2 units) N = 在最后的对
            话回合中文本的实际特征的数量
397.        text_transformed = tf.concat(
398.            [text_output, dialogue_transformer_output], axis = -1
399.        )
400.        text_mask = rasa_layers.compute_mask(text_sequence_lengths)
401.
402.        # 添加 0 以匹配 text_transformed 的形状,因为最大序列长度可
            能不同,因为它是根据序列长度的子集动态计算的
403.        sequence_diff = tf.shape(text_transformed)[1] - tf.shape
```

```
                    (text_mask)[1]
404.            text_mask = tf.pad(text_mask, [[0, 0], [0, sequence_diff],
                    [0, 0]])
405.
406.            # 删除其他维度和句子特征
407.            text_sequence_lengths = tf.reshape(text_sequence_
                    lengths, (-1,)) - 1
408.
409.            return text_transformed, text_mask, text_sequence_lengths
410.
411.    def _batch_loss_entities(
412.        self,
413.        tf_batch_data: Dict[Text, Dict[Text, List[tf.Tensor]]],
414.        dialogue_transformer_output: tf.Tensor,
415.        text_output: tf.Tensor,
416.        text_sequence_lengths: tf.Tensor,
417.    ) -> tf.Tensor:
418.        # 有些批次可能不包含文本的实际特性,例如:大量的故事都只是
                意图。因此实际的 text_output 将为空。我们不能用空张量产生
                损失。因为需要实际数字来产生完全损失,所以在这种情况下输
                出为零
419.        return tf.cond(
420.            tf.shape(text_output)[0] > 0,
421.            lambda: self._real_batch_loss_entities(
422.                tf_batch_data,
423.                dialogue_transformer_output,
424.                text_output,
425.                text_sequence_lengths,
426.            ),
427.            lambda: tf.constant(0.0),
428.        )
429.
430.    def _real_batch_loss_entities(
431.        self,
432.        tf_batch_data: Dict[Text, Dict[Text, List[tf.Tensor]]],
433.        dialogue_transformer_output: tf.Tensor,
```

```
434.        text_output: tf.Tensor,
435.        text_sequence_lengths: tf.Tensor,
436.    ) -> tf.Tensor:
437.
438.        text_transformed, text_mask, text_sequence_lengths = 
            self._reshape_for_entities(
439.            tf_batch_data,
440.            dialogue_transformer_output,
441.            text_output,
442.            text_sequence_lengths,
443.        )
444.
445.        tag_ids = tf_batch_data[ENTITY_TAGS][IDS][0]
446.        # 为句子特征添加一个零(没有实体),以匹配输入的形状
447.        sequence_diff = tf.shape(text_transformed)[1] - tf.shape(tag_ids)[1]
448.        tag_ids = tf.pad(tag_ids, [[0, 0], [0, sequence_diff], [0, 0]])
449.
450.        loss, f1, _ = self._calculate_entity_loss(
451.            text_transformed,
452.            tag_ids,
453.            text_mask,
454.            text_sequence_lengths,
455.            ENTITY_ATTRIBUTE_TYPE,
456.        )
457.
458.        self.entity_loss.update_state(loss)
459.        self.entity_f1.update_state(f1)
460.
461.        return loss
462.
463.    @staticmethod
464.    def _get_labels_embed(
465.        label_ids: tf.Tensor, all_labels_embed: tf.Tensor
466.    ) -> tf.Tensor:
```

```python
467.        # 不需要再次处理标签，而是使用标签id从all_labels_embed收
                集嵌入
468.
469.        indices = tf.cast(label_ids[:, :, 0], tf.int32)
470.        labels_embed = tf.gather(all_labels_embed, indices)
471.
472.        return labels_embed
473.
474.    def batch_loss(
475.        self, batch_in: Union[Tuple[tf.Tensor, ...], Tuple
            [np.ndarray, ...]]
476.    ) -> tf.Tensor:
477.        """计算给定批次的损失
478.
479.        参数：
480.            batch_in:批处理.
481.
482.        返回：
483.            定批次的损失
484.        """
485.        tf_batch_data = self.batch_to_model_data_format(batch_
            in,self.data_signature)
486.        self._compute_dialogue_indices(tf_batch_data)
487.
488.        all_label_ids, all_labels_embed = self._create_all_labels_
            embed()
489.
490.        label_ids = tf_batch_data[LABEL_KEY][LABEL_SUB_KEY][0]
491.        labels_embed = self._get_labels_embed(label_ids, all_
            labels_embed)
492.
493.        dialogue_in, text_output, text_sequence_lengths = self._
            process_batch_data(
494.            tf_batch_data
495.        )
496.        (
```

```
497.            dialogue_embed,
498.            dialogue_mask,
499.            dialogue_transformer_output,
500.            _,
501.        ) = self._embed_dialogue(dialogue_in, tf_batch_data)
502.        dialogue_mask = tf.squeeze(dialogue_mask, axis=-1)
503.
504.        losses = []
505.
506.        loss, acc = self._tf_layers[f"loss.{LABEL}"](
507.            dialogue_embed,
508.            labels_embed,
509.            label_ids,
510.            all_labels_embed,
511.            all_label_ids,
512.            dialogue_mask,
513.        )
514.        losses.append(loss)
515.
516.        if (
517.            self.config[ENTITY_RECOGNITION]
518.            and text_output is not None
519.            and text_sequence_lengths is not None
520.        ):
521.            losses.append(
522.                self._batch_loss_entities(
523.                    tf_batch_data,
524.                    dialogue_transformer_output,
525.                    text_output,
526.                    text_sequence_lengths,
527.                )
528.            )
529.
530.        self.action_loss.update_state(loss)
531.        self.action_acc.update_state(acc)
532.
```

```python
533.            return tf.math.add_n(losses)
534.
535.    def prepare_for_predict(self) -> None:
536.        """为预测准备模型."""
537.        _, self.all_labels_embed = self._create_all_labels_embed()
538.
539.    def batch_predict(
540.        self, batch_in: Union[Tuple[tf.Tensor, ...], Tuple[np.ndarray, ...]]
541.    ) -> Dict[Text, Union[tf.Tensor, Dict[Text, tf.Tensor]]]:
542.        """预测给定批的输出
543.
544.        参数:
545.            batch_in:批处理
546.
547.        返回:
548.            预测输出
549.        """
550.        if self.all_labels_embed is None:
551.            raise ValueError(
552.                "The model was not prepared for prediction. "
553.                "Call 'prepare_for_predict' first. "
554.            )
555.
556.        tf_batch_data = self.batch_to_model_data_format(
557.            batch_in, self.predict_data_signature
558.        )
559.        self._compute_dialogue_indices(tf_batch_data)
560.
561.        dialogue_in, text_output, text_sequence_lengths = self._process_batch_data(
562.            tf_batch_data
563.        )
564.        (
565.            dialogue_embed,
566.            dialogue_mask,
```

```
567.            dialogue_transformer_output,
568.            attention_weights,
569.        ) = self._embed_dialogue(dialogue_in, tf_batch_data)
570.        dialogue_mask = tf.squeeze(dialogue_mask, axis=-1)
571.
572.        sim_all, scores = self._tf_layers[
573.            f"loss.{LABEL}"
574.        ].get_similarities_and_confidences_from_embeddings(
575.            dialogue_embed[:, :, tf.newaxis, :],
576.            self.all_labels_embed[tf.newaxis, tf.newaxis, :, :],
577.            dialogue_mask,
578.        )
579.
580.        predictions = {
581.            "scores": scores,
582.            "similarities": sim_all,
583.            DIAGNOSTIC_DATA: {"attention_weights": attention_weights},
584.        }
585.
586.        if (
587.            self.config[ENTITY_RECOGNITION]
588.            and text_output is not None
589.            and text_sequence_lengths is not None
590.        ):
591.            pred_ids, confidences = self._batch_predict_entities(
592.                tf_batch_data,
593.                dialogue_transformer_output,
594.                text_output,
595.                text_sequence_lengths,
596.            )
597.            name = ENTITY_ATTRIBUTE_TYPE
598.            predictions[f"e_{name}_ids"] = pred_ids
599.            predictions[f"e_{name}_scores"] = confidences
600.
601.        return predictions
602.
```

```
603.    def _batch_predict_entities(
604.        self,
605.        tf_batch_data: Dict[Text, Dict[Text, List[tf.Tensor]]],
606.        dialogue_transformer_output: tf.Tensor,
607.        text_output: tf.Tensor,
608.        text_sequence_lengths: tf.Tensor,
609.    ) -> Tuple[tf.Tensor, tf.Tensor]:
610.        # 可能发生的情况是,当前的预测转向不包含实际特征为文本,
           因此实际的"text_output"将为空。我们无法预测空张量的实体。
           因为需要输出一些相同形状的张量,所以输出 0 个张量
611.        return tf.cond(
612.            tf.shape(text_output)[0] > 0,
613.            lambda: self._real_batch_predict_entities(
614.                tf_batch_data,
615.                dialogue_transformer_output,
616.                text_output,
617.                text_sequence_lengths,
618.            ),
619.            lambda: (
620.                #输出大小 (batch_size, max_seq_len)
621.                tf.zeros(tf.shape(text_output)[:2], dtype=tf.int32),
622.                tf.zeros(tf.shape(text_output)[:2], dtype=tf.float32),
623.            ),
624.        )
625.    ……
```

上段代码中第 4~10 行,在 init 方法中传入 data_signature、config、max_history_featurizer_is_used、label_data、entity_tag_specs 等参数,其中 max_history_featurizer_is_used 比较关键。

上段代码中第 34~37 行,无论是 TED,还是 DIET 都是用 TensorFlow 实现的,可能有些人感觉 TensorFlow 比较复杂。从使用的角度讲看,TensorFlow 2.x 其实使用难度上和 Pytorch 本身框架的使用并没有任何区别,因为其背后核心的一些动力和最佳的一些事件,包括使用 tf.keras 接口,这些都没有什么难度。

上段代码中第 47 行是 _check_data 方法。

上段代码中第 68 行是 _prepare_layers 方法,它是一个工具方法。

上段代码中第 84~89 行在 prepare_transformer_layer 方法中传入 attribute_name、config、num_layers、units、drop_rate、unidirectional 等参数。关于 unidirectional,大

家注意看，使用双向 Transformer 将反转对话序列，以便最后一个回合位于第一个位置，并且始终具有完全相同的位置编码，这可能跟大家原先的认识不一样，当然这是它的实践级别一个工程实现的细节。可以看这个"self. max_history_featurizer_is_used"，"not"是它前面的一个属性，所以它这个是工程实现，并不妨碍从一个对话训练的角度设置为单向编码器，即只是基于左侧的内容。我们看接下来的内容。

上段代码中第 98 行是_prepare_input_layers 方法，根据很多输入的信息，然后组合起来为句子或序列级特征，准备特征处理层。

上段代码中第 134 行是_prepare_encoding_layers 方法，这没有什么特别的。

上段代码中第 156 行_prepare_ffnn_layer 方法准备前馈神经网络层（Feed Forward Neural Network,FFNN）。

上段代码中第 164 行这边是_compute_dialogue_indices 的计算。

上段代码中第 181 行是_create_all_labels_embed 方法。

上段代码中第 202 行是_embed_dialogue 方法。

这都是模型本身，围绕着的第一个对话是 Transformer，第二个是对话，对话的时候还有多轮对话，它会根据这个特征去设计实现。大家可以看一下 ted_policy.py 代码，ted_policy.py 源码注释写得一般，源码描述得基本没什么问题，有时候会有一些笔误，但核心的内容它都给了一些很清晰的描述。

上段代码中第 244 行是_convert_to_original_shape 方法。

上段代码中第 301 行是_process_batch_data 方法，是把一批数据进行编码的过程。

上段代码中第 324 行调用 self. _encode_features_per_attribute，对属性特征进行编码。

上段代码中第 362 行返回 batch_features, text_output, text_sequence_lengths 相关的内容。

上段代码中第 364 行_reshape_for_entities 方法也有实体的相关内容，它返回的是 Tuple[tf. Tensor, tf. Tensor, tf. Tensor]的方式。

上段代码中第 411 行这个地方是_batch_loss_entities 计算损失该怎么算，它给大家提供一个相当于工具的方法。

上段代码中第 430 行这是_real_batch_loss_entities，可以看一下具体的情况。

上段代码中第 464 行是_get_labels_embed 方法。

上段代码中第 474 行是 batch_loss，这里面的知识点都是我们前面讲过的，在读代码的时候，如果你的 Python 编码没有问题，其实相当于读英文，这没什么区别。

上段代码中第 535 行是 prepare_for_predict 方法。

上段代码中第 539 行 batch_predict，就是你给一个批次数据，它会告诉你接下来的预测结果。

上段代码中第 603 行_batch_predict_entities 是关于实体的预测，是跟实体相关的。

至于不同的模型,以后我们会专门对每一个策略深入去讲,尤其是 TEDPolicy。对每个相关的组件也都会进行剖析,还有 RulePolicy,这些都是至关重要的。这里涉及的知识点太多了,我们继续回到主线,TEDPolicy 实例化之后它自己的模型是 TED,如果不围绕着主线,很容易迷路,例如刚才看 TED 模型内部到底是怎么工作的,其实是一些机器学习常规的做法,只不过加上了 Transformer,对训练任务进行了一些调整。

回到 TEDPolicy 的代码。

ted_policy.py 的源代码实现:

```
1.  class TEDPolicy(Policy):
2.      """Transformer 嵌入对话(TED)策略
3.      ......
4.      """
5.  ......
6.
7.      @classmethod
8.      def _metadata_filename(cls) -> Optional[Text]:
9.          return "ted_policy"
10.
11.     def _load_params(self, config: Dict[Text, Any]) -> None:
12.         new_config = rasa.utils.train_utils.check_core_deprecated_options(config)
13.         self.config = new_config
14.         self._auto_update_configuration()
15.
16.     def _auto_update_configuration(self) -> None:
17.         """注意参数的弃用和兼容性"""
18.         self.config = rasa.utils.train_utils.update_confidence_type(self.config)
19.         rasa.utils.train_utils.validate_configuration_settings(self.config)
20.         self.config = rasa.utils.train_utils.update_similarity_type(self.config)
21.         self.config = rasa.utils.train_utils.update_evaluation_parameters(self.config)
22.
```

```
23.    def _create_label_data(
24.        self,
25.        domain: Domain,
26.        precomputations: Optional[MessageContainerForCoreFeaturization],
27.    ) -> Tuple[RasaModelData, List[Dict[Text, List[Features]]]]:
28.        # 使用策略的特征化器对所有 label_id 进行编码
29.        state_featurizer = self.featurizer.state_featurizer
30.        encoded_all_labels = (
31.            state_featurizer.encode_all_labels(domain, precomputations)
32.            if state_featurizer is not None
33.            else []
34.        )
35.
36.        attribute_data, _ = convert_to_data_format(
37.            encoded_all_labels, featurizers=self.config[FEATURIZERS]
38.        )
39.
40.        label_data = self._assemble_label_data(attribute_data, domain)
41.
42.        return label_data, encoded_all_labels
```

上段代码中第 8 行 _metadata_filename 方法返回 "ted_policy"。

上段代码中第 11 行 _load_params 方法很直白。

上段代码中第 16 行 _auto_update_configuration 方法也很直白。

上段代码中第 23 行 _create_label_data，这是把所有的 label_ids 都变成我们的特征，通过特征进行编码。

上段代码中第 40 行调用 _assemble_label_data 方法，我们看一下 _assemble_label_data 的代码。

ted_policy.py 的 _assemble_label_data 源代码实现：

```
1.    def _assemble_label_data(
2.        self, attribute_data: Data, domain: Domain
3.    ) -> RasaModelData:
4.        """构造要输入到模型的标签相关数据
5.
6.
7.        模型数据可能包含一个或两个键-[label_action_name, label_action_
```

text],但一定会包含 label 键。label_action_* 将包含对应标签的序列、句子和掩码特征,label 将包含数字标签 ids

```
8.
9.      参数：
10.         attribute_data: Feature data for all labels.
11.         domain: Domain of the assistant.
12.
13.     返回：
14.         标签的特征可供输入模型
15.     """
16.     label_data = RasaModelData()
17.     label_data.add_data(attribute_data, key_prefix = f"{LABEL_KEY}_")
18.     label_data.add_lengths(
19.         f"{LABEL}_{ACTION_TEXT}",
20.         SEQUENCE_LENGTH,
21.         f"{LABEL}_{ACTION_TEXT}",
22.         SEQUENCE,
23.     )
24.     label_ids = np.arange(domain.num_actions)
25.     label_data.add_features(
26.         LABEL_KEY,
27.         LABEL_SUB_KEY,
28.         [
29.             FeatureArray(
30.                 np.expand_dims(label_ids, -1),
31.                 number_of_dimensions = 2,
32.             )
33.         ],
34.     )
35.     return label_data
```

上段代码中第 4 行注释说明,构造要输入到模型的标签相关数据。

上段代码中第 16 行构建一个 RasaModelData,我们可以看一下。

model_data.py 的 RasaModelData 源代码实现:

```
1. class RasaModelData:
2.     """用于所有 RasaModel 的数据对象
```

3.
4. 它包含了训练模型所需的所有特征。'data'是属性名(例如 TEXT, INTENT 等)和特征名的映射,例如, SENTENCE, SEQUENCE 等,到表示实际的特征数组列表特性
5. 'label_key'和'label_sub_key'指向'data'中的标签。例如,如果你的意图标签存储在 intent -> IDS 下,'label_key'将是" intent ", 'label_sub_key'将是"IDS"
6.
7. """
8.
9. def __init__(
10. self,
11. label_key: Optional[Text] = None,
12. label_sub_key: Optional[Text] = None,
13. data: Optional[Data] = None,
14.) -> None:
15. """
16. 初始化 RasaModelData 对象.
17.
18. 参数:
19. label_key:用于平衡等的标签键
20. label_sub_key:用于平衡的标签的子键等
21. data:保存特征的数据
22. """
23. self.data = data or defaultdict(lambda: defaultdict(list))
24. self.label_key = label_key
25. self.label_sub_key = label_sub_key
26. # 应在添加功能时更新
27. self.num_examples = self.number_of_examples()
28. self.sparse_feature_sizes: Dict[Text, Dict[Text, List[int]]] = {}
29.
30.
31. @overload
32. def get(self, key: Text, sub_key: Text) -> List[FeatureArray]:
33. ...

```
34.
35.     @overload
36.     def get(self, key: Text, sub_key: None = ...) -> Dict[Text, List
        [FeatureArray]]:
37.         ...
38.
39.     def get(
40.         self, key: Text, sub_key: Optional[Text] = None
41.     ) -> Union[Dict[Text, List[FeatureArray]], List[FeatureArray]]:
42.         """获取给定 Key 下的数据.
43.
44.         参数:
45.             key: The key.
46.             sub_key: 可选的子 key.
47.
48.         返回:
49.             请求的数据
50.         """
51.         if sub_key is None and key in self.data:
52.             return self.data[key]
53.
54.         if sub_key and key in self.data and sub_key in self.data[key]:
55.             return self.data[key][sub_key]
56.
57.         return []
58.
59.     def items(self) -> ItemsView:
60.         """Return the items of the data attribute.
61.
62.         Returns:
63.             The items of data.
64.         """
65.         return self.data.items()
66.
67.     def values(self) -> Any:
68.         """返回数据属性的值
```

```
69.
70.        返回：
71.            数据的值
72.        """
73.        return self.data.values()
74.
75.    def keys(self, key: Optional[Text] = None) -> List[Text]：
76.        """返回数据属性的键
77.
78.        参数：
79.            key：可选的key.
80.
81.        返回：
82.            数据的键
83.        """
84.        if key is None：
85.            return list(self.data.keys())
86.
87.        if key in self.data：
88.            return list(self.data[key].keys())
89.
90.        return []
91. ...
92.
93.    def sort(self) -> None：
94.        """根据数据键对数据进行排序."""
95.        for key, attribute_data in self.data.items()：
96.            self.data[key] = OrderedDict(sorted(attribute_data.items()))
97.        self.data = OrderedDict(sorted(self.data.items()))
98.
99.    def first_data_example(self) -> Data：
100.       """每个键、子键只返回一个特征示例的数据
101.
102.       返回：
103.           简化数据
```

```
104.            """
105.            out_data: Data = {}
106.            for key, attribute_data in self.data.items():
107.                out_data[key] = {}
108.                for sub_key, features in attribute_data.items():
109.                    feature_slices = [feature[:1] for feature in features]
110.                    out_data[key][sub_key] = cast(List[FeatureArray],
                            feature_slices)
111.            return out_data
112.
113.        def does_feature_exist(self, key: Text, sub_key: Optional
                [Text] = None) -> bool:
114.            """检查特征键(和子键)是否存在以及特征是否可用
115.            参数：
116.                key: The key.
117.                sub_key: 可选 sub-key.
118.
119.            返回：
120.                如果不存在给定键的特征，则为 False，否则为 True
121.            """
122.            return not self.does_feature_not_exist(key, sub_key)
123.
124.        def does_feature_not_exist(self, key: Text, sub_key: Optional
                [Text] = None) -> bool:
125.            """检查特征键(和子键)是否存在以及特征是否可用
126.
127.            参数：
128.                key: The key.
129.                sub_key: The optional sub-key.
130.
131.            返回：
132.                如果不存在给定键的特征，则为 True，否则为 False
133.            """
134.            if sub_key:
135.                return (
136.                    key not in self.data
```

```
137.                    or not self.data[key]
138.                    or sub_key not in self.data[key]
139.                    or not self.data[key][sub_key]
140.                )
141.
142.         return key not in self.data or not self.data[key]
143.
144.     def is_empty(self) -> bool:
145.         """检查是否设置了数据."""
146.
147.         return not self.data
148.
149.     def number_of_examples(self, data: Optional[Data] = None) -> int:
150.         """获取数据中的示例数量
151.
152.         参数：
153.             data：数据
154.
155.          Raises: A ValueError if number of examples differ for different features
156.
157.          返回:
158.              数据中的示例数
159.         """
160.         if not data:
161.             data = self.data
162.
163.         if not data:
164.             return 0
165.
166.         example_lengths = [
167.             len(f)
168.             for attribute_data in data.values()
169.             for features in attribute_data.values()
170.             for f in features
```

```
171.            ]
172.
173.        if not example_lengths:
174.            return 0
175.
176.        # check if number of examples is the same for all values
177.        if not all(length == example_lengths[0] for length in
                    example_lengths):
178.            raise ValueError(
179.                f"Number of examples differs for keys '{data.keys()}'. Number of "
180.                f"examples should be the same for all data."
181.            )
182.
183.        return example_lengths[0]
184.
185.    def number_of_units(self, key: Text, sub_key: Text) -> int:
186.        """获取给定 Key 的单位数
187.
188.        参数:
189.            key: The key.
190.            sub_key: T 可选 sub-key.
191.
192.        返回:
193.            单位的数量。
194.        """
195.        if key not in self.data or sub_key not in self.data[key]:
196.            return 0
197.
198.        units = 0
199.        for features in self.data[key][sub_key]:
200.            if len(features) > 0:
201.                units += features.units  # type: ignore[operator]
202.
203.        return units
204.
```

```
205.    def add_data(self, data: Data, key_prefix: Optional[Text] =
         None) -> None:
206.        """将传入数据添加到数据中
207.
208.        参数:
209.            data:要添加的数据.
210.            key_prefix:要在键值前面使用的可选键前缀
211.        """
212.        for key, attribute_data in data.items():
213.            for sub_key, features in attribute_data.items():
214.                if key_prefix:
215.                    self.add_features(f"{key_prefix}{key}", sub_key,
                         features)
216.                else:
217.                    self.add_features(key, sub_key, features)
218.
219.    def update_key(
220.        self, from_key: Text, from_sub_key: Text, to_key: Text,
         to_sub_key: Text
221.    ) -> None:
222.        """将给定键下的特征复制到新键并删除旧键
223.
224.        参数:
225.    from_key:当前特征键
226.    from_sub_key:当前特征子键
227.    to_key:特征的新键
228.    to_sub_key:特征的新子键
229.        """
230.        if from_key not in self.data or from_sub_key not in self.data
         [from_key]:
231.            return
232.
233.        if to_key not in self.data:
234.            self.data[to_key] = {}
235.        self.data[to_key][to_sub_key] = self.get(from_key, from_
         sub_key)
```

```
236.            del self.data[from_key][from_sub_key]
237.
238.        if not self.data[from_key]:
239.            del self.data[from_key]
240.
241.    def add_features(
242.        self, key: Text, sub_key: Text, features: Optional[List[FeatureArray]]
243.    ) -> None:
244.        """将要素列表添加到指定关键字下的数据
245.        应更新示例数量
246.
247.        参数：
248.            key: The key
249.            sub_key: The sub-key
250.            features: 要添加的特征
251.        """
252.        if features is None:
253.            return
254.
255.        for feature_array in features:
256.            if len(feature_array) > 0:
257.                self.data[key][sub_key].append(feature_array)
258.
259.        if not self.data[key][sub_key]:
260.            del self.data[key][sub_key]
261.
262.        # 更新示例数
263.        self.num_examples = self.number_of_examples()
```

RasaModelData 是非常重要的一个类，它可用于所有 RasaModel 的数据对象，会感觉它很通用，它包含了训练模型所需的所有特征，就喜欢这样的注释或者说明，每句话都是致命的。首先 RasaModelData 对所有的 Rasa 模型都是通用的，而且它是数据对象，包含所有训练模型所需的所有特征。"data" 是属性名，例如 text、intent 等，它和特征名映射，例如，一个句子或者一个序列等，都表示实际的特征数组列表特性，这些大家应该都很熟悉，可以认为它是个容器。这里有很多方法，get、items、values、keys、sort、first_data_example、does_feature_exist、does_feature_not_exist、is_ empty、number_of_units、add_data、update_key、add_features 等方法,这些都跟数据的封装、数据的表示有紧密的关系,大家可以自己去看,从整个框架运行的角度讲,这是一个很关键的能力。本节内容,我们分享的内容已经足够了,因为大家已很清楚知道它做了什么。

回到 TEDPolicy 的代码。

ted_policy.py 的源代码实现:

```
1.  class TEDPolicy(Policy):
2.      """Transformer 嵌入对话(TED)策略
3.      ......
4.      """
5.  ...
6.
7.      @staticmethod
8.      def _should_extract_entities(
9.          entity_tags: List[List[Dict[Text, List[Features]]]]
10.     ) -> bool:
11.         for turns_tags in entity_tags:
12.             for turn_tags in turns_tags:
13.                 # 如果 turn_tag 为空或所有实体标记索引为"0",则表示所有输入仅包含 NO_ENTITY_TAG
14.                 if turn_tags and np.any(turn_tags[ENTITY_TAGS][0].features):
15.                     return True
16.         return False
17. ...
18.     def _create_model_data(
19.         self,
20.         tracker_state_features: List[List[Dict[Text, List[Features]]]],
21.         label_ids: Optional[np.ndarray] = None,
22.         entity_tags: Optional[List[List[Dict[Text, List[Features]]]]] = None,
23.         encoded_all_labels: Optional[List[Dict[Text, List[Features]]]] = None,
24.     ) -> RasaModelData:
25.         """将所有模型相关数据合并到 RasaModelData 中。
26.
```

```
27.    参数：
28.        tracker_state_features：属性字典（INTENT、TEXT、ACTION_NAME、
           ACTION_TEXT、ENTITIES、SLOTS、ACTIVE_LOOP），指向所有训练跟踪
           器中所有对话回合的特征列表
29.        label_ids：所有训练跟踪器中每个对话回合的标签 id(例如动作 id)
30.        entity_tags：实体类型字典（ENTITY_TAGS）到特征列表
31.            包含文本用户输入的实体标记 id，否则为空 dict
32.            对于所有训练跟踪器中的所有对话回合
33.        encoded_all_labels：包含标签 id 属性特征的字典列表
34.
35.    返回：
36.        RasaModelData
37.    """
38.    model_data = RasaModelData(label_key = LABEL_KEY, label_sub_
       key = LABEL_SUB_KEY)
39.
40.    if label_ids is not None and encoded_all_labels is not None：
41.        label_ids = np.array(
42.            [np.expand_dims(seq_label_ids, -1) for seq_label_ids in
               label_ids]
43.        )
44.        model_data.add_features(
45.            LABEL_KEY,
46.            LABEL_SUB_KEY,
47.            [FeatureArray(label_ids, number_of_dimensions = 3)],
48.        )
49.
50.    attribute_data, self.fake_features = convert_to_data_
       format(
51.        tracker_state_features, featurizers = self.config
           [FEATURIZERS]
52.    )
53.
54.    entity_tags_data = self._create_data_for_entities(entity_
       tags)
55.    if entity_tags_data is not None：
```

```
56.            model_data.add_data(entity_tags_data)
57.        else:
58.            # 方法在预测期间调用
59.            attribute_data, _ = convert_to_data_format(
60.                tracker_state_features,
61.                self.fake_features,
62.                featurizers = self.config[FEATURIZERS],
63.            )
64.
65.        model_data.add_data(attribute_data)
66.        model_data.add_lengths(TEXT, SEQUENCE_LENGTH, TEXT, SEQUENCE)
67.        model_data.add_lengths(ACTION_TEXT, SEQUENCE_LENGTH, ACTION_TEXT, SEQUENCE)
68.
69.        # 添加对话长度
70.        attribute_present = next(iter(list(attribute_data.keys())))
71.        dialogue_lengths = np.array(
72.            [
73.                np.size(np.squeeze(f, -1))
74.                for f in model_data.data[attribute_present][MASK][0]
75.            ]
76.        )
77.        model_data.data[DIALOGUE][LENGTH] = [
78.            FeatureArray(dialogue_lengths, number_of_dimensions = 1)
79.        ]
80.
81.        # 在训练和预测过程中,确保所有键的顺序相同
82.        model_data.sort()
83.
84.        return model_data
85. ...
86.    @staticmethod
87.    def _get_trackers_for_training(
88.        trackers: List[TrackerWithCachedStates],
89.    ) -> List[TrackerWithCachedStates]:
90.        """筛选出不应用于训练的跟踪器列表
```

```
91.
92.        参数：
93.            trackers：所有跟踪器均可用于训练
94.
95.        返回：
96.            应用于训练的跟踪器
97.        """
98.        # 默认情况下，使用所有可用的跟踪器进行训练
99.        return trackers
100.    …
101.    def _prepare_for_training(
102.        self,
103.        trackers: List[TrackerWithCachedStates],
104.        domain: Domain,
105.        precomputations: MessageContainerForCoreFeaturization,
106.        **kwargs: Any,
107.    ) -> Tuple[RasaModelData, np.ndarray]:
108.        """准备要输入模型的数据
109.
110.        参数：
111.            trackers：要特征化的训练追踪器列表
112.            domain：助手的域
113.            precomputations：包含预计算的特征和属性
114.            **kwargs：其他参数
115.
116.        返回：
117.            要馈送到模型的特征化数据和相应的标签ID
118.        """
119.        training_trackers = self._get_trackers_for_training(trackers)
120.        # 处理训练数据
121.        tracker_state_features, label_ids, entity_tags = self._featurize_for_training(
122.            training_trackers,
123.            domain,
124.            precomputations=precomputations,
```

```
125.            bilou_tagging = self.config[BILOU_FLAG],
126.            **kwargs,
127.        )
128.
129.        if not tracker_state_features:
130.            return RasaModelData(), label_ids
131.
132.        self._label_data, encoded_all_labels = self._create_label_data(
133.            domain, precomputations = precomputations
134.        )
135.
136.        # 提取实际的训练数据以提供给模型
137.        model_data = self._create_model_data(
138.            tracker_state_features, label_ids, entity_tags, encoded_all_labels
139.        )
140.
141.        if self.config[ENTITY_RECOGNITION]:
142.            self._entity_tag_specs = (
143.                self.featurizer.state_featurizer.entity_tag_specs
144.                if self.featurizer.state_featurizer is not None
145.                else []
146.            )
147.
148.        # 为持久化和加载保留一个示例
149.        self.data_example = model_data.first_data_example()
150.
151.        return model_data, label_ids
152.    ...
153.    def run_training(
154.        self, model_data: RasaModelData, label_ids: Optional[np.ndarray] = None
155.    ) -> None:
156.        """将特征化训练数据反馈给模型
157.
```

```
158.        参数：
159.            model_data：特色特征化训练数据
160.            label_ids：与"model_data"中的数据点对应的标签ID。根据
                策略的训练方式,可能会使用这些策略,也可能不会使用这些
                策略
161.        """
162.        if not self.finetune_mode:
163.            # 这意味着模型不是从先前训练的模型加载的,因此需要实
                例化
164.            self.model = self.model_class()(
165.                model_data.get_signature(),
166.                self.config,
167.                isinstance(self.featurizer, MaxHistoryTrackerFeaturizer),
168.                self._label_data,
169.                self._entity_tag_specs,
170.            )
171.            self.model.compile(
172.                optimizer = tf.keras.optimizers.Adam(self.config[LEARNING_RATE])
173.            )
174.        (
175.            data_generator,
176.            validation_data_generator,
177.        ) = rasa.utils.train_utils.create_data_generators(
178.            model_data,
179.            self.config[BATCH_SIZES],
180.            self.config[EPOCHS],
181.            self.config[BATCH_STRATEGY],
182.            self.config[EVAL_NUM_EXAMPLES],
183.            self.config[RANDOM_SEED],
184.        )
185.        callbacks = rasa.utils.train_utils.create_common_callbacks(
186.            self.config[EPOCHS],
187.            self.config[TENSORBOARD_LOG_DIR],
188.            self.config[TENSORBOARD_LOG_LEVEL],
189.            self.tmp_checkpoint_dir,
```

```
190.            )
191.
192.            if self.model is None:
193.                raise ModelNotFound("No model was detected prior to
                        training.")
194.
195.            self.model.fit(
196.                data_generator,
197.                epochs = self.config[EPOCHS],
198.                validation_data = validation_data_generator,
199.                validation_freq = self.config[EVAL_NUM_EPOCHS],
200.                callbacks = callbacks,
201.                verbose = False,
202.                shuffle = False,   #在数据生成器中使用自定义洗牌)
203.    ...
204.    def train(
205.        self,
206.        training_trackers: List[TrackerWithCachedStates],
207.        domain: Domain,
208.        precomputations: Optional[MessageContainerForCore
                Featurization] = None,
209.        **kwargs: Any,
210.    ) -> Resource:
211.        """训练策略."""
212.        if not training_trackers:
213.            rasa.shared.utils.io.raise_warning(
214.                f"Skipping training of '{self.__class__.__name__}'"
215.                f"as no data was provided. You can exclude this "
216.                f"policy in the configuration "
217.                f"file to avoid this warning.",
218.                category = UserWarning,
219.            )
220.            return self._resource
221.
222.        training_trackers = SupportedData.trackers_for_supported_
                data(
```

```
223.            self.supported_data(), training_trackers
224.        )
225.
226.        model_data, label_ids = self._prepare_for_training(
227.            training_trackers, domain, precomputations
228.        )
229.
230.        if model_data.is_empty():
231.            rasa.shared.utils.io.raise_warning(
232.                f"Skipping training of '{self.__class__.__name__}'"
233.                f"as no data was provided. You can exclude this "
234.                f"policy in the configuration "
235.                f"file to avoid this warning.",
236.                category=UserWarning,
237.            )
238.            return self._resource
239.
240.        with (
241.            contextlib.nullcontext() if self.config["use_gpu"] else tf.device("/cpu:0")
242.        ):
243.            self.run_training(model_data, label_ids)
244.
245.        self.persist()
246.
247.        return self._resource
248.    ...
249.    def persist(self) -> None:
250.        """将策略持久化到存储"""
251.        if self.model is None:
252.            logger.debug(
253.                "Method 'persist(...)' was called without a trained model present. "
254.                "Nothing to persist then!"
255.            )
256.            return
```

```
257.
258.        with self._model_storage.write_to(self._resource) as model_
            path:
259.            model_filename = self._metadata_filename()
260.            tf_model_file = model_path / f"{model_filename}.tf_
                model"
261.
262.            rasa.shared.utils.io.create_directory_for_file(tf_model_
                file)
263.
264.            self.featurizer.persist(model_path)
265.
266.            if self.config[CHECKPOINT_MODEL] and self.tmp_checkpoint_
                dir:
267.                self.model.load_weights(self.tmp_checkpoint_dir /
                    "checkpoint.tf_model")
268.                #保存一个空文件以标记此模型是使用检查点生成的
269.                checkpoint_marker = model_path / f"{model_filename}.
                    from_checkpoint.pkl"
270.                checkpoint_marker.touch()
271.
272.            self.model.save(str(tf_model_file))
273.
274.            self.persist_model_utilities(model_path)
275.    …
276.    def _featurize_tracker(
277.        self,
278.        tracker: DialogueStateTracker,
279.        domain: Domain,
280.        precomputations: Optional[MessageContainerForCoreFeaturization],
281.        rule_only_data: Optional[Dict[Text, Any]],
282.    ) -> List[List[Dict[Text, List[Features]]]]:
283.        #在批处理中构造两个示例,将其馈送到模型中第一个的示例是最
                后一个用户文本,第二个是可选的(参见下面的条件),构造批处理
                中的第一个示例,要么不包含用户输入,使用意图,要么看基于TED
                是否仅为端到端的文本
```

```python
284.        tracker_state_features = self._featurize_for_prediction(
285.            tracker,
286.            domain,
287.            precomputations = precomputations,
288.            use_text_for_last_user_input = self.only_e2e,
289.            rule_only_data = rule_only_data,
290.        )
291.        # 第二个文本,但仅在用户说话之后,如果不只是 e2e
292.        if (
293.            tracker.latest_action_name = = ACTION_LISTEN_NAME
294.            and TEXT in self.fake_features
295.            and not self.only_e2e
296.        ):
297.            tracker_state_features + = self._featurize_for_prediction(
298.                tracker,
299.                domain,
300.                precomputations = precomputations,
301.                use_text_for_last_user_input = True,
302.                rule_only_data = rule_only_data,
303.            )
304.        return tracker_state_features
305.    ...
306.
307.    def _pick_confidence(
308.        self, confidences: np.ndarray, similarities: np.ndarray, domain: Domain
309.    ) -> Tuple[np.ndarray, bool]:
310.        # 置信度和相似性具有形状(batch-size x number of actions),批量大小只能是 1 或 2;在批量大小 = = 2 的情况下,第一个示例包含用户意图作为特征,第二个示例包含作为特征的用户文本
311.        if confidences.shape[0] > 2:
312.            raise ValueError(
313.                "We cannot pick prediction from batches of size more than 2."
314.            )
315.        # we use heuristic to pick correct prediction
```

```
316.        if confidences.shape[0] == 2:
317.            # 使用相似性来选择适当的输入,因为它似乎是更准确的测
                量,策略被训练成最大化相似性而不是置信度
318.            non_e2e_action_name = domain.action_names_or_texts[
319.                np.argmax(confidences[0])
320.            ]
321.            logger.debug(f"User intent lead to'{non_e2e_action_name}'.")
322.            e2e_action_name = domain.action_names_or_texts[np.argmax
                (confidences[1])]
323.            logger.debug(f"User text lead to '{e2e_action_name}'.")
324.            if (
325.                np.max(confidences[1]) > self.config[E2E_CONFIDENCE_
                    THRESHOLD]
326.                # TODO 也许比较概率更好
327.                and np.max(similarities[1]) > np.max(similarities[0])
328.            ):
329.                logger.debug(f"TED predicted '{e2e_action_name}' based
                    on user text.")
330.                return confidences[1], True
331.
332.            logger.debug(f"TED predicted '{non_e2e_action_name}' based on
                user intent.")
333.            return confidences[0], False
334.
335.        # 默认情况下,批处理中的第一个示例将用于预测
336.        predicted_action_name = domain.action_names_or_texts[np.argmax
                (confidences[0])]
337.        basis_for_prediction = "text" if self.only_e2e else "intent"
338.        logger.debug(
339.            f"TED predicted '{predicted_action_name}'"
340.            f"based on user {basis_for_prediction}."
341.        )
342.        return confidences[0], self.only_e2e
343.
344.    def predict_action_probabilities(
345.        self,
```

```python
346.         tracker: DialogueStateTracker,
347.         domain: Domain,
348.         rule_only_data: Optional[Dict[Text, Any]] = None,
349.         precomputations: Optional[MessageContainerForCore
             Featurization] = None,
350.         **kwargs: Any,
351.     ) -> PolicyPrediction:
352.         """预测下一个动作"""
353.         if self.model is None:
354.             return self._prediction(self._default_predictions(domain))
355.
356.         # 从跟踪器创建模型数据
357.         tracker_state_features = self._featurize_tracker(
358.             tracker, domain, precomputations, rule_only_data = rule_
             only_data
359.         )
360.         model_data = self._create_model_data(tracker_state_features)
361.         outputs = self.model.run_inference(model_data)
362.
363.         if isinstance(outputs["similarities"], np.ndarray):
364.             # 取序列中的最后一个预测
365.             similarities = outputs["similarities"][:, -1, :]
366.         else:
367.             raise TypeError(
368.                 "model output for 'similarities' " "should be a numpy array"
369.             )
370.         if isinstance(outputs["scores"], np.ndarray):
371.             confidences = outputs["scores"][:, -1, :]
372.         else:
373.             raise TypeError("model output for 'scores' should be a numpy
                 array")
374.         # 从批次中获得正确的预测
375.         confidence, is_e2e_prediction = self._pick_confidence(
376.             confidences, similarities, domain
377.         )
378.
```

```python
379.        # 排名并遮掉置信度(如果需要)
380.        ranking_length = self.config[RANKING_LENGTH]
381.        if 0 < ranking_length < len(confidence):
382.            renormalize = (
383.                self.config[RENORMALIZE_CONFIDENCES]
384.                and self.config[MODEL_CONFIDENCE] == SOFTMAX
385.            )
386.            _, confidence = train_utils.rank_and_mask(
387.                confidence, ranking_length = ranking_length,
                   renormalize = renormalize
388.            )
389.
390.        optional_events = self._create_optional_event_for_entities(
391.            outputs, is_e2e_prediction, precomputations, tracker
392.        )
393.
394.        return self._prediction(
395.            confidence.tolist(),
396.            is_end_to_end_prediction = is_e2e_prediction,
397.            optional_events = optional_events,
398.            diagnostic_data = outputs.get(DIAGNOSTIC_DATA),
399.        )
400.
401.    def _create_optional_event_for_entities(
402.        self,
403.        prediction_output: Dict[Text, tf.Tensor],
404.        is_e2e_prediction: bool,
405.        precomputations: Optional[MessageContainerForCoreFeaturization],
406.        tracker: DialogueStateTracker,
407.    ) -> Optional[List[Event]]:
408.        if tracker.latest_action_name != ACTION_LISTEN_NAME or not is_e2e_prediction:
409.            # 实体只属于最后一个用户消息,并且仅当用户文本用于预测时,用户消息总是在监听动作之后出现
410.            return None
411.
```

```
412.        if not self.config[ENTITY_RECOGNITION]:
413.            # 实体识别不开启,无法预测任何实体
414.            return None
415.
416.        # 实体预测的批处理维度与批大小不同,而是批中最后输入的文
            本的数量(如果最大历史特征,否则全部),因此,为了从最新的用户
            消息中挑选实体,我们需要从实体预测的最后一批维中挑选实体
417.        predicted_tags, confidence_values = rasa.utils.train_
            utils.entity_label_to_tags(
418.            prediction_output,
419.            self._entity_tag_specs,
420.            self.config[BILOU_FLAG],
421.            prediction_index=-1,
422.        )
423.
424.        if ENTITY_ATTRIBUTE_TYPE not in predicted_tags:
425.            # 未检测到实体
426.            return None
427.
428.        # 属于跟踪器最后一条消息的实体将预测的标签转换为实际的
            实体
429.        text = tracker.latest_message.text if tracker.latest_message is
            not None else ""
430.        if precomputations is not None:
431.            parsed_message = precomputations.lookup_message(user_
                text=text)
432.        else:
433.            parsed_message = Message(data={TEXT: text})
434.        tokens = parsed_message.get(TOKENS_NAMES[TEXT])
435.        entities = EntityExtractorMixin.convert_predictions_into_
            entities(
436.            text,
437.            tokens,
438.            predicted_tags,
439.            self.split_entities_config,
440.            confidences=confidence_values,
```

```
441.        )
442.
443.        # 添加提取器名称
444.        for entity in entities:
445.            entity[EXTRACTOR] = "TEDPolicy"
446.
447.        return [EntitiesAdded(entities)]
448.
449.    def persist_model_utilities(self, model_path: Path) -> None:
450.        """持久化模型的实用属性,如模型权重等
451.
452.        参数:
453.            model_path:要持久化模型的路径
454.        """
455.        model_filename = self._metadata_filename()
456.        rasa.utils.io.json_pickle(
457.            model_path / f"{model_filename}.priority.pkl", self.priority
458.        )
459.        rasa.utils.io.pickle_dump(
460.            model_path / f"{model_filename}.meta.pkl", self.config
461.        )
462.        rasa.utils.io.pickle_dump(
463.            model_path / f"{model_filename}.data_example.pkl",
                self.data_example
464.        )
465.        rasa.utils.io.pickle_dump(
466.            model_path / f"{model_filename}.fake_features.pkl",
                self.fake_features
467.        )
468.        rasa.utils.io.pickle_dump(
469.            model_path / f"{model_filename}.label_data.pkl",
470.            dict(self._label_data.data) if self._label_data is not
                None else {}
471.        )
472.        entity_tag_specs = (
473.            [tag_spec._asdict() for tag_spec in self._entity_tag_
```

```
474.            if self._entity_tag_specs
475.            else []
476.         )
477.         rasa.shared.utils.io.dump_obj_as_json_to_file(
478.             model_path / f"{model_filename}.entity_tag_specs.json",
                 entity_tag_specs
479.         )
480.
481.     @classmethod
482.     def _load_model_utilities(cls, model_path: Path) -> Dict[Text, Any]:
483.         """加载模型的实用属性
484.
485.         参数：
486.             model_path:要持久化模型的路径
487.         """
488.         tf_model_file = model_path / f"{cls._metadata_filename()}.tf_model"
489.         loaded_data = rasa.utils.io.pickle_load(
490.             model_path / f"{cls._metadata_filename()}.data_example.pkl"
491.         )
492.         label_data = rasa.utils.io.pickle_load(
493.             model_path / f"{cls._metadata_filename()}.label_data.pkl"
494.         )
495.         fake_features = rasa.utils.io.pickle_load(
496.             model_path / f"{cls._metadata_filename()}.fake_features.pkl"
497.         )
498.         label_data = RasaModelData(data=label_data)
499.         priority = rasa.utils.io.json_unpickle(
500.             model_path / f"{cls._metadata_filename()}.priority.pkl"
501.         )
502.         entity_tag_specs = rasa.shared.utils.io.read_json_file(
503.             model_path / f"{cls._metadata_filename()}.entity_tag_
```

```
504.            )
505.            entity_tag_specs = [
506.                EntityTagSpec(
507.                    tag_name = tag_spec["tag_name"],
508.                    ids_to_tags = {
509.                        int(key): value for key, value in tag_spec["ids_to_tags"].items()
510.                    },
511.                    tags_to_ids = {
512.                        key: int(value) for key, value in tag_spec["tags_to_ids"].items()
513.                    },
514.                    num_tags = tag_spec["num_tags"],
515.                )
516.                for tag_spec in entity_tag_specs
517.            ]
518.            model_config = rasa.utils.io.pickle_load(
519.                model_path / f"{cls._metadata_filename()}.meta.pkl"
520.            )
521.
522.            return {
523.                "tf_model_file": tf_model_file,
524.                "loaded_data": loaded_data,
525.                "fake_features": fake_features,
526.                "label_data": label_data,
527.                "priority": priority,
528.                "entity_tag_specs": entity_tag_specs,
529.                "model_config": model_config,
530.            }
531.
532.        @classmethod
533.        def load(
534.            cls,
535.            config: Dict[Text, Any],
536.            model_storage: ModelStorage,
```

```
537.        resource: Resource,
538.        execution_context: ExecutionContext,
539.        **kwargs: Any,
540.    ) -> TEDPolicy:
541.        """从存储中加载策略"""
542.        try:
543.            with model_storage.read_from(resource) as model_path:
544.                return cls._load(
545.                    model_path, config, model_storage, resource, execution
                        _context
546.                )
547.        except ValueError:
548.            logger.debug(
549.                f"Failed to load {cls.__class__.__name__} from
                    model storage. Resource "
550.                f"'{resource.name}' doesn't exist. "
551.            )
552.            return cls(config, model_storage, resource, execution_
                context)
553.
554.    @classmethod
555.    def _load(
556.        cls,
557.        model_path: Path,
558.        config: Dict[Text, Any],
559.        model_storage: ModelStorage,
560.        resource: Resource,
561.        execution_context: ExecutionContext,
562.    ) -> TEDPolicy:
563.        featurizer = TrackerFeaturizer.load(model_path)
564.
565.        if not (model_path / f"{cls._metadata_filename()}.data_
                example.pkl").is_file():
566.            return cls(
567.                config,
568.                model_storage,
```

```
569.                resource,
570.                execution_context,
571.                featurizer=featurizer,
572.            )
573.
574.        model_utilities = cls._load_model_utilities(model_path)
575.
576.        config = cls._update_loaded_params(config)
577.        if execution_context.is_finetuning and EPOCH_OVERRIDE in config:
578.            config[EPOCHS] = config.get(EPOCH_OVERRIDE)
579.
580.        (
581.            model_data_example,
582.            predict_data_example,
583.        ) = cls._construct_model_initialization_data(model_utilities["loaded_data"])
584.
585.        model = None
586.
587.        with (contextlib.nullcontext() if config["use_gpu"] else tf.device("/cpu:0")):
588.            model = cls._load_tf_model(
589.                model_utilities,
590.                model_data_example,
591.                predict_data_example,
592.                featurizer,
593.                execution_context.is_finetuning,
594.            )
595.
596.        return cls._load_policy_with_model(
597.            config,
598.            model_storage,
599.            resource,
600.            execution_context,
601.            featurizer=featurizer,
602.            model_utilities=model_utilities,
```

```
603.            model = model,
604.        )
605.
606.    @classmethod
607.    def _load_policy_with_model(
608.        cls,
609.        config: Dict[Text, Any],
610.        model_storage: ModelStorage,
611.        resource: Resource,
612.        execution_context: ExecutionContext,
613.        featurizer: TrackerFeaturizer,
614.        model: TED,
615.        model_utilities: Dict[Text, Any],
616.    ) -> TEDPolicy:
617.        return cls(
618.            config,
619.            model_storage,
620.            resource,
621.            execution_context,
622.            model = model,
623.            featurizer = featurizer,
624.            fake_features = model_utilities["fake_features"],
625.            entity_tag_specs = model_utilities["entity_tag_specs"],
626.        )
627.    ……
628.    @classmethod
629.    def _construct_model_initialization_data(
630.        cls, loaded_data: Dict[Text, Dict[Text, List[FeatureArray]]]
631.    ) -> Tuple[RasaModelData, RasaModelData]:
632.        model_data_example = RasaModelData(
633.            label_key = LABEL_KEY, label_sub_key = LABEL_SUB_KEY,
                data = loaded_data
634.        )
635.        predict_data_example = RasaModelData(
636.            label_key = LABEL_KEY,
637.            label_sub_key = LABEL_SUB_KEY,
```

```
638.          data = {
639.              feature_name: features
640.              for feature_name, features in model_data_example.items()
641.              if feature_name
642.              # we need to remove label features for prediction if they are present
643.              in PREDICTION_FEATURES
644.          },
645.      )
646.      return model_data_example, predict_data_example
647.
648.  @classmethod
649.  def _update_loaded_params(cls, meta: Dict[Text, Any]) -> Dict[Text, Any]:
650.      meta = rasa.utils.train_utils.update_confidence_type(meta)
651.      meta = rasa.utils.train_utils.update_similarity_type(meta)
652.
653.      return meta
```

上段代码中第 8 行 _should_extract_entities 是关于实体的信息。

上段代码中第 18 行是 _create_model_data 方法，它会把所有相关的内容交给谁？肯定交给我们的 RasaModelData，它自己也说明是将所有模型相关数据合并到 RasaModelData 中。

上段代码中第 87 行是 _get_trackers_for_training，选出不应用于训练的跟踪器列表。注意它是过滤掉不需要的，只留下需要的内容。

上段代码中第 101 行是 _prepare_for_training 方法。

上段代码中第 119 行调用 self._get_trackers_for_training 方法。

上段代码中第 121 行同时调用 self._featurize_for_training 方法。

上段代码中第 153 行是 run_training 方法，run training 方法将特征化训练数据反馈给模型，跟我们论文中谈的是一样的。

上段代码中第 171 行调用 self.model.compile，这是 tensorflow.keras 方法，内部是 tf.keras.optimizers.Adam 优化器，学习率记得是 0.001，其实可以进行动态的调整。

上段代码中第 177 行调用 rasa.utils.train_utils.create_data_generators。

上段代码中第 185 行调用 rasa.utils.train_utils.create_common_callbacks 回调方法。

上段代码中第 195 行调用 self.model.fit 方法，从训练的角度，fit 方法是最关键的，输入参数 data_generator，前面做了很多铺垫工作，最后完成 data_generator，然后有 epochs、validation_data、validation_freq、callbacks 等参数，这里还有 shuffle，因为在数据生成器中使用自定义洗牌，在内部已经使用了，所以这里 shuffle 的设置为 False。

上段代码中第 204 行然后是 train 方法，一般都会有状态的一些信息，这里输入参数有 training_trackers、domain，还有 precomputations 参数，它的类型是 Optional[MessageContainerForCoreFeaturization]。

上段代码中第 226 行在内部实现的时候，它调用 self._prepare_for_training。

上段代码中第 243 行调用 self.run_training，大家应该很清楚，我们先看一下 run_training，在上段代码中第 153 行这里进行了很多前面看见内容的操作，然后调用了 compile 和 fit。

上段代码中第 245 行调用 self.persist() 进行持久化工作。

上段代码中第 249 行是 persist 方法，persist 就是保存，保存的时候会保存很多的内容，包括 model_path、checkpoints、tf_model 等。我们前面反复跟大家展示过，训练的时候有一个点".Rasa"的一个目录，目录里面有很多模型文件，即 TEDPolicy 相关目录下会有很多内容，这个 persist 方法是从模型的角度，将策略持久化到存储里面。

上段代码中第 276 行是 _featurize_tracker 方法。

上段代码中第 307 行 _pick_confidence 方法是跟相似度计算紧密相关的，当然也可以使用原始的相似度，就是两两向量乘法的结果，这里也可以做一些正则化或者 SoftMax 之类的一些操作。

上段代码中第 344 行这里是 predict_action_probabilities，TEDPolicy 会生成一个 PolicyPrediction，这里大家看到有一个 **kwargs 参数，可以传递任意的参数，我们看一下 PolicyPrediction 的代码。

policy.py 的源代码实现：

```
1.  class PolicyPrediction:
2.      """存储有关"策略"预测的信息"""
3.
4.      def __init__(
5.          self,
6.          probabilities: List[float],
7.          policy_name: Optional[Text],
8.          policy_priority: int = 1,
9.          events: Optional[List[Event]] = None,
10.         optional_events: Optional[List[Event]] = None,
11.         is_end_to_end_prediction: bool = False,
12.         is_no_user_prediction: bool = False,
13.         diagnostic_data: Optional[Dict[Text, Any]] = None,
```

```
14.         hide_rule_turn: bool = False,
15.         action_metadata: Optional[Dict[Text, Any]] = None,
16.    ) -> None:
17.
```

上段代码中第 2 行注释说明,存储有关"策略"预测的信息,当然它是面向接口的一种方式,输入参数有 probabilities、policy_name、policy_priority、events、optional_events、is_end_to_end_prediction、is_no_user_prediction、diagnostic_data、hide_rule_turn、action_metadata 等相关的内容,从 TED 的角度讲,一般情况下 is_end_to_end_prediction、is_no_user_prediction 这两个肯定都是 False,大家看这代码其实都是非常核心的代码,这是指从整个框架的角度来讲的。

回到 TEDPolicy 的代码。

上段代码中第 344 行是 predict_action_probabilities,从跟踪器创建模型数据 model_data,通过 run_inference 方法产生 output,然后会获取相似度等内容,它作为框架会有很多 if else if 这些判断,这也是为什么要知道原理,或者我们前面带大家读论文以及剖析整个 Rasa 3.x 架构的原因,否则很容易在这里面迷失。

上段代码中第 394 行调用 self._prediction 返回预测结果,它会有很多条件的判断。

上段代码中第 401 行 _create_optional_event_for_entities,这个地方之所以是 Optional,是因为如果是端到端学习不会涉及这些内容,它直接涉及的是特征。

上段代码中第 435 行调的是 EntityExtractorMixin.convert_predictions_into_entities。

上段代码中第 445 行运行 entity[EXTRACTOR] = "TEDPolicy",从使用 Rasa 的角度讲,很多时候感知不到这些事物的存在。

上段代码中第 449 行是 persist_model_utilities,除了 model 本身,它会有一些辅助的内容如:priority.pkl、meta.pkl、data_example.pkl、fake_features.pkl、label_data.pkl、entity_tag_specs.json 等。如图 13-4 所示,训练一个模型的时候,它的 .rasa 里面的一个子目录就是 TEDPolicy 的内容。

上段代码中第 482 行 _load_model_utilities,如果按照它的具体路径读取文件,会涉及一些序列化。

上段代码中第 505~517 行,这里 entity_tag_specs 直接对 EntityTagSpec 进行赋值,通过循环遍历进行赋值,然后返回相关的信息,这是 _load_model_utilities 方法,它会被 _load 方法调用,返回的是 TEDPolicy,现在应该很清楚地知道,TEDPolicy 封装了 TED,因为从框架的角度讲,要把 TED 本身的模型融进整个图,肯定会封装。

上段代码中第 533 行是 load 方法,返回的是 TEDPolicy。

上段代码中第 555 行是 _load 内部加载方法。

上段代码中第 588 行调用 cls._load_tf_model 方法实例化,生成一个 model。

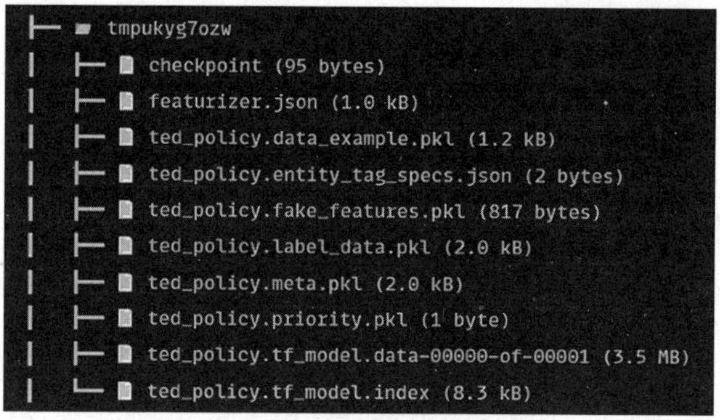

```
├── tmpukyg7ozw
│   ├── checkpoint (95 bytes)
│   ├── featurizer.json (1.0 kB)
│   ├── ted_policy.data_example.pkl (1.2 kB)
│   ├── ted_policy.entity_tag_specs.json (2 bytes)
│   ├── ted_policy.fake_features.pkl (817 bytes)
│   ├── ted_policy.label_data.pkl (2.0 kB)
│   ├── ted_policy.meta.pkl (2.0 kB)
│   ├── ted_policy.priority.pkl (1 byte)
│   ├── ted_policy.tf_model.data-00000-of-00001 (3.5 MB)
│   ├── ted_policy.tf_model.index (8.3 kB)
```

图 13-4　TEDPolicy 持久化

上段代码中第 596 行,在 cls._load_tf_model 实例化产生 model 以后,model 会传给 cls._load_policy_with_model,它这个名字起得还是很好的,叫 load_policy_with_model。

上段代码中第 607 行是_load_policy_with_model,这时候返回一个 cls 实例,把类实例化,它这个代码写得比较漂亮,它返回的是 TEDPolicy,这个逻辑还是非常清楚的。

上段代码中第 629 行是_construct_model_initialization_data,里面有 RasaModelData。

上段代码中第 649 行是_update_loaded_params 方法。

ted_policy.py 接下来的代码就是 TED 本身的内容,它基于 Transformer,TED 模型架构来自这篇论文(https://arxiv.org/abs/1910.00486),我们在前面已经跟大家讲解得非常清楚了,我们对每一句关键的代码都进行了细致透彻的解读,这就是它的源代码部分。

ted_policy.py 的源代码实现：

1. class TEDPolicy(Policy)：
2. 　　"""Transformer 嵌入对话(TED)策略。
3. 　　"""

我们今天解读这个源代码,大家可以看得非常清楚,我们会从整个 Rasa 3.x 新一代的计算后端的角度出发读代码,我们前面都是在讲计算后端。各大组件其实都是在讲怎么实现 GraphComponent,我们在这里看见的是 TEDPolicy。

ted_policy.py 的源代码实现：

1. class TEDPolicy(Policy)：
2. 　　"""Transformer 嵌入对话(TED)策略。
3. 　　"""

第 13 章 TEDPolicy 近 2130 行源码剖析

TEDPolicy 继承 Policy，而 Policy 继承至 GraphComponent。
policy.py 的源代码实现：

1. class Policy(GraphComponent):
2. """所有对话策略的公共父类"""

看一个其他的 Policy，例如 RulePolicy，这时候 RulePolicy 继承的是 MemoizationPolicy。

rule_policy.py 的源代码实现：

1. class RulePolicy(MemoizationPolicy):
2. """处理所有规则的策略."""
3. ……

而 MemoizationPolicy 大家看一下，它就继承了 Policy。
memoization.py 的源代码实现：

1. class MemoizationPolicy(Policy):
2. ……

UnexpecTEDIntentPolicy 其实这个策略也是基于 Transformer，它本身直接就继承了 TEDPolicy，这是非常精彩的内容，为什么？从作者的角度来看，它做了一件主要事情，是根据用户的历史信息、状态信息来判断当前用户输入的信息是否符合上下文，显然对于对话机器人而言，多轮对话机器人或者抗干扰对话机器人是一件至关重要的事情，大家可以说 UnexpecTEDIntentPolicy 与 TEDPolicy 具有相同的模型架构，区别在于任务级别。该策略不是预测下一个可能的动作，而是根据训练故事和会话上下文预测上一个预测的意图是否是可能的意图，预测下一个动作是否是它的目标。它的目标要看用户当前输入的意图是否能跟上下文相符。

unexpected_intent_policy.py 的源代码实现：

1. class UnexpecTEDIntentPolicy(TEDPolicy):
2. """ UnexpecTEDItentPolicy 具有与 TEDPolicy 相同的模型体系结构。
3.   区别在于任务级别。该策略不是预测下一个可能的行动，而是根据
    训练故事和会话上下文预测上一个预测的意图是否是可能的意图。
4. """

前面我们无论分享论文，还是讲 Transformer 的各种实现，反复跟大家说，我们看一个模型，基本的核心一个是结构，一个是做训练任务。大家都很容易理解，训练任务是这个模型是做什么，做什么事项是它跟数据和目标直接相关的。这个策略根据训练故事和会话上下文预测最后预测的意图是否是可能的意图，这话写得令人心花怒放，它写得刚刚好，描述了所有的内容，又非常简洁，没有多余的词汇或者动作，

它基于训练的语料,看用户输入的内容和预测的内容是否一致,训练语料是做一个对话机器人时,客户肯定会提供的一些训练语料,否则就无法做,这里还有对话上下文,以及当前会话的内容,看到这些内容,感觉写得太好了,恰到好处。

Policy 会对 GraphComponent 进行抽象,抽象的目的是从生成策略的角度,在具体 Policy 和 GraphComponent 之间增加一层,由于 Policy 本身有些特殊性,因此 GraphComponent 本身就是一个抽象类。

graph.py 的源代码实现:

```
1.  class GraphComponent(ABC):
2.      """将在图中运行的任何组件的接口"""
```

GraphComponent 第一句话就是在图中运行任何组件的接口,这张图里面每个组件都是 GraphComponent,包括 PolicyPredictionEnsemble,如图 13-5 所示。

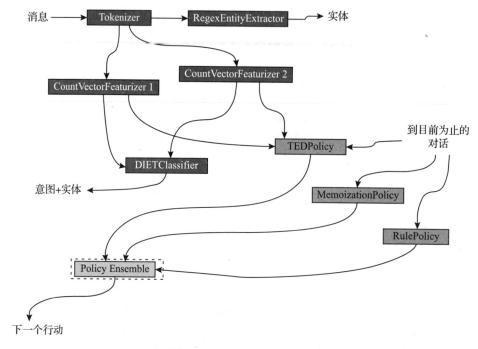

图 13-5 Policy Ensemble

对于 PolicyPredictionEnsemble,我们可以看一下 PolicyPredictionEnsemble,它的核心是进行比较。当然 PolicyPredictionEnsemble 这些代码复杂度已经非常低了。

ensemble.py 的源代码实现:

```
1.  class PolicyPredictionEnsemble(ABC):
2.      """任何策略预测集成的接口."""
```

第 13 章 TEDPolicy 近 2130 行源码剖析

关于 GraphComponent 类里面的方法，required_components 是前面反复说的 create 方法，是必须做的，因为这是抽象方法。至于 load 方法，推理的时候，要把它加载进来，然后 get_default_config 方法很直白。还有 supported_languages 等，required_packages 方法可能需要一些辅助类包的支持，我们前面也跟大家强调，如果要使用 CPU 密集性的计算，同时它又是多线程的，这个包上面虽然是 Python 接口，但是底层完全可以是 C 语言或者 C++的实现。

这是本节跟大家谈的关于 TEDPolicy 的内容，最核心的是可以在 Pycharm 中看它的结构（structure）部分，最核心的是要围绕 TEDPolicy 类展开，如图 13-6 所示。

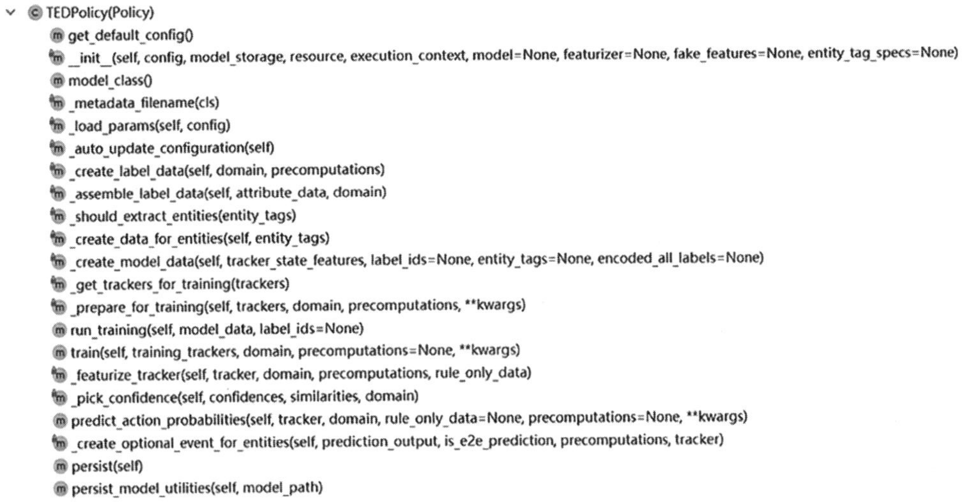

```
v  © TEDPolicy(Policy)
   m  get_default_config()
   m  __init__(self, config, model_storage, resource, execution_context, model=None, featurizer=None, fake_features=None, entity_tag_specs=None)
   m  model_class()
   m  _metadata_filename(cls)
   m  _load_params(self, config)
   m  _auto_update_configuration(self)
   m  _create_label_data(self, domain, precomputations)
   m  _assemble_label_data(self, attribute_data, domain)
   m  _should_extract_entities(entity_tags)
   m  _create_data_for_entities(self, entity_tags)
   m  _create_model_data(self, tracker_state_features, label_ids=None, entity_tags=None, encoded_all_labels=None)
   m  _get_trackers_for_training(trackers)
   m  _prepare_for_training(self, trackers, domain, precomputations, **kwargs)
   m  run_training(self, model_data, label_ids=None)
   m  train(self, training_trackers, domain, precomputations=None, **kwargs)
   m  _featurize_tracker(self, tracker, domain, precomputations, rule_only_data)
   m  _pick_confidence(self, confidences, similarities, domain)
   m  predict_action_probabilities(self, tracker, domain, rule_only_data=None, precomputations=None, **kwargs)
   m  _create_optional_event_for_entities(self, prediction_output, is_e2e_prediction, precomputations, tracker)
   m  persist(self)
   m  persist_model_utilities(self, model_path)
```

图 13-6 TEDPolicy 结构

因为 TEDPolicy 继承的 Policy 其实是 GraphComponent，它是一个 Policy，作为一个组件来接收其他的数据，进行模型训练以及产出结果，所以思路会是一致的，这是从熟悉的内容出发的。

当然如果看模型本身，可以就看 TED，它继承至 TransformerRasaModel，如图 13-7 所示。

这里 TED 的方法包括数据准备及训练等内容，它继承至 TransformerRasaModel，因为它是 OOP 编程。大家应该也可以看得非常清楚，TransformerRasaModel 它继承至 RasaModel，也会提供一些基本的辅助方法。

models.py 的 TransformerRasaModel 源代码实现：

```
1. class TransformerRasaModel(RasaModel):
2.     def __init__(
3.         self,
4.         name: Text,
```

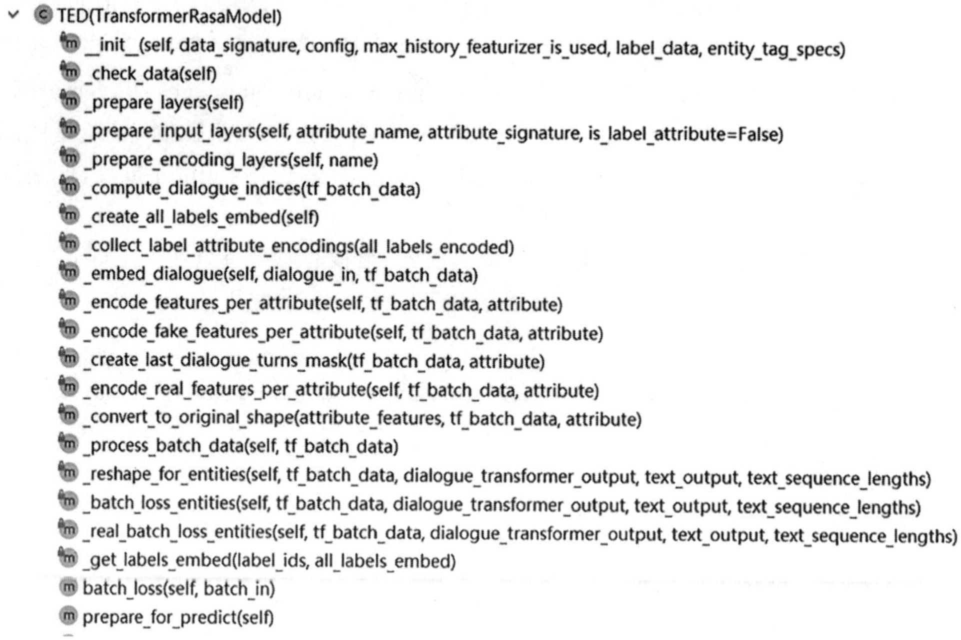

- TED(TransformerRasaModel)
  - m __init__(self, data_signature, config, max_history_featurizer_is_used, label_data, entity_tag_specs)
  - m _check_data(self)
  - m _prepare_layers(self)
  - m _prepare_input_layers(self, attribute_name, attribute_signature, is_label_attribute=False)
  - m _prepare_encoding_layers(self, name)
  - m _compute_dialogue_indices(tf_batch_data)
  - m _create_all_labels_embed(self)
  - m _collect_label_attribute_encodings(all_labels_encoded)
  - m _embed_dialogue(self, dialogue_in, tf_batch_data)
  - m _encode_features_per_attribute(self, tf_batch_data, attribute)
  - m _encode_fake_features_per_attribute(self, tf_batch_data, attribute)
  - m _create_last_dialogue_turns_mask(tf_batch_data, attribute)
  - m _encode_real_features_per_attribute(self, tf_batch_data, attribute)
  - m _convert_to_original_shape(attribute_features, tf_batch_data, attribute)
  - m _process_batch_data(self, tf_batch_data)
  - m _reshape_for_entities(self, tf_batch_data, dialogue_transformer_output, text_output, text_sequence_lengths)
  - m _batch_loss_entities(self, tf_batch_data, dialogue_transformer_output, text_output, text_sequence_lengths)
  - m _real_batch_loss_entities(self, tf_batch_data, dialogue_transformer_output, text_output, text_sequence_lengths)
  - m _get_labels_embed(label_ids, all_labels_embed)
  - m batch_loss(self, batch_in)
  - m prepare_for_predict(self)

图 13-7　TED 结构

5.　　　　config: Dict[Text, Any],
6.　　　　data_signature: Dict[Text, Dict[Text, List[FeatureSignature]]],
7.　　　　label_data: RasaModelData,
8.　　　) -> None:
9.　　　…

如图 13-8 所示，之所以说 TransformerRasaModel 提供一些辅助方法，除了 init 方法以外，还有一个 adjust_for_incremental_training 方法。staticmethod 是工具方法，其实就相当于是一个函数，文件加载进来的时候它可以随时调。它也提供了很多其他的辅助方法，例如 _compile_and_fit、_update_dense_for_sparse_layers、_prepare_ffnn_layer，这些方法都是比较通用的，也可以复写一些方法。这里还有一个 dot_product_loss_layer，它前面有一个 @property，可以直接调它的名字，或者它的结果，这是 Python 的语法内容，另外，这里还有一些其他的方法，这都很精彩。

我们本节主要跟大家讲了 TEDPolicy，相信大家对它的主线应该非常清楚了，之所以对主线很清楚，是基于我们讲了整个 Rasa 的 GraphComponent，按照它的思路一步一步去介绍，TEDPolicy 继承至 Policy，Policy 继承至 GraphComponent，由它来看各个部分之间的关系。当然也有其他很多不同的方式，如 TEDPolicy 的源码，这里面涉及的每个组件都至关重要。TEDPolicy、DIETClassifier、GraphComponent，包括以这三大类为核心的内容是 Rasa 最精髓的。

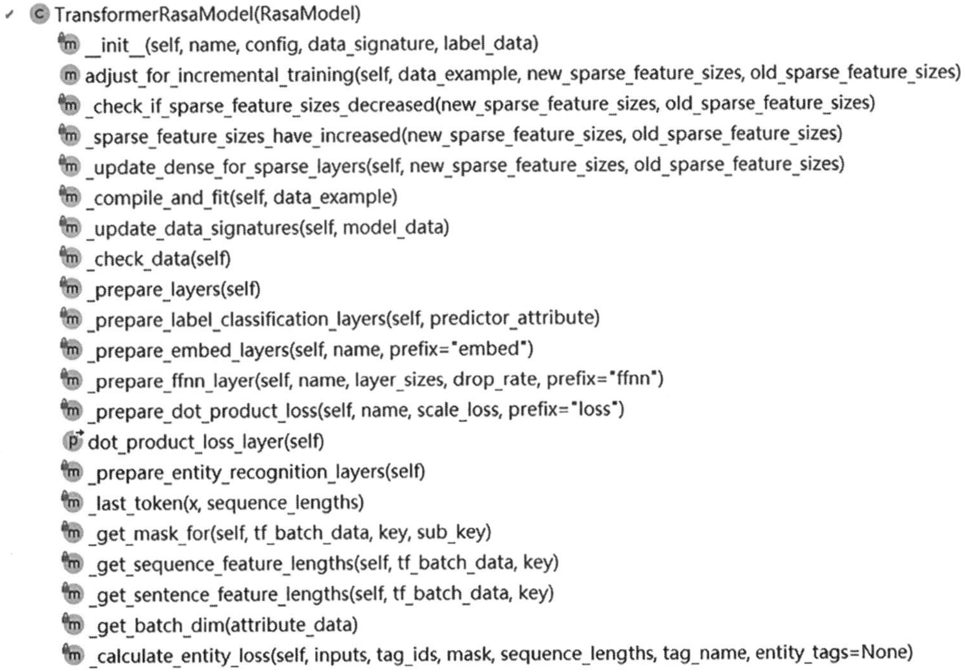

- TransformerRasaModel(RasaModel)
  - __init__(self, name, config, data_signature, label_data)
  - adjust_for_incremental_training(self, data_example, new_sparse_feature_sizes, old_sparse_feature_sizes)
  - _check_if_sparse_feature_sizes_decreased(new_sparse_feature_sizes, old_sparse_feature_sizes)
  - _sparse_feature_sizes_have_increased(new_sparse_feature_sizes, old_sparse_feature_sizes)
  - _update_dense_for_sparse_layers(self, new_sparse_feature_sizes, old_sparse_feature_sizes)
  - _compile_and_fit(self, data_example)
  - _update_data_signatures(self, model_data)
  - _check_data(self)
  - _prepare_layers(self)
  - _prepare_label_classification_layers(self, predictor_attribute)
  - _prepare_embed_layers(self, name, prefix="embed")
  - _prepare_ffnn_layer(self, name, layer_sizes, drop_rate, prefix="ffnn")
  - _prepare_dot_product_loss(self, name, scale_loss, prefix="loss")
  - dot_product_loss_layer(self)
  - _prepare_entity_recognition_layers(self)
  - _last_token(x, sequence_lengths)
  - _get_mask_for(self, tf_batch_data, key, sub_key)
  - _get_sequence_feature_lengths(self, tf_batch_data, key)
  - _get_sentence_feature_lengths(self, tf_batch_data, key)
  - _get_batch_dim(attribute_data)
  - _calculate_entity_loss(self, inputs, tag_ids, mask, sequence_lengths, tag_name, entity_tags=None)

图 13-8　TransformerRasaModel